FISCHER LOGO
für den Spielraum im Kopf
Ein Kaleidoskop logischer Unterhaltung,
rätselhafter Spiele
und verständlich verfaßter Wissenschaft

Über dieses Buch Es war René Descartes, der die Welt im 17. Jahrhundert auf den Kurs steuerte, dessen Stationen bald seine kühnsten Träume übersteigen sollten: die Rationalisierung der Welt, ihre Erkundung und Beherrschung durch die Methoden der Messung, des Zählens, Quantifizierens und Analysierens. Philip J. Davis und Reuben Hersh fahren diese Route erneut ab und stellen in ihrem »Kursbuch« eine Reihe wichtiger Fragen: Wie beeinflußt die Computerisierung der Welt die materiellen und intellektuellen Bausteine unserer Zivilisation? Wie verändert der Computer unsere Vorstellungen von der Realität, vom Wissen und von der Zeit? Hat er unser alltägliches Leben tatsächlich erleichtert?

Über die Autoren Philip J. Davis und Reuben Hersh sind Professoren für Mathematik. Weltberühmt wurden sie durch ihre gemeinsame Veröffentlichung ›Erfahrung Mathematik‹.

Philip J. Davis / Reuben Hersh

DESCARTES' TRAUM

Über die Mathematisierung
von Zeit und Raum.
Von denkenden Computern,
Politik und Liebe.

Aus dem Amerikanischen
und mit einem Glossar
von Klaus Volkert.

Fischer
Taschenbuch
Verlag

Veröffentlicht im Fischer Taschenbuch Verlag GmbH,
Frankfurt am Main, November 1990

Lizenzausgabe mit freundlicher Genehmigung
des Wolfgang Krüger Verlages, Frankfurt am Main
Die Originalausgabe ›Descartes' Dream‹
erschien im Verlag Harcourt Brace Jovanovich, Inc., San Diego / Boston / New York

Umschlaggestaltung: Manfred Walch, Frankfurt am Main
unter Verwendung eines Gemäldes von Frans Hals (›Descartes‹, Ausschnitt)
Druck und Bindung: Clausen & Bosse, Leck
Printed in Germany
ISBN 3-596-10157-3

Für Phyllis und Hadassah
mit Dank und Liebe

Inhalt

René Descartes (1596–1650)
Französischer Philosoph und Mathematiker

»Die langen Ketten einfacher und leichter Gedanken, welche die Geometer zu den schwierigsten Beweisen benutzen, veranlassen mich anzunehmen, daß alle Gegenstände menschlichen Denkens auf die gleiche Weise miteinander verbunden sind.«

Giovanni Battista Vico (1668–1744)
Italienischer Philosoph, Rechtsgelehrter und Philologe

»Die Mathematik wird vom menschlichen Geist in einem Akt der Selbstentfremdung geschaffen. Dieser Geist kann sich in der Mathematik nicht wiederfinden. Der menschliche Geist lebt in menschlichen Institutionen.« Giovanni Battista Vico in einer Paraphrase von Sir Isaiah Berlin.

Vorwort

Die überwiegend positive Aufnahme von »Erfahrung Mathematik« (dt. 1985), hat uns ermutigt, in der Beschreibung jener wundervollen und oft verblüffenden Tätigkeit, genannt »Mathematik machen«, fortzufahren. In »Erfahrung Mathematik« versuchten wir, einen umfassenden Eindruck von dieser Tätigkeit zu vermitteln. Dabei nahmen wir den Standpunkt des Berufsmathematikers* ein, der die Mathematik »von innen heraus« betrachtet. Wir haben dort unter anderem beschrieben: Die Bestandteile, aus denen die Mathematik konstruiert ist, wie sie erfunden und wie sie verwendet wird, wie man sich als arbeitender Mathematiker fühlt und welche menschlichen Werte der Mathematik zugeschrieben werden können. Kurz, wir versuchten die Frage zu beantworten: Was ist mathematische Erfahrung? – Bei der Beantwortung dieser Fragen wurden wir zu einer Philosophie der Mathematik geführt, von der wir meinten, sie sei mit dieser Erfahrung verknüpft. Die Formulierung dieser Philosophie spornte unsere schriftstellerischen Anstrengungen an.

Das Ziel des vorliegenden Buches ist ein anderes. Wir nähern uns der Mathematik von außen. Wir beschäftigen uns mit den enormen Auswirkungen dieser Disziplin auf unsere Umwelt, und zwar auf unsere natürliche Umwelt wie auch unsere soziale. In diesem Zusammenhang wird gelegentlich von *angewandter Mathematik* gesprochen. Diese Anwendungen der Mathematik sind heutzutage so weit verbreitet, daß wir von der *Mathematisierung*

* Die deutsche Sprache erlaubt die unproblematische Geschlechterneutralität bei Berufsbezeichnungen nicht. Um der Lesbarkeit Rechnung zu tragen, haben wir auf die korrekte Übertragung (hier beispielsweise »der/s Berufsmathematiker/in/s«) zugunsten der als normal geltenden männlichen Form verzichtet. (A. d. Ü.)

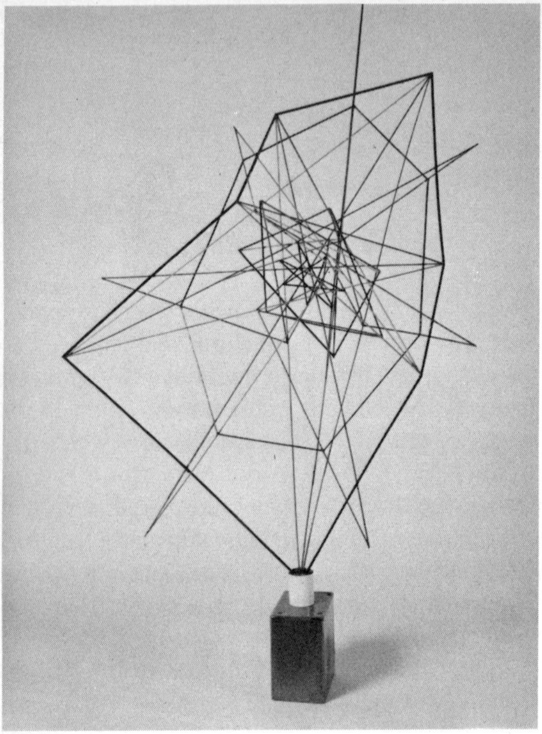

Ein mathematischer Satz in der Bildenden Kunst. I. H. Schoenberg stellt die harmonische Analyse eines irregulären Siebenecks (Satz von Jesse Douglas) als räumliche Konstruktion dar. Läßt sich fortgeschrittene Mathematik als ein Element in die Ikonographie einbringen?

der Welt sprechen. Wir wollen ihre zivilisatorischen Bedingungen untersuchen und herausfinden, unter welchen Voraussetzungen diese Anwendungen wirksam und sinnvoll sind und wann nicht, wann sie nützlich sind, gefährlich oder unbedeutend. Wir verfolgen, wie sie unser Leben einschränken und unsere Realitätswahrnehmung verändern.

Im Verlauf des letzten Jahrhunderts haben Mathematik, Technologie und Wirtschaft ihre Kräfte in beeindruckender Weise verbunden, um den Computer zu entwickeln. Der Computer seinerseits hat, diese seine »Abstammung« anerkennend, seine »Ahnen« mit zahlreichen Wohltaten beschenkt.

Die letzten Anwendungsstufen der Mathematik werden heute mit Hilfe dieser wunderbaren mathematisch-logischen Maschine zustande gebracht. Erstaunlich sind die weite Verwendbarkeit und die verbreitete Aufnahme dieser Technologie: Die Möglichkeiten des Computers werden als allumfassend betrachtet, und viele Bereiche unseres alltäglichen Lebens werden absichtlich computergerecht verändert.

In diesem Buch werden wir neben der Mathematik auch den Computer befragen: Was ist die »Erfahrung Computer«? Wie beeinflußt die Computerisierung der Welt die materiellen und intellektuellen Qualitäten unserer Zivilisation?

Was die Technologie anbelangt, so erkennt jeder, der die ersten fünfzig Jahre des Computerzeitalters betrachtet, das Abhängigkeitsverhältnis zwischen Computern und Technik. Ohne substantielle Hilfe des Computers kann man nicht zum Mond fliegen. Die Öffentlichkeit lernt, daß ein Herzschrittmacher einen Computer enthält, und sie beginnt langsam zu begreifen, daß das Schlagwort der »Computerisierung des Menschen« wörtlich und nicht bloß metaphorisch genommen werden muß. Umgekehrt ist klar, daß die Bits und Pieces, die Chips und Tapes eines Computers Produkte einer fortgeschrittenen Technologie sind und daß jeder technologische Fortschritt die Möglichkeit bietet, Entwurf und Funktion des Computers zu verbessern.

In der Wirtschaft, in der Sozialstatistik und in der Datenverarbeitung ganz allgemein erkennt die Öffentlichkeit das geschilderte Wechselspiel. Deutlich sieht sie die Revolution, die in der Buchführung stattgefunden hat. Die computergestützte Reservierung, obgleich nicht unverzichtbar für die Geschäfte einer Fluglinie oder eines Theaters, hat ein Maß an Bequemlichkeit und Flexibilität erzeugt, das wir in Zukunft nicht mehr missen möchten. Die Computerisierung der Bibliotheken, die jetzt im Vormarsch ist, faßt die Möglichkeiten aller Bibliotheken zusammen und macht jedes Buch auf Fingerdruck zugänglich für den, der eine entsprechende Anfrage in die Tastatur eines Terminals eintippen kann.

In der Mathematik, dem dritten Element der genannten Verbindung, tritt uns die Wechselwirkung mit dem Computer nicht genauso auffällig entgegen, obwohl es dieses Phänomen auch hier gibt. Ist nicht nach althergebrachter Ansicht der Computer nichts anderes als eine schnell rechnende Maschine? Während Wirtschaft und Technologie sich mit handfesten Angelegenheiten befassen, ist die Mathematik eine Sache der Imagination, eine Disziplin, in der mit abstrakten Symbolen hantiert wird. Abstraktionen sind nicht unmittelbar zu begreifen. Obwohl der Ursprung des Computers in den frühen Träumen der Mathematiker lag und seine Weiterentwicklung von Ideen abhing, die mathematische Talente hervorgebracht haben, wird infolge der genannten Abstraktheit die Rolle, welche die Mathematik gespielt hat, immer noch schlechter verstanden als die von Wirtschaft und Technologie.

Wollen wir die Beziehungen zwischen Mathematik und Computer darlegen, so stellen sich viele Fragen: Wie beeinflußte der Computer die Anwendbarkeit abstrakter mathematischer Formulierungen in der Praxis? Welche Rolle spielte er bei der Entdeckung von neuen mathematischen Sätzen? Welchen Einfluß hatte er auf unsere Theorien über mathematische Erkenntnis und mathematische Existenz, über mathematische Vorstellungsvermögen und mathematische Einsicht und über die Ausbildung in Mathematik? Wie hat er unsere Ansichten über das Mögliche und das Unmögliche und dessen Transzendierung verändert?

Umgekehrt ist zu fragen: In welcher Weise hat die Mathematik zur Erfindung neuer Computersysteme beigetragen? Gibt es Elemente von Universalität, die es erlauben, die Informatik als Wissenschaft und nicht als Handwerk zu bezeichnen? Sind diese Elemente mathematischer Natur? Wie sehen die Beziehungen zwischen der Denkweise der Mathematik, den Fähigkeiten des Computers und der menschlichen Intelligenz allgemein aus? In welcher Weise unterscheiden sich die Träume und Ziele der Mathematiker von denen der Informatiker?

Sollten wir diese Fragen beantworten können, so wären wir auf unserem Weg zu einer *Philosophie der Berechnung* ein gutes Stück vorangekommen. Diese ist ein Gebiet, das heute bestenfalls in Ansätzen existiert – sieht man einmal von Anleihen bei der Wissenschaftstheorie und der Philosophie der Mathematik ab. Es verdient jedoch Selbständigkeit.

Wie sollte eine Philosophie der Berechnung aussehen? Nun – so könnte eine erste Antwort lauten – so wie die klassische Philosophie mit dem Wahren, dem Guten und dem Schönen befaßt war, so müßte sich die Philosophie der Berechnung in analoger Weise mit der richtigen, der guten und der schönen Berechnung beschäftigen. Was macht eine Berechnung richtig? Warum sollte ich glauben, was mir ein Computer erzählt? Wann kann eine Berechnung nützlich genannt werden? Was macht sie gut oder schlecht, schön oder häßlich? Wie verändert der Computer unsere Vorstellungen von Realität, Wissen und Zeit?

Viele Gründe lassen sich angeben, warum man diese Fragen stellen sollte. Man betrachte erstens die ungeheure gegenwärtige Macht der Computerisierung: Wir versinken in den Wogen neuer Ideen, Ausrüstungen und Möglichkeiten, weit jenseits der Träume aller Science Fiction. Auf dem Gebiet der Computer ist, obwohl uns die Vernunft vor unbegrenztem Optimismus warnt, keine Schranke nach oben in Sicht; nur unser beschränkter Horizont bildet eine Grenze. Überall gibt es Arbeitsplätze, die Effizienz scheint gesichert, und der *Geist* ist überwältigend. Es spricht einiges dafür, daß der begabteste und beste Teil unserer Jugend traditionelle Beschäftigungsgebiete des Intellekts wie Mathematik und Physik zugunsten der Informatik aufgeben wird. Einige von diesen jungen Leuten finden die Mathematik zu streng und die Gegenstände der aktuellen Forschung unerträglich langweilig. Im Gegensatz hierzu erscheint die draufgängerische Mentalität des Informatikers als heißersehnte Befreiung. In Anbetracht berauschter Aktivität und des damit verbundenen Trancezustandes lohnt es sich, Bilanz zu ziehen und zu fragen: Worauf läuft das alles hinaus?

Die Wichtigkeit dieser Frage folgt auch aus sozialen Erwägungen. Einige Kritiker sind der Ansicht, der Computer und seine Peripheriegeräte seien integrierte Bestandteile jener Megamaschine zeitgenössischer Megatechnologie, die das Denken entwürdigt und den Intellekt erniedrigt. Simone Weil, eine tiefreligiöse Frau und Schwester eines berühmten Mathematikers, schrieb einige Jahre vor Aufkommen der Digitalrechner in ihr Tagebuch: »Geld, Mechanisierung, Algebra. Die drei Alpträume unserer Zivilisation.« Geld, Mechanisierung und Algebra haben wir als die Ahnen des Computers identifiziert. Je nach Standpunkt wird man die Meinung von Simone Weil teilen oder nicht: Ihr Glaube ist aber weit verbreitet, und man braucht nicht ambitioniert religiös zu sein, um ihre Auffassung zu teilen. Diejenigen unter uns, die Mathematik lieben und sie als eine der großen Schöpfungen der Menschheit verehren, werden kritisch einwenden: Warum soll gerade die Mathematik in Verbindung mit ihren beiden Partnern für die »Alpträume der Zivilisation« verantwortlich sein?

Als Gegenpol kritischer Radikalität tritt die Idee auf, ausschließlich der Computer biete die Möglichkeit sozialer Heilung – durch ein technologisches Utopia. Die wahren Anhänger dieser Auffassung behaupten, daß man nur durch die geschickte und schnelle Vernetzung von Trillionen Bits hoffen kann, jemals soziale Gerechtigkeit und interkulturellen Frieden erreichen zu können. Und die Zyniker unter den Anhängern der Computerisierung können immerhin anführen, daß klassische Fanatismen verdrängt werden: Dieses neuartige Spielzeug Computer sei vielleicht geeignet, soziale Konflikte durch berechenbare Entscheidungsprozesse überflüssig zu machen ...

Im Streben nach einer Philosophie der Berechnung sollte man sich vernünftigerweise an den etablierten Diskussionen zur Philosophie der Mathematik orientieren. Während des letzten Jahrhunderts war diese hauptsächlich mit der Frage beschäftigt, *warum die Mathematik wahr sei.* Die jetzt auftauchende Philosophie der angewandten Mathematik und Berechnung muß sich die Frage stellen, *warum und wozu die Mathematik gebraucht wird.*

Die Entwicklung unserer Computerkultur verlief derart rasch und mitreißend, daß schon die Talente eines Reporters erforderlich wären, wollte man unseren heutigen Standort beschreiben – ganz zu schweigen von der Darstellung tieferliegender philosophischer Folgerungen aus diesem Sachverhalt.

Wir haben versucht, uns in diesem Buch nach besten Kräften mit einigen der oben erwähnten Fragen auseinanderzusetzen. Wir hatten nicht die Absicht, ein Buch von einem »neutralen« Standpunkt aus zu schreiben. Wir treffen eine Feststellung und wollen eine These daraus ableiten.

In Kurzform lautet die *Feststellung: Die sozialen und materiellen Welten werden in zunehmendem Maße mathematisiert.* Die

These ist: *Wir sollten diese Entwicklung kritisch beobachten, denn sie könnte uns allen schaden.*

Dieses Buch stellt eine Sammlung unabhängiger Essays dar, die lose um mehrere Themen gruppiert sind. Einige der Essays lehnen sich an bereits veröffentlichte Artikel an, andere sind Überarbeitungen von Vorträgen oder redigierte Versionen von Tonbandinterviews. Die Essays erfordern unterschiedliche Niveaus mathematischen Wissens: Die Anforderungen reichen von der Allgemeinbildung bis zum professionellen Standard. Die Leser sollten nach Belieben blättern und sich in das vertiefen, was ihre Neugierde anspricht.

I. Unsere mathematisierte Welt

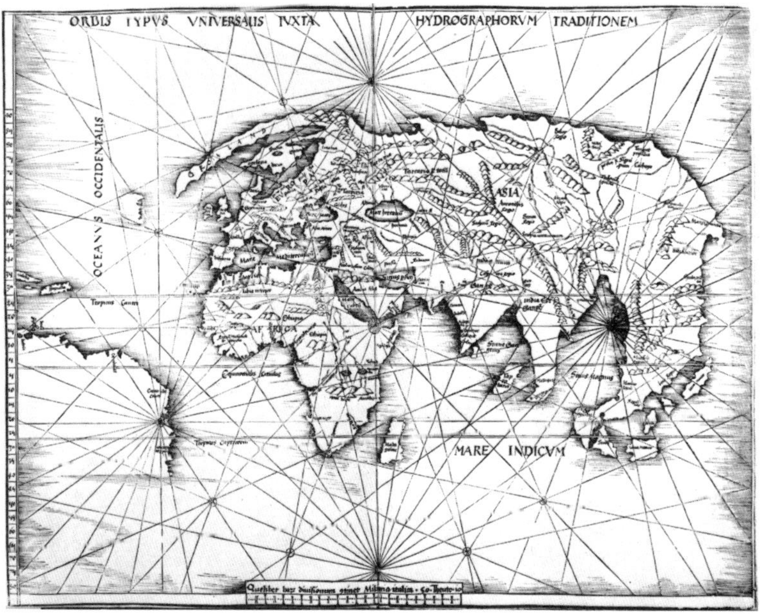

Orbis Typis Universalis. Die Landmasse in der linken unteren Ecke ist die soeben entdeckte westliche Hemisphäre, die damals noch nicht Amerika genannt wurde. Hier ist eine neue Realität im Entstehen begriffen.
Aus: Claudius Ptolemäus, »Geographie«; Straßburg, 1513

Descartes' Traum

Die moderne Welt, also unsere Welt triumphierender Rationalität, begann am 10. November 1619 mit einer Offenbarung und einem Alptraum.

An diesem Tag verkroch sich ein dreiundzwanzigjähriger Franzose namens René Descartes in der kleinen schwäbischen Stadt Ulm hinter seinem Wandofen. Dort, gut aufgewärmt, hatte er eine Vision. Es war keine Offenbarung himmlischer Heerscharen oder des neuen Jerusalem; es war vielmehr die Vision von der Vereinheitlichung aller Wissenschaften. Dieser Vision war ein Zustand intensiver Konzentration und innerer Erregung vorausgegangen. Descartes' erhitzter Geist fing Feuer und fand Antworten auf die gewaltigen Probleme, die ihn seit Wochen belastet hatten. Er war von einem Genius besessen, und die Antworten wurden ihm in einem verwirrenden und blendenden Licht offenbart. Später ging er erschöpft zu Bett und hatte drei Träume, die ihm von dem Genius vorausgesagt worden waren.

Im ersten Traum wurde er von einem Wirbelwind umhergewirbelt und von Phantomen bedroht. Descartes empfand ein ununterbrochenes Gefühl des Fallens.

Dann träumte er, ihm würde eine Melone aus einem fernen Land geschenkt. Der Wind legte sich, und er wachte auf. Sein zweiter Traum handelte von Donnerschlägen und Kugelblitzen, die in seinem Zimmer tobten.

In seinem dritten Traum blieb alles ruhig und nachdenklich. Descartes fand ein Buch auf seinem Tisch, einen Dictionnaire. Er blätterte darin und schöpfte Hoffnung, daß ihm dieses Werk von Nutzen sein könnte – da verschwand das Buch, und er hielt statt dessen eine Gedichtsammlung in Händen.

Er schlug sie willkürlich auf und las den Vers ›Quod vitae sectabor iter?‹ (Welchen Lebensweg soll ich wählen?)

Ein Fremder stand vor ihm, der eine Gedichtzeile deklamierte, die mit *Est et Non* begann. Descartes erzählte ihm, daß er diese Verse aus den »Idyllen« des Ausonius gut kenne und sie in eben der Gedichtsammlung enthalten seien, die er vor sich habe. Er wollte dem Manne das Gedicht zeigen und begann, in der Anthologie zu blättern. Noch während er suchte, fragte ihn der Fremde, woher er dieses Buch habe, und Descartes berichtete ihm, daß er zuvor ein anderes hatte, das aber nun verschwunden sei. Kaum hatte er das gesagt, tauchte der Dictionnaire wieder auf, aber er war nicht mehr vollständig. Deshalb wandte Descartes sich wieder der Gedichtsammlung zu. Aber auch dort fand er nicht, was er suchte: Das Gedicht, das mit ›Est et Non‹ begann, fehlte hier. Descartes erzählte dem Fremden, daß er ein noch schöneres Gedicht desselben Autors kenne, das mit der Zeile ›Quod vitae sectabor iter‹ beginne. Der Fremde bat ihn, dieses Gedicht zu suchen. Während Descartes damit beschäftigt war, verschwanden der Mann und das Buch.

Noch im Schlaf begann Descartes seine Träume zu deuten: Die ersten beiden Träume bezogen sich auf die Vergangenheit, der dritte aber sagte ihm eine glänzende Zukunft voraus: Der Dictionnaire verkörperte das gesamte wissenschaftliche Wissen seiner Zeit; die Gedichtsammlung symbolisierte Philosophie und Lebensweisheit. Die Verse über die Ungewißheit des Lebensweges faßte er als weisen Rat auf.

Aus dem Schlaf erwacht, fuhr Descartes mit seiner Interpretation fort. Der Donner des zweiten Traums kündigte seiner Ansicht nach den Geist der Wahrheit an. Die Gedichtsammlung verhieß ihm, daß er die göttliche Offenbarung begreifen werde; und der Vers ›Est et Non‹ – nichts anderes als das ›Ja und Nein‹ der Pythagoräer – bedeutete ihm, daß er eines Tages das Wesen menschlicher Erkenntnis wie die Methoden der Wissenschaften verstehen werde. Von seinen Träumen bestärkt, faßte Descartes den Entschluß, künftig der Wahrheit seiner Visionen nachzugehen. Descartes' Ergriffenheit legte sich nach einigen Tagen. Er war jedoch nun sicher, bei seiner Suche nach den Fundamenten der ›mirabilis scientiae‹ (wunderbaren Wissenschaft) auf dem richtigen Weg zu sein. Was war dieser Weg, den Descartes nun so deutlich vor sich sah? Es war die *Methode der Vernunft,* die allen Wissenschaften Vereinheitlichung und Erleuchtung bringen sollte.

Achtzehn Jahre vergingen, bis der Welt Einzelheiten über diese grandiose Vision und über die *mirabilis scientiae fundamenta* – die Grundlagen einer wunderbaren Wissenschaft – mitgeteilt wurden. Sie sind – in der Art und Weise, wie Descartes sie zu jenem Zeitpunkt darzustellen vermochte – in der Abhandlung »Von der richtigen Methode des Vernunftgebrauchs und der wissenschaftlichen Wahrheitsforschung« enthalten. Seine Methode sollte nach Descartes' Willen bei jeglicher wissenschaftlicher Forschung Anwendung finden. Sie schreibt vor:

a) nur dasjenige ist als wahr anzunehmen, was der Vernunft so klar ist, daß jeglicher Zweifel ausgeschlossen bleibt;
b) größere Probleme sind in kleinere aufzuspalten;
c) es soll immer vom Einfachen zum Zusammengesetzten hin argumentiert werden; und
d) das Werk ist einer abschließenden Prüfung zu unterwerfen.

Descartes war zuerst und vor allem Geometer; er pflegte alle Probleme zunächst in geometrische zu übersetzen. Was seiner Methode Substanz verleiht, ist ihre Anwendung in der Mathematik, der Wissenschaft von Raum und Quantität und den einfachsten und sichersten Vorstellungen des Geistes.

Als ich die High-School besuchte und erstmals von der analytischen Geometrie (auch »Koordinaten-« oder »Kartesianische Geometrie« genannt) hörte, hielt ich diese für die Methode, alle Probleme der Geometrie auf entsprechende Probleme der Algebra zurückzuführen. Die Wahrheit ist nicht so einfach. Keiner, der mit der analytischen Geometrie in ihrer heutigen Form vertraut ist, würde diese in Descartes' Abhandlung wiedererkennen. Was sich bei Descartes tatsächlich findet, ist weniger eine Koordinatengeometrie als eine Algebraisierung der Konstruktionen mit Zirkel und Lineal. Die Koordinatengeometrie, wie sie heute gelehrt wird, umfaßt die Einführung rechtwinkliger Achsen in die Ebene, die Zuordnung zweier Koordinaten (oder Adressen) zu jedem geome-

DISCOURS

DE LA METHODE

Pour bien conduire ſa raiſon,& chercher
la verité dans les ſciences.

PLUS

LA DIOPTRIQVE.

LES METEORES.

ET

LA GEOMETRIE.

Qui ſont des eſſais de cete METHODE.

A LEYDE

De l'Imprimerie de IAN MAIRE.

cIɔ Iɔ c xxxvII.

Avec Privilege.

Titelseite von Descartes' Abhandlung

trischen Ort und die Ersetzung von geraden und gekrümmten Linien durch geeignete algebraische Gleichungen. In ihrer modernen Form ist die Kartesianische Geometrie ebensosehr das Werk von Descartes wie das seiner Zeitgenossen und deren Nachfolger.

Es ist zutreffend, daß die analytische Geometrie im Sinne der formalen Logik eine Maschinerie darstellt, die es erlaubt, die Wahrheit geometrischer Aussagen automatisch zu entscheiden. Dies bewies 1931 der Logiker Alfred Tarski. Tarskis Algorithmus ist aber nicht so beschaffen, daß er auf die von der Praxis gestellten geometrischen Probleme anwendbar wäre. Er ist derart komplex, daß er selbst zeitgenössische Computer zurückschrecken läßt ... Arbeitet man praktisch mit der analytischen Geometrie, ist oftmals Einfallsreichtum erforderlich, um eine passende algebraische Formulierung zu finden und deren Einzelheiten zu handhaben. Andererseits kann die Algebra selbst so beeindruckend sein, daß sie den ursprünglich vorausgesetzten automatischen Charakter der Methode vergessen läßt. Und wegen der Ausdruckskraft und Universalität seiner Vision wie seiner Philosophie, die das individuelle Denken in den Mittelpunkt rückte, ist es gerechtfertigt, Descartes den ersten neuzeitlichen Wissenschaftler zu nennen und uns alle als Kartesianer zu bezeichnen.

Was beunruhigte Descartes? Paul Valéry, der Descartes sein Leben lang studierte, schrieb in sein Tagebuch: »Ergründe, was Descartes wollte, was für ihn zu wollen möglich war, wonach er trachtete, selbst wenn es nur halb bewußt war. Dort liegt die Basis, der strategische Punkt, den es zu ergründen gilt.«

Einige Gelehrte glauben, daß Descartes mit den Rosenkreuzern sympathisierte. Viele Wissenschaftler jener Zeit waren Mitglieder dieser Bruderschaft oder hatten zumindest deren Lehren studiert. Die zitierten Gelehrten denken, daß Descartes den hermetischen und alchemistischen Universalismus der Rosenkreuzer auf das Niveau der präzisen Vernunft heben wollte, wie er sie in der mathematischen Deduktion verkörpert fand. Ganz allgemein wird angenommen, daß Descartes den damaligen Stand des Wissens als eine Mischung von Tatsachen und Einbildungen, von Legenden und Gerüchten, Vermutungen und Vorurteilen, von Lehrmeinungen und Dogmen betrachtete. Sie alle waren seiner Meinung nach erfüllt von einer abgedroschenen und unwirksamen Metaphysik und beruhten auf chaotischen und irreführenden Methoden. All dies wollte er reformieren und umstürzen, beseitigen und durch eine die Wahrheit enthüllende Methode ersetzen. Diese sollte sicher sein und der Wissenschaft eine veränderte Philosophie und eine neue Theorie der Wahrheit liefern. In den Dienst dieses großartigen Vorhabens stellte Descartes sein Leben, indem er sagte: »Ich habe es über Königreiche und Throne gestellt, und alle errungenen Reichtümer sind nichts im Vergleich zu ihm.«

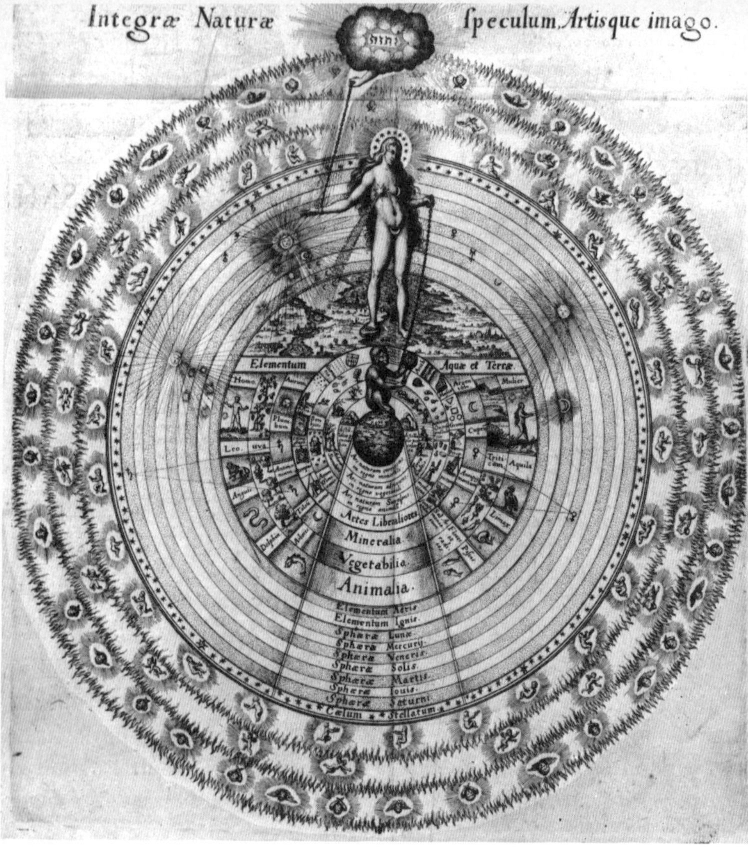

Das Weltall, wie man es 1617 sah. Plan von Robert Flud.
Aus: »Utriusque Cosmi Metaphysica«, Oppenheim, 1617.

Ohne diese Darstellung bestreiten zu wollen, habe ich doch meine eigenen Vorstellungen über Descartes' Programm. Ich stelle ihn mir gerne als kleinen Jungen vor, der mit einem mathematischen Problem beschäftigt ist. Er versucht, dieses zu lösen, aber nichts gelingt ihm. Er bleibt stecken. Er kann das Problem einfach nicht lösen. Diese Vorstellung hat nichts Ungewöhnliches an sich. Alle Mathematiker bleiben gelegentlich stecken. Die allergrößten mathematischen Genies bleiben stecken. Der Beweis dieser Behauptung liegt auf der Hand: Es gibt immer berühmte ungelöste Probleme. Die Tatsache, daß einige dieser Probleme letztendlich doch gelöst werden, ist unwichtig. In jeder Generation gibt es etwas, was die besten Köpfe nicht bewältigen können.

Die Mathematik ist nach Descartes eine Angelegenheit des Geistes. Ihre Wahrheiten, die sie, ausgehend von sicheren Hypothesen durch kleine und zuverlässige Denkschritte des Menschen findet, werden von Gott verbürgt. Warum sollte sich das Denken selbst behindern? Wenn es ein Problem begreifen kann, sollte es gleichfalls imstande sein, den Weg zu einer Lösung aufzuzeigen.

Ich stelle mir gerne vor, daß sich im jungen Descartes, als er stecken blieb, eine Art kosmischer Zorn gebildet hat, der sein Leben lang anhielt. Er trachtete danach, diesen durch die Entdekkung einer Methode zu besänftigen, die garantiert immer Antworten findet. Valéry bemerkt hierzu: »Mit dieser Methode errang er den überwältigendsten Sieg, den jemals ein Mensch errungen hat, der sein Genie dazu verwandte, Genialität überflüssig zu machen.«[1]

Descartes' Vision wurde zum Geist der Neuzeit. Zwei Generationen später sprach der Mathematiker und Philosoph Leibniz von der »characteristica universalis«. Das war der Traum einer universellen Methode, mit deren Hilfe alle Probleme der Menschheit, seien sie nun wissenschaftlicher, juristischer oder politischer Natur, vernünftig und systematisch durch einen logischen Kalkül gelöst werden sollten.

In unserer Generation sind die Visionen von Descartes und Leibniz überall verwirklicht.

Der Kartesianismus fordert den Vorrang für die Mathematisierung der Welt.

Anmerkung:

1 Vgl. dazu die Rede Valérys auf dem 9. Internationalen Kongreß für Philosophie zum **Discours de la méthode** in der Sorbonne 1937, dt. in Paul Valéry, **Werke**, Band 3, »Frankfurter Ausgabe« 1988 (Titel **Descartes** sowie **Zweite Ansicht von Descartes**), bzw. P. Valéry, **Cahiers/Hefte**, Frankfurt 1987 ff. (im Register) (A. d. Ü.)

Weiterführende Literatur:

W. de la Mare; J. Maritain; P. Valéry, J. Vrooman
(s. a. Bibliographie)

Das Traumbild heute

Wir wollen im folgenden einen knappen Überblick zur Entwicklung der Mathematik geben, wie sie seit Descartes' Traum stattgefunden hat. Hierzu müssen wir uns eine Vorstellung vom Stand der Mathematik in Descartes' Tagen machen.

Im wirtschaftlichen Bereich war die Arithmetik von Kaufen und Verkaufen, von Schulden und Zinsen seit langem gängig. Die Seefahrtsversicherungen zum Beispiel haben ihre Wurzeln im 15. Jahrhundert, Unfall- und Lebensversicherungen kamen zu Descartes' Lebzeiten auf. Seit alters waren Lotterie und Glücksspiel wohlbekannt, ihre gründliche theoretische Behandlung beginnt aber erst im 16. Jahrhundert.

Was die Astronomie anbelangt, so war unser heutiger Kalender mit einigen geringfügigen Abweichungen im Gebrauch. Rein arithmetische Methoden zur Berechnung der Mond- und Planetenstände waren seit der Antike bekannt. Das Werk von Ptolemäus aus Alexandria brachte die Rechenfertigkeit der Astronomen im zweiten Jahrhundert nach Christus auf ein hohes Niveau. Die geometrisch-schematische Beschreibung von Kopernikus und die sich hieran anschließenden Untersuchungen von Kepler, Tycho Brahe und Galilei führten bald zum revolutionären Werk Newtons. In ihm wird, gestützt auf die Entwicklung der Differential- und Integralrechnung, die Mechanik, insbesondere die Bewegung der Planeten, auf ein System von Differentialgleichungen zurückgeführt.

Die Bestimmung von Längen, Oberflächen und Rauminhalten geometrischer Figuren war seit den Tagen Euklids (325 v. Chr.) und Archimedes (225 v. Chr.) bekannt. Die Geometer beherrschten die Vermessungskunde sowie einige statische Probleme, die der

Architektur entstammten. Im Laufe des 16. Jahrhunderts wurden die Geometrie der Kugeloberfläche und damit verwandte geographische Probleme wie Kartographie und Navigation ausgiebig behandelt. Anfänge mathematischer Theorien lagen in der Optik, in der Lehre von der Perspektive, in der Hydrostatik und -dynamik sowie in der Harmonielehre vor. Bereits die Pythagoräer mathematisierten die Musik, als sie um 500 v. Chr. die Beziehung zwischen Tonhöhe und Saitenlänge entdeckten. Die »Sphärenharmonie«, jener Versuch, die Konzepte von Musik, Astronomie und Mathematik zu vereinigen, war eine Vorstellung, die Descartes durch die damals neuen Spekulationen des Astronomen Kepler bekannt gewesen sein muß. Die Astrologie, zu Descartes' Zeiten eng mit der Medizin, der Chemie und der Kunst der Weissagung verbunden, war in hohem Maße mathematisiert. Die Methode, mit der sie versuchte, Zusammenhänge herzustellen, war, obwohl letztlich erfolglos, nach unseren Maßstäben nicht unwissenschaftlich zu nennen. In jedem Fall war sie wichtig, insofern sie neue Probleme im Bereich der angewandten Mathematik aufwarf und zur Verfeinerung der bereits in Gebrauch befindlichen Rechenverfahren beitrug. In Descartes' Umwelt war eine Vielzahl von mathematischen Instrumenten in Gebrauch: Der Abakus (ein Rechenbrett) und die Sonnenuhr waren antike Erfindungen; Vorformen von ihnen gehen bis ins Jahr 3500 v. Chr. zurück. Der zur Winkelmessung dienende Quadrant stammt aus dem 8. Jahrhundert v. Chr. Das Astrolabium, das zur Bestimmung der Uhrzeit und der geographischen Breite diente, geht bis ins dritte Jahrhundert v. Chr. zurück. – John Napier hatte 1614 seine Logarithmen veröffentlicht, die die Kunst des praktischen Rechnens ein gutes Stück voranbrachten und die schließlich zu einer grundlegenden Idee der theoretischen Mathematik werden sollten.

Zwölf Generationen sind vergangen, seit Descartes seinen Traum träumte. Wie steht es heute um die erhoffte Mathematisierung der Welt?

Die Naturwissenschaften Physik, Astrophysik und Chemie sind im 20. Jahrhundert, was ihre theoretischen Teile angeht, rein mathematisch. Tatsächlich gilt die Ausdrückbarkeit in der Sprache der Mathematik beinahe als Kriterium für den wissenschaftlichen Status einer Theorie. Es ist fast zu einem Glaubensbekenntnis geworden, anzunehmen, daß es immer möglich sein wird, eine passende Mathematik zu erfinden, sollte die verfügbare Mathematik zur Beschreibung eines beobachteten Phänomens nicht ausreichen.

Biologie und Medizin, die Wissenschaften organischer Natur, werden zunehmend mathematisch. Mathematische Beschreibungen für die Kontrollmechanismen physiologischer Prozesse wurden gefunden; die Genetik, die Morphologie, die Bevölkerungsstatistik, die Epidemiologie (die Lehre von der Ausbreitung ansteckender Krankheiten) und die Ökologie haben alle ihre mathematische Basis erhalten.

Was Soziologie und Psychologie betrifft, so fällt unsere Übersicht weniger einheitlich aus. Die Anhäufung und Auswertung von psycho-sozialen Statistiken ist zu einem großen Geschäft geworden, das oft politisches Handeln mitbestimmt. Erheben von Stichproben, Befragen und Testen beeinflussen wiederum unser wirtschaftliches und politisches Verhalten.

Ökonomische Theorien sind ohne einen soliden mathematischen Hintergrund nicht verstehbar. Die Theorie des Wettbewerbs, der wirtschaftlichen Zyklen und der ökonomischen Gleichgewichtszustände erfordern Mathematik der schwierigsten Art. Es wird verlangt, in die Wirtschafts- und Militärpolitik Spiel-, Entscheidungs- und Optimierungstheorie einzubeziehen.

Unsere Rentenversicherung hat ihre letzten Investitionen womöglich unter Verwendung der neuesten Liquiditätstheorie vorgenommen. Die Qualität unseres zukünftigen Lebens auf Erden wird vorausgesagt mit Hilfe von Methoden der ökonomischen Zeitreihenanalyse; industrielle und institutionelle Aktivitäten werden vielleicht bald unter Benutzung der mathematischen Steuerungstheorie geplant.

Die Linguistik befaßt sich gegenwärtig eher mit formalen (das heißt mathematik-artigen) Sprachen als mit der Zusammenstellung eines Navajo-Englischen Wörterbuchs. Mathematik ist in musikalische Kompositionen eingeflossen und in Choreographie und Kunst vorgedrungen.

Jede Computerisierung hat eine mathematische Grundlage. Der Digitalrechner ist das mathematische Instrument *par excellence*. Seine vielfältigen Möglichkeiten werden unter anderem thematisiert in der Zeitschrift »Perspectives in Computing« (»Perspektiven der Berechnung«), herausgegeben von IBM. Diese Publikation enthält zahlreiche Artikel von Akademikern und erfreut sich einer weiten Verbreitung. Das Ziel der Zeitschrift ist es, Wege aufzuzeigen, wie der Computer in vorteilhafter Weise in *allen* akademischen Disziplinen, angefangen bei Analysis und geschriebener Poesie bis hin zur Zusammenstellung heiliger Texte aus Tibet, eingesetzt werden kann.

Die letzte Digitalaufnahme von Bachs B-Moll-Messe wurde produziert, indem man die akustischen Wellen mit Hilfe der Schnellen-Fourier-Transformierten filterte. Letztere befand sich auf einem Chip. Wollen Sie wissen, wie eine Ratte es lernt, in einem Labyrinth zurechtzukommen? Dann mag Ihnen eine geeignete Markovmatrix die Antwort geben (obwohl sich die Ratte beklagen könnte, daß ihr Verhalten dabei zu stark vereinfacht wurde).

Möchten Sie wissen, wie sich die New Yorker Müllabfuhr optimal durch die Straßen Manhattans schlängeln kann? Dann wird Sie die Arbeit von A. C. Tucker aus dem Jahre 1973 über perfekte Graphen aufklären.

Es gab Versuche, eine mathematische Definition von »Leben« mit Begriffen aus der Komplexitätstheorie zu geben. Untersuchungen wurden angestellt, in denen die Spannungen zwischen Gott und den Menschen, von denen das Alte Testament berichtet, als spieltheoretische Beispiele behandelt werden. Das Problem des Bösen wurde mit Mitteln der Transformationstheorie analysiert. All dies und noch viel, viel mehr würde also Descartes vorfinden, kehrte er in den letzten Jahren des 20. Jahrhunderts auf die Erde zurück. Anscheinend gibt es kaum ein Gebiet, das die Mathematik noch nicht durchdrungen hat oder zukünftig durchdringen wird. Genauso wie alle materiellen Gegenstände dem Gravitationsgesetz unterworfen sind, wo auch immer sie sich befinden, und Paulus behaupten konnte, »ich bin allen alles«, ist die Mathematik durch ihre Fähigkeit, Anzahl, Raum, Muster, Anordnung, Struktur und logische Folgerung zu behandeln, zum alles verbindenden Klebstoff unserer rationalisierten Welt geworden. So wie Descartes es gewollt hat.

Weiterführende Literatur:
C. Boyer; COSRIMS; M. Dertouzos und J. Moser; M. Gaffney und L. Steen; M. Kline; P. Lax; J. Newman; Z. W. Plyshyn; S. Pollack; L. Steen
(s. a. Bibliographie)

Die Grenzen der Mathematik

Einen Augenblick! Kann wirklich alles mathematisiert werden? Gibt es irgend etwas in der Welt, das niemals Gegenstand einer mathematischen Theorie werden kann? Gewiß – was die materielle Welt anbelangt, so glauben wir nicht, daß es darin etwas Unmathematisierbares gibt. Es mag Phänomene wie zum Beispiel die Strudelbildung geben, deren mathematische Beschreibung so komplex ist, daß wir weder in der Lage sind, sie zu analysieren, noch sie mit vernünftigem Zeitaufwand zu berechnen. Dennoch vertrauen wir darauf, daß die Physik jedes Phänomen erklären kann. Und zwar mit Hilfe des mathematischen Formalismus – sei es nun der alte der Differentialgleichungen mit Anfangs- und Randbedingungen oder der moderne der Abbildungen zwischen hoch- oder unendlichdimensionalen, nichtlinearen, differenzierbaren Mannigfaltigkeiten.

Also müssen wir, um nicht-mathematisierbare Gegenstände zu finden, von der materiellen Welt absehen. Welche andere Welt gibt es? Wenn Sie ein hinreichend fanatischer Anhänger des mechanischen Materialismus sind, werden Sie sagen: gar keine!

Pause. Ende der Diskussion.

Denken Sie etwas menschlicher, so wird Ihnen bewußt sein, daß es Phänomene gibt wie Gefühle, Glauben, Geisteshaltungen, Träume, Absichten, Sehnsüchte und vieles andere mehr. Und diese innere Welt eines Menschenlebens kann keineswegs mathematisiert werden.

Einige Psychologen und Soziologen, die mit Fragebögen und Chi-Quadrat-Tests umhergehen, geben vor, das menschliche Denken quantitativ zu erforschen. Aber die meisten dieser Untersuchungen verfehlen ihr Ziel dermaßen weit, daß der Kritiker kaum

»tsss ...« zu machen braucht. Diese Forscher stolpern über ihre eigene Absurdität und ihr eigenes Getöse.

Ich möchte nicht behaupten, daß einzig das Innenleben eines Individuums jenseits der Mathematik liegt. Das gilt im höheren Maße noch für das Innenleben der Gesellschaft, also für die Kultur selbst. Beispiele hierfür sind: Literatur, Musik, Politik, die Strömungen und Bewegungen der Geschichte sowie der Unsinn und die Alltäglichkeiten, die unsere Zeitungen füllen. All dies entzieht sich dem Computer und liegt jenseits von Gleichung oder Ungleichung. Wie vieles andere mehr ...

Weiterführende Literatur:
B. Arden; H. Dreyfus (1979); J. Eccles und D. Robinson
(s. a. Bibliographie)

Ertrinken wir in Ziffern?

Unlängst hat die Post den Postleitzahlen weitere vier Stellen hinzugefügt. Sie verspricht uns einen besseren Service, aber garantieren kann sie dafür nicht. Um England anzurufen, muß ich fünfzehn Ziffern wählen (dafür erlebe ich aber den Nervenkitzel, den Ozean aus eigener Kraft zu überbrücken). Institutionen, die trickreiche neue Telefonsysteme installieren ließen, schicken ihre Sekretärinnen auf Lehrgänge; dort lernen sie, wie man die Zentrale in der Halle erreicht. Damit ich Tag und Nacht über Geld verfügen kann, ermutigt man mich, eine Zauberkarte zu erwerben und mich an ein Nummernsystem zu halten. Ich habe keinerlei Zweifel, daß ich in wenigen Jahren einige vorbereitende Programmierungen durchzuführen haben werde, um eine öffentliche Toilette benützen zu können. Einfach ein Geldstück in den Schlitz zu werfen, wird zu den geheiligten Einfältigkeiten der Vergangenheit gehören. Ertrinken wir in Ziffern? Ist das Ende in Sicht?

Ja, wir ertrinken, aber das Ende ist noch nicht in Sicht. Hinter all den Ziffern steht die Tatsache, daß unsere Zivilisation computerisiert worden ist. Wir befinden uns in den Fängen der Symboljongleure und Zahlenknacker. Die wahre Natur dieser Sklaverei wird oft übersehen. Sie ist nämlich keine Knechtschaft gegenüber einem einzelnen Computer; vielmehr entsteht sie aus der totalen Computerisierung der *Informationsquellen* und der *Kommunikationsmöglichkeiten*. Jedesmal, wenn ein Zahnarzt einen hohlen Zahn füllt, findet das irgendwo ein Computer heraus und schickt eine Rechnung. Dem Computernetzwerk entkommen? Keine Chance! Ihr Schwiegersohn hat vielleicht einen guten Job als Programmierer eines Reklamefeldzuges für Computer. Der Zahnarzt besitzt selbst IBM-Aktien.

Verarbeitung von Zahlen und Symbolen – das macht auch die Mathematik aus. »Studiere Mathematik! Dann stehen Dir alle Türen offen.« Die Mathematik hat sich mit dem mechanischen Denken und dem Geld verbunden – nach Ansicht einiger ist diese Kombination *die* Monstrosität unseres Zeitalters. Für andere hingegen ist sie der gerade Weg zur Erlösung. Im neuen Jerusalem sprechen die Leute FORTRAN oder BASIC. Ein Computerspiel könnte die Erscheinung Gottes sein. »Ich berechne, also bin ich«* lautet der neue Existenzbeweis. Wir alle sehen die Segnungen des Computerzeitalters: Flüge zum Mond und Herzschrittmacher. Noch wissen wir aber nicht um den Preis, der für den Zustand der Super-Digitalisierung zu zahlen sein wird.

Heute zeichnet sich die Mathematisierung unseres intellektuellen und emotionalen Lebens ab. Mathematik wird nicht mehr ausschließlich in den Naturwissenschaften angewandt, wo Erfolge seit Hunderten von Jahren an der Tagesordnung sind, sondern auch in Ökonomie, Soziologie, Politologie, in den Sprach- und Rechtswissenschaften sowie in der Medizin. Diese Anwendungen beruhen auf der fragwürdigen Annahme, daß die Probleme jener Gebiete durch Quantifizierung und Berechnung gelöst werden können. Es gibt kaum etwas, dem wir keine Zahlen zuordnen könnten. Den Operationen, die es uns angeblich ermöglichen, diese Zahlen zu interpretieren, sind keine Grenzen gesetzt. Wir werden mit Fragebögen und Statistiken überhäuft. Computer in der Hand unkritischer Bediener spucken Standardabweichungen und Korrelationskoeffizienten aus. Diese werden dazu verwendet, uns in Übereinstimmung mit den Schlußfolgerungen der Befrager zu bringen (Denken Sie, Sie sind deprimiert? Ja: 17%. Nein: 48%. Ich weiß nicht, was deprimiert bedeutet: 12%. Andere Antworten: 23%). Die Manager der Kriterien erzählen uns, daß wir die Gesellschaft ändern sollten, damit diese oder jene Norm optimiert wird. Sie gründen hierauf ihre Politik. Aber niemand kann sagen, warum gerade dieses Kriterium das richtige sein sollte.

Der Computer zeichnet sich durch seine präzise Sprache aus,

* Anspielung auf Descartes' »Cogito ergo sum« (Ich denke, also bin ich), oft zitiert als Anfangssatz der neuzeitlichen Philosophie schlechthin. (A. d. Ü.)

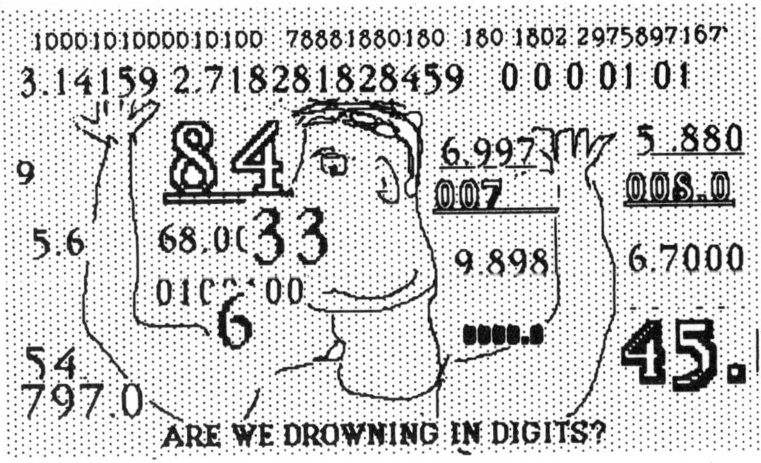

durch genaue Anweisungen und abstrakte, allgemeine Programme, wobei die zugrunde liegende Bedeutung dessen, was getan wird, zweitranging ist. Deshalb wird eine exzessive Computerisierung zu einem Leben mit formalen, an sich bedeutungslosen Handlungen führen. Sie begünstigt einen geisttötenden Formalismus.

Oft wird der Computer als neutraler, aber williger Sklave beschrieben. Die Gefahr hierbei ist nicht, daß der Computer ein Roboter ist. Sie besteht vielmehr in einer zunehmenden Roboterisierung des Menschen, in dem Maße, wie er Abstraktheit und Rigidität des Computers übernimmt.

Das Problem der kommenden Jahre besteht darin, in einem Meer neutraler Symbole Bedeutungen zu schaffen.

Die stochastisierte Welt: bloß eine Frage des Geschmacks?

Eine faire Münze* wird geworfen. Ein bestimmter Vorgang gilt als Ergebnis des Wurfes; dies ist ein Ereignis von vollkommener Unbestimmtheit.

Der Wurf zeigt keinerlei Neigung, und dieses Fehlen von Neigung läßt ihn zu einem Ereignis höchsten ethischen Niveaus werden.

Durch seine Unbestimmtheit beweist der Wurf, daß er von der Welt der Bedeutungen vollständig getrennt ist; deshalb ist er ein Ereignis auf niedrigstem ethischen Niveau.

Diese Zweideutigkeit der Ebenen verleiht dem Wurf Bedeutung.

Das fremdartige Wort »stochastisch«, das trotz seines merkwürdigen Klanges in wissenschaftlichen Kreisen gegenwärtig sehr beliebt ist, bedeutet zufällig, unerwartet oder chaotisch. Die Stochastisierung der Welt (man möge uns diesen Zungenbrecher nachsehen) bezeichnet einen bestimmten Standpunkt. Dieser gibt vor, daß Zufälligkeit, Willkür und Wahrscheinlichkeit als reale, objektive und fundamentale Aspekte der Wirklichkeit anzusehen sind. Der Terminus schließt ebenfalls die Verwendung derjenigen Methoden der mathematischen Statistik und Wahrscheinlichkeitstheorie ein, die das Chaos eines einzelnen, nicht vorhersagbaren Ereignisses auf weniger wilde und besser prognostizierbare Modelle zurückführen sollen. Das »Gegenteil« von stochastisch ist deterministisch. Aber wir haben in einer Welt zu leben gelernt, die

* Treten »Kopf« und »Zahl« mit gleicher Wahrscheinlichkeit auf, so heißt die Münze fair. Eine 1:1-Wette wäre mit einer solchen Münze korrekt. Praktisch kann man die Fairness einer Münze nicht feststellen; es handelt sich letztlich um ein theoretisches Konstrukt. (A. d. Ü.)

zugleich stochastisch und deterministisch ist. Deshalb wäre das Verhältnis der beiden Begriffe besser mit »komplementär« als mit »gegenteilig« zu beschreiben.

Warum sollten wir das Wort »stochastisch« verwenden, wenn doch das vertraute »statistisch« naheliegt? Sind nicht beide Wörter gleichbedeutend? Hierauf lautet die Antwort: Im heutigen Sprachgebrauch bezieht sich »statistisch« auf das Sammeln quantitativer Daten und auf die Ableitung von Folgerungen. Das Wort »stochastisch« ist inhaltsreicher: Es weist auf ein umfassendes begriffliches Schema für unsere Umwelt hin, in dem Zufälligkeit ein hervorstechendes *Merkmal* ist. Dieses Schema ist sowohl theoretischer wie praktischer Natur; es ist philosophisch und zugleich methodologisch.

Viele der Zahlen, die täglich gedruckt werden, haben eine stochastische Basis. Wir lesen die Prozentzahl von kinderlosen Ehepaaren in New York, die Anzahl der Personenwagen, die vierköpfige Familien aus Orlando, Florida, im Durchschnitt besitzen, und die Wahrscheinlichkeit für das Gelingen einer Organtransplantation. Eine Marktübersicht schätzt das monatliche Verkaufsvolumen eines Schnellrestaurants an einem bestimmten Ort. Wir erfahren, daß eine Versicherungsgesellschaft aufgrund der günstigen Entwicklung imstande war, die Beiträge um 0,82 Dollar pro tausend Dollar Versicherungssumme zu senken. Bei solchen Informationen ist stets mitbeabsichtigt, eine bestimmte Einstellung zu erzeugen und Reaktionen zu provozieren. Wenn zum Beispiel mitgeteilt wird, daß die Englischnoten der Zehntkläßler aus Iowa schlechter sind als diejenigen der Zehntkläßler in Nebraska, dann glaubt vermutlich jeder Leser oder Hörer in Iowa, daß hier etwas unternommen werden muß.

Die Stochastisierung der Welt durchdringt derartig unser Denken und Verhalten, daß sie als ein charakteristischer Zug unseres modernen Lebens bezeichnet werden darf. Unsere Versicherungen und unsere Alters- und Sozialvorsorge beruhen auf Begriffen der Zufälligkeit. Auswählen, Stichproben ziehen, Wahlprognosen und Schultests sind stochastische Begriffe. Dies sind gewaltige Unternehmungen! Die Mendelsche Biologie ist eine ausgedehnte Übung in mathematischer Wahrscheinlichkeitstheorie. »Wie groß«, fragte der Gastgeber der Talk-Show im Radio, »ist die Wahrscheinlichkeit, daß schizophrene Eltern ein schizophrenes Kind bekommen?« Postwendend meldete sich ein Arzt, der zugehört hatte und nannte die gesuchte Zahl. Die Quantenmechanik beruht auf Wahrscheinlichkeit ebenso wie die Theorie experimenteller Messungen. Das Testen von Alternativen – ist dieser Dünger besser als jener, ist diese Medizin besser als jene – setzt statistische und wahrscheinlichkeitstheoretische Überlegungen voraus.

Wie groß ist die Wahrscheinlichkeit, daß eine durch Mikrowellen übertragene Nachricht ihren Bestimmungsort verstümmelt erreicht? Läßt sich diese Wahrscheinlichkeit durch geeignete Codierung der Botschaft verringern? Mathematiker und Kommunikationstheoretiker haben Bände gefüllt mit dieser einen Frage. Die Lösung beruht auf einer probabilistischen Definition von »Kapazität eines Kanals«, ergänzt um subtilste kombinatorische Analysis. Theorien der Mustererkennung werden von Wissenschaftlern formuliert, die in Wahrscheinlichkeitstheorie geübt sind. Die Epidemiologie – das Studium der Ausbreitung ansteckender Krankheiten – arbeitet mit Modellen, die auf stochastischen Differentialgleichungen beruhen.

Möchten Sie wissen, wer der Autor der anonymen »Federalist Papers« gewesen ist? Hamilton oder Madison? Rufen Sie die Literaturdedektive an! Diese haben das Dokument einer ganzen Serie von computergestützten statistischen Tests unterworfen. Sie werden einige Worte über das Bayessche Gesetz murmeln und sich freuen, Ihnen eine Antwort geben zu können.

Der Zwang, Entscheidungen angesichts der Unsicherheiten des Lebens zu treffen, ruft nach dem Wahrscheinlichkeitstheoretiker und nach dem Spieler.

Der Sport wird zunehmend mathematischer und von »Zuständen« erobert. Nehmen wir als Beispiel Baseball. Einer der großen Baseballtheoretiker hat einen Zahlenindex erfunden, der den Wert eines Spielers ausdrückt. Wie findet man den wirklichen Wert eines Spielers heraus? Ein geläufiges Schema schlägt folgendes vor: Zuerst berechne man die Offensivrate des fraglichen Spielers (das ist die Anzahl der Läufe, die er pro Auszeit hatte (25 und ½)); diese Zahl wird der besonderen Situation im Heimstadion des Spielers angepaßt. Dann bilde man die »Verantwortlichkeit« eines Spielers, die auf der Anzahl der Auszeiten, die er verursacht hat, beruht. Berücksichtigt man nun das in Prozentzahlen ausgedrückte Gewinn-Verlust-Verhältnis, so erhält man eine Gewinn-Verlust-Zahl für jeden Spieler. Diese wird nun kombiniert mit einer Defensivrate, die Fehler, Doppelspiel, totale Chancen und andere wichtige Spielsituationen berücksichtigt. Auf diese Weise gelangt man schließlich zu einer Zahl, die den Beitrag des Einzelspielers zur Mannschaftsleistung wiedergibt.[1]

Als man ein nationales Komitee aus Trägern des Hosenbandordens bildete, das Empfehlungen hinsichtlich möglicher Nachwirkungen des Atomunglücks in Three Mile Island aussprechen sollte, wurde der Präsident des Dartmouth College, John Kemeny, zum Vorsitzenden ernannt. Kemeny ist ein bekannter Experte der Wahrscheinlichkeitstheorie.

Die Welt ist tatsächlich stochastisiert, und sie wird es von Tag zu Tag mehr. Eine Person kann kaum zum Sheriff von Penobscot County kandidieren, ohne einen eigenen Meinungsforscher anzuheuern. Die Färbung einer neuen Zahncreme – ob mit Zebrastreifen oder lieber mit Polkapunkten – kann Gegenstand einer großen Marktstudie sein, für die Millionen von Dollar eingesetzt werden. Die stochastische Sicht der Welt kann in Gesetze eingebaut werden. In einigen Staaten enthält die Wahl der Geschworenen ein stochastisches Element. Will man sein Auto zulassen, so muß man zuvor eine Haftpflichtversicherung abschließen; will man eine Hypothek auf ein Haus aufnehmen, so muß man eine Feuerversicherung abschließen. Die Existenz der Versicherungspolice, sei sie nun aufgrund von Vorschriften oder freiwillig unterschrieben worden, wirkt natürlich auf das System zurück: Patienten werden streitsüchtig, Rechtsanwälte fächern jeden Funken von Habgier an, und Ärzte schließen Versicherungen gegen Kunstfehler ab. Die Gerichte, die sich dieser Tatsachen bewußt sind, verhängen unglaublich hohe Strafen, die wiederum die Versicherungsprämien in schwindelerregende Höhen treiben, damit letztlich alle möglichen Kosten erhöhen und so zur wirtschaftlichen Instabilität beitragen.

Der stochastische Geist sagt: »Gibt es Autounfälle? Ja, aber sichere Dich ab, indem Du Dich von Kopf bis Fuß mit Versicherungen eindeckst!« Der deterministisch eingestellte Geist hingegen befiehlt: »Untersuche die Ursachen. Bewirke Veränderungen. Laß Gesetze verabschieden. Hole die Betrunkenen von der Straße.« Die Klugheit rät: »Tue beides.«

Die Geschäftswelt wird in einer anderen Weise vom Geist der Stochastik durchdrungen. Entsteht Kapital durch säbelrasselnde ökonomische Abenteuer oder ist es vielmehr eine Erscheinungsform des verteilten Risikos? Viele Ökonomen denken das letztere. Sie weisen auf die Bildung großer Konzerne hin, in denen die hohen Profite einer gutgehenden Sparte aufgewogen werden durch die niedrigen Einnahmen oder gar Verluste in einer anderen.

Das Erstaunlichste ist jedoch, daß diese Sichtweise des Universums trotz ihrer heute beherrschenden Stellung »neu« ist. Sie ist knapp vierhundert Jahre alt. Wahrscheinlichkeitstheorie und Statistik können sich erst dann entwickeln, wenn wir bereit sind, eine der elementarsten mathematischen Operationen auszuführen und die Konsequenzen dieser Tat zu akzeptieren. Diese Operation ist die Mittelbildung. Nehmen wir an, es seien fünf Menschen in diesem Zimmer. Ihre Gewichte seien 161, 173, 154, 192 und 168 Pfund. Dann beträgt ihr Durchschnittsgewicht 169,9 Pfund. Kein Individuum im Zimmer hat aber dieses Durchschnittsgewicht! Wir schaffen also einen fiktiven Menschen – »den Durchschnittsmenschen«. Eine solche Person gibt es nicht. Im obigen Beispiel liegen drei Menschen unter dem Durchschnitt, zwei darüber. Nicht jedermann kann über dem Durchschnitt liegen – außer wenn dies ein Kongreßabgeordneter von seinem Wahlkreis behauptet. Wir erfinden eine neue Logik und eine neue Erkenntnistheorie: der »vernünftige Mensch« wird jetzt interpretiert als der »Durchschnittsmensch«.

Eine faire Münze wird dreimal geworfen. Wie groß ist die Wahrscheinlichkeit, genau zweimal »Kopf« zu erhalten? Die Antwort lautet $3/8$. Man kann sich vorstellen, daß sich dieser Wert durch Mittelung aus der Anzahl der günstigen Ergebnisse und der Anzahl aller möglichen Ergebnisse ergibt.

Ein individuelles Ereignis mag unvorhersagbar sein. Mittelt

man aber viele Ereignisse, so gelangt man zu Stabilität, Ordnung und gesetzmäßigem Verhalten. Es klingt unglaublich, daß der Vorgang der Mittelung bis ins 17. Jahrhundert hinein nicht bekannt gewesen ist. Das verspätete Auftauchen der Wahrscheinlichkeitstheorie gehört zu den großen Rätseln der Wissenschaftsgeschichte. Auffällig ist weiter, daß das Geburtsdatum der Wahrscheinlichkeitstheorie ziemlich genau mit dem jener Theorie (Differential- und Integralrechnung; A. d. Ü.) zusammenfällt, welche die andere große Weltsicht – die *deterministische Mechanik* von Galilei und Newton – wesentlich förderte. Diese Alternativen haben sich stets in einem merkwürdigen Prozeß gegenseitiger Stützung und Rivalität weiterentwickelt.

Es ist der Mühe wert, sich die Gründe in Erinnerung zu rufen, die für dieses verspätete Auftauchen des Wahrscheinlichkeitsbegriffes vorgebracht worden sind. Ich werde hier der von Ian Hakking in seinem witzigen und scharfsinnigen Buch »The Emergence of Probability« (»Das Auftauchen der Wahrscheinlichkeit«) gegebenen Zusammenfassung folgen.

Nach Hacking gibt es fünf wichtige Erklärungen, warum die Wahrscheinlichkeitstheorie so spät aufgetreten ist. Gemäß der ersten Ansicht waren die Wissenschaftler besessen von Determinismus und persönlichem Fatalismus. Waren die Zahnräder des Kosmos erst einmal in Gang gesetzt, so galt alles Nachfolgende als wohlbestimmt und deshalb potentiell erkennbar. Aber wie ließ sich Wissen über die Zukunft erlangen? Über Jahrhunderte hinweg war die Befragung des Zufalls eine geläufige Methode: Würfeln, Kartenlesen, Beobachten des Vogelfluges und das Studium der Eingeweide von Opfertieren sind wohlbekannte Beispiele hierfür. Kurz: man verwendete irgendeine Vorstellung der Wahrsager, Geisterbeschwörer und Seher.[2] Oftmals wurde angenommen, die Befragung des Zufalls enthülle den Willen Gottes (werfen wir nicht heute noch eine Münze, um uns unserer ethischen Fairness zu versichern?)

Nach der zweiten Ansicht glaubten die Menschen, Gott spräche durch den Zufall; demnach wäre die Konstruktion einer Theorie des Zufalls per se eine gottlose Tat. In jenen Perioden, in denen

Zur Vorgeschichte der Wahrscheinlichkeitstheorie:
römische Soldaten beim Würfelspiel (Zeichnung von W. Timmermann).

Religion und Leben untrennbar miteinander verbunden waren, blieb eine solche Theorie chancenlos.

Die dritte Erklärung sieht so aus: Um eine Theorie der Wahrscheinlichkeit formulieren zu können, bedarf es einer großen Zahl gut zugänglicher und leicht verständlicher empirischer Daten. Wir benötigen viele Beispiele von Mengen gleichbedeutender Ereignisse. In früheren Zeiten, in denen sogar die Spielwürfel aus unregelmäßigen Tierknochen hergestellt wurden und nicht aus standardisierten Quadern bestanden, konnten solche gleichwahrscheinlichen Ereignisse nicht beobachtet werden.

Folgt man der vierten (marxistischen) Ansicht, so entwickelt sich die Wissenschaft gemäß den ökonomischen Notwendigkeiten. Einzelne Bereiche des Renten- und Versicherungswesens reichen in ihren Anfängen weiter bis ins fünfzehnte Jahrhundert zurück, aber erst im achtzehnten Jahrhundert gibt es eine entwickelte Theorie des Messens. Nicht vor dem 19. Jahrhundert finden wir biologische Experimente und Daten sowie die statistische Mechanik. Alle diese Dinge fördern die Produktionsprozesse der Gesellschaft und differenzieren die Bedürfnisse. Sie schaffen ein soziales Verlangen nach einer Theorie der Wahrscheinlichkeit und der Statistik. Vor dem 17. Jahrhundert gab es kein solches Bedürfnis.

Die fünfte Position schließlich geht davon aus, daß die Mathematik vor dem 16. Jahrhundert nicht genügend weit entwickelt war, um Anwendungen auf wahrscheinlichkeitstheoretische Fragen zuzulassen. Die Rechentechniken waren noch primitiv, und die Differential- und Integralrechnung, die unverzichtbar ist bei der Beschreibung von Wahrscheinlichkeitsverteilung, war nicht vor Mitte des 16. Jahrhunderts verfügbar.

Alle diese Erklärungen sind nach der Meinung von Hacking und der meisten anderen Wissenschaftshistoriker unzureichend für die Erklärung der mysteriösen *Verspätung*. Die aus Wissenschaftshistorikern zusammengesetzte Jury hört sich alle diese Argumente an und fällt ihr Urteil: unbewiesen. Eine neue Erklärung taucht nun auf. Sie gründet in der Natur dessen, was als »Wissen« betrachtet wurde. Irgendwann im 16. oder 17. Jahrhundert – jener fruchtbarsten Periode des westlichen Denkens – ereignete sich eine feine, aber letztlich tiefgehende Veränderung im Verständnis von Evidenz, Zeichen, Meinung, Wissen und Glauben.

Hacking selbst neigt zu einer Theorie, die besagt, daß durch die Erfahrungen der sogenannten »niederen« Wissenschaften (Alchemie, Geologie und Medizin) eine neue Auffassung von wissenschaftlicher Evidenz entstand. Autorität wurde nun der Natur und nicht mehr den bloßen Worten von »Autoritäten« zugesprochen. Dies führte zur Gewohnheit, Häufigkeiten zu beobachten.

Lorraine Daston hat in einer kürzlich erschienenen Untersuchung die Rolle des römischen Rechtes in dem für die Herausbildung der Wahrscheinlichkeitstheorie entscheidenden Zeitraum analysiert. Mehrere Faktoren bestimmten gerade das Recht dazu, auf die Wissenschaften in Richtung auf Stochastisierung einen gewaltigen Einfluß auszuüben. Hier sind zu nennen: die juristischen Theorien der Evidenz, die Glaubwürdigkeitshierarchien für

Zeugenaussagen und Indizien, das Interesse an privaten Abmachungen (z. B. bei Versicherungen, Renten, Glücksspielen und Termingeschäften) sowie die Sorge um Gerechtigkeit beim Geldwechsel und um die traditionellen, das Erheben von Zinsen verbietenden Gesetze.

Ich möchte jetzt eine eigene Ansicht darüber vortragen, wie die Gesetzmäßigkeit in den Bereich der Wahrscheinlichkeit Einzug hielt. Ich beginne mit einer Beschreibung des *Problems von Luca Pacioli.* Dabei handelt es sich um eines der ersten überlieferten Probleme aus der Geschichte der Wahrscheinlichkeitstheorie. Es findet sich in der »Summa de arithmetica« von Fra Luca Pacioli, die 1494 zu Venedig erschienen ist. Pacioli war Mathematiker und ein Freund von Leonardo da Vinci. Ich habe die Sprache etwas modernisiert.

A und B knobeln mit Geldstücken. A gewinnt bei Kopf, B bei Zahl. Der Einsatz beträgt 100 Dollar. Es wurde vereinbart, daß derjenige, der sechsmal gewonnen hat, den gesamten Einsatz erhält.
Aufgrund einer Störung von außen muß der Wettkampf beim Stande 5 zu 3 für A abgebrochen werden.
Frage: Wie ist der Einsatz aufzuteilen?
Pacioli argumentierte dafür, $\frac{5}{8}$ des Einsatzes A zukommen zu lassen und $\frac{3}{8}$ B.
Andere Experten seiner Zeit widersprachen Luca.

Geht man von unserer heutigen hochentwickelten Theorie aus, so kann man meiner Meinung nach leicht drei deutlich verschiedene Aspekte an der Wahrscheinlichkeitstheorie benennen. Diese sind:

1. Die reine Wahrscheinlichkeitstheorie: Diese ist mathematisch, axiomatisiert und deduktiv organisiert. Ihre Sätze haben genau den gleichen erkenntnistheoretischen Status wie diejenigen anderer Zweige der reinen Mathematik.
2. Die angewandte Wahrscheinlichkeitstheorie: Sie trachtet danach, probabilistische Modelle in Einklang mit der Wirklichkeit zu bringen. Sie verbindet Experimentieren und Erheben von Daten mit 1, um so zu Aussagen über die Realität zu gelangen.
3. Die angewandte Wahrscheinlichkeit auf unterstem Niveau: Hier geht es um praktische Entscheidungen. Was sollen wir als

Konsequenz von 1 und 2 glauben? Für welche Handlungen sollen wir uns aufgrund von 1 und 2 entscheiden?

In Wirklichkeit ist 3 überhaupt keine Mathematik: 3 bedeutet eine Entscheidung, also öffentliche oder private Politik.

Lehrbücher der Wahrscheinlichkeitstheorie sind gut in den Punkten 1 und 2. Sie sind aber notorisch schwach hinsichtlich 3. Beim Übergang von 1 und 2 zu 3 spielen Dinge wie Geschicklichkeit, List, Erfahrung, Überredungskunst, fehlerhafte Darstellung und gesunder Menschenverstand eine wichtige Rolle. Eine ganze Menge von Rhetorik gehört auch dazu. All das sind nichtmathematische Kunstgriffe.

Der Übergang von 1 und 2 zu 3 ist keineswegs immer klar oder zwingend. »Zwischen Idee / und Wirklichkeit / zwischen Impuls / und Tat / liegt der Schatten.«

Beleg: das Glücksspiel. Die Botschaft der Wahrscheinlichkeitstheorie über das Glücksspiel ist enttäuschend. Die Mathematik kann so etwas wie »Fairness eines Spieles« definieren, und zwar wie folgt: Sollte das Spiel, das Sie spielen, unfair sein, so schauen Sie zu, daß Sie auf die richtige Seite gelangen. Ist das Spiel fair, so brauchen Sie sich darum keinen Gedanken zu machen. Die Mathematik hat – sieht man einmal von der angewandten Statistik ab – sehr wenig darüber auszusagen, ob ein individuelles reales Spiel mit einem bestimmten Würfel oder Rad fair ist oder nicht.

Beleg: die Menschen bauen Häuser an den Hängen des Ätna und im Umkreis des Andreasgrabens. Ergeben sich hieraus Schwierigkeiten, so werden Kredite zu günstigen Zinsen gewährt, für die vorsichtigere Bürger geradestehen müssen und ein nationales Katastrophengebiet ausgerufen.

Lucas Problem wurde gestellt, bevor eine klare Ansicht, was mathematische Wahrscheinlichkeit sei, vorlag. Es ist gerade deshalb interessant, weil es in der Sprache von 3 formuliert ist: Welche Handlung sollen wir als Reaktion auf ein bestimmtes probabilistisches Ereignis wählen.

Lucas Problem zeugt von einem aufkommenden Gefühl dafür, daß es einen »richtigen«, »fairen« oder »ehrlichen Weg« geben müsse. Der Weg zur gerechten Verteilung des Einsatzes sollte mit

Hilfe der Mathematik ableitbar sein. Das paßt zu der Auffassung, beweisbares Wissen sei möglich. Diese Idee fand ihren Höhepunkt in der Intention Leibniz', eine deduktive, rechnerisch vorgehende Ethik sei realisierbar – für heutige Juristen eine eher komische Überzeugung[3].

Nach Luca soll der Einsatz im Verhältnis $\frac{5}{8}$ zu $\frac{3}{8}$ oder 0,625 zu 0,325 aufgeteilt werden. Ein moderner Wahrscheinlichkeitstheoretiker würde anders antworten. Er argumentiert wie folgt: Man stelle sich vor, der Wettkampf werde bis zur endgültigen Entscheidung weitergespielt. Das ergibt das folgende Baumdiagramm: auf jeder Stufe gibt es zwei mögliche Ergebnisse (Kopf oder Zahl), die beide die Wahrscheinlichkeit $\frac{1}{2}$ oder 0,5 besitzen. Das letztere gilt, weil die Münze als fair vorausgesetzt wurde. In jedem Kästchen wurde neben A die Anzahl der für ihn günstigen Ergebnisse (d. i. »Kopf«) notiert, die bis zu diesem Zeitpunkt aufgetreten sind. Neben B steht die entsprechende Anzahl für »Zahl«. Wir beginnen mit dem Spielstand, bei dem abgebrochen wurde (A = 5, B = 3) und fahren fort, bis entweder A mit sechsmal »Kopf« gewinnt oder B mit sechsmal »Zahl«.

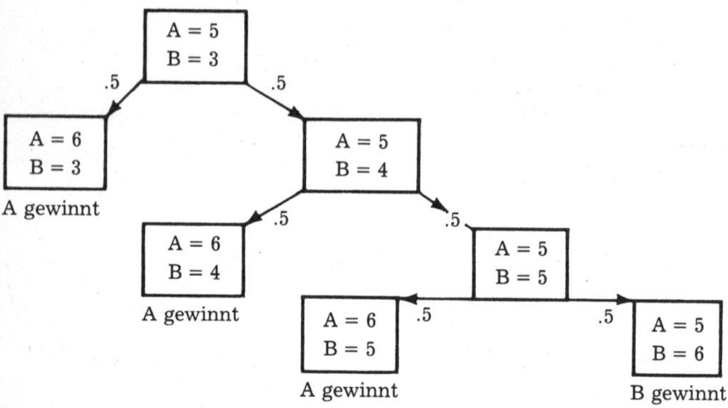

Das Diagramm zeigt, daß es drei Pfade gibt, bei denen A gewinnt. Addieren wir die Wahrscheinlichkeiten dieser drei Endergebnisse, so erhalten wir $0{,}5 + (0{,}5)^2 + (0{,}5)^3 = \frac{7}{8}$. Dagegen beträgt die Wahrscheinlichkeit für B, zu dem einzigen für ihn siegreichen

Ende zu gelangen $(0{,}5)^3 = 1/8$. Also sollte der Einsatz im Verhältnis 7/8 zu 1/8 zugunsten von A aufgeteilt werden.

Betrachten wir das etwas genauer. Man stelle sich eine unendliche Folge von Spielen vor, die zu Ende gespielt werden. Nun untersuchen wir jene Wurffolgen, in denen A auf einer gewissen Stufe fünf und B drei Würfe für sich entschieden hat. Jetzt frage man: welcher Anteil an den geschilderten Spielfolgen gewinnt tatsächlich? Die Antwort der Mathematik lautet: 7/8. Wie gelangen wir aber von dieser mathematischen Berechnung zu der (juristischen) Empfehlung einer 7:1-Verteilung? Das hängt völlig davon ab, ob wir akzeptieren, daß der oben geschilderte imaginierte Vorgang zu einer gerechten Aufteilung führt. Als fair gilt das, was *im Mittel* geschehen würde. Damit wird die Frage zurückverwiesen: Welches ist die *Erfahrung,* die es zu mitteln gilt?

Zum Beispiel werden heutzutage die Lebensversicherungsbeiträge für Männer und Frauen gesondert berechnet. Diese Trennung wird aufgrund einer Entscheidung und nicht aufgrund logischen Zwanges vorgenommen. Ohne weiteres könnte man die Beiträge auch ohne Berücksichtigung des Geschlechtes festlegen – ähnlich, wie man sie heute ohne Berücksichtigung ethnischer Abstammungen ermittelt. Die Wahl, worüber zu mitteln ist, ist kein Bestandteil der Mathematik. Sie wird getroffen, noch bevor die erste Berechnung beginnt. Kehren wir zu Lucas Problem zurück. Auf der Basis von 1 und 2 könnte man für eine andere Antwort plädieren. Es ist ebensogut möglich, anzunehmen, daß wir nicht im voraus wissen, ob die Münze fair ist oder nicht. Das kann uns die Mathematik nicht mitteilen. Setzen wir voraus, die Wahrscheinlichkeit für »Kopf« sei p und die für »Zahl« sei q. Das Baumdiagramm sieht dann so wie auf Seite 50 aus.

Die Gewinnwahrscheinlichkeit für A beträgt nun $p + pq + q^2 \cdot p = 1 - q^3$; die für B wäre q^3. Der Einsatz müßte somit im Verhältnis $1 - q^3$ zu q^3 aufgeteilt werden. Bis jetzt haben wir aber immer noch keine numerische Antwort, weil q – die Wahrscheinlichkeit für »Kopf« – immer noch unbekannt ist.

Was kann man bestenfalls über p und q wissen? Nur dieses: bei den acht tatsächlich ausgeführten Würfen ist fünfmal »Kopf« und dreimal »Zahl« aufgetreten. Offensichtlich wäre $p = 5/8$ und $q = 3/8$

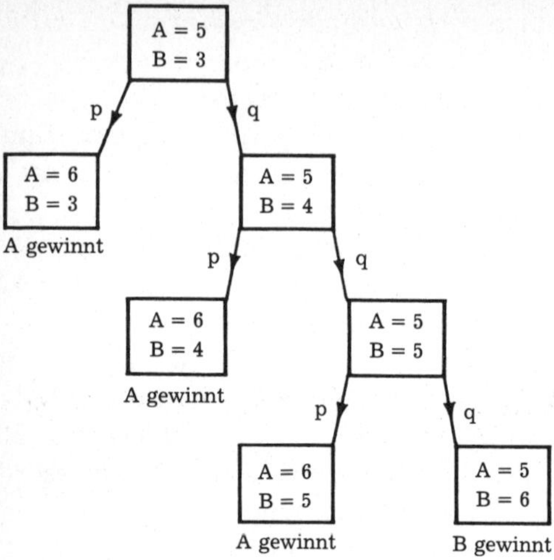

zu setzen. Berechnen wir das Verhältnis von $1 - q^3$ zu q^3 für $q = \frac{3}{8}$, so finden wir als Teilungsverhältnis für den Einsatz 0,947 zu 0,053.

Sind die gefundenen Antworten ($\frac{7}{8}$ zu $\frac{1}{8}$ beziehungsweise 0,947 zu 0,053) die einzig möglichen? Sicherlich nicht! Ausgehend von der Ansicht, daß die ursprüngliche Vereinbarung durch vorzeitiges Ende des Wettkampfes außer Kraft gesetzt worden ist, könnte man sich für das Teilungsverhältnis $\frac{1}{2}$ zu $\frac{1}{2}$ einsetzen. Vielleicht würde ein guter Anwalt aus unserem Problem einen Fall konstruieren, in dem alles an A zu geben wäre. Im Grunde genommen war es die Absicht des Wettkampfes, dem Gewinner alles zu geben. Wer aber sollte im vorliegenden Fall alles erhalten? Sicherlich nicht B. Ich vermute, daß man zu jedem beliebigen Teilungsverhältnis Annahmen postulieren könnte, die es rechtfertigen.

Warum wurde der Wettkampf abgebrochen? War es zu spät geworden? Brach ein Feuer im Casino aus? Starb einer der Spieler? Wurde er vielleicht von B beendet, weil dieser vermutete, A würde falschspielen? Ein Anwalt möchte das gerne wissen. Die Antwort ist für ihn wichtig.[4]

Ich möchte die These aufstellen, daß die verzögerte Entwicklung der Wahrscheinlichkeitstheorie gerade durch die Denkweise verursacht wurde, die Lucas Problemstellung erfordert. Dieses bezieht sich direkt auf die angewandte Wahrscheinlichkeit unterster Stufe 3 und stellt damit Fragen, die nicht eindeutig zu beantworten sind. Die Wahrscheinlichkeitstheorie konnte erst in dem Augenblick Fortschritte machen, als es möglich wurde, sie aus der Arena öffentlicher Politik und Erfahrung herauszuhalten. Danach wurde eine idealisierte und auf Übereinkünften beruhende Theorie geschaffen, auf deren Grundlage eindeutige und allgemein anerkannte Antworten möglich sind.

Die Wahrscheinlichkeitstheorie, die wir aus der heutigen Mathematik kennen, begann im 15. Jahrhundert – unter anderem provoziert durch unverbesserliche Spieler, die sich durch die Rationalisierung ihrer Erfahrung zu helfen suchten. Trotz der Tatsache, daß wir heute in einer stochastisierten Welt leben, ist das Verständnis, das der Stochastisierung zugrunde liegt, schwer erfaßbar und umstritten geblieben. Die Mathematik darin ist streng genug, was das Formal-Deduktive anbelangt. Aber welchem Aspekt der wirklichen Welt entspricht sie nun? Ist die Wahrscheinlichkeit real oder ist sie nichts als ein Feigenblatt der Unkenntnis? Die Frage, was real sei, ist selten einfach zu beantworten. Ist der Teufel ein realer Aspekt der Welt? In vergangenen Jahrhunderten lautete die Antwort wie selbstverständlich ja. Der Teufel hat sich heute zumindest in der zivilisierten Welt auf eine bescheidenere und eher metaphorische Rolle zurückgezogen. Der Zufall wird für vieles in Anspruch genommen, was früher dem schmutzigen Geschäft des Teufels zugeschrieben worden ist.

Es gab Geburtswehen. So gab es kontroverse Definitionen dessen, was auszumerzen sei und dessen, was akzeptiert werden kann. Nehmen wir als Beispiel den Begriff der probabilistischen Erwartung.

»Während des gesamten 18. Jahrhunderts war die probabilistische Erwartung Gegenstand von Kontroversen unter den Mathematikern. Trotz ihrer untergeordneten Rolle in den frühesten Formulierungen ... blieb die Erwartung kein feststehender Begriff. Vielmehr wurde ihre Definition mehreren tiefgreifenden Veränderungen unterworfen. Sie wurde von den Mathematikern in einer wohlüberlegten Anstrengung abgeändert, um das

Aus einem alten amerikanischen Rechenbuch

wichtige Konzept der rationalen Entscheidung einzubeziehen. Als der Begriff der Rationalität allmählich legale, ökonomische und schließlich psychologische Züge annahm, paßte sich die Definition der probabilistischen Erwartung bald an.« (L. J. Daston)

Einstein sagte in einem berühmten Ausspruch, in dem er die stochastischen Züge der Quantenmechanik zurückwies: »Gott würfelt nicht.« Neben der Ablehnung metaphysischer Elemente der Quantenmechanik scheint dieser Ausspruch auch ein ethisches Urteil zu enthalten: Die Angelegenheiten des Kosmos sind nicht in der gleichen Art und Weise geordnet wie die ärmlichen Belange der Menschheit. Ich hörte diesen Ausspruch Einsteins erstmals als Student, und zwar mit dem kritischen Unterton, sein Determinismus sei altmodisch und überholt.

Ich möchte gern die Worte R. M. Tawnys aus seiner Einleitung zu Max Webers Werk »Die protestantische Ethik und der Geist des Kapitalismus« paraphrasieren. Im folgenden Zitat habe ich »Kapitalismus« durch »Stochastizismus« ersetzt und einige wenige Kürzungen vorgenommen.

»Alle Revolutionen werden, sobald sie erfolgreich sind, als natürlich und unausweichlich dargestellt. Der Stochastizismus ist heute mit dem nicht hinterfragbaren Ansehen eines siegreichen Faktums ummäntelt. Aber in seiner Jugendzeit war er ein Blender, und sein Titel erst nach Jahrhunderten etabliert. Der Stochastizismus brachte ein System von Beziehungen mit sich, das mit ehrwürdigen Übereinkünften in Widerspruch stand. Ähnlich wie diese Neuerung den Pionieren, die als erste mit ihr experimentierten, Mut zum Risiko abverlangte, brauchen heute diejenigen, die mit dem von ihr gewobenen Netz brechen wollen, Originalität, Selbstbewußtsein und Zähigkeit.«

Ich höre heute das Rumoren eines Umschwungs. Kürzlich wurde mir die folgende Anekdote erzählt: Ein führender theoretischer Physiker (sein Name wird auf Anfrage mitgeteilt) traf einige seiner Kollegen. Er sagte: »Soll ich Ihnen etwas erzählen?« Die Kollegen nickten zustimmend. Er blickte um sich und befahl: »Schließen Sie alle Türen.« Als die Türen geschlossen waren, fügte er hinzu: »Sie sollten wissen, im Grunde genommen glaube ich nicht an die Quantenmechanik.«

Hinsichtlich der stochastisierten Welt war mein Vetter H. der altmodischste Mensch, der mir jemals begegnet ist. In seinen jungen Jahren machte er eine Menge Geld als Fabrikant. Anschließend verbrachte H., der Junggeselle, Chemiker und Hobbyphilosoph war, vierzig glückliche Jahre auf den Pferderennbahnen Neuenglands. Statistik und Wahrscheinlichkeitstheorie waren in seinen Augen von geringer Bedeutung. »Deine Wahrscheinlichkeitstheorie ist ein einziger Unfug«, warf er mir vor. (Er hatte sein Diplom am MIT gemacht.) »Sie sagt mir nicht das, was ich wissen will. Sie erzählt mir, daß, falls die Wettsumme 100 000 Dollar ist, die Rennveranstalter und der Staat jeweils 10% bekommen und 80 000 Dollar in meine Tasche wandern. Verteilst Du das nun über acht Rennen, so wirst Du vom Rennplatz wegbleiben. Aus der Sicht des Rennens gibt es überhaupt keine Wahrscheinlichkeit. Wenn 10 000 Dollar auf Sweet Rosie gesetzt werden zum Kurs von 8 zu 1, so zahlt das Wettbüro 80 000 Dollar an die Wetter. Wo ist da Deine Wahrscheinlichkeit?« Genausogut könnte der Betreffende auch den Rennen fernbleiben und sich an der Wall Street betätigen. »Wenn Du etwas in der Zeitung liest, ist es bereits zu spät.« Mit anderen Worten: eine Sache, mit der der Durchschnittsbürger schon in Berührung gekommen ist, kann man getrost vergessen! Er verabscheute alle Tipgeber, die auf kleinen Pressen in Kombiwagen gedruckt werden; er verabscheute Computerprognosen, die Aussagen zu Empfehlungen zermalmen.

Vetter H. trachtete nach privatem Wissen, nicht nach Wahrscheinlichkeiten. Ein Pferd wird das Rennen gewinnen; das ist sicher. Aber welches? Um diese Frage beantworten zu können, baute er sich ein eigenes Informandennetz auf. An jedem der zehn Rennplätze hatte er gute Freunde unter den Pferdebesitzern, den Stall- und Pferdeknechten, den Jockeys, den Rennhelfern, den Friseurgehilfen und den Hot-Dog-Verkäufern. Bei ihnen suchte er nach der Antwort auf seine große Frage. Während andere Stammkunden ihre Bleistifte spitzten und das Rennen Gott weiß wie ausrechneten, drehte Vetter H. geduldig seine Runden durch die Bars und Sattelplätze. Nach und nach bewertete er dabei die Resultate. Er wettete nur bei wenigen Rennen – einem oder zweien täglich. Wenn er aber zu dem Schluß kam, daß die Information überwältigend sei, wettete er große Summen (für meine Verhältnisse: wo ich zwei Dollar setze, würde er 200 setzen). Über Jahre hinweg lautete seine Auskunft, wurde er nach dem Stand seiner Wetten befragt: »Gerade gut genug, um mein Vergnügen zu erhalten«.

Jeder Sherlock Holmes besitzt eine Irene Adler als Göttin der Vergeltung. So auch Vetter H. Nennen wir sie der Einfachheit halber Irene Adler. Sie war Professorin am Simmons College. Die ebenfalls unverheiratete Irene hatte irgendwo ihre Vorliebe für

Pferde entdeckt. Die beiden trafen sich regelmäßig beim Rennen. Sie arbeitete mit Rennformeln und Handicaptabellen. Auch sie hatte natürlich ihr eigenes System. »Ihr System ist absolut stupid«, berichtete Vetter H., »aber sie macht immer Geld damit. Sie verdoppelt ihr Gehalt auf diese Weise. Das Finanzamt klopft an ihre Tür, findet aber keinen Weg hinein. Sie nennt das, was sie tut, vernünftig. Aber glaub nicht daran! Sie wird von Macbeth' Hexen dirigiert, und ihr Aufstieg wird nur von kurzer Dauer sein!«

»Warum schließt Du Dich nicht ihrer Wahl an? Sie scheint ja daraus kein Geheimnis zu machen.«

»Das verstehst Du nicht. Es ist eine Frage des Geschmacks.«

Diese Geschichte ist ein Versuch zu verstehen, wie ein de-stochastisiertes Leben aussehen könnte; eines, dessen Maxime lautet: ich riskiere alles. Vielleicht gewinne ich alles, vielleicht verliere ich es auch. Hauptsache, ich laufe nicht in der Herde mit und bin kein Durchschnitt. Wir sind so an die stochastische Perspektive gewöhnt, daß wir uns völlig ungeschützt und nackt vor aller Welt fühlen, wenn wir hinter all unseren Durchschnittswerten hervortreten sollen. Die Wahrscheinlichkeit spinnt ein Netz, das uns hält und zugleich bewegungsunfähig macht. Ohne die Wahrscheinlichkeit müßten die wissenschaftlichen Modellbauer umkehren und weiterhin versuchen, die Geheimnisse der Makrowelt den deterministischen Tänzen der Mikrowelt zu entlocken – eine Anstrengung, die schon manchem graue Haare wachsen ließ.

Anmerkungen:

1 Der bekannte Sportschriftsteller Roger Angell schwärmt von der Verwendung von »Leistungszahlen« im Baseball: »Der etwas geheimnisvolle Boxscore wirkt auf den Nichtfan nichtssagend, wenn nicht gar verwirrend. Für den Baseballbegeisterten hingegen ist er nicht nur informativ, plastisch und mitteilsam, sondern auch von ästhetischem Wert. Er gibt den Standplatz und den Wurf exakt wieder, indem er beides in Ziffern und Geschichten übersetzt. Er ist das gestochen scharfe Ebenbild dieser Sportart, denn Baseball ist, trotz seiner Weiträumigkeit und seiner scheinbaren Zufälligkeit, mathematisch betrachtet das fruchtbarste aller Spiele, die im Freien ausgetragen werden. Jeder Spieler ist in jedem Spiel einer eiskalten und unaufhörlichen Zählung unterworfen; kein Ball wird geworfen und kein Ball wird gewonnen ohne sofortige Bewertung – falscher Wurf oder Schlagfehler, Treffer oder Fehler, ja oder nein. Das Ergebnis geht in die Statistik ein, die es dem Baseballfan erlaubt, mit Hilfe von Erfahrung und Gedächtnis aus einem Boxscore die gleiche Freude und die gleiche halluzinatorische Realität zu gewinnen wie ein Musiker, der auf eine Seite der Partitur von ›Don Giovanni‹ blickt und tatsächlich Bässe und Soprane, Holzbläser und Violinen hört.« – Aus »The Summer Game«, Viking Press, N. Y., 1972.

2 Eine drastischere, in der Antike geläufige Methode war die Verwendung von Magie. Das Ziel hierbei ist, dem Universum bestimmte Ergebnisse abzunötigen. Wie kann man das Universum zwingen? Heute werden Flüsse durch physikalische Vorkehrungen dazu gebracht, Energie zu liefern. Lebende Körper werden mit Drogen behandelt, um höhere Leistungen zu erzwingen. Im vierten Jahrhundert nach Christus konnten Engel als Mittler eingesetzt werden. Es gibt ein Rezept, um Pferderennen richtig vorzubereiten, das so spannend ist, daß ich nicht widerstehen kann, es hier zu zitieren. Es stammt aus dem Sefer ha Razin, einem jüdischen Text über Magie aus dem vierten Jahrhundert:
»Dies sind die Engel, die Rahihel dienen: Agra, Zargir, Genetos, Ta'azama, Zetesrafael, Gadiel, Tammiel, Akahiel, Guchpaniel, Arkani, Zapikuel, Mushiel, Susiel, Harniel, Zachriel, Achnaset Zadkiel, Achset, Nichmara, Padriel, Kaliliel und Dromiel.
Wenn Du willst, daß Deine Pferde schnell laufen, daß sie ihre Rennen nicht verlieren, daß sie so schnell sind wie der Wind und kein Tier sie jemals überholen wird und daß sie den Segen Gottes für ihre Rennen haben, dann nimm ein Stück Silber und schreibe darauf die Namen der Pferde und der Engel. Sprich zu den Engeln, die über die Pferde wachen sollen: ›Ich beschwöre Euch, ihr rasenden Engel, die Ihr zwischen den Sternen rennt, meinen Pferden und ihren Lenkern in diesem Rennen Stärke zu verleihen. Laß sie ohne Ermüdung und ohne Straucheln so schnell wie der Flug des Adlers laufen. Kein Tier soll ihnen zuvorkommen, und kein böser Zauber oder Fluch soll sie in seinen Bann ziehen.‹ Dann nimm das Stück Silber und versteck es auf der Rennbahn, auf der Du gewinnen willst.«
Diese Einstellung ist natürlich antistochastisch.

3 Eine bemerkenswerte Sammlung von Studien über die Anwendung der Wahrscheinlichkeitstheorie und der Statistik auf juristische Probleme ist Michael O. Finkelsteins »Quantitative Methods in Law« (New York: Free Press – Macmillan, 1978). Im Anhang findet sich eine Auseinandersetzung mit der Nützlichkeit der Mathematik bei der Evidenzfindung. Finkelstein ist Mitglied eines New Yorker Gerichts und hat mit dem bekannten Statistiker Herbert Robbins zusammengearbeitet. Er faßte seine Erfahrungen in einem Brief an den Autor so zusammen: »Im Laufe der Jahre bin ich zu der Ansicht gelangt, daß die Statistik im Rahmen der Rechtsprechung nicht so zufriedenstellend angewandt werden kann, wie ich ursprünglich annahm. Sie führt nicht zu sicheren Schlußfolgerungen, sondern nur zu noch mehr schwierigen Fragen. Mein Trost ist, daß die Jurisprudenz vielleicht mit der Statistik besser fährt als ohne sie, obwohl ich mir dessen nicht mehr so sicher bin, wie das aufgrund meiner früheren Werke scheinen könnte.«

4 Siehe Anmerkung 3.

Weiterführende Literatur:

C. Bennet; G. Chaitin (1975); L. Daston (1979, 1980); F. David; S. Eitzen; T. Fine; M. Finkelstein; J. Ford; C. Gillispie (1963); I. Hacking; W. Lineberry, D. Owen; S. Siwoff; M. Townend; M. Weber
(s. a. Bibliographie)

Rückkoppelung und Kontrolle: die Gleichgewichtsmaschine

Mit ein wenig Anstrengung kann man die auf S. 58 abgebildete »Gleichgewichtsmaschine« leicht nachbauen. Man benötigt hierzu nur einige Flaschen, Röhrchen, Hähne, Ständer sowie eine Pumpe mit variabler Geschwindigkeit – alles Dinge, die man in Chemikalienhandlungen käuflich erwerben kann. Wasser wird aus dem Reservoir am Boden in die oberste Flasche gepumpt. Von dort fließt das Wasser aufgrund seines Gewichtes durch eine Reihe von Hilfsflaschen, um schließlich wieder in das Reservoir zurückzukommen. Es mag erstaunlich klingen, aber im Prinzip ist diese Maschine nicht komplizierter als der Brunnen von Trevi oder die Zirkulation eines Goldfischaquariums. Dennoch kann sie viele wichtige Termini in einprägsamer Weise verdeutlichen: abgeschlossenes System, Rückkoppelung, Erhaltungssätze, automatische Kontrolle, Gleichgewicht, langandauernder Zustand, Stabilität, optimale Kontrolle, Katastrophe, Differenzengleichung, Differentialgleichung und die mathematische Modellbildung mit allen ihren Schwierigkeiten. Die Wirkungsweise des hydraulischen Mechanismus läßt sich anschaulich begreifen, er ist deshalb einfacher zu verstehen als ein entsprechendes elektronisches System. Es macht Spaß, mit diesem Apparat herumzuspielen – er ist eine lebendige Metapher und ein Modell für alle möglichen anderen Systeme, die gar nichts mit Flaschen zu tun haben: für die Volkswirtschaft (in den späten 50er Jahren baute A. W. Phillips von der London School of Economics eine derartige Maschine, um das Gleichgewichtsmodell darzustellen), für eine chemische Fabrik, für den Blutkreislauf des Körpers, für eine Organisation, die Arbeiter mit 25 anheuert und mit 65 in den Ruhestand entläßt, für die Ökologie, für die Kosmologie usw.

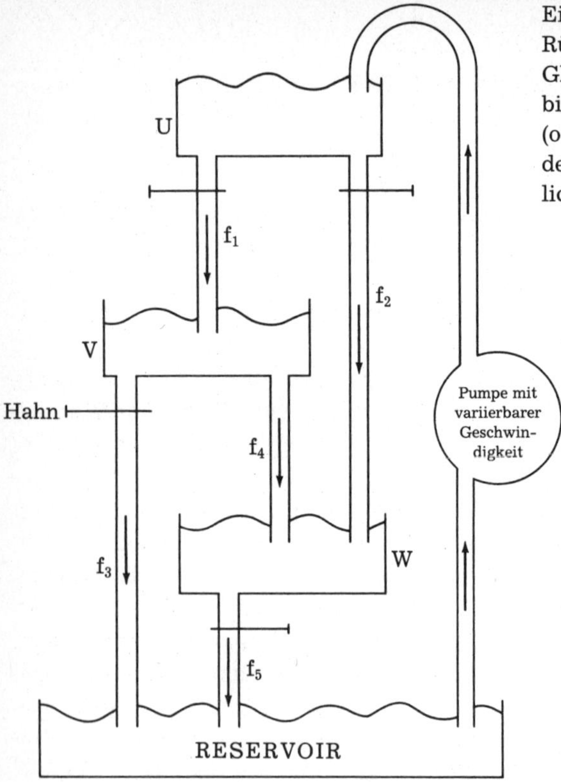

Ein Experiment, das Rückkoppelung, Gleichgewicht, Stabilität und Kontrolle (oder das Fehlen derselben) verdeutlicht.

Richten Sie Ihre Aufmerksamkeit auf das fließende Wasser! Wir wollen annehmen, daß das Wasser die Röhrchen und Flaschen nicht verlassen kann – kurz: es soll sich um ein abgeschlossenes System handeln. Fließt eine Flasche aufgrund von Unachtsamkeit über, so geschieht eine Katastrophe, der Boden wird naß. Was man alles zum Umfang des Systems hinzurechnet, ist willkürlich; entscheidet man sich dazu, den Boden zum System hinzuzurechnen, so sieht die Theorie entsprechend anders aus.

Auf lange Sicht

Unser Apparat ist bereit. Die Hähne werden ein Stück weit geöffnet, sie bilden den Kontrollmechanismus. Wir stellen an der Pumpe eine bestimmte Geschwindigkeit ein. Das Wasser steigt in der Zuleitung schnell und fließt durch die Ableitungen wieder hinunter. Der Wasserspiegel steigt in den oberen Gefäßen, während er im Reservoir etwas sinkt. Was geschieht, wenn der Apparat lange läuft? Das ist wichtig zu wissen. Der Museumswärter am Brunnen von Trevi möchte ja nicht tagaus, tagein dort sitzen und aufpassen, daß sich keine Katastrophen ereignen.

Aus Erfahrung wissen wir, daß die Maschine in einen Gleichgewichtszustand gelangen kann, wenn wir unsere Einstellungen gut vornehmen. Ist dieser Status quo erreicht, so finden keine erkennbaren Veränderungen im Wasserspiegel mehr statt. Ein zufälliger Beobachter, der die im Gleichgewicht befindliche Maschine von weitem betrachtet, könnte getäuscht werden und meinen, daß in ihr gar nichts geschähe. Andererseits kann aber auch der Wasserspiegel in einem der Behälter so lange ansteigen, bis das Wasser überläuft. In diesem Falle geht dem Reservoir Wasser verloren. Die Maschine könnte sich dann mit weniger Wasser auf ein Gleichgewicht einstellen.

Das Gesetz von Torricelli

Aus der theoretischen Hydraulik ist das Gesetz von Torricelli bekannt: Befindet sich im Boden eines Behälters ein kleines Loch, so tritt das Wasser durch dieses Loch mit der Geschwindigkeit $\sqrt{2gh}$ aus. Dabei bedeutet g die Gravitationskonstante 9,81 m/s^2 und h den Wasserstand in Metern. Also ergibt sich die Abflußrate, die in m^3 pro s anzugeben ist, als Produkt aus dieser Austrittsgeschwindigkeit und der Fläche A des Loches: Abflußrate = $A\sqrt{2gh}$ = $A\sqrt{2g}\sqrt{h}$ = c · $\sqrt{h}$ (wobei c konstant ist). Um diese auf theoretischem Wege abgeleitete Formel besser mit der Erfahrung in Einklang zu bringen, muß die rechte Seite mit einer empirisch zu bestimmenden weiteren Konstanten multipliziert werden. Damit

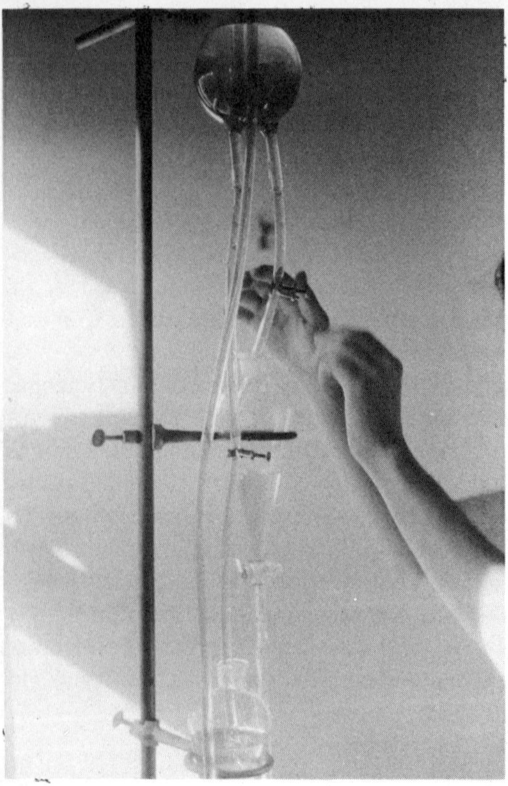

Versuch, den Gleichgewichtszustand herzustellen

wird der Form des Loches Rechnung getragen. Ist ein Gefäß mit festem Grundriß und fester Höhe gegeben, so hängt das Volumen des Wassers im Gefäß einzig von der Wasserhöhe ab und umgekehrt: ist das Volumen an Wasser bekannt, so läßt sich unter Verwendung von etwas Geometrie die Höhe des Wasserstandes errechnen. Es bedeute v das Volumen. Wir erhalten dann eine Formel der folgenden Art: der Abfluß während eines kurzen Zeitintervalls beträgt f (v), wobei f eine Funktion ist, die durch das Gefäß und das Loch bestimmt wird. Diese Funktion heiße »Abflußfunktion«. Das fragliche Zeitintervall ist so kurz zu bemessen, daß sich das Wasservolumen im Gefäß währenddessen nur gering-

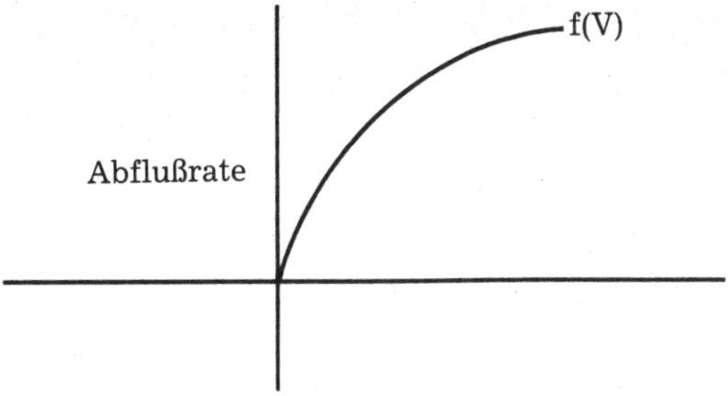

fügig ändert. Ist v = 0, so gilt natürlich auch f (0) = 0. Das obige Diagramm zeigt eine typische Abflußfunktion.

Nimmt das Volumen v zu oder, was gleichbedeutend ist, bewegen wir uns auf der waagerechten Achse nach rechts, so nimmt auch f (v) zu. Das läßt sich so einsehen: je größer das Volumen ist, desto höher steht das Wasser. Nach dem Gesetz von Torricelli erhöht sich dann auch die Abflußgeschwindigkeit. Also ist die Abflußrate eine streng monoton wachsende Funktion des Volumens. Auch die Gesamtabflußrate im Falle von zwei oder mehreren Öffnungen zeigt dieses charakteristische Verhalten.

Wir wollen annehmen, daß die Wassermengen in allen Flaschen in bestimmten Zeitabständen festgestellt werden. Die Flaschen seien mit U, V, W bezeichnet. Die Volumina, die während des n-ten Zeitintervalles in den Flaschen U, V, W sind, sollen U_n, V_n, W_n heißen. Weiter bedeuten f_1 und f_2 die beiden Abflußfunktionen der ersten Flasche U, weil diese zwei Abflüsse besitzt. Entsprechend gehören f_3 und f_4 zu V, während f_5 die zu W gehörige Funktion ist. R_n sei die Wassermenge, die zur Zeit n im Reservoir steht. P_n bezeichnet die Wassermenge, die von der Pumpe während des Intervalles zwischen den Zeitpunkten n und n + 1 in die Flasche U eingespeist wird.

Die Erhaltungssätze

Betrachten wir die oberste Flasche (U). Wir stellen fest, daß das Volumen an Wasser, das sich zum Zeitpunkt n +1 der Beobachtung in der fraglichen Flasche befindet, gleich ist der Summe aus dem Volumen, das sich dort zum Zeitpunkt n befand und dem Zufluß, der zwischen n und n + 1 hinzugekommen ist, vermindert um den Abfluß während dieses Zeitintervalles.

Unsere Einsicht läßt sich algebraisch mit Hilfe einer Gleichung ausdrücken:

$$(*) \quad U_{n+1} = U_n + P_n - f_1(U_n) - f_2(U_n)$$

Drei andere, in der Form jedoch ähnliche Gleichungen gelten für die beiden anderen Flaschen V und W sowie für das Reservoir R:

$$(*) \quad \begin{aligned} V_{n+1} &= V_n + f_1(U_n) - f_3(V_n) - f_4(V_n) \\ W_{n+1} &= W_n + f_2(U_n) + f_4(V_n) - f_5(W_n) \\ R_{n+1} &= R_n + f_3(V_n) + f_5(W_n) - P_n. \end{aligned}$$

Diese Gleichungen gelten für jedes Zeitintervall n = 1,2,3,... Sie werden die „Kontinuitätsgleichungen" unserer Maschine genannt. Dieser Terminus ist der theoretischen Hydrodynamik entlehnt.

Die erste dieser vier Gleichungen ist folgendermaßen zu interpretieren: das zum Zeitpunkt n + 1 in der Flasche U vorhandene Wasservolumen (U_{n+1}) ist gleich dem Volumen (U_n) das sich zum Zeitpunkt n darin befand, vermehrt um das, was die Pumpe in U hineinpumpte (P_n) und vermindert um den Abfluß durch die beiden Röhrchen ($f_1(U_n)$ und $f_2(U_n)$). Ähnlich sind die drei anderen Gleichungen zu lesen.

Addiert man die beiden Seiten aller vier Gleichungen, so stellt man fest, daß sich zahlreiche Terme gegenseitig aufheben. Man erhält schließlich:

$$U_{n+1} + V_{n+1} + W_{n+1} + R_{n+1} = U_n + V_n + W_n + R_n, \; n = 1,2,3,\ldots$$

Das ist ein globales Erhaltungsprinzip. Es besagt, daß, solange keine Überflußkatastrophe eintritt, die Gesamtmenge an Wasser in allen Flaschen unter Berücksichtigung des Reservoirs konstant bleibt.

Lösung der Kontinuitätsgleichungen

Die mit (*) bezeichneten Kontinuitätsgleichungen bilden ein System von vier »Differenzengleichungen«. Um dieses lösen zu können, muß man den Anfangszustand des Systems kennen: das sind die Volumina, die sich zu Beginn des ersten Zeitintervalles in den einzelnen Behältern befinden. Eine typische Auswahl wäre diese: R_1 = Gesamtwassermenge $U_1 = 0$, $V_1 = 0$ und $W_1 = 0$. Dies beschreibt eine Anfangsbedingung, gemäß derer sich alles verfügbare Wasser im Reservoir befindet.

Das System der vier Gleichungen (*) hat eine besonders einfache Form. Diese wird Dreiecksgestalt genannt. Das besagt, daß die erste Gleichung lediglich eine Unbekannte, nämlich U_n, enthält. In der zweiten Gleichung sind zwei Unbekannte, nämlich U_n und V_n usw. Kennen wir U_1, so können wir mit Hilfe der ersten Gleichung U_2 ermitteln. Sind U_1 und V_1 gegeben, so verwenden wir die zweite Gleichung zur Berechnung von V_2. Unter Benützung der dritten Gleichung finden wir W_2, um schließlich mit der vierten R_2 zu errechnen. Sind wir soweit gekommen, so wiederholen wir den gesamten Vorgang: aufgrund unserer jetzigen Kenntnis von U_2, V_2, W_2 und R_2 sind wir im Stande, U_3, V_3, W_3 und R_3 auszurechnen. Ganz genauso lassen sich die Werte für das vierte, das fünfte und jedes weitere Intervall ermitteln.

Eine explizite Lösung von (*) ist im allgemeinen nur dann aufzufinden, wenn das System (*) linear ist. Es ist aber immer sehr einfach, es numerisch auf einem Computer zu behandeln. Dieser Zugang ist unter dem Namen »ein Modell laufen lassen« bekannt. Mit Hilfe der ausgezeichneten Computergraphik, die heutzutage zur Verfügung steht, kann man leicht den gesamten Vorgang im Computer simulieren und so die Flaschen und Röhrchen loswerden zugunsten einer graphischen Darstellung. Fertige Softwarepakete machen dies ganz einfach. Gehen wir aber so vor, so besteht die Gefahr, daß eine wichtige Einsicht verlorengeht: *Letztlich müssen wir uns mit der physischen Welt in deren ureigensten Begriffen beschäftigen* und nicht mit unseren vereinfachten symbolischen!

An dem oben geschilderten mathematischen Modell kann Kritik

geübt werden. So haben wir z. B. die Zeit „diskretisiert“, indem wir von wohlunterschiedenen Zeitpunkten ausgingen. Ebenso haben wir den Raum „diskretisiert“: Wir haben den stetigen Strom der Flüssigkeit ersetzt durch eine Art Durchschnittsmenge, die sich auf vier verschiedene Orte bezog.

Ähnlich wie es Schwierigkeiten mit unserer Mathematik gibt, gibt es auch Schwierigkeiten mit dem Versuchsaufbau. Ideal wäre es, einen stetigen, wirbelfreien Wasserfluß in unseren Röhrchen zu haben. Aber man muß bald feststellen, daß Blubbern und Wirbelbildung auftreten können. Der Zustand des Systems ist oft äußerst instabil: wirbelfreie und verwirbelte Strömungen lösen einander in rascher Folge ab. Es ist möglich, daß mehrere wirbelfreie Strömungen in ein und demselben Röhrchen auftreten, wobei jeweils nur ein Teil des Röhrchenquerschnittes ausgefüllt ist. Man wird weiter bemerken, daß eine billige Pumpe das Wasser stoßweise nach oben pumpt. Mit Geduld und Vorsicht kann man schließlich die für das mathematische Modell benötigten Größen mit einer Genauigkeit von etwa fünf Prozent messen. Wollte man entscheiden, ob dieses mathematische Modell gut genug ist, um das Verhalten des physikalischen Apparates quantitativ vorherzusagen, so wäre eine Menge intensiver Experimente und Berechnungen erforderlich.

Gleichgewichtswerte

Falls die Pumpe pro Zeitintervall eine konstante Wassermenge P liefert, kann es geschehen, daß sich jede der Größen U_n, V_n, W_n und R_n einem Gleichgewichtswert annähert, wenn n gegen unendlich strebt. Wir verwenden das Symbol ∞ für „unendlich“ und bezeichnen deshalb diese Grenzwerte mit U_∞, V_∞, W_∞ und R_∞. Dann ergibt eine sehr einfache Überlegung, daß sich U_n und U_{n+1} dem gleichen Grenzwert nähern; das gleiche gilt für V_{n+1}, W_{n+1} und R_{n+1}. Also erhalten wir für den Grenzübergang $n \to \infty$ in (*)

$$(**) \qquad \begin{aligned} P &= f_1(U_\infty) + f_2(U_\infty) \\ f_1(U_\infty) &= f_3(V_\infty) + f_4(V_\infty) \\ f_5(W_\infty) &= f_2(U_\infty) + f_4(V_\infty) \end{aligned}$$

Dabei wird vorausgesetzt, daß alle auftretenden Funktionen stetig sind. Das Ergebnis ist ein System von drei Gleichungen in den drei Unbekannten U_∞, V_∞ und W_∞. Die vierte Gleichung, die sich aus (*) durch den Grenzübergang ergibt, ist linear abhängig (redundant) und wurde deshalb weggelassen. Diese Gleichungen sind so zu interpretieren, daß der Zufluß in jeder Flasche den Abfluß genau ausgleicht.

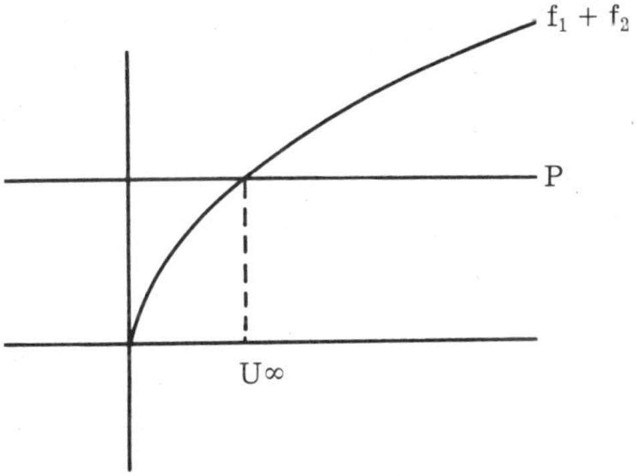

Wie bereits erwähnt, darf man $f_1, f_2, \ldots, f_5$ als mit ihren Argumenten streng monoton wachsende Funktionen annehmen. Um das System (**) von drei Gleichungen zu lösen, löse man zuerst die erste Gleichung für U_∞. Wie die obige Abbildung andeutet, gibt es eine eindeutige Lösung. Mit Hilfe dieser Lösung erledige man die Gleichung für V_∞. Dann läßt sich mit diesen beiden Lösungen die dritte Gleichung für W_∞ lösen. Diese theoretisch ermittelten Gleichgewichtswerte können im Bereich der Fassungsvermögen der Behälter liegen. In diesem Falle ist das Gleichgewicht physikalisch möglich. Andernfalls ist ein Gleichgewichtszustand nicht erreichbar.

Kontrolle

Um einen bestimmten Wasserstand zu erreichen oder um einem sich anbahnenden Unglück vorzubeugen, kann man die Geschwindigkeit der Pumpe verändern oder Hähne auf- und zudrehen. Das Unglück kann meistens – aber nicht immer! – vermieden werden. Wir haben hier ein Beispiel manueller Kontrolle vor uns.

Wir könnten auch einen automatischen Kontrollmechanismus in unseren Versuch einbauen, obwohl dieser für den Amateurexperimentator nicht einfach zu verwirklichen ist. Bei einer automatischen Kontrolle wird der Wasserstand in jedem Behälter durch einen Fühler überwacht. Ist das Niveau zu hoch (oder zu tief), so wird der Wasserfluß durch die Pumpe oder die Hähne automatisch entsprechend reguliert. In diesem Falle hängen die Funktionen P, $f_1, f_2, \ldots$ auch von U_n, V_n, W_n und R_n ab, was die mathematischen Zusammenhänge, die das Gleichungssystem (*) ausdrückt, erheblich verkompliziert. Die Einrichtung und Erhaltung eines geeigneten Kontrollmechanismus ist sowohl aus praktischer als auch aus theoretischer Sicht ein sehr wichtiges Problem.

Stabilität des Dauerzustandes

Werden einige Münzen in den Brunnen von Trevi geworfen, so erwarten wir, daß sich der Wasserspiegel auf einem etwas höheren Niveau einpendelt. Wird die geförderte Wassermenge nur geringfügig durch entsprechende Einstellung der Pumpe verringert, so gehen wir davon aus, daß keine große Katastrophe eintreten wird. Anders gesagt: eine kleine Veränderung in den physikalischen Gegebenheiten verursacht nur eine kleine Änderung im Verhalten der Maschine. Das macht die Eigenschaft „Stabilität" aus. Man kann dies auch am Graphen einsehen: bewegt sich P stetig von P_1 nach P_2, so ergibt sich hieraus die geringfügige Veränderung des Gleichgewichtszustandes von V_1 nach V_2.

Weitergehende Schlußfolgerungen

Die Theorie rückgekoppelter Systeme, die Kontroll- und die Stabilitätstheorie werfen gegenwärtig einige der schwierigsten Probleme in der theoretischen Mathematik auf. Es sind Gebiete, auf denen heute lebhaft geforscht wird. In der Praxis stellt sich das

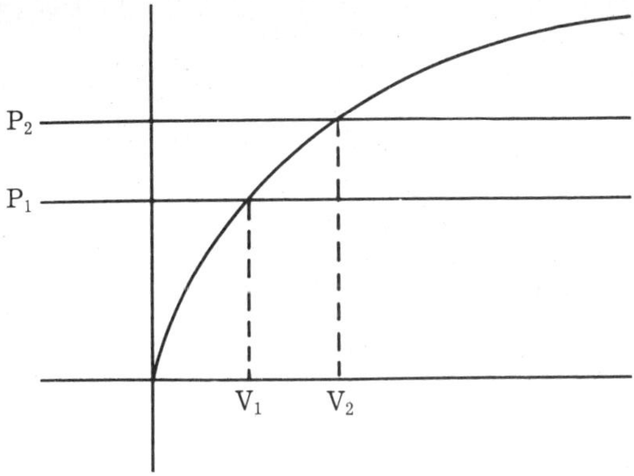

Problem ganz allgemein so: Gegeben ist ein kompliziertes System (die Ökonomie, die Ökologie, der menschliche Körper, eine Rakete ...). Was ist zu tun, damit das System auf diese oder jene Art antwortet? Offensichtlich ist diese Frage von vitalem Interesse.

Die Auswirkungen von Gleichgewicht, Stabilität und Kontrolle auf Politik und Geschichte liegen auf der Hand. Die Geschichte kann unter dem Gesichtspunkt geschrieben werden: »Bis zu welchem Grad braucht die Zivilisation Gleichgewicht, Stabilität und Kontrolle, und welchen Preis ist sie dafür zu zahlen bereit?«. Ähnlich ist man in der Kosmologie am Anfang des Universums (falls es das überhaupt gab) und an dessen endgültigem Ende interessiert. Gibt es eine periodische Wiederbelebung und -geburt? Oder kommt die Selbstzerstörung in Gestalt des Gleichgewichts der vollständigen Desorganisation – genannt thermodynamischer Wärmetod – auf uns zu?

Spielt man mit wirklichen Flaschen, Röhren und Pumpen, so bemerkt man, daß es nicht einfach ist, den Dauerzustand herzustellen. Man schließt den Hahn einer Flasche und erzeugt so den Zusammenbruch bei einer anderen Flasche. Ohne große Erfahrung erscheint ein gewichtiger Teil des Geschehens anti-intuitiv. Vielleicht gewinnt man so ein klein wenig mehr Achtung und Sympathie für diejenigen Leute in der Regierung, die die wirtschaftliche Situation zu verbessern suchen, indem sie einige finanzpolitische Prozentsätze verändern.

Mathematische Modelle wie das soeben beschriebene werden häufig verwandt. Einige von ihnen beruhen auf hundert und mehr Gleichungen. Sie sind einfach aufzustellen und lassen sich leicht mit Hilfe des Computers durchrechnen, aber es ist schwierig, sie so zu konstruieren und anzupassen, daß sie die Wirklichkeit adäquat wiedergeben. Sie stecken voller methodologischer Probleme. Wir benützen sie als Orakel: Die Politik richtet sich möglicherweise nach ihren Weissagungen – etwas Besseres hat das sogenannte rationale Denken bisher nicht hervorgebracht. Die Gesellschaft hat das Bedürfnis nach gewissen Veränderungen: Wie können diese durchgeführt werden, ohne das ganze System ins Ungleichgewicht oder ins Chaos zu stürzen? Durch Revolution? Die Welt ist heute zu vernetzt, um eine aus gutgemeinten Motiven entstandene Revolution ohne unerwünschte Nebenwirkungen garantieren zu können. Durch von Dogmen vorgeschriebene Handlungen? Durch vernünftige Planung? Was ist »vernünftig«?

Wir tun, was wir können, aber *allzu oft wird der Boden doch naß.*

Weiterführende Literatur:
R. Avis und M. Penn; V. Arnold; G. Dahlquist und A. Bjork; F. Hoppenstadt; W. Mayer (s. a. Bibliographie)

Computergraphik und hohe Kunst

Drei Tätigkeiten standen am Anfang der Mathematik: Zählen, Messen und die bildende Kunst. Von diesen dreien wurden den ersten beiden Aktivitäten die meiste Aufmerksamkeit zuteil. Wir besitzen alte Texte, die sich mit Zählen und Messen beschäftigen; sie bilden handgreifliche Berichte über die primitive Mathematik. Obwohl wir unzählige Beispiele aus der Web-, Bau- und Goldschmiedekunst haben, können wir aus ihnen höchstens eine implizite Beziehung zur Mathematik ableiten. Die Bedeutung expliziter Mathematik für die Kunst hat sich während der Jahrhunderte häufig geändert. Man vermutet, daß der Künstler oft ein unbewußter Mathematiker ist: Er entdeckt und erkundet räumliche Anordnungen, Symmetrien, Periodizitäten, Kombinationen und Transformationen. Er findet intuitiv visuelle Theoreme der Geometrie. Dennoch sind Abschnitte bewußter Mathematisierung in der Kunst selten.

Die Kunst der Renaissance hat vielfach mathematische Qualität. Damals interessierten sich die Künstler für Raumlehre, für Perspektiven und ihre Verkürzung. »Laßt keinen Nichtmathematiker meine Werke lesen«, schrieb Leonardo da Vinci in seinem »Trattato della Pittura«. Einige Kupferstiche Dürers zeigen deutlich, wie der Künstler mit einem Koordinatensystem arbeitet, das die Koordination von Hand und Auge automatisch mit Hilfe der Mathematik verbessert.

Ein Beispiel aus neuester Zeit ist das Bauhaus, das sich ganz bewußt der Mathematik bedient hat. Manchmal wünscht man sich jedoch, seine Mitglieder hätten sich von ihren Rechtecken und Kreisen freigemacht ... Die von Henry Moore geschaffenen Oberflächen sehen oft so aus, als stammten sie aus den Vitrinen eines

Eine vom Computer gezeichnete Nachahmung der Chalice von Uccello (1397–1475).

mathematischen Museums. Schwer nur kann man sich vorstellen, daß sie menschliches Fleisch verkörpern sollen. Das Frühwerk de Chiricos zeugt von einem unerschrockenen mathematischen Geist; das gleiche gilt für das Spätwerk Mondrians. Das Werk von Lippold und anderen Künstlern, die mit Fiberglas und Draht arbeiten, exemplifiziert die Idee von tangentialen Geraden, die Raumkurven einhüllen.

Unzweifelhaft ist M. C. Escher (1898–1972) derjenige Künstler der Gegenwart mit der stärksten mathematischen Anziehungskraft und der größten Popularität.

Escher war Geometer aus Intuition; erst in seinen späteren Lebensjahren arbeitete er mit professionellen Mathematikern zusammen. Eschers Werk wurde von vielen Mathematikern beifällig aufgenommen, aber auch unter Laien fand es Anhänger. Ihm wurde die Anerkennung zuteil, Meterware zu werden. In Hofstädters Buch »Gödel, Escher, Bach« verewigt, veranschaulichen Eschers Graphiken dort die Paradoxien der Selbstbezüglichkeit und die metaphysischen Mysterien und Vergnügungen, die sich aus diesen Paradoxien ergeben.

Die Kunst der Graphik besteht im Grunde genommen darin, eine Menge von Farbe auf einer Leinwand zu verteilen oder etwas Tinte auf einem Papier. Der Gesichtssinn im Zusammenspiel mit der Vorstellungskraft assoziiert oft Striche und Punkte mit Gegenständen der physikalischen oder mentalen Welt. Im modernen Computerjargon ausgedrückt heißt das: unser Denken »popt« die Striche und Punkte auf ein Metaniveau.

Die Kunst spielt immer mit der Spannung zwischen verschiedenen Metaebenen, sie beruht auf dem Gegensatz von Sein und Nichtsein. Eschers Paradoxien sind ein Teil jener Illusionen und Trugbilder, die zum Handwerkszeug des Künstlers gehören. Die Treppe ohne Ende aus »Treppauf, treppab« ruft räumliche Desorientierung, aber auch Lachen hervor. Sie ist ein Opfer jenes weitverbreiteten ästhetischen Urteils, das Pathos, Tragödie, Ehrfurcht und Nachahmung des Transzendenten über Spielereien, Witz, Komödie und Ironie stellt.

Die Ästhetik von Eschers »Himmel und Wasser« (das gilt für I wie auch für II) ist noch raffinierter. Hier begegnet man einer regulären Einteilung der Ebene, einer Gruppe subtiler Transformationen der Figuren auf sich selbst und einer geschickten visuellen Spielerei. Der Raum zwischen den Figuren wird zu einer Hilfsfigur umgeformt, die zunehmend an Bedeutung gewinnt.

Dieses intellektuelle Spiel spricht in hohem Maße den Mathematiker an. Er erkennt in den Figuren eine Anwendung der Gruppentheorie. In den Formen findet er Verschiebungen, Spiegelungen, Punktspiegelungen und Drehungen wieder. Auf den mathematischen Laien übt das Bild die gleiche Anziehung aus wie jedes andere strukturierte Werk, das Symmetrieeigenschaften zeigt. Sein Werk für den Betrachter wird noch vergrößert durch seine erstaunliche Ausführung und durch das Gefühl einer scheinbaren Befreiung aus der Strenge der Mathematik, das es unterschwellig hervorruft. Obwohl dieses Bild ein Meisterwerk an

Eine frühe Mathematisierung des künstlerischen Schaffens

Phantasie und technischer Ausführung darstellt, ist es ganz sicherlich nicht das, was wir hohe Kunst nennen, und zwar genau deshalb, weil das mathematische Element dominiert. Die räumlichen Harmonien des Bildes ähneln letztlich denen eines Kristalls: Sie sind ein Teil der unbelebten Natur; funkelnd, aber gefühlsmäßig unbefriedigend.

Unausweichlich müssen Konstrukteure und Künstler sich mit den Informatikern treffen. Gegenwärtig gibt es verschiedene Ausstattungen für Computergraphik. Da sind die Plotter*, die einen Stift über ein dünnes Blatt führen, sowie die Linien- oder Düsendrucker, die kleine Tintensymbole oder -flecken Linie für Linie zu Papier bringen. Es gibt Bildschirme sowohl in Schwarz als auch in Weiß und in Bunt, die in kleine Gebiete (Pixels genannt) unterteilt sind (1024 × 1024 ist eine übliche Einteilung). Der Elektronenstrahl bringt die vorgeschriebenen Pixels in der richtigen Reihenfolge zum Leuchten; der Bildschirm kann dann aufgenommen werden; mit Hilfe dieser Aufnahmen lassen sich Fotografien und Videofilme herstellen. Für dreidimensionale Graphik gibt es Rahmen und Schneidewerkzeuge, die mit einer Vielzahl von Materialien arbeiten. Alle diese bilderzeugenden Maschinen werden durch geeignet programmierte Computer gesteuert.

M. C. Escher. Himmel und Wasser

Der Wissenschaftler braucht meist an Graphik nicht mehr als die zeichnerische Darstellung der mathematischen Funktion einer Veränderlichen: $y = f(x)$. Diese wird in ein Koordinatensystem mit benannten Achsen eingetragen. Gelegentlich wird eine Funktion von zwei Veränderlichen $z = f(x, y)$ gebraucht; diese läßt sich als Folge eindimensionaler Kurven darstellen oder als Projektion einer zweidimensionalen Fläche auf die Ebene. Manchmal braucht die Wissenschaft mehr an Graphik, dann muß man vielleicht ein kompliziertes Bild durch Kombination einfacher Elemente erzeugen. Ein Beispiel hierfür liefern Molekülstrukturen im Raum.

CAD (Computer Aided Design) ist ein Zweig von Mathematik und Informatik. CAD befaßt sich mit der Erzeugung und der Manipulation von Oberflächen für industrielle Zwecke.

Eine ganz neue Entwicklung der Graphik, die immer mehr Bedeutung gewinnt, ist die Rekonstruktion und Darstellung von Teilen des inneren menschlichen Körpers auf der Basis von Röntgenaufnahmen (Computertomographie). Die Mathematiker haben Bilder von Figuren gebrochener Dimension erfunden und damit unerwartete visuelle Welten, hinter einfachen Formeln verborgen, erschlossen. Die bildverarbeitenden Systeme, welche die von Mathematikern geschaffene Fourieranalyse verwenden und die Expertensysteme, die uns die Optik der Rückseite eines Objekts vermitteln, haben alle zu der enormen Vielfalt der Computergraphik und ihrer visuellen Qualität beigetragen.

Der Liniendrucker und der Computerbildschirm waren noch kaum auf dem Markt, als die Computergraphik sich von ihrer Rolle als nützliches Anhängsel von Wissenschaft und Wirtschaft löste und so die Computerkunst geboren wurde.

Die Fernschreiber der frühen 50er Jahre spuckten Figuren wie Donald Duck und Abe Lincoln aus, aber auch Pin-up-Girls. In der Mitte der 60er Jahre wurde das Publikum von einer Flut von graphischem Material überrollt, das mit Hilfe des Computers hergestellt worden war. Die Öffentlichkeit sollte wie bei konventioneller Graphik ihr Urteil fällen und sich an den Werken erfreuen; Galerien organisierten Ausstellungen. Aber diese wurden herablassend besprochen, so als ob mit diesem Medium keine höheren Absichten zu verfolgen wären. Computerkünstler sind Leute, die mathematisches, programmiertechnisches und künstlerisches Talent miteinander verbinden, doch man ließ sie in ihren Mansarden vor ihren gebrauchten Plottern verkümmern.

In der Frühzeit der Computerkunst waren die formal-mathematischen (im Unterschied zu den intuitiv-mathematischen) Anforderungen an den Künstler sehr hoch. Zu jener Zeit wurden die wichtigsten visuellen Bestandteile mathematisch konkretisiert. Um bestimmte Kurven oder Gestalten zu erzeugen, bediente man sich einer niedrigen oder mittleren Programmiersprache. Auch alle Transformationen, Juxtapositionen und Iterationen solcher

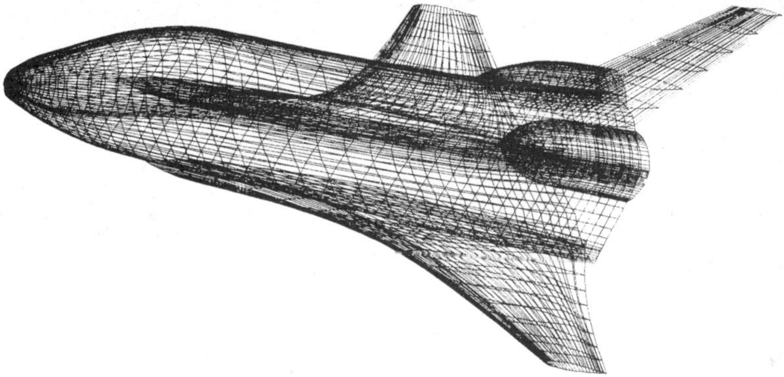

Computerentwickeltes geometrisches Design

Bestandteile wurden auf diesem Niveau formalisiert. In der Mitte der 70er Jahre begann man, die Aufgabe mit hohen Computersprachen anzugehen. So hoffte man, die künstlerischen Anteile von den mathematischen und programmiertechnischen Komponenten lösen zu können. Nach der erfolgreichen Einführung des Lichtstifts, des »sketchpad«-Tabletts und des Joysticks kann der Künstler, ist er mit der zugehörigen hohen Programmiersprache vertraut, fast so arbeiten wie mit Pinsel, Bleistift oder Schwamm.

Nachdem er ein Programm wie PAINT oder eines seiner Abkömmlinge geladen hat (solche Programme laufen heute auf fast allen Personal Computern), kann der Computerkünstler auf dem Farbmonitor oder auf der Oberfläche des Tisches malen. Hierbei sind einige Konventionen zu beachten. Er kann nun seinen »Schwamm« in eine »Farbpalette« tauchen, wobei der gewünschte Farbton, die Intensität und die Sättigung anzugeben sind. Hunderte von Farben sind im »Menu« enthalten. Während seiner ganzen Arbeit stützt sich der Künstler auf eine ausgeklügelte Software. Funktionen wie Farbausfüllung, Strukturieren und maßstäblich Zeichnen sowie Transformationen wie Verdoppelung und Juxtaposition können damit automatisch ausgeführt werden. Der Künstler kann einen Zufallsgenerator aufrufen, wenn er be-

R. Vitale, gezeichnet mit parametrisierter Interpolation

stimmte Konstruktionen rein zufällig ausführen lassen will. Die Computermalerei arbeitet mit einem großen Menu von Operationsmöglichkeiten, die bei Aufruf auf dem Bildschirm erscheinen und die mit dem Lichtstift ausgewählt werden. Die einzelnen Möglichkeiten können Untermöglichkeiten auf zwei oder drei Unterebenen besitzen. Es ist faszinierend, einem geübten Computerkünstler bei seiner Arbeit mit PAINT zuzuschauen und dabei seine Hand-Auge-Koordination mit derjenigen zu vergleichen, die bei der üblichen Acryl- oder Ölmalerei auftritt.

In den 70er Jahren kamen mehr und mehr Computerzeichentrickfilme auf. Es ist sehr einfach, ein Programm zu schreiben, das eine Grundfigur jede Minute einmal verändert. Werden diese Veränderungen mit geeigneter Frequenz vorgenommen, so nimmt das Auge stetige Bewegung wahr; die Figuren auf dem Bildschirm werden lebendig. Durch Abfotografieren der Bildsequenzen kann man einen Zeichentrickfilm bekommen. Im Falle menschenähnlicher Figuren ist schon einige mathematische Raffinesse nötig, um den Computer dazu zu bringen, automatisch die erforderlichen Figuren zwischen einer Anfangs- und Endgestalt zu erzeugen. Jetzt laufen solche Programme mit Erfolg. Das Canadian Film Board hat einige Computertrickfilme von ungewöhnlicher Qualität produziert.

Am Ende der 70er Jahre gab es bereits so viele gute Computertrickfilme, daß eine eigene Fernsehshow für sie eingeführt wurde. Heute sind Computergraphik und Computertrickfilme in Werbung, Videospielen und Science-fiction-Filmen gängig. Sie werden mit herkömmlichen Tricktechniken, mit der Fotografie und der Trickfotografie kombiniert. Man munkelt, daß ein gutes Stück Entwicklungsarbeit hinter den verschlossenen Türen kommerzieller Filmstudios vor sich geht.

Der Auftritt eines neuen technischen Mediums wirft eine Menge von Fragen auf. Aus welchen Gründen sollte man ausgerechnet mit diesem neuen Medium arbeiten? Was wird an Neuem produziert? Inwieweit wird Computerkunst automatisch oder unwillentlich von der Maschine hervorgebracht und inwieweit unterliegt sie der genauen Kontrolle des Künstlers? Wie ist die Beziehung zwischen Herstellungsprozeß und dem Endprodukt? Wie sind die Aussichten für die Zukunft? Sind Meisterwerke möglich? Endlich – um auf die Ausgangsfrage zurückkommen: wie ist die Beziehung zwischen Mathematik und reifer Computergraphik beschaffen?

Sowohl diejenigen, die Kunst schaffen oder kritisieren möchten als auch diejenigen, die an Semiotik interessiert sind, fühlen sich von der Idee angezogen, mit Hilfe eines formalisierten symbolischen Prozesses, der vom Computer ausgeführt wird, visuelle Effekte zu erzeugen. Die Erforscher von Muster und Zeichen könnten über die Rolle einer Oberflächengrammatik visueller Substantiva und Verben nachdenken. Diesen gegenüber stehen atomare Punkte, Flecken und Impastos. Man könnte sich eine bestimmte Sorte Stuhl von der Software entwerfen lassen – genauso wie ein Bühnenbildner einen viktorianischen Sessel bei einem Bühnenverleih bestellt (wahrscheinlich baut er ihn nicht selbst in seiner Werkstatt). Um ein »Pferd« mit Leben zu erfüllen, hätte man in seiner Software Verben wie »traben«, »springen« und »galoppieren« zur Verfügung. Auf sehr hohem Niveau hat man natürlich immer allgemeine Begriffe wie Landschaft, Stilleben und Portrait benützt. In der Renaissance konnte eine Kirche ein Bild mit Termini höherer Ordnung wie »eine Maria Verkündigung«, »eine Kreuzabnahme«, »eine Pieta« oder »eine Himmelfahrt Mariens« bestellen. Dabei konnte sicher sein, daß die Kundschaft auch das Gewünschte erhielt. Der Computer bietet uns die Möglichkeit, Analoges auf jedem Niveau bis hinunter zu den Pixels zu tun.

Optische Täuschungen werden in der Kunst seit Jahrhunderten verwendet. Unsere fortgeschrittene Technologie bietet heute die Möglichkeit, die Realität mit unglaublicher visueller Treue nachzuahmen und zu gestalten. Kunst ist immer Illusion. Akzeptieren wir die Illusion als eine Realität, so sind wir gezwungen, uns mit der fundamentalen philosophischen Frage auseinanderzusetzen: Wie können wir um das, was ist, wissen?

Beim gegenwärtigen Stand der Technik ist es schwierig, das Produkt von der Technik abzutrennen. Der gesamte Softwareanteil ist immer noch im Fluß. Der Künstler schafft selbst Programme. Er verbessert diese ständig. Programmieren kennt kein definitives Ende. Das stürzt den Künstler in Konflikte: Soll er seine Zeit darauf verwenden, mit der vorhandenen Technik künstlerisch tätig zu sein oder soll er besser neue Software entgegen dem gegenwärtigen und zukünftigen Bedürfnis entwickeln? In der heutigen Computerkunst hat der Künstler mit einer doppelten Herausforderung fertig zu werden – einerseits muß er das neue Medium meistern, andererseits gilt es gleichzeitig, dieses neue Medium auszubauen.

Die Öffentlichkeit mißversteht das Wesen der Computerkunst oft. Es ist nicht so, daß der Computer auf Knopfdruck endlos Kunst ausspuckt. Der Künstler arbeitet vielmehr selbst am Computer, der seinerseits das Produkt jahrzehntelanger Planung ist. Der Künstler gebraucht eine oder mehrere Computersprachen, die sich – wie natürliche Sprachen – entwickelt haben. Der Künstler muß eine gewisse, nicht notwendig visuelle Vorstellung von dem haben, was er schaffen will und wie er das Erstrebte realisieren kann. Er geht bei seiner Computerfirma in die Lehre, ganz genau so, wie die Künstler der Vergangenheit vom Meister ausgebildet

Computerkäfer: Es wurde ausschließlich eine hohe Programmiersprache, die eigens zur Beschreibung von Szenen erfunden worden ist, verwandt, um dieses Bild auf einer VAK 11/780 mit einem 4.2 BSD Unix-Betriebssystem zu erzeugen. Das Original besteht aus leuchtenden Farben.

worden sind. Eine *vollständige* Kontrolle über sein Produkt hat der Künstler nicht. Bedingt durch den Übergang von der symbolischen Ebene des Programmes zur visuellen, kann er nicht alle Aspekte dessen, was die Maschine schaffen wird, voraussehen. (Auch im Bereich der wissenschaftlichen Berechnung ist genau das der Grund für die Verwendung von Computern: das menschliche Denken kann nicht voraussehen, welche Folgerungen sich aus einer Formel ergeben.) Die Schöpfung des Kunstwerkes muß deshalb durch schrittweise Approximation geschehen. Diese wird von der Intuition des Künstlers gesteuert. Korrekturen sind hier einfacher vorzunehmen als bei der Arbeit mit Öl oder Acryl. Viele

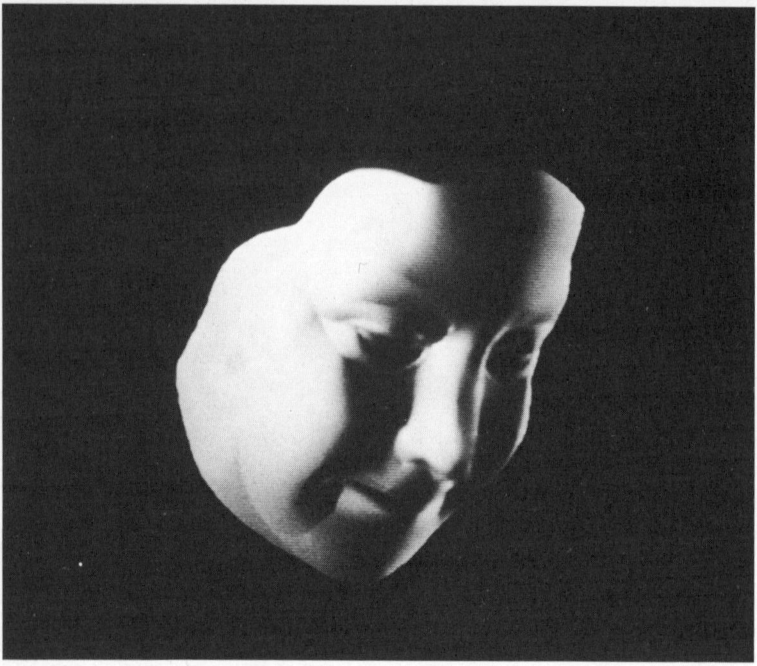

Ein Gesicht, das mit Hilfe von Spline-Funktionen konstruiert wurde.

Zwischenstadien müssen passiert werden, bis das Werk als endgültig angesehen wird. Das Element der Wiederholung ist in der Computerkunst vermutlich stärker als in der konventionellen. Fehler sind keine Farbschmierereien mehr, sondern sie beruhen auf Programmierfehlern. Solche Programmierfehler können zu ungewöhnlich interessanten graphischen Überraschungen führen. Das sehr hohe Niveau der Programmiersprachen, die heute bei der Simulation von Malerei verwandt werden, wurde von einigen Computerkünstlern beklagt. Warum sollen wir ein Medium verwenden, das Hunderttausende von Dollars kostet, um konventionelle Bilder zu produzieren, wenn doch Farbe und Leinwand so viel billiger sind? Obwohl es gewisse Vorteile gibt, die mit Farbe, mit der Automatisierung unbewußter Prozesse, mit dem Umgang mit einem neuen graphischen Vokabular, mit Korrektur und Veränderung, mit Speicherung sowie mit Reproduktion zu tun haben, muß dennoch zugestanden werden, daß diese Klage eine gewisse Berechtigung hat. Ich meine, daß die Beispiele statischer Computerkunst, die um ihrer selbst willen geschaffen wurden, nur von begrenztem Interesse sind. Gelegentlich ergibt sich Stolz, Schrekken oder Verblüffung als erste Reaktion auf eine gewöhnliche Form oder Farbe, auf die Reihung von bestimmten Elementen oder auf die Schöpfung eines übernatürlichen Objekts. Oftmals weist uns die zugrunde liegende Ikonographie auf eine fremdartige und wundervolle Welt der Zukunft hin, die uns Wissenschaft und Technik bescheren könnten. Zweihundert Jahre später ist eine solche Botschaft ziemlich abgedroschen.

Wenn die Computerkunst eine Zukunft als eigenständiger Teil der Kunst hat, dann nur aufgrund ihres dynamischen, mitreißenden und hyperaktiven Charakters. Man sollte nicht auf Rembrandt schauen, sondern auf Verdis »Aida«. Jedoch sollte man nicht die klassische »Aida« als Sinnbild nehmen, sondern eine, bei der das Publikum mitsingt und auf die Rücken der Elefanten auf der Bühne klettert. Chaos? Nein – Theater total!

Andeutungen, was alles möglich sein könnte, findet man in den dynamischen, abstrakten und sinnverwirrenden Computerfilmen von rein kaleidoskopischer Qualität. Weitere Anhaltspunkte bieten Computertrickfilme. Noch näher an den Meisterwerken der Zukunft ist man bei den Videospielen, die man in jedem Busbahnhof finden kann. Diese populären Vergnügungen, die den älteren Flipper verdrängen, verbinden das Dynamische mit dem Visuellen, das Kinästhetische und das Interaktive, die Vernunft und die Kunst. Hier finden wir Gefühle und sogar einen Sinn fürs Theatralische – selbst wenn es sich um das Theater der Gewalt handelt.

Wir leben in einer Welt der Bewegung. Wir sind von ihr besessen. Ständig steigen wir in Autos ein oder aus ihnen aus. Wir jetten um die Welt und sehen fern. Wir gehen ins Kino. Wir nehmen es hin, daß unsere Autos die überkommene Architektur zerstören, ersetzt durch eine Architektur des mechanisierten Nomadismus. In gewisser Weise läßt uns jedes statische Kunstwerk unbefriedigt; ihm fehlt etwas. Wir können es auf eine Mauer stellen, wo es uns als Farbklecks dient. Wir mühen uns an ihm in einer Galerie ab, philosophieren darüber, kaufen und verkaufen es. Wir spekulieren damit. Aber unsere Zuneigung dafür ist nicht tief. Was unser Herz höher schlagen läßt, ist Bewegung, Handlung, Veränderung – kurz: Werden und nicht Sein spricht uns an.

Das Medium der Computergraphik ist noch jung. Es ist kaum den Kinderschuhen entschlüpft. Hohe Kunst? Meisterwerke? Warum nicht? Die Computerverdis der Zukunft werden uns schon in ihren Bann schlagen.

Weiterführende Literatur:
C. Adcock; K. Clark (1979, 1983); J. Foly und A. Van Dam; F. Malina; D. McCloskey; L. Myer; A. Noll; D. Pedoe; SIGGRAPH; G. Youngblood
(s. a. Bibliographie)

II. Die soziale Tyrannei der Zahlen

Mathematik 163
MWF 10 Sektion 3B 301 Manse
Prof. R. B. Smith TA: F. Jones
Examensklausur

Nummer des Studentenausweises	Punktzahl
072-36-7345	78
140-47-7262	75
149-87-4850	88
241-01-5033	62
362-22-8625	91
384-98-9098	75
509-15-5143	94
522-17-1276	88
791-35-0107	79
798-45-6063	55
807-89-0229	72
936-01-3145	85
987-03-2678	82

Durchschnitt	= 78,769 231
Standardabweichung	= 10,821 303
Median	= 79,000 000

Mathematik und Rhetorik

Einleitung

Versteht man unter Rhetorik die Kunst der Überredung, so scheint die Mathematik deren genaues Gegenteil zu sein. Nun ist es nicht so, daß die Mathematik nicht zu überzeugen hätte – aber sie bedarf hierzu keiner Kunst. Der Inhalt leistet in der Mathematik alles. Die Form muß nur so gewählt werden, daß der Inhalt für sich selbst sprechen kann.

Bei Euklid finden wir nur die knappen Festsetzungen der »allgemeinen Begriffe« (die auch »Axiome« oder »Postulate« genannt werden), denen eine unbarmherzige Kette »Satz – Beweis – Satz – Beweis ...« folgt. Im Geometrieunterricht des Gymnasiums, wo früher Millionen von Schülern Euklid lernen mußten, wurden »Beweise« auf ein formales Schema reduziert. In zwei aneinandergrenzenden Spalten trug man links die Behauptungen und rechts die Gründe ein, die unausweichlich vom »Gegebenen« zum »Gesuchten«, von den Hypothesen zur Conclusio führen sollten.

Sind die notwendigen Definitionen und Axiome sowie die Planfigur bekannt, so ist das Theorem unvermeidlich. Jedermann, der die in ihm auftretenden Begriffe versteht, wird seine Wahrheit zugestehen. Stimmt ein Student nicht zu, so stellt er sich damit vor seinem Professor und vor seinen Kommilitonen bloß.

»Mit mathematischer Gewißheit« ist die Bezeichnung für ein Niveau von Gewißheit, das andere Gebiete bestenfalls anstreben können. Folglich wird der Entwicklungsstand einer Wissenschaft am Ausmaß ihrer Mathematisierung gemessen. An erster Stelle stehen die Astronomie, die Mechanik und die anderen Gebiete der theoretischen Physik. Unter den Teildisziplinen der Biologie rangiert die Genetik ganz oben. Sie kennt nämlich Theoreme und Berechnungen. Im Bereich der Sozialwissenschaften ist die Ökonomie die am stärksten mathematisierte Wissenschaft. Sie bietet ihren Absolventen sowohl den besten Arbeitsmarkt als auch die Möglichkeit, einen Nobelpreis zu gewinnen.

Nur durch Mathematisierung – so wird allgemein angenommen – kann aus einem Forschungsgebiet eine »richtige« Wissenschaft werden. Mathematisierung bedeutet Formalisierung und Organisation des Forschungsgebiets nach axiomatisch-deduktiver Art. Auf diese Weise wird der Makel der Rhetorik beseitigt. Alle Taschenspielertricks, die jene brauchen, die unfähig sind, die Tatsachen und die Logik sprechen zu lassen, werden hinfällig. Für diejenigen, die behaupten, Rhetorik sei ein notwendiger und wertvoller Aspekt jeglichen menschlichen Bestrebens, ist die Mathematik ein Drache, den es zu erlegen gilt.

Meine Absicht an dieser Stelle ist es, diese Forderung nach Mathematisierung zu untergraben. Ich sage *untergraben* und nicht widerlegen oder zerstören, denn ich bin mir bewußt, daß die Forderung nach Mathematisierung nicht ohne vernünftige Gründe erhoben wird. Aber ihr Geltungsbereich ist beschränkt. Mathematische Theorien sollten ebenso skeptisch betrachtet werden wie Theorien, die sich der Alltagssprache bedienen.

Ich möchte zeigen, daß die Mathematik in Wirklichkeit nicht das genaue Gegenteil der Rhetorik ist. Vielmehr kann sich die Rhetorik manchmal mathematisch geben, und *die Mathematik kann rhetorisch sein.* Mein erstes Ziel ist es, nachzuweisen, daß die mathematische Fachsprache und die mathematischen Beweisverfahren in vielen Anwendungsgebieten als rhetorische Waffen benutzt werden. Im besonderen Maße gilt das für die sogenannten Verhaltenswissenschaften. Dann werde ich aufzeigen, daß auch in der mathematischen Praxis, also unter professionellen Mathematikern, neben der formalen oder logischen Argumentation wesentlich von rhetorischen Kunstgriffen Gebrauch gemacht wird. In diesem Sinne folgen auf die Einleitung die Abschnitte 1 und 2. Zum Schluß kommen dann noch einige kurze Folgerungen.

Teil 1
Mathematik als rhetorisches Mittel

Es gibt drei Zweige der Mathematik: die reine Mathematik, die angewandte Mathematik und die rhetorische Mathematik.

Zur *reinen Mathematik* gehören Zahlentheorie, Geometrie, Algebra und Analysis. Mathematiker betreiben reine Mathematik, um sich selbst und anderen eine Freude zu bereiten. Gefällt ihnen der Weg, auf dem ein Ergebnis gewonnen wurde, so nennen sie ihn elegant oder auch tiefliegend.

Angewandte Mathematik betreiben die Mathematiker, um den Aufgaben gerecht zu werden, die sich der restlichen Gesellschaft stellen. Dazu gehören die numerische Wettervorhersage, die Qualitätsstatistik einer Glühbirnenfabrik und das Zeichnen der Flugbahn einer Saturnrakete. In zunehmendem Maße werden heute diese Aufgaben von den Militärs formuliert und finanziert. Sie bedeuten oft, das vorzeitige Ende jeglichen Lebens auf unserem Planeten vorzubereiten.

Schließlich gibt es noch die *rhetorische Mathematik*. Aber was ist das überhaupt? Offenbar ist sie weder rein noch angewandt. Nicht rein bedeutet, daß nichts von mathematischem Interesse getan wird; es werden weder neue mathematische Ideen entwickelt noch mathematische Probleme gelöst. Nicht angewandt heißt, daß keine Folgerungen hinsichtlich der Realität gezogen werden. Aus der rhetorischen Mathematik ergeben sich keine praktischen Konsequenzen – sieht man einmal von Veröffentlichungen, Berichten und Vorschlägen zur Vergabe von Stipendien ab. »Rhetorisch« kann vielerlei bedeuten. In einem eher abwertenden Sinne meint es »besseres Wortgefecht« oder auch »anmaßende Irreführung«. Mathematik vermag in diesem Sinne rhetorisch zu sein. Wir sprechen dann von rhetorischer Mathematik.

So kann man zum Beispiel ein »mathematisches Modell« für internationale Konflikte entwickeln. Dieses könnte eine Liste von Axiomen enthalten. Wir nennen es dann ein axiomatisches Modell. Oder es könnte eine Sammlung von Strategien darstellen mit der zugehörigen Auszahlungsmatrix; dann liegt ein spieltheoretisches Modell vor. Aber es könnte auch aus »Zustandsvariablen«, die die internationale militärisch-politische Situation repräsentieren und aus einem System von Gleichungen bestehen, die die heutigen Werte der »Zustandsvariablen« mit ihren morgigen verknüpfen. Programmiert man dies auf einem Computer, so erhält man ein Simulationsmodell.

In Wahrheit kommt es nicht darauf an, für welche Möglichkeit man sich entscheidet. Immer kann man Berechnungen anstellen, publizieren, das Modell verändern (oder aufgeben und von neuem beginnen), erneut Berechnungen anstellen und erneut veröffentlichen.

Warum ist das keine angewandte Mathematik? Gemäß einer weitverbreiteten Auffassung vom Wesen der angewandten Mathematik, die man auf den ersten Seiten vieler Lehrbücher antrifft, zerfällt die Arbeit des angewandten Mathematikers in drei Phasen. Schematisch lassen sich diese folgendermaßen darstellen:

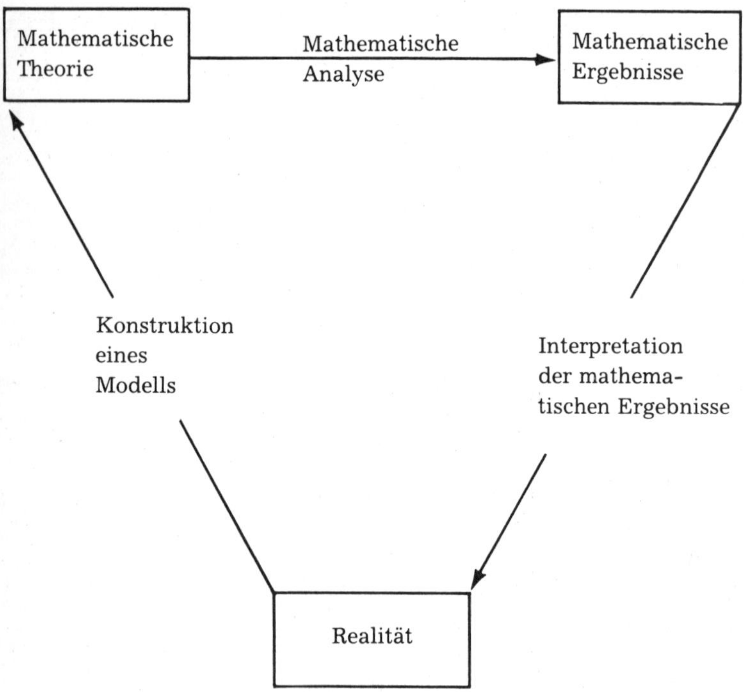

Das obere Niveau ist das der mathematischen Theorie, auf dem unteren findet sich die physische Realität. Das mathematische Studium von Problemen der physischen Realität beginnt *im ersten Schritt* (im Unterschied zum Studium von Problemen der reinen Mathematik) mit der Konstruktion eines mathematischen Modells. Das verlangt die Repräsentation physikalisch interessanter Größen durch mathematische Variablen (meist sind diese numerisch, aber gelegentlich gibt es auch geometrische oder logische Variablen) sowie die Herleitung empirischer Erfahrungen aus den Relationen zwischen diesen Variablen (in der Regel handelt es sich dabei um algebraische Gleichungen oder Differentialgleichungen und -ungleichungen).

Der zweite Schritt der mathematischen Analyse kann in manchen Fällen darin bestehen, eine Gleichung aufzulösen. Man erhält so eine explizite Formel für eine Variable (z. B. für die Temperatur, die Bevölkerung oder die Position eines Planeten). In anderen Fällen mag eine explizite Lösung nicht möglich sein. Dann kann die mathematische Überlegung zu approximativen oder qualitativen Ergebnissen führen (z. B.: der Planet wird sich immer in einer gewissen Entfernung von der Sonne befinden; die Bevölkerung wird zuerst stark zunehmen, später wird der Zuwachs geringer werden, und die Bevölkerung wird sich einem gewissen Grenzwert nähern; der Zusammenhang zwischen Temperatur und Diffusionskonstanten des Mediums ist glatt und monoton). Im zweiten Schritt können zu rein mathematischen Überlegung noch gewisse *ad hoc*-Vereinfachungen hinzukommen. So werden vielleicht einige Variablen durch Konstanten ersetzt oder »kleine« Terme in Gleichungen vernachlässigt. Solche Manipulationen werden gelegentlich durch physikalische Überlegungen gerechtfertigt; manchmal sind sie auch einfach Lösungsversuche, über deren Zuverlässigkeit das Endergebnis entscheidet. Heutzutage bringt dieser zweite Schritt meist maschinelle Berechnungen mit sich. Die Erstellung eines Computerprogrammes zur Analyse eines realen Problems verlangt als Vorleistung die Einführung von Variablen und Relationen, die das fragliche Problem modellieren. Die maschinelle Berechnung ist gelegentlich ein arbeitssparender Ersatz für menschliches Denken und Analyse. Aber meist ist ein gewisser denkerischer Aufwand vor der eigentlichen Berechnung unumgänglich, damit diese nicht auf die eine oder andere Weise irreführend und unnütz wird.

Gelegentlich vollzieht sich *der dritte Schritt*, die Interpretation der mathematischen oder rechnerischen Ergebnisse in der Sprache der Realität, fast wie von selbst. Das Ergebnis kann z.B. die *Prognose* sein, daß sich das interessante System in einer bestimmten Weise verhält. Oder es kann eine *Erklärung* sein, warum bestimmte Ursachen bestimmte Wirkungen hervorrufen (oder nicht hervorrufen). In beiden Fällen bleibt der Wert des gesamten Modellierungsprozesses und der ganzen Analyse so lange ungewiß, bis das Endergebnis aus Schritt 3 an der Realität mit Hilfe von Beobachtung oder Experiment getestet wurde. Das Verdienst oder der Wert eines Modells hängt in erster Linie von der Vernünftigkeit oder auch Plausibilität der in Schritt 1 gemachten Annahmen ab. Am zweitwichtigsten ist die Frage, ob das Modell handhabbar ist: Besteht die Möglichkeit, in Schritt 2 mathematische Operationen auszuführen, die zu neuartigen und interessanten Ergebnissen führen? Endlich kommt es in Schritt 3 auf die Güte der Resultate an, also auf den Grad der Übereinstimmung von theoretischen Ergebnissen und Daten der Realität. Dieses »Schema« der wissenschaftlichen Methodologie soll uns Kriterien an die Hand geben, um über den Anspruch der einen oder anderen Wissenschaft zu entscheiden, ob sie tatsächlich Mathematik anwendet oder nicht. Das geschilderte dreischrittige Paradigma ist konventionell und vielleicht zu stark vereinfachend. Ein wichtiger Schritt in der Forschung kann durchaus auf den ersten Abschnitt beschränkt bleiben. Alle drei Schritte können mehrfach wiederholt werden, wenn ein Modell nach und nach verfeinert und verbessert wird. Manchmal kann es ungeschickt oder sogar unmöglich sein, die einzelnen Schritte klar gegeneinander abzugrenzen.

Gestehen wir dies alles einmal zu, so bleiben gewisse Kriterien übrig, mit deren Hilfe der Mathematiker darüber entscheidet, ob eine echte Anwendung der Mathematik vorliegt oder bloß irgendein Unsinn.

Läßt die Komplexität des mathematischen Modells sich durch die Schwierigkeit des realen Problems rechtfertigen?

Sind tatsächlich genuin mathematische Überlegungen oder nichttriviale Rechnungen auszuführen, die die Hilfsmittel des vorgeschlagenen mathematischen Modells erfordern?

Lassen sich die Koeffizienten und Parameter der Gleichungen in einer sinnvollen und vernünftigen Weise exakt bestimmen?

Kann man die Schlußfolgerungen an Hand von Daten aus der Realität überprüfen? Folgen nicht-offensichtliche Konsequenzen für die Praxis aus der Analyse?

Die Einführung mathematischer Modelle in Biologie, Ökonomie und Psychologie sowie andere Zweige der sogenannten Verhaltenswissenschaften löste stets Kontroversen aus. Die Gegner der Mathematisierung hatten möglicherweise gute Gründe für ihren Widerstand. Ihre Argumente konnten aber entwertet werden, indem der Verdacht genährt wurde, sie verständen die von ihnen bekämpften mathematischen Methoden überhaupt nicht.

Auf dem Hintergrund dieser Erfahrung ist es wichtig, in aller Öffentlichkeit festzustellen, daß die Skepsis hinsichtlich der Mathematik in den Verhaltenswissenschaften und sogar hinsichtlich der Mathematik in der Biologie *unter Berufsmathematikern viel stärker* als unter den nichtmathematisch orientierten Verhaltenswissenschaftlern und Biologen ist.

Diese Skepsis wird kaum in gedruckter Form verbreitet. Im Unterschied zu Philosophen und Literaturkritikern mögen Mathematiker keine Kontroversen. Sie sind diese nicht gewöhnt und werden sich in der Regel ruhig verhalten, um Auseinandersetzungen zu vermeiden. (Ein berühmtes Beispiel für diese Haltung wird von Gauß überliefert: dieser verheimlichte die von ihm selbst entdeckte Nichteuklidische Geometrie aus »Angst vor dem Geschrei der Böotier«.)

Ein weiterer Grund, warum Mathematiker selten ihren Zweifeln hinsichtlich der Mathematik in den Verhaltenswissenschaften Ausdruck verleihen, ist, daß ein Teil der von der Verhaltenswissenschaften angewandten Mathematik tatsächlich wertvoll ist. Also kann man sie nicht insgesamt verdammen. Die Trennung der Spreu vom Weizen ist in der Praxis immer ein mühevolles Unternehmen: Also sagen wir lieber nichts. Hinter dem Rücken des Redners aber, der gerade über die mathematische Psychodynamik spricht, heben wir die Augenbrauen und zucken mit den Achseln.

Vielleicht wird die Tatsache, daß Mathematiker gemeinsame Überzeugungen haben, die Haltung derjenigen bestärken, die die rhetorische Mathematik ablehnen. Wenn Sie den Rat oder die Ermunterung eines Berufsmathematikers benötigen, so brauchen Sie nicht weiter als bis zum Mathematischen Institut Ihrer Universität zu gehen. Halten Sie Ausschau nach dem besten Mathematiker, den Sie finden können. Es kommt nicht darauf an, ob er angewandter oder reiner Mathematiker ist. Wichtig ist nur, daß er hohe mathematische Anforderungen stellt.

Vielleicht sollen wir unsere Negativdefinition der rhetorischen Mathematik mit positiven Begriffen neu formulieren. Die rhetorische Mathematik ist eine Art akademischer Sport. Sie stützt sich vor allem auf das hohe Ansehen, das die Mathematik in den Industrienationen des zwanzigsten Jahrhunderts genießt. Die rhetorische Mathematik gibt sich als angewandte Mathematik. Aber es ist leicht, die beiden auseinanderzuhalten: Die angewandte Mathematik mündet über kurz oder lang in ein Experiment oder in eine Messung. Früher oder später führt ihre Arbeit zurück zu den zu modellierenden Phänomenen. Die rhetorische Mathematik läßt sich oft aus prinzipiellen Gründen nicht an der Realität messen. So kann z. B. das Modell Parameter enthalten, die offensichtlich keiner Messung zugänglich sind (das ist der Fall in einem Modell für internationale Konflikte, das Koeffizienten enthält, welche die »Aggressivität« der überlegenen Macht ausdrücken sollen).

Neal Koblitz hat in seinem Essay »Mathematik als Propaganda« ein amüsantes Beispiel hierfür vorgeführt. Es stammt aus dem Buch »Political Order in Changing Societies«, das von dem einflußreichen Autor Samuel Huntington stammt. Dieses Buch ist ein Standardwerk über die Probleme von Entwicklungsländern. Auf Seite 55 finden sich drei Gleichungen, die bestimmte soziale und politische Begriffe miteinander verknüpfen.

$$\frac{\textit{soziale Mobilität}}{\textit{ökonomischer Entwicklungsstand}} = \textit{soziale Frustration } (\frac{a}{b} = c)$$

$$\frac{\textit{soziale Frustration}}{\textit{Bewegungsmöglichkeiten}} = \textit{politische Partizipation } (\frac{c}{d} = e)$$

$$\frac{\textit{politische Partizipation}}{\textit{politische Institutionalisierung}} = \textit{politische Instabilität } (\frac{e}{f} = g)$$

Hierzu bemerkt Koblitz: »Huntington kümmert sich nicht darum, dem Leser mitzuteilen, in welchem Sinne das Gleichungen sein sollen. Es ist zweifelhaft, daß irgendeine der Größen (a)–(g) gemessen werden kann und ihr daraufhin ein numerischer Wert zugeschrieben werden könnte. Was sind die Maßeinheiten? Dürfen wir nach Huntington mit diesen Gleichungen verfahren, wie wir es im Algebraunterricht der neunten Klasse gelernt haben? Falls ja, so können wir folgendes ableiten:

$$a = bc = dbe = bdfg,$$

das heißt in Worten: soziale Mobilität ist gleich dem Produkt aus ökonomischem Entwicklungsstand, Bewegungsmöglichkeiten, politischer Institutionalisierung und politischer Instabilität.« Ein bekannteres Beispiel ist das Buch »Time on the Cross« von Robert W. Fogel und Stanley Engerman. Dieses Buch war 1974 eine Sensation. Es gab vor, mit Hilfe von statischen Argumenten, die durch einen Computer ausgewertet wurden, zeigen zu können, daß die Sklaverei in den Südstaaten vor dem Bürgerkrieg humaner und effizienter war als das auf freien Arbeitskräften beruhende System der Nordstaaten. Eine Heerschar von Kritikern zweifelte die Behauptungen dieses Buches an. Thomas L. Haskell gab besonders treffende Kommentare in der »New York Review of Books«. Diese sind in Koblitz' Buch wiedergegeben. Haskell betrachtet »Time on the Cross« als ein Beispiel für »Cliometrik« – also für die Verwendung quantitativer Methoden in den Geschichtswissenschaften.

»Die Cliometrik ist oberflächlich betrachtet eine nüchterne und strenge Wissenschaft, um die Bedeutung von Behauptungen, die sich nicht auf einen klaren empirischen Test zurückführen (sich also nicht »operationalisieren«) lassen, auf ein Mindestmaß zurückzuschrauben. Aber unter der Oberfläche findet man erschrekkend viele Vermutungen, die so gewagt sind, daß selbst der sanfteste Humanist vor Neid erblassen würde.

Die schwache und liederliche Seite der Cliometrik stammt paradoxerweise von ihrem Vertrauen auf mathematische Gleichungen. Bevor der Cliometriker seine Gleichung benützen kann, um die Vergangenheit zu erklären, muß er jedem seiner Ansprüche einen empirischen Wert zuordnen – selbst dann, wenn die erforderlichen empirischen Daten verlorengegangen sind oder niemals festgehalten wurden. Falls eine unvollständige historische Überlieferung nicht – wie es oft der Fall ist – die Zahlen enthält, die die Gleichungen des Cliometrikers benötigen, so gilt es als zulässig, zu *Schätzungen* Zuflucht zu nehmen. Es wird lediglich gefordert, daß der Cliometriker die seinen Schätzungen zugrunde liegenden Annahmen klarstellt. Obwohl die Cliometrik verlangt, daß diese und alle anderweitigen Annahmen explizit gemacht werden, gibt es weder eine Beschränkung für die *Anzahl* der zulässigen Annahmen noch dafür, wie viele kontingente Annahmen aufeinander aufgebaut werden dürfen. Nur explizit müssen sie sein.«

Teil 2
Rhetorik in der Mathematik

Wir verlassen nun die rhetorische Mathematik und wenden uns der *mathematischen Rhetorik* zu. Wir betrachten mathematische Äußerungen mündlicher oder schriftlicher Art (also das, was Mathematiker im Verlaufe ihrer Arbeit sagen und aufschreiben) und versuchen, darin rhetorische Aspekte zu identifizieren.

Üblicherweise wird Rhetorik definiert als natürlicher Diskurs zum Zwecke des Überzeugens. In diesem Sinne wäre Rhetorik in der Mathematik gleichbedeutend mit der Verwendung der natürlichen Sprache in der Absicht, uns davon zu überzeugen, daß dieses oder jenes bezüglich der Mathematik der Fall ist. In welchem Zusammenhang mit der Mathematik könnte die Rhetorik eine Rolle spielen? Selbstverständlich möchten wir für die Nützlichkeit der Mathematik in vielen Anwendungen argumentieren. Die Philosophie der Mathematik beruht ebenfalls auf rhetorischer Argumentation. Aber die *Wahrheit* der Mathematik – gehen wir von der Diskussion über die Wahrheit zu dieser Wahrheit selbst zurück – gilt als durch Verfahren gesichert, die das genaue Gegenteil von Rhetorik darstellen. Die Behauptung, die man im Hörsaal, in den Lehrbüchern und in einem Großteil der philosophischen Schriften antrifft, lautet, daß mathematische Wahrheit nur durch eine einzige Argumentationsweise zustande kommt. Diese besteht im Übergang von den Hypothesen zur Konklusion mit Hilfe einer Sequenz von kleinen logischen Schritten. Jeder einzelne Schritt gilt dabei als mechanisierbar. T. O. Sloane schreibt in der »Encyclopaedia Britannica« unter dem Stichwort »Rhetorik«: »Jede Äußerung, vielleicht mit Ausnahme der mathematischen Formel, zielt darauf ab, eine bestimmte Zuhörerschaft an einem bestimmten Ort und zu einer bestimmten Zeit zu beeinflussen.« Mathematischen Äußerungen, so scheint es, kommt ein Sonderstatus zu. Der kleine Zweifel aber, den Professor Sloane sich zugestanden hat, kann beträchtlich erweitert werden. Der mathematische Beweis besitzt durchaus rhetorische Elemente.

Angenommen, Sie belauschen die Mathematikstunde einer Collegeklasse. Diese sei so weit fortgeschritten, daß der Lehrer entsprechenden Wert auf mathematische Beweise legen kann. Stellen Sie sich vor, Sie schalteten sich in die Stunde während eines solchen Beweises ein. Idealiter, so haben wir soeben erfahren, sollten Sie die Darstellung jener kleinen logischen Transformationen erleben, die unausweichlich von den Hypothesen zur Konklusion führen. Teilweise werden Sie der Rezitation einer derartigen Litanei beiwohnen. Aber andere Sätze werden zwangsläufig auch fallen: »Es ist einfach zu zeigen, daß ...«, »Mit Hilfe einer offensichtlichen Verallgemeinerung ...«, »Eine lange, aber einfache Rechnung, die ich den Hörern überlasse, zeigt, daß ...«. Diese Sätze sind keine Beweise, sondern Rhetorik im Dienste des Beweises. In letzter Zeit zirkuliert ein lustiges Kompendium rhetorischer Hilfsmittel, die als Beweissurrogate verwendet werden, unter Studenten der Mathematik und Informatik. Wir zitieren einige Zeilen aus diesem Werk, das von Dana Angluin (Institut für Informatik der Universität Yale) geschrieben worden ist.

Wie man etwas beweisen kann

Der Beweis durch Angabe eines Beispiels: Der Autor behandelt nur den Fall n = 2 und behauptet, daß dieser alles Wesentliche des allgemeinen Beweises enthalte.

Der Beweis durch die Andeutung: »trivial«.

Der Beweis durch eine hervorragende Autorität: »Ich traf Karp im Aufzug. Er sagte ...«.

Der Beweis durch schwerfällige Bezeichnungen: Dieser gelingt am besten, wenn man mit mindestens vier verschiedenen Alphabeten und mit ausgefallenen Symbolen arbeitet.

Der Beweis durch semantische Verschiebung: Einige unbequeme Standarddefinitionen sind stillschweigend bei der Formulierung des Resultates zu verändern.

Der Beweis durch Ausschöpfung: Eine Fachzeitschrift widmet Ihrem Beweis ein oder zwei Ausgaben.

Der Beweis durch Metabeweis: Eine Methode zur Konstruktion des gewünschten Beweises wird angegeben. Die Korrektheit dieser Methode wird mit Hilfe einer der aufgelisteten Beweistechniken gezeigt.

...

...

...

Insgesamt werden vierundzwanzig verschiedene Kategorien aufgezählt.

Viele Leute glauben, daß rhetorische Elemente wie: mit einer Handbewegung abtun, auf den Tisch hauen, an eine Intuition oder an Bilder appellieren, sich auf das Fehlen von Gegenbeispielen oder auf Meta-Argumente berufen oder sich auf noch nicht veröffentlichte Ergebnisse beziehen, nur das Resultat der Nachlässigkeit des Vortragenden oder des Autors seien. Irgendwo sollte (muß) hinter jedem Theorem, das in der mathematischen Fachliteratur erscheint, eine Sequenz logischer Transformationen zu finden sein. Sie führt uns in absolut durchsichtiger Weise von der Hypothese zur Konklusion. Die Autoritäten des Faches haben sie abgesegnet. Selbst der Anfänger, der nur die logischen Schritte kennt, kann diesen Beweis nachvollziehen. Die gesamte Fachwelt akzeptiert ihn.

Dieser Eindruck ist vollkommen falsch, aber er wird von fast allen Nicht-Mathematikern geteilt. Studenten der Mathematik haben gelegentlich diese Vorstellung, bis sie anfangen, selbständig zu forschen. Es trifft sie ein heftiger und unerwarteter Schock, wenn sie erkennen müssen, daß die wirkliche Welt der Mathematik weit von diesem Ideal entfernt ist.

In Wirklichkeit leistet eine mathematische Abhandlung zweierlei: Sie belegt, daß der Autor sich selbst und einige seiner Freunde davon überzeugen konnte, daß bestimmte »Resultate« wahr sind. Weiterhin legt sie einen Teil der Evidenz dar, auf der die Resultate beruhen.

Eine mathematische Abhandlung enthält nur einen Teil, und nicht die ganze Evidenz, weil »Routineberechnungen« als der Veröffentlichung nicht wert erachtet werden. Wichtiger ist, daß gewisse »heuristische« Überlegungen, unter ihnen möglicherweise auch die Motivation für die angestellte Untersuchung, als »unwichtig« oder »gegenstandslos« betrachtet werden. Es macht gerade den qualifizierten Leser des Artikels aus, daß er diesen Hintergrund kennt.

Wie eignet man sich dieses Hintergrundwissen an? Meist geschieht das auf dem Wege mündlicher Überlieferung im Kreise der anvisierten Leserschaft. Als Quelle dient eine Person, die bereits in das fragliche Spezialgebiet eingeweiht worden ist.

Was bedeutet es für einen Mathematiker, wenn er sich selbst von der Wahrheit einiger Resultate überzeugt hat? Anders gefragt: Was macht einen mathematischen Beweis aus, so daß er von einem arbeitenden Mathematiker akzeptiert wird? Es mag irritierend und erschütternd sein, aber die Einsicht lautet: *Auf die Frage gibt es keine explizite Antwort.* Das einzige, was man tun kann, ist die gängige Praxis in den einzelnen Gebieten der Mathematik darzustellen. Vom Standpunkt der formalen Logik aus sind alle Beweise unvollständig.

Wie entscheiden wir, welche dieser unvollständigen Beweise inkorrekt sind und welche korrekt (im Sinne von: werden von qualifizierten Berufsmathematikern akzeptiert wegen ihrer Überzeugungskraft)? Diese Frage kann nur die Person beantworten, welche die fragliche mathematische Theorie gemeistert hat. Um die Antwort überhaupt geben zu können, muß man zwischen einer ernsthaften Schwierigkeit und einem reinen Routineargument zu unterscheiden wissen. Ein Mathematiker, der auf dem Gebiet der Algebraischen Zahlentheorie ein ausgewiesener Experte ist, kann vollkommen unfähig sein, im Rahmen der Nonstandardanalysis einen korrekten von einem inkorrekten Beweis zu unterscheiden.

Alles, was man sagen kann ist, daß es einen Experten in z.B. Algebraischer Zahlentheorie ausmacht, zu wissen, welches die entscheidenden Punkte in einem Beweis sind, an denen der Zweifel angesetzt werden muß. Er kennt die »delikaten« Punkte in einem Argument im Unterschied zu den reinen Routineangelegenheiten. Er weiß, welche der plausibel erscheinenden Begründungen als falsch erkannt worden sind.

Eine mathematische Originalveröffentlichung (oder eine Besprechung oder eine lehrbuchmäßige Abhandlung) wird niemals in allen logischen Details ausgeführt. Würde dies tatsächlich getan, so wäre niemand willens oder fähig, das Ergebnis zu lesen. Seine logische Vollständigkeit macht es nicht besser lesbar; vielmehr macht sie es unverständlich. Bei den Computern könnte es sich anders verhalten. (Einige Seiten weiter unten werden wir auf den Nothelfer Computer zurückkommen).

Was garantiert die Korrektheit eines mathematischen Beweises in der Praxis? Wir haben gesehen, daß dies nicht die logische Vollständigkeit ist.

Es gibt einen oder mehrere Gutachter, deren Zustimmung notwendige Bedingung für eine Veröffentlichung ist. Ergänzen die Gutachter alle Details jedes Argumentes? Prüfen sie diese vollständig? Keineswegs. Sie sind fleißige Leute und üben ihre Gutachtertätigkeit neben ihren anderen Aufgaben ehrenamtlich aus, gewissermaßen als Dienst an der Wissenschaft. Es dürfte schwierig sein, ein detailliertes Bild von der Tätigkeit der Gutachter zu bekommen, denn diese ist privat und semi-anonym (meist sind die Gutachter nur den Herausgebern bekannt). Ganz sicher gibt es ungeheure Unterschiede zwischen Gutachtern. Einige von ihnen lesen jede Zeile und überprüfen jede Rechnung. Sie weigern sich, eine Arbeit zu begutachten, die sie nicht in dieser Weise prüfen können. Nach unserem Eindruck wird nur ein geringer Prozentsatz der Beiträge, die mathematische Fachzeitschriften drucken, so begutachtet.

Ein Grund hierfür ist, daß nur dann ein anderer Mathematiker bereit und fähig sein wird, diese Art von Prüfung vorzunehmen, wenn seine Interessen und seine Ausbildung weitgehend mit denen des Autors übereinstimmen. Ein solcher Gutachter wäre wahrscheinlich im positiven Sinne gegen den Artikel voreingenommen. Er wäre vermutlich ein schlechter Richter, was Interesse und Bedeutung des Artikels für die mathematische Gemeinschaft im Ganzen angeht. Jemand, der von den besonderen Interessen des Autors weiter entfernt ist, liest objektiver – aber vermutlich oberflächlicher.

Ein sehr bekannter amerikanischer Wahrscheinlichkeitstheoretiker hat den Begutachtungsvorgang so beschrieben: »Du suchst den delikatesten Teil des Argumentes, untersuchst diesen sorgfältig und nimmst an, daß – falls dieser Teil korrekt war – das Ganze wahrscheinlich in Ordnung ist.«

Zweifellos beeinflussen noch andere Faktoren das Urteil des Gutachters. Passen die Methoden und Ergebnisse in das Gesamtbild, das der Gutachter von diesem Gebiete hat? Erscheinen sie ihm in diesem Rahmen als vernünftig? Handelt es sich um einen etablierten und zuverlässigen Autor? Ist er unbekannt, oder – was noch schlimmer ist – als Abschreiber bekannt? Macht er gerne Fehler?

Erscheint ein Artikel im Druck, so ist es schwierig festzustellen, was das wirklich bedeutet. Niemand außer dem Autor dürfte ihn nämlich vollständig verstanden haben. Es kann hilfreich sein, die Politik der Herausgeber und der Gutachter einer Fachzeitschrift zu kennen. Ein Herausgeber hat uns gegenüber einmal folgendes geäußert: »Indem ich diesen oder jenen Gutachter auswähle, kann ich garantieren, daß jeder einzelne Artikel angenommen oder abgelehnt wird.«

Man könnte meinen, daß eine Arbeit, ist sie erst einmal veröffentlicht, von der ganzen mathematischen Gemeinschaft kritisch geprüft wird. Weit gefehlt! Die meisten der publizierten Artikel finden nur wenige Leser. Sie werden innerhalb weniger Monate vergessen – mit Ausnahme des Autors und seiner Doktoranden.

Natürlich gibt es Aufsätze, die viel gelesen werden und deshalb einflußreich sind. »Viel gelesen« muß hier relativiert werden; in den meisten mathematischen Spezialgebieten gibt es insgesamt höchstens einige Hundert aktive Forscher (Verfasser von Originalbeiträgen). Meistens sind es sogar viel weniger. Die Ergebnisse, die in einem einflußreichen Artikel erscheinen, werden von einigen Dutzend Leuten zur Kenntnis genommen. Sie werden in Seminaren sowohl im eigenen Land als auch weltweit vorgestellt. Es gibt eine Auszeichnung für denjenigen Studenten oder Mathematiker, der in einem solchen Papier einen Fehler findet. Erweiterungen, Verallgemeinerungen, Anwendungen, neue Beweise und Anknüpfungen an andere Ergebnisse finden Anerkennung.

Findet ein mathematisches Resultat allgemeine Beachtung und übersteht es wiederholte Überprüfung und Analyse, so geht es in den abgesicherten Teil der Mathematik ein.

Ist damit seine *Gewißheit* garantiert? Natürlich nicht. *Die Geometrie Euklids wurde 2000 Jahre lang intensiv studiert. Die darin enthaltenen logischen Unvollkommenheiten wurden aber erst um 1880 herum bemerkt.* Wie können wir jemals sicher sein, daß nicht auch wir blind sind gegenüber Fehlern in unseren Überlegungen?

Aber, so könnte jemand einwenden, wir könnten Sicherheit erlangen, wenn wir unsere mathematische Beweise in eine geeignete *Computersprache* übersetzen würden. Das kann mühsam sein. Um diese Übersetzung überhaupt möglich zu machen, müssen wir darauf bestehen, daß in den Beweisen nur solche logische Schritte auftreten, deren Voraussetzungen in einem Computerprogramm erfaßt werden können. So würden unsere Beweise maschinell verifizierbar. Tatsächlich wurde diese Idee ausprobiert. Einer der energischsten Versuche in dieser Richtung wurde in den siebziger Jahren von einer Gruppe niederländischer Mathematiker unter N. G. de Bruijn unternommen. Sie entwickelte eine spezielle Computersprache AUTOMATH und ein zugehöriges AUTOMATHprogramm. Dabei war das Ziel, den Vorgang der Beweisprüfung zu automatisieren. Nach jahrelangen intensiven Experimenen wurde das AUTOMATHprojekt im Grunde genommen aufgegeben. Für diese Entscheidung gab es mehrere Ursachen:

1. Es ist schwierig, das formalisierte Gegenstück eines gewöhn-

lichen Beweises aufzuschreiben. Dieses kann sehr umfangreich werden.

2. Angenommen, es stünden eine große Anzahl von Übersetzungen in AUTOMATH zur Verfügung. Wie kann man verifizieren, daß diese korrekt sind? Woher soll man wissen, daß das AUTOMATHprogramm selbst korrekt ist? Kann man sicher sein, daß das Maschinenprogramm korrekt ist und daß es korrekt abgelaufen ist?
3. Weder die Mathematiker noch die Informatiker sind an diesen Dingen wesentlich interessiert.

Das Unternehmen AUTOMATH beruht auf einem Traum, der nicht zu verwirklichen ist. Zu Beginn unseres Jahrhunderts hatte man angenommen, ein Beweis sei etwas rein mechanisch Verifizierbares. Heute ist eine wesentlich bessere Mechanisierung möglich als damals. Dennoch hat es einen Umschwung gegeben, und man hört die Meinung, daß Computerisierbarkeit kein Kennzeichen eines korrekten Beweises sei. Insgesamt hat sich die gängige Praxis der mathematischen Gemeinschaft kaum verändert – die Ausweitung der Computerkomponente einmal ausgenommen.

In jüngster Vergangenheit haben Forscher an der Universität von Texas, am Argonne National Laboratory und anderswo große Fortschritte im »automatisierten Denken« und in »automatischen Theorembeweisen« erzielt. Ihre Absicht ist es jedoch nicht, die Gewißheit der Mathematik zu sichern. Sie wollen auch nicht die Zuverlässigkeit mathematischer Beweise erhöhen, obwohl dieses ein Nebeneffekt ihrer Tätigkeit sein könnte. Tatsächlich versuchen sie, den Mathematikern einen logischen »Assistenten« zur Verfügung zu stellen, vergleichbar mit den heute verfügbaren numerischen »Assistenten« zur Auflösung von algebraischen und Differentialgleichungen.

Es wird nicht erwartet, daß der »automatische Theorembeweiser« jeweils eine »black box« werden wird, in die die Mathematiker einige Axiome eingeben und bloß zu warten brauchen, bis die Maschine ein Theorem ausspuckt. Der »automatische Theorembeweiser« wird vielmehr interaktiv benützt werden; er dient vor allem als Erkundungswerkzeug. Der Mathematiker der Zukunft wird ihm befehlen: »Probiere es mit dieser Hypothese und mit dieser Suchstrategie. Rechne fünf Minuten lang und zeige mir anschließend, was du gefunden hast!«

Diese Orientierung auf seiten des Forschers in Richtung auf automatische Theorembeweise steht in Einklang mit der üblichen Haltung der Berufsmathematiker gegenüber der Logik. Es bildet einfach ein weiteres Werkzeug, dessen Hilfe wir in Anspruch nehmen, um mathematische Wahrheiten zu entdecken. Während einerseits die Logik zumindest teilweise die Intuition des Mathematikers kontrolliert, ist sie andererseits zugleich Gegenstand dieser Intuition. Die Forscher, die »automatisiertes Denken« benützen, teilen unsere Skepsis gegenüber dem alten Ideal des absolut sicheren mathematischen Wissens.

Wir wollen nun die Schwierigkeiten des »Formalismus« auf einfachem Niveau verdeutlichen. Hierzu betrachten wir einen Versuch, den vollständigen und strengen Beweis für ein sehr einfaches Theorem darzustellen.

Selbst für einen ganz kleinen Ausschnitt aus der Mathematik ist die Aufgabe, einen todsicheren formalen Beweis zu liefern, erstaunlich kompliziert. Angeblich strenge Beweise haben in der Regel Lücken, die durch unsere Intuition überbrückt werden. Man betrachte das folgende *Beispiel:*

Einfaches Beispiel eines axiomatisch-deduktiven Systems

Die undefinierten Grundbegriffe sind »Person« und »Gruppe«. Definitionen: Ein *Komitee* ist eine Gruppe aus einer oder mehreren Personen. Eine Person, die zu einem Komitee gehört, heißt *Mitglied* des Komitees. Zwei Komitees sind gleich, wenn jedes Mitglied des ersten Komitees auch Mitglied des zweiten ist und umgekehrt. Zwei Komitees, die kein gemeinsames Mitglied haben, heißen disjunkte Komitees.

Axiome:
1. Jede Person ist Mitglied in mindestens einem Komitee.
2. Zu jedem Paar von Personen gibt es genau ein Komitee, in dem beide Mitglieder sind.
3. Zu jedem Komitee gibt es genau ein disjunktes Komitee.

Theorem: Jede Person ist in mindestens zwei Komitees Mitglied.

Beweis:

Behauptung	Begründung
1. Es sei p eine Person	Hypothese; Benennung
2. p ist Mitglied eines Komitees C	Axiom 1; Benennung
3. Es sei D das zu C disjunkte Komitee	Axiom 3; Benennung
4. Es sei r ein Mitglied von D	Definition von »Komitee«; Benennung
5. r ist nicht Mitglied von C	Definition von »disjunkt«
6. Es gibt ein Komitee E, in dem p und r Mitglieder sind	Axiom 2; Benennung
7. C und E sind nicht gleich	Definition von »gleich«; 5. und 6.
8. p ist Mitglied sowohl von C als auch von E	2. und 6.
9. p ist Mitglied von mindestens zwei Komitees	7. und 8.
10. Also ist jede Person Mitglied in mindestens zwei Komitees	Verallgemeinerung

Q. E. D.

Dieses Beispiel stammt bis auf geringfügige Änderungen aus einem hervorragenden Lehrbuch für Studenten der Anfangssemester. Dort dient es zur Erläuterung der Funktionsweise eines axiomatisch-deduktiven Systems und bereitet somit auf die Entwicklung der Nichteuklidischen Geometrie* vor. Unser Beispiel ist grundsätzlich vergleichbar mit den Beweisen in anspruchsvollen mathematischen Arbeiten. Es ist allerdings viel weniger komplex, und die einzelnen Beweisschritte sind sehr viel detaillierter ausgeführt als sonst üblich. Das Beispiel zeigt drei Axiome, die Komitees und ihre Mitglieder betreffen. Es enthält ein Theorem: »Jede Person ist in mindestens zwei Komitees Mitglied.« Das Theorem folgt tatsächlich aus den Axiomen, wie man auch an Hand des nachstehenden Diagramms erkennen kann:

* »The Non-Euclidean Revolution« von Richard Trudeau, Birkhäuser Verlag (Boston).

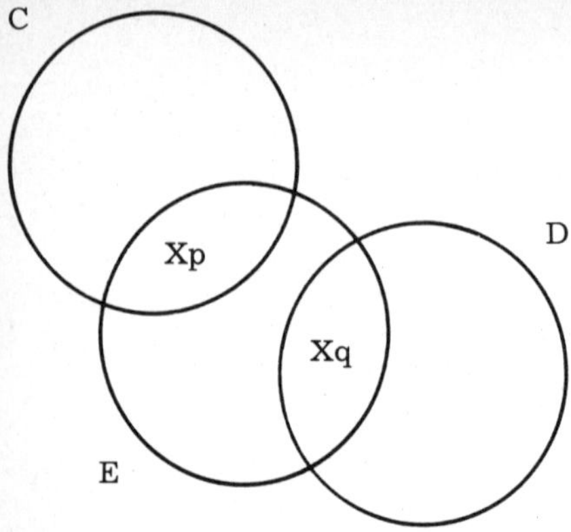

Uns kommt es bei diesem Beispiel darauf an, einen *vollständigen* Beweis vorzuführen. Dieser angeblich strenge Beweis besteht aus den 10 Schritten, die in der linken Hälfte der Tafel zu finden sind.

Wir wollen hier nicht die Frage diskutieren, ob aus den Axiomen 1, 2 und 3 folgt, daß jede Person in mindestens zwei Komitees Mitglied ist. Vielmehr möchten wir uns mit der Behauptung auseinandersetzen, daß das zwischen »Beweis« und »Q. E. D.« aufgeschriebene Material einen Beweis bilde. Es gibt keine formale Definition des Begriffes »akzeptabler Beweis«. Wir haben aber eine informale Vorstellung: Ein Beweis ist eine Sequenz von Aussagen, die unzweideutig in einer streng formalen Sprache niedergeschrieben wurden. Man gelangt von den Axiomen zur *Conclusio* durch zulässige, formal-logische Transformationen.

Gehen wir den Beweis aufmerksam durch, so bemerken wir, daß es in ihm einen Schritt gibt, der problematischer ist als alle anderen. Das ist Schritt 7. Wir halten an dieser Stelle inne. Hier müssen wir unseren Verstand anstrengen, bevor wir weitergehen können. Warum sind C und E nicht gleich? Betrachten wir die Gründe hierfür näher! C und E sind verschieden, weil nach Zeile (6) r ein Mitglied von E ist, aber nach Zeile (5) kein Mitglied von C. Also sind C und E gemäß der Definition der Gleichheit von Komitees nicht gleich. Um dieses Argument nachvollziehen zu können, müssen wir drei Tatsachen im Gedächtnis behalten. Erst dann sind wir imstande, rein durch Nachdenken festzustellen, daß aus den

Voraussetzungen die Ungleichheit folgt. Die *Conclusio* ergibt sich aus der Definition, in der aber nur von Gleichheit die Rede ist. Also müssen wir im Geist noch mit einigen anderen Tatsachen jonglieren: Wir müssen behalten, was Gleichheit bedeutet und was sich hieraus über Ungleichheit ergibt. Um zu verdeutlichen, worum es geht, fügt der Autor seiner Darstellung das obige Diagramm bei: Dieses, so betont er, gehört *nicht* zum eigentlichen Beweis. Diese Abbildung (die nicht Teil des »Beweises« ist) besitzt die Überzeugungskraft und Klarheit, die dem »wirklichen Beweis« mangelt. Hieraus ergibt sich eine sehr verzwickte Situation: *Der Beweis überzeugt nicht, und das, was überzeugt, ist nicht der Beweis.*

In jeder Verständigung von Mensch zu Mensch oder der Nachrichtenübermittlung von Mensch zu Maschine stellt sich immer wieder das Problem der Verifikation. So behaupte ich zum Beispiel, zwei natürliche Zahlen richtig addiert zu haben oder der Computer gibt vor, diese oder jene Operation richtig ausgeführt zu haben. Der Übergang vom Behaupten zum Akzeptieren geschieht letzten Endes auf Grund von außerlogischen Kriterien.

Mit dieser Schwierigkeit werden wir auf Schritt und Tritt konfrontiert. Wir finden in der Spalte »Begründung« die beiden mysteriösen Worte »Benennung« und »Verallgemeinerung«. Es wird keinerlei Erklärung gegeben, mit welcher Bedeutung »Benennung« und »Verallgemeinerung« im Verlaufe des Beweises gebraucht werden. Wenn es an der Verwendung dieser Termini im Beweis nichts Problematisches gibt, warum führt der Autor sie dann explizit auf? In Wirklichkeit sind beide schwierig, und Philosophen haben ihnen ganze Bücher gewidmet. Sind sie aber im vorliegenden Zusammenhang wichtig, so müssen wir fragen: Wie können wir verifizieren, daß »Benennen« und »Verallgemeinern« korrekt angewandt worden sind?

Betrachten wir das Verallgemeinern. Im ersten Schritt wird stellvertretend eine Person ausgewählt und benannt. Weil sie repräsentativ sein soll, wird nicht ausgeführt, um welche Person es sich handelt. Die Idee dabei ist die folgende: Denkt man ausschließlich über eine repräsentative Person nach und verwendet dabei nur solche Eigenschaften, die diese mit allen anderen Personen gemeinsam hat, so gilt die Überlegung für alle Personen (Zeile 10). Sollte dann nicht der Nachweis, daß nur solche speziellen Eigenschaften benützt wurden, auch zum Beweis gehören? Gibt es für diesen Vorgang formale Kriterien? Indem man solche Fragen aufwirft, gelangt man in immer tiefere Schichten des Beweises. Immer wieder tauchen neue Rechtfertigungsprobleme auf. Das isolierte Wort »Verallgemeinerung« ist, so wie es jetzt in der Rubrik Begründung steht, rein rhetorisch.

Ein ziemlich schwieriger Punkt ist der folgende. Angenommen, wir haben einige abstrakte Axiome aufgestellt. Woher wissen wir, daß es ein System gibt, das diesen Axiomen genügt? Gibt es aber ein solches System nicht, so reden wir in Wirklichkeit über gar nichts. Gibt es ein solches System, so könnte uns dessen Existenz folgendermaßen mitgeteilt werden: »Dieses und jenes mit diesen und jenen Definitionen ist das Beispiel eines Systems, das die Axiome 1–3 erfüllt.« Sollten wir dann einfach nur einen Blick auf diese Aussage werfen, zustimmend nicken und die Existenzbehauptung akzeptieren? Oder sollten wir eine formale Verifikation dafür fordern, daß das vorgeschlagene Modell des Systems tatsächlich ein Modell ist? Wieder geraten wir in tiefere Schichten der Verifikation.

Der Ausweg aus diesen Schwierigkeiten ist, das überflüssige und unnütze Ziel der totalen Strenge und der vollständigen Formalisierung *aufzugeben*. Statt dessen sollten wir anerkennen, daß sich mathematische Argumente an eine menschliche Zuhörerschaft wenden. Diese besitzt ein Hintergrundwissen, das sie befähigt, die Absichten des Sprechers oder Autors zu verstehen.

Indem wir die These aufstellen, daß der mathematische Beweis weder mechanisch noch formal ist, haben wir implizit auch etwas darüber ausgesagt, was er in Wirklichkeit ist: eine menschliche Umgangsform, die auf gemeinsamen Bedeutungen beruht, die nicht alle verbal oder formal sind.

Schlußfolgerungen

Wir wollen zum Abschluß noch einmal das Wichtigste aus dieser Mischung von Analysen und Anekdoten zusammenstellen. *Die vollkommen strenge, gänzlich formalisierte Mathematik ist tatsächlich ein Mythos. Die lebendige Mathematik ist eine Form des sozialen Umgangs.* Der »Beweis« bezeichnet, so betrachtet, einen Komplex von formalen und informalen Anteilen, der Berechnungen und beiläufigen Bemerkungen, überzeugende Argumente und Appelle an das Vorstellungsvermögen enthält.

Der kompetente Berufsmathematiker weiß, welches die wesentlichen Punkte seines Beweises sind. Genau diese Punkte sind es, auf die seine Zuhörer – oder Leserschaft – ihre Skepsis richten sollten.

An ihnen wird er sich um detaillierte Begründungen bemühen. der Rest des Beweises wird gerafft. Dies ist kein Zeichen von Nachlässigkeit seitens des Autors. Würde er den Beweis zu ausführlich gestalten, so wäre das für die Lesbarkeit schädlicher als eine zu knappe Form. Einen mathematischen Beweis vollständig zu führen, bedeutet nicht die Reduktion auf ein Computerprogramm. Ein Beweis ist vollständig, wenn er detailliert genug ist, um die anvisierte Leserschaft zu überzeugen. Diese ist eine Gruppe von Berufsmathematikern, deren Ausbildung und Denkungsart mit der des Autors vergleichbar ist. Folglich kann unser Vertrauen in die Korrektheit eines Beweises niemals absolut sein. Es gibt keinen prinzipiellen Unterschied zwischen dieser Art von Vertrauen und unserem Vertrauen zu Aussagen über die physische Realität des alltäglichen Lebens.

Weiterführende Literatur:
D. Berlinski (1976, 1986); W. W. Bledsoe und D. W. Loveland; N. de Bruijn; P. J. Davis und R. Hersh; N. Koblitz; S. K. Langer, Band 1 »Idols of the Laboratory«; L. Wos et al.
(s. a. Bibliographie)

Wer legt die Kriterien fest? Mathematik und Sozialpolitik

Der nachstehende Aufsatz entstand aus einem Vortrag, der im Mai 1963 beim Jahresdinner der Sigma-Xi-Gesellschaft an der Universität Auburn in Auburn (Alabama) gehalten wurde. Die zweite Computergeneration hatte ihren Einzug in unser Land gehalten. Die Beispiele, die ich für die Anwendung computerunterstützter Mathematik auf dem Niveau des Verbrauchers gab, wurden damals lebhaft diskutiert. Es ist aufschlußreich, heute zu sehen, welche der geschilderten Ideen verwirklicht worden sind und welche nicht. Am Ende jedes Beispieles habe ich in eckigen Klammern einen Kommentar aus heutiger Sicht hinzugefügt.

Sieht man von den spezifischen, oft komischen Beispielen einmal ab, so scheint mir die wesentliche Aussage meiner damaligen Ausführungen auch heute noch gültig zu sein. Wann immer Mathematik dazu verwandt wird, Handlungen in eine bestimmte Richtung zu lenken, geschieht dies mit Hilfe eines Kriteriums. Niemals kennt man den Wert eines solchen Kriteriums. Man weiß nicht genau, welche Folgen es haben kann, ein solches Kriterium festzulegen.

Wer bestimmt die Kriterien in der computerisierten Ökonomie und Medizin? Auf welcher Basis geschieht dies? David Garfinkel hat hierzu geschrieben:

»Wir können eine intelligente künstliche Bauchspeicheldrüse zusammenbauen. Aber was sollen wir ihr zu tun befehlen? (...) Wieviel Information kann ein Patient vernünftigerweise seiner künstlichen Bauchspeicheldrüse übermitteln? Wie kann man die Drüse narrensicher machen, so daß falsche oder fehlende Informationen seitens des Patienten keinen Schaden anrichten?«[1] *Quis custodit custodies* – wer überwacht die Bewacher?

Wer legt die Kriterien fest?
Mathematik und Sozialpolitik

Die Anwendung der Mathematik in den Naturwissenschaften und in der Technik ist ein alter Hut. Mathematiker und Astronomen haben in den zwei Jahrhunderten nach Newton die Theorien der Satellitenbahnen ausgearbeitet. Zu Beginn unseres Jahrhunderts war die Himmelsmechanik, wie man dieses Gebiet auch nennt, nicht mehr sehr interessant. Obwohl zahlreiche schwierige Probleme ungelöst waren, erregte diese Disziplin nur geringe Aufmerksamkeit. Es gab gerade eine Handvoll Leute, die die Bahn eines Kometen berechnen konnten.

Die Satelliten haben heute die Raumfahrttheoretiker dazu veranlaßt, rasch zu den Arbeiten der alten Meister zurückzukehren. Während des Raumfluges von John Glenn waren alle Computer der NASA in Greenbelt, Maryland, vollauf damit beschäftigt, seinen Flug zu kontrollieren und zu steuern. Die Rechenverfahren, die sie anwendeten, wurden vom Marquis de Laplace erfunden, der um 1800 herum gelebt hat.

Ein wichtiger Anstoß für die angewandte Mathematik ist in den letzten Jahren aus einer neuen und unerwarteten Richtung gekommen. Es ging dabei um die Erforschung des sozialen und ökonomischen Verhaltens der Menschen – der Menschen auf einem Marktplatz und wie sie sich einen Weg durch die Masse bahnen. Beispiele für Disziplinen der angewandten Mathematik, die erst in letzter Zeit entstanden, sind die Spieltheorie, das Operations Research, die statistische Entscheidungstheorie, die Datenverarbeitung, die Informationstheorie, Ökonometrie, Soziometrie, Psychometrie, Biometrie, Human Engineering und andere. Sie alle sind große und lustige Babys, die nach Aufmerksamkeit und nach der öffentlichen Flasche schreien. Alle sind sie vielversprechend. Eines Tages könnten sie die Welt erschüttern.

Obwohl die abstrakt-mathematischen Grundlagen dieser Gebiete schon seit vielen Jahrzehnten bekannt sind, gibt es gute Gründe, warum wir bis zu den 50er Jahren warten mußten, um ihre Entwicklung zu sehen. Erstens erfordert die soziale Situation in der Regel die Verarbeitung von großen Mengen vernetzter Informationen. Sollte ein Mensch vor 1946 mit Bleistift und Papier, vielleicht sogar mit Hilfe einer Additionsmaschine, zehn Gleichungen mit zwei Unbekannten lösen, so ließ ihn diese Aufgabe aufstöhnen. Zwanzig Gleichungen bildeten die Grenze des Erträglichen. Nun kann aber die Beschreibung einer sozialen Situation Hunderte, Tausende oder sogar Millionen von Menschen betreffen. Drückt man deren Interaktion in mathematischer Sprache aus, so werden möglicherweise Millionen und Trillionen von arithmetischen Operationen erforderlich, um zu einer Vorhersage zu gelangen. Nur ein Computer kann soviel Arithmetik bewältigen. Heute sind Computer mit großen Speicherkapazitäten und unglaublich hoher Rechengeschwindigkeit etwas Alltägliches. Deshalb haben wir jetzt die Möglichkeit, die abstrakten Formulierungen der Ökonometrie, Soziometrie usw. zu konkretisieren.

Der zweite Grund für das späte Eindringen der Mathematik in die Sozialwissenschaften ist psychologischer Art. Viele Jahre lang litten Sozialwissenschaftler und Ökonomen unter einem Minderwertigkeitskomplex. Sie betrachteten ihre Physikerkollegen aus weiter Ferne und beneideten diese um ihre großartigen Erfolge in der Planetentheorie oder in der Theorie des Elektromagnetismus. »Wir müssen auf Newton warten«, schien ihre Haltung zu sein.

Die Wissenschaftstheoretiker sahen die Errungenschaften der Physik mit mehr Zurückhaltung. Sie wiesen darauf hin, daß die Erfolge auf relativ einfache Situationen beschränkt blieben. Professor Philipp Frank pflegte diesen Punkt zu verdeutlichen, indem er ein Blatt Papier zu Boden flattern ließ. Obwohl die grundlegenden Gesetze der Mechanik und der Thermodynamik bekannt sind, kann kein Physiker voraussagen, an welcher Stelle das Blatt auftreffen wird. Weiter bemerkten die Philosophen, daß die Physiker seit dem Zusammenbruch der klassischen Physik um die Jahrhundertwende eine bescheidenere Vorstellung vom Wesen der physikalischen Gesetze hätten. Diese galten nicht mehr als der Ausdruck des Schöpferwillens, sondern wurden von nun an als Menschenwerk angesehen. Sie stellen bloß »Modelle« der Realität dar, deren Geltungsbereich beschränkt ist und die man verwenden kann oder auch nicht, je nachdem, welches Ziel der Forscher gerade verfolgt.

Als die Sozialwissenschaftler die Gewissensbisse der Physiker bemerkten und die Interpretation des Theoriebegriffes als mathematisches Modell kennenlernten, faßte sich der Sozialwissenschaftler ein Herz. Er ließ fünf einmal gerade sein; vereinfachte und entwarf Modelle. Auf dieser Arbeitsgrundlage, so hoffte er, könnte einmal ein Newton aufbauen. Seine eigene Rolle verglich er mit der Galileis oder der von Ptolemäus.

Aber ich möchte jetzt zu Mathematik und Sozialpolitik zurückkehren. Es kommt an dieser Stelle nicht in Betracht, formale Definitionen der oben angesprochenen neuen Disziplinen der angewandten Mathematik zu geben. Statt dessen möchte ich aufzeigen, wie sie sich in unserem Alltagsleben auswirken können. Ich werde einige Beispiele nennen. Manche von ihnen sind geläufig: Sie liefern den Stoff für irreführende Artikel in den Wochenendbeilagen. Andere beziehen sich auf die Zukunft. Alle aber illustrieren die Art und Weise, wie eine mathematische Einstellung die Sozialpolitik beeinflussen kann. Und alle verdeutlichen Methode, Haltung und den Vorgang, mit der die Formulierung von Kriterien verbunden ist.

*A. Heirat durch UNIVAC** »Amerika baut eine Heiratsmaschine«, so lautete eine Schlagzeile auf der Titelseite des »London Observer« vom Sonntag, dem 23. Februar 1962. Eine große Datenmenge über Männer und Frauen im heiratsfähigen Alter wird in einem Computer gespeichert: Alter, sozialer und religiöser Hintergrund, Berufe, Ausbildung, Interessen und Anforderungen an einen Partner. Wird nun eine bestimmte Person ausgewählt, so durchsucht der Rechner seinen gesamten Vorrat an Daten und nennt schließlich die Namen von Personen des entgegengesetzten Geschlechts, die am besten zur fraglichen Person passen. Hierbei kommt es auf eine a priori Formulierung für das Maß an »Übereinstimmung« oder »Unterschiedlichkeit« einer Mann-Frau-Kombination an. Dieses Maß, das teils numerisch und teils logisch sein kann, ist das Kriterium, das die Maschine ihrer Auswahl zugrun-

* UNIVAC ist die Markenbezeichnung einer nordamerikanischen Computerfirma. (A. d. Ü.)

de legt. Sie berechnet einfach dieses Maß für alle zulässigen Kombinationen von Individuen und wählt diejenige mit dem besten Maß aus. Die Maschine formuliert nicht selbst das Kriterium; das tut der Programmierer. Mathematisch sind hierbei die Begriffe des Maßes, der Begriff der Minimierung des Maßes und die Verwendung des Computers zum Zwecke der schnellen und effizienten Buchhaltung. Im Grunde genommen handelt es sich lediglich um eine Modernisierung des Verfahrens, mit dem Ehen in vielen Gesellschaften und zu vielen Zeiten angebahnt worden sind.

Diese Idee wirkt auf den ersten Blick wie ein Trick. Sie schokkiert Leute, die meinen, Ehen sollten durch zufällige Romanzen zustande kommen. Betroffen macht sie jene Zeitgenossen, die eine Maschine als blindes Instrument betrachten und nicht als moderne Form des kleinen schwarzen Büchleins eines effizienten Heiratsvermittlers. Für diejenigen, die meinen, eine Ehe sollte aufgrund vernünftiger Auswahl geschlossen werden, ist diese Entwicklung Wasser auf ihre Mühlen. Jedenfalls gibt es keine Anhaltspunkte dafür, daß UNIVAC-Ehen weniger erfolgreich wären als diejenigen von Paaren, die sich im Aufzug eines Kaufhauses kennengelernt haben. Ganz im Gegenteil! Laut »London Observer« behauptet der »Wissenschaftliche Eheanbahnungsdienst« in New York, daß es unter den 500 in den Jahren seit 1956 geschlossenen Ehen solcher Art nur eine einzige Scheidung gegeben habe. Die Durchschnittsrate beträgt 1 zu 4.

[Man vergleiche den nachfolgenden Abschnitt über »Die Computerisierung der Liebe«.]

B. Berufswahl Die Idee, Tests als Grundlage für die Berufswahl zu verwenden, ist mit »A« verwandt. Aber sie ist mehr als ein bloßer Trick. Tiefliegende Theorien der mathematischen Statistik werden bei der Formulierung und Bewertung von Tests angewandt; enorme Summen und Tausende von Menschen sind darin verwickelt. Der Erfolg dieser Methode wechselt von Anwendung zu Anwendung. Schuleignungstests haben in den USA zum Beispiel einen beachtlichen Vorhersagewert. Aber obwohl beispielsweise umfassende Studien im Bereich der Pilotenauswahl unternommen worden sind, meinen dennoch die Kritiker, daß außer einigen offensichtlichen Faktoren wie Gesundheit und allgemeine Intelligenz wenig zu testen bleibe. Ein Kriterium für die beste Entsprechung zwischen Beruf und Individuum muß noch gefunden werden.

Reduziert man ein Individuum auf ein paar Zahlen auf einem Stück Papier oder auf ein paar Löcher einer Lochkarte, so hat das die unerfreuliche Konsequenz, daß seine Zukunft an einem ganz unwichtigen Faktor hängen kann. Die folgende Begebenheit wurde mir kürzlich mitgeteilt:

Ein Student an einem College des mittleren Westens wurde bei seinem Eintritt einer Reihe von Tests unterzogen. Aufgrund der Testergebnisse sagte ihm der Dekan eine glänzende Zukunft in der Architektur voraus. Der Student belegte die entsprechenden Vorlesungen. Aber seine Ergebnisse waren schlecht, und es ging ihm miserabel. Zwei Jahre später ließ ihn der Dekan zu sich rufen und teilte ihm mit (»ha! ha!« und »Kopf hoch, Smith!«), daß die Verwaltung einige Ausweisnummern durcheinandergebracht habe. Heute nehmen Computer mehr und mehr Reservierungen vor (Fluglinien, Theater). Zunehmend übernehmen sie die Zeitplanung, und es gibt Gesellschaften, die Arbeitsplätze mit Computerhilfe besetzen. Die Aufnahmebüros der Iva League Colleges nehmen noch immer das Recht für sich in Anspruch, ihre Auswahl von Hand vorzunehmen. In einigen der größeren Staatsuniversitäten entscheidet über Zulassung oder Ablehnung der Computer, der SAT-Test*, Durchschnittsnoten und ähnliche Kriterien berücksichtigt. In einigen Staaten hat der Gesetzgeber mathematische Kriterien für die Zulassung vorgeschrieben. Die für die Zulassung verantwortlichen Verwaltungsangestellten mancher Hochschulen reden über den Unterschied zwischen einer 2,43-Person und einer 2,3-Person – in der vollsten Überzeugung, daß es diesen Unterschied tatsächlich gibt. Im allgemeinen scheinen die anspruchsvolleren Colleges sich weniger auf Formeln zu verlassen.

[Man vergleiche auch die Abschnitte »Testen« und »Mathematik als sozialer Faktor«.]

* SAT: Scholastic aptitude test – schriftliche Leistungsprüfung (A. d. Ü.)

C. Praktikumsplatzvergabe Alljährlich produzieren die medizinischen Hochschulen in den USA Tausende von Praktikanten, die landesweit auf die Krankenhäuser verteilt werden müssen. Jeder zukünftige Arzt hat gewisse Qualifikationen und Vorlieben. Jedes Krankenhaus verfügt über eine bestimmte Kapazität und stellt gewisse Anforderungen. Bis vor einigen Jahren wurde die Zuordnung von Hand nach der Methode von Versuch und Irrtum vorgenommen. Wahrlich eine bewundernswerte Arbeit! Heute werden die Zuordnungen durch den Computer mit Hilfe linearer Programmierung durchgeführt. Hierzu muß ein Kriterium formuliert werden, das zu entscheiden erlaubt, welche von zwei Zuordnungen die wünschenswertere ist. Den zukünftigen Ärzten werden Wahlmöglichkeiten, die mit den allgemeinen Rahmenbedingungen vereinbar sind, angeboten. Die Zuordnungen stammen von einer Maschine. Sie werden von einer Kontrollkommission überwacht. Die Ergebnisse sollen zur großen Zufriedenheit aller Beteiligten ausfallen.

Diese Methode könnte weitere Anwendungen finden. Stellen wir uns ein College vor, das Platz für 1000 Anfänger hat, aber 5000 qualifizierte Bewerber. Jeder Bewerber verfügt über bestimmte Qualifikationen. Die Dekane haben eine Vorstellung, wie die Anfangssemester zusammengesetzt sein sollen. Gewiß ist hier Raum für etwas Mathematik, um die Papierflut zu verringern. Stellen wir uns ein noch schwierigeres Problem vor. Die meisten Schulabsolventen bewerben sich bei zwei oder drei Colleges. Das führt zu einer enormen Vervielfachung der Papierflut. Vielleicht sollten die Colleges ihre Bewerbungen gruppenweise zusammenfassen. Stünden ein oder zwei Computer zur Verfügung und hätte man ein durchführbares Kriterium für die Zulassung im Falle von Konkurrenz, so bräuchte das Zulassungskomitee bloß einen Knopf zu drücken. Dann könnte man an Tafel und Pult zurückkehren, wohin es die Mitglieder des Komitees in Wirklichkeit zieht.

D. Verkehrsfluß durch einen Tunnel Ein Strom von Fahrzeugen fließt durch einen Tunnel. Höchst- und Mindestgeschwindigkeit sind vorgeschrieben. An beiden Enden des Tunnels geht es aufwärts. Jeder Fahrer beschleunigt oder bremst nach seinen eigenen

Fahrgewohnheiten und gemäß dem Fahrverhalten des Wagens vor ihm. Die Verteilung der Reaktionszeiten sowie die Bremszeiten seien bekannt. Was geschieht in dem Tunnel? Wie verläuft der Verkehrsfluß? Wie sieht die durchschnittliche Abfolge der Fahrzeuge aus? Wie oft fährt ein Wagen auf seinen Vordermann auf? Wie lassen sich Staus auflösen? Wie groß ist die Maximalanzahl von Fahrzeugen, die den Tunnel während einer Stunde sicher passieren können?

Diese Fragen können mit Hilfe einer Berechnungstechnik, die als »Simulation« bekannt ist, beantwortet werden. Ein abstraktes Modell für die wesentlichen Aspekte der physikalischen Situation wird erstellt. Dieses Modell läuft dann auf dem Computer ab. Es handelt sich also um eine Art von mathematischem Experiment. Obwohl es dabei nicht um die Handhabung eines physikalischen Modells geht, gibt es dennoch viele Parallelen: Der Experimentator beobachtet das Geschehen und interpretiert die Ergebnisse; er kann die Bedingungen verändern und abwarten, was passiert. So wird er vielleicht die Höchstgeschwindigkeit auf 100 Stundenkilometer erhöhen oder sie auf 30 Stundenkilometer herabsetzen. Er kann auch einen betrunkenen Fahrer in das Modell einbauen, also einen mit einer sehr langen Reaktionszeit. Der Experimentator kann seine Aufmerksamkeit auch auf umfassende Merkmale richten. So ist zum Beispiel bekannt, daß der Verkehrsfluß gewisse Eigenschaften von Gasen zeigt: Die Stoßwellen der Autos erzeugen Wellen, die durch den Tunnel zurücklaufen.

Am MIT wurde im Auftrag der New Yorker Straßenverkehrsbehörde in einer Reihe von Experimenten ein Programm entwickelt, das die Einfahrt in Tunnels »schubweise« steuert. Damit können durch zu hohe Fahrzeugdichte hervorgerufene Staus vermieden werden. Die Anzahl der Fahrzeuge, die den Tunnel passieren können, wurde durch das System um 5 Prozent gesteigert.

Das National Bureau of Standards hat den Verkehrsfluß in einem Teil der Innenstadt von Washington, D. C., simuliert. Das Modell ist komplex, das Programm sehr lang und die Resultate sind vorläufig. Dennoch kann man ganz gut erkennen, welche Art von Fragen auf diese Weise beantwortet werden können: Wohin sollte man Ampeln stellen? Wie sollten sie aufeinander abgestimmt werden? Wie hoch sollte die zulässige Höchstgeschwindigkeit sein? Sollte man Einbahnstraßen einrichten?

An Stellen, wo Menschen in großen Massen zusammentreffen und aufeinander reagieren, zeigt ihr Verhalten große Ähnlichkeit mit dem eines Gases, wo Myriaden von Molekülen zusammenkommen. Die noch zu entdeckenden Gesetze der Geschichte könnten sich zu den Vorstellungen von Spengler und Toynbee ähnlich verhalten wie die partiellen Differentialgleichungen der kinetischen Gastheorie zum »horror vacui« der Alten.

Die Methode, Modelle zu entwickeln und mit ihnen Simulationen durchzuführen, bietet breite Anwendungsmöglichkeiten. Sie verdankt ihre Entstehung einerseits der Wahrscheinlichkeitstheorie und andererseits der Existenz sehr schneller und vielseitiger Berechnungskapazitäten. Viele Gruppen bedienen sich dieser Methode. Unter ihnen finden sich z. B. Studiengruppen, die von der Regierung eingesetzt wurden, und die wirtschaftswissenschaftlichen Fakultäten der Universitäten. Einer der großen Vorteile abstrakten Experimentierens ist es, daß man die Voraussetzungen ganz leicht abändern kann. Im wirklichen Leben ist dies oft unmöglich oder zumindest nicht wünschenswert. Wir können nicht gefahrlos einen betrunkenen Autofahrer in einen wirklichen Tunnel lassen und dann dessen Auswirkungen in verschiedenen Situationen beobachten. Obwohl vielversprechend, ist die Methode dennoch primitiv. Ein abstraktes Modell kann bisher nur einige Aspekte der Realität nachbilden. Für eine gegebene Situation mag es schwierig sein, die wichtigen Elemente herauszufinden. Neben Mathematikern und Statistikern werden hier möglicherweise Soziologen und Psychologen benötigt.

[Systeme zur Steuerung des Verkehrsflusses sind in mehreren Städten, z. B. in Los Angeles und in Detroit, installiert worden. Die Erfolge auf diesem Gebiet sind bescheiden. Ein Beispiel für die Irrelevanz des Computers gibt Boston, Massachusetts, *die* Denkfabrik von high-tech der USA. Jeden Freitagnachmittag gibt es Stauungen auf der südöstlichen Ausfallstraße und im Tunnel zum internationalen Flughafen von Logan. Sie könnten durch neue Tunnels oder Brücken, nicht aber durch Computer entschärft werden.]

Verkehrsstau
in Boston,
Massachusetts

E. Erleichterung für Stehplatzinhaber Eine Gruppe von Wissenschaftlern der Columbia-Universität war mit einer Aufgabe größeren Ausmaßes und praktischer Zielsetzung beschäftigt. Sie studierten die täglichen Verkehrsströme in den Untergrundbahnen und Bussen von New York City. Ihr Ziel war, den Verkehrsfluß zu beschleunigen. Vielleicht könnte man das schreckliche Gedränge mildern, indem man die Arbeitszeiten staffelt? Falls ja – wie sollte dann die Staffelung in verschiedenen Stadtteilen und verschiedenen Industriezweigen aufeinander abgestimmt werden? Industriebetriebe haben vielfältige Verbindungen untereinander und sollten deshalb die gleichen Arbeitszeiten haben. Um eine gute Lösung zu finden, muß man ein Knäuel wechselseitiger Bedingungen und einander widersprechender Anforderungen entwirren.

Werden endlich Vorschläge gemacht, so haben die Methoden der mathematischen Modellbildung und der Simulation ohne Zweifel dabei eine Rolle gespielt. Aber irgend jemand hat *dafür* auch die Kriterien bestimmt.

[Die Ausführungen sind interessant, weil in den nachfolgenden Jahren die New Yorker Untergrundbahn von Problemen geplagt wurde, die gänzlich verschieden waren von denen, die die Modellbauer der Columbia-Universität erwartet hatten.]

F. Leben und Liebe in einer Kleinstadt Noch komplexer ist die Nationalökonomie. Wirtschaftswissenschaftler können Tag und Nacht über die Folgen diskutieren, die im In- und Ausland eine Preissenkung von 100 Dollar bei Autos hat oder die Anhebung des Mindestlohnes um 25 Cent. Mit Hilfe von Modellen und von Simulationen können sie die Konsequenzen einer Änderung der ökonomischen Bedingungen studieren. Diese Techniken bieten die Möglichkeit, die Ökonomie in eine experimentelle Wissenschaft umzuwandeln.

In jüngster Vergangenheit wurde am MIT für das ökonomische Verhalten einer 2000 Einwohner zählenden Kleinstadt ein Modell entwickelt. Anschließend führte man Simulationen durch. Altersstruktur und ökonomischer Status der Bevölkerung wurden repräsentativ wiedergegeben. Monat für Monat erhielten diese abstrakten Menschen, die das Gedächtnis eines elektronischen Computers bewohnten, Gehaltserhöhungen oder verloren ihren Arbeitsplatz. Sie kauften Häuser oder Autos, heirateten, bekamen Kinder und starben. Alles geschah mit der Häufigkeit, die die Statistik vorsah. Der Computer erfand Hunderttausende von Transaktionen und führte darüber Buch. Die IBM 704 simulierte ein Jahrzehnt aus dem Leben der Kleinstadt innerhalb von 10 Stunden. Die Resultate waren vielversprechend. So ist es wohl nicht übertrieben zu erwarten, daß Modelle in Zukunft den Wirtschaftswissenschaftlern Informationen liefern werden, die für die Industrie und letztlich auch für den Gesetzgeber wichtig sein werden.

[Systemanalysen vom Typ »Leben und Liebe in einer Kleinstadt« sind von zahlreichen Institutionen, unter ihnen das MIT und der Club of Rome, durchgeführt worden. Sie sind nachdrücklich kritisiert worden. Nur wenige Leute außer den Erfindern der Systeme selbst haben auch das geringste Vertrauen in die Prognosen, die solche Systeme liefern.]

G. Erdnußbutter und Kartoffeln Welche Lebensmittel sollte man in welchen Mengen kaufen, um lebensnotwendige Nahrungsmittel mit minimalen Kosten zu bekommen? Dieses Problem fällt unter das Stichwort »lineares Programmieren«. Es konnte in Spezialfällen gelöst werden. Hat man zwischen 77 verschiedenen Nahrungsmitteln zu wählen und verlangt man als Mindestanforderung, daß die Lebensmittel neun Nährstoffe enthalten sollten, so ergibt sich unter Berücksichtigung der Preise von 1939 folgende Kost: Weizen- und Maismehl, Milchpulver, Erdnußbutter, Schweineschmalz, Rinderleber, Kohl, Kartoffeln und Spinat. Um diese Antwort zu finden, muß man zuvor den Preis von tausenden möglicher Zusammenstellungen berechnen. Der Computer kann dies, unter Verwendung von Ergebnissen aus der linearen Programmierung, in einer vertretbaren Zeit.

Vielleicht ist es für die unterernährten Länder wichtig zu wissen, woraus diese Liste zu einem beliebigen Zeitpunkt besteht. So könnte man das Ernährungsproblem unter Berücksichtigung der geographischen, religiösen und sozialen Gegebenheiten lösen.

Die Kost in den entwickelten Ländern scheint mehr von Eigenheiten und Kurzschlußreaktionen auf neueste medizinische Erkenntnisse bestimmt zu werden als durch die Antworten des Computers auf Ernährungsfragen.

Die Mathematisierung des Speiseplans könnte politische Dimensionen entwickeln. 1985 verfaßte die National Academy of Sciences einen Bericht, in dem verlangt wurde, die »empfohlene Menge von bestimmten Vitaminen und Mineralstoffen, die zur Erhaltung der Gesundheit erforderlich sind, herabzusetzen. Einige

Ernährungswissenschaftler fühlten sich betroffen. Sie argumentierten, daß dieser Bericht ... von offizieller Seite dazu benutzt werden könnte, weitere Kürzungen bei Essensmarken, Schulspeisungen und anderen karitativen Ernährungsmaßnahmen zu begründen.« (so das in Providence, R. I., erscheinende »Journal« am 24. September 1985).

Obwohl sehr verschieden von der Frage, ob Erdnußbutter oder Kartoffeln, ist die nach der optimalen Verteilung von Ressourcen *mathematisch* gesehen ganz ähnlich geartet. Eine Firma möchte eine Fabrik errichten: Wohin soll sie sie bauen? Dorthin, wo die Arbeitskraft billig ist? Oder dorthin, wo die Energiepreise niedrig liegen? In die Nähe der Absatzmärkte? Die Mathematiker können hierzu eine Menge sagen. Zuvor muß jedoch irgend jemand ein Prüfungskriterium formulieren – maximaler Profit für die Aktionäre oder lieber maximaler sozialer Nutzen im weitesten Sinne?

Um dieses Dilemma zu konkretisieren, betrachten wir den Fall »Neuengland«. Dieses hat seine Spinnereien nach 1920 verloren. Das Ausmaß menschlichen Elends, das hierdurch hervorgerufen wurde, war enorm. Zwei Lösungsansätze zur Linderung des Elends sind denkbar: Wir können besondere Bedingungen schaffen, um die Spinnereien im Widerspruch zu den ökonomischen Fakten, die deren Schließung verlangen, an ihren Standorten zu erhalten. Oder wir betrachten dies Problem als eines der landesweiten optimalen Ressourcenverteilung. Dann erlauben wir der Industrie, sich nach ihrem Belieben niederzulassen. Andere Industrien des Landes werden neu angesiedelt, um der betroffenen Bevölkerung zu helfen. Die erste Lösung macht die Gesetzgeber zu besonderen Sachwaltern ihrer Wähler. Die zweite Lösung darf als die mathematische bezeichnet werden. Sie ist auf lange Sicht trotz ihrer offensichtlichen Schwierigkeiten vorzuziehen. Wenn die USA Butter zu Niedrigpreisen auf den Weltmarkt werfen, mag dies den dänischen Mann auf der Straße treffen. Die Rechenmaschine ermöglicht es, mit den entsprechenden Beziehungen des Weltmarktes fertig zu werden. Wir sollen unseres Bruders Helfer sein. Aber nur langsam entwickeln wir die Mittel, mit denen wir herausfinden können, wie ein Mensch seine Nachbarn in Mitleidenschaft zieht.

Die Beispiele *A* bis *G* lassen sich in vieler Hinsicht erweitern. Die Expreßtheken in Supermärkten, die automatische Diagnose von Krankheiten und die Verteidigungspolitik sind Beispiele für die zunehmende Bedeutung der mathematischen Zugangsweise.

Der Wissenschaftler, der Experte am Computer ist, sitzt an seinem Steuerpult und raucht seine Pfeife. Angenommen, er ist ein bißchen utopisch veranlagt: Er träumt einen Traum. Die Welt ist komplex. Die Bevölkerung nimmt zu. Es gibt unendlich viele Bedürfnisse. Die Reibungspunkte zwischen Individuen und zwischen Gruppen sind zahlreich. Es gibt viele Antagonismen. Vielleicht können uns die Macht der mathematischen Denkweise und der Einsatz von Rechenmaschinen helfen, die Trillionen Bits relevanter Information zu verarbeiten. Möglicherweise können wir dann den Strom von Menschen und Gütern und Befriedigungen besser kontrollieren. Hier und dort könnte Ordnung im Chaos entstehen. Die Hungrigen könnten ernährt werden, Verbrechen und Störungen der öffentlichen Ordnung verringert und Krieg könnte vermieden werden. Vielleicht gelangen wir auf diesem Weg zum Tor des Paradieses. Mit diesem letzten amüsanten, aber auch schokkierenden Gedanken endet der Traum, und unser Träumer erwacht.

Worin liegen die Gefahren dieses Traumes? Anstatt von den Gefahren des Traumes hätte ich besser von der Methode und der Grundeinstellung gesprochen, denn der Traum als solcher ist ja durchaus ehrenwert.

1. Die Methode kann falsch oder unvollkommen angewandt werden. Sie kann mit falschen Zielen verwendet werden. Diese Möglichkeit ist so offensichtlich – man braucht ja nur an die Kernenergie zu denken –, daß sie keines weiteren Kommentars bedarf. Dennoch sollten wir immer wieder auf sie aufmerksam machen.
2. Die Methode kann zur Bildung einer wissenschaftlichen Priesterkaste führen, die vermutlich aus zweitrangigen Personen bestehen wird. Sie wird sich nach außen hin abschließen und nicht mit der Allgemeinheit kommunizieren, um so ihre Macht zu bewahren.

3. Schlimmer noch ist die folgende Möglichkeit, auf die Norbert Wiener hingewiesen hat: die Maschine, in der die Methode eingebaut ist, kann zu einem Zauberlehrling werden: für die eine Seite bringt sie Zufriedenheit, für die andere aber Chaos. Von denen, die sie zufriedenstellt, wird sie als ein heiliges, unantastbares und nicht abschaltbares Objekt verehrt.
4. Um anwendbar sein zu können, bedarf die Methode eines Kriteriums – dieses muß außermathematisch und -wissenschaftlich sein. Widersprüchliche Kriterien können zu Streit und Uneinigkeit führen.

Schließlich gibt es noch eine letzte Gefahr, die ihren Ursprung in der mathematischen Haltung selbst hat: Mathematiker sind, wenn sie als Individuen mit den Problemen des Alltags konfrontiert werden, genauso intelligent oder dumm, genauso liberal oder konservativ wie Nichtmathematiker. Als Gruppe aber, gewissermaßen im institutionalisierten Rahmen, legen sie eine bestimmte Haltung an den Tag, die aus ihrer Arbeit entspringt. Sie hat ihre Wurzeln in den großen mathematischen Diskussionen der Vergangenheit, die noch heute Auswirkungen auf die Angelegenheiten unserer Welt haben. Mathematiker verwenden die axiomatisch-deduktive Methode, die von Hypothesen durch logisches Schließen zu Konklusionen führt; sie sind Symbole, Abkürzungen und strenge Definitionen gewöhnt. Großes Interesse besteht bei ihnen für Relationen, Symmetrien, Muster und Variationen. Sie schwelgen in Abstraktionen und Verallgemeinerungen und wissen zwischen dem Beliebigen oder Konventionellen und dem Grundlegenden zu trennen.

Die mathematische Einstellung neigt stark dazu, Hypothesen abzuändern, um das ursprüngliche Problem zu vereinfachen oder zu verändern und auf diese Weise einen Fortschritt zu erzielen. Zirkuläres Denken und unschlüssige Beweise sind die Alpträume des Mathematikers. Seine Methode, die sich scheinbar dem Einflußbereich von Philosophie und Politik entzieht, ist universell. (Schließlich stimmen Amerikaner, Russen und Chinesen, was Multiplikationstabellen betrifft, vollkommen überein.)

Die Medaille hat aber auch eine Kehrseite. Eine denkwürdige

Neutralität entsteht immer dann, wenn sich Mathematik und menschliche Lebenswelt berühren. Der Mathematiker behandelt mit aller Seelenruhe eine Angelegenheit, die andere emotional ungeheuer erregt. Der Unterschied zwischen Monopolen und Duopolen mag Antitrustgesetze motivieren, die möglicherweise ein Jahrzehnt gelten werden – für einen mathematisch orientierten Ökonomen unterscheiden sie sich u. U. nur dadurch, daß das Gleichungssystem einen Term mehr enthält. Trotz der möglichen Anwendbarkeit seiner Gedanken auf die Realität zeigt der Mathematiker eine gewisse Gleichgültigkeit ihr gegenüber. Er leitet die Aussage »wenn p, dann q« ab und interessiert sich nur für diese Implikation und deren Herleitung. Aber er kümmert sich weder um das Antezedenz p noch um die Konsequenz q. »Sagst Du mir, was zu maximieren ist, so will ich versuchen, Dir zu sagen, wie das geht.« Das behauptet der Mathematiker, und das ist seine volle Überzeugung. Die Aufgabe zu bestimmen, was zu maximieren ist, ist nicht die seinige.

Diese Last läßt sich nicht so leicht anderen zuschieben. Der Mathematiker ist im Besitz der Methode; die Methode braucht, um funktionieren zu können, ein Kriterium. So wird der Mathematiker, will er nun oder nicht, in die Rolle dessen gedrängt, der die Kriterien entwickeln muß. Ich fürchte, ihm liegt diese Rolle ganz und gar nicht. Denn er neigt zur Ungeduld, zu Starrsinn und autoritärem Verhalten. Er ist ein Mann der Ja/Nein-Entscheidungen. Die Welt aber ist – wir wissen es! – viel komplexer. Kann die mathematische Denkweise das Paradox Hiobs lösen? Würde man das versuchen, so könnte man dabei gewaltigen Schaden anrichten.

Geht jemand zum Schalter beim Einwohnermeldeamt und zieht sich eine Nummer, so ist damit seine Wartezeit optimal minimiert. Das ist gut so. Aber: wenn jemand eine Nummer zieht, wird er selbst ein bißchen zur Nummer. Das ist der springende Punkt.

Wie könnte eine Lösung aussehen? Diese liegt, so meine ich, in einer nachhaltigen *Kultivierung außerwissenschaftlicher Werte.*

Unsere Wissenschaftler müssen verstärkt in Geisteswissenschaften und Geschichte ausgebildet werden. Wir können es uns nicht leisten, bloß ignorante Techniker zu sein. Unser Denken muß weniger rigide werden, und wir müssen vermeiden, zu einer wissenschaftlichen Priesterkaste zu werden. Die Lösung besteht aus einer angemessenen *Durchmischung* von Wissenschaft, Technologie und restlichem Leben. Ich predige die Goldene Mitte. Diese Lehre ist nicht aufregend, aber sie ist lebensnotwendig.

Wir müssen uns daran erinnern, daß, obwohl die Mathematik vielleicht die Königin der Wissenschaften ist, die Wissenschaft keineswegs das einzige Prinzip des Lebens ist. »Der Baum des Lebens ist reicher als der der Gedanken«, sagte Immanuel Kant. Das glaube ich auch. Laßt uns Menschen des Geistes ausbilden, die zugleich Menschen des Herzens sind.

Anmerkung:

1 David Garfinkel. »We could wire up ...« Perspectives in Computation, Frühjahr 1984. IBM Corporation, Armonk, New York.

Weiterführende Literatur:

P. J. Davis (1962); J. Forrester
(s. a. Bibliographie)

Computerisierung der Liebe

Seit zehn bis zwanzig Jahren besteht in vielen Städten der USA etwas, was man die »Singleszene« nennen könnte. Gemeint ist ein soziales Milieu von unverheirateten (häufig geschiedenen) Männern und Frauen. Sie sind zwischen 20 und 60 Jahren alt, manche sogar älter. Die üblichen, traditionellen Arten der Partnersuche kommen für sie nicht mehr in Frage.

Die Existenz der »Singleszene« in den USA ist in erster Linie eine Konsequenz der hohen Scheidungsrate. An zweiter Stelle ist die geographische Mobilität zu nennen, die vor allem in den riesigen Stadtgebieten von Kalifornien, Florida, Texas und Arizona dazu führt, daß viele Menschen hunderte oder tausende Kilometer entfernt von ihren Eltern und Verwandten sowie von ihren Kindheitsfreunden leben. Als dritter Grund ist schließlich eine Lebensphilosophie zu nennen, die ständig für Vergnügen und Aktion wirbt. Jeder soll ihr zufolge so lange, wie das medizinisch möglich ist, sexuell aktiv bleiben.

All das führt dazu, daß es Horden von partnerlosen Personen (»Singles«) gibt, die unter dem starken sozialen und psychologischen Druck stehen, jemanden zu finden – sei es für eine Nacht oder für einen längeren Zeitraum. Es gibt kein traditionelles soziales Vehikel, das ihnen hierbei helfen würde.

In einer solchen Situation kann man vorhersehen, daß in einer profitorientierten und innovationsfreudigen Gesellschaft wie derjenigen der USA Wirtschaftsunternehmen versuchen werden, dieses soziale Bedürfnis zu befriedigen. Die drei auffälligsten Resultate hiervon sind Singletreffs, Kontaktanzeigen und die Partnersuche per Computer.

Um die Single-Treffs zu analysieren, wäre Nachtarbeit in einem etwas unwissenschaftlichen Milieu erforderlich. Deshalb beschränken wir unsere Betrachtungen auf Kontaktanzeigen und die Partnersuche per Computer.

Zuerst ein paar Definitionen.

Die Partnersuche per Computer ist eine Prozedur, bei der man eine Beschreibung seiner selbst mit Hilfe der vom Computer vorgegebenen Parameter in eine Datenbank eingibt. Unter anderem will der Computer folgendes wissen: Einkommen, Größe, Raucher/Nichtraucher, Schulbildung, bevorzugte Hobbies, Lieblingsmusik...

Er fragt nicht danach, ob man geduldig ist oder nicht, rücksichtsvoll oder brutal, tolerant oder engstirnig, impulsiv oder bedächtig. Man liefert dem Computer auch eine Beschreibung des gewünschten Partners mit Hilfe der gleichen Parameter. Der Computer durchsucht dann seine gespeicherten Daten. Er ermittelt die Namen und Telefonnummern möglicher Partner und schickt diese zusammen mit einer Rechnung über soundsoviel Dollar pro Namen zu.

Es wurde viel über diese Art der Partnersuche geschrieben; als die erste Partnervermittlung per Computer im Februar 1965 in Cambridge (Massachusetts) eröffnet wurde, war dies eine Sensation für die Medien:

»Innerhalb von sechs Wochen trafen über achttausend Studenten ihren vom Computer ausgewählten Partner. In den folgenden sechs Monaten schrieben sich, als die Mund-zu-Mund-Propaganda sich über das ganze Land ausbreitete, über 90 000 Studenten ein. Obwohl diese Unmenge wenig dazu beitrug, den Mechanismus des Verfahrens aufzuklären, etablierte sich dennoch der Begriff ›Partnersuche per Computer‹ in der Sprache der amerikanischen Haushalte.«

(John Godwin »The Mating Trade«, Seite 80)

Wir wollen hier diese weitverbreitete Geschichte nicht wiederholen. Wir diskutieren einfach dieses Phänomen als ein weiteres Beispiel für die Mathematisierung der Gesellschaft. Als erstes können wir feststellen, daß die Partnersuche per Computer nichts mit Computern zu tun haben muß. Sie kann auch per Hand erfolgen.

Der folgende Bericht läßt dies sogar als das Wahrscheinlichere vermuten:

Nachdem ich dieses Gebiet studiert hatte, gelangte ich zu der unausweichlichen Schlußfolgerung, daß die meisten Institute gar keinen Computer verwenden. Der Computer taucht nur in ihrer Werbung auf. Einen großen Vermittler in Nordkalifornien bedrängte ich mit Fragen über den Hersteller seiner speziellen Maschine. »Hersteller? Ja«, antwortete der Manager, »er befindet sich in Los Angeles.« »Ja, aber wie heißt er?« »Oh, wir benutzen verschiedene Geräte.« Nach einer Verschnaufpause fügte er hinzu: »Sie sind alle sehr modern. Wir benützen nur die letzten Modelle.«

Merkwürdigerweise soll also die Herkunft der Maschine keinerlei feststellbare Auswirkung auf die Resultate haben. Als ich dies dem Computerfachmann Howard Rigi erzählte, lachte er bloß. »Bei der üblichen Teilnehmerzahl«, erklärte er mir, »ist das ganze Verfahren eine einzige Täuschung. Man kann keine spezifischen Zuordnungen von Partnern erhalten von Programmen, die auf einigen Determinanten und einem Pool von 6000 bis 7000 Personen beruhen. Hierzu bräuchte man mindestens – ich sage mindestens! – einige hunderttausend Subjekte. Im ganzen gibt es höchstens ein paar Institute, die über so viele Daten verfügen.«

Der Zauber, der von dem Wort »Computer« ausgeht, ist stärker als alle Vorbehalte der Experten. Vor allen Dingen deshalb, weil nur – wenn überhaupt – wenige Kunden des Computers eine schwache Ahnung davon haben, was die Maschine genau macht.« (Godwin, Seite 86)

Uns kommt es nicht auf den Computer noch auf sein Fehlen an; wichtig für uns ist der Prozeß der Informationsverarbeitung. Dazu steuert der Single gewisse Daten bei, die letztlich in ein Rendezvous umgewandelt werden. Die Information über jeden Kunden liegt in Form eines Fragebogens vor, den dieser ausgefüllt hat: »Ja oder Nein«, »Wählen Sie aus einer Skala von 1 bis 10.« Es spielt keine Rolle, ob der Partnersuchende selbst den Bogen ausfüllt oder ob dies ein Interviewer macht. Von Bedeutung ist aber die Tatsache, daß die Fragen im voraus ausgesucht wurden, daß sie für alle Kandidaten die gleichen sind und daß sie nur nach dem

Schema ja/nein oder durch Wahl einer Zahl beantwortet werden dürfen. Das Ergebnis ist eine Kondensation oder auch Projektion: ein Mensch – der Partnersuchende oder der Kandidat – wird auf ein paar Dutzend Kreuzchen auf einem Stück Papier (beziehungsweise auf die entsprechenden Bits auf einer Magnetplatte oder einer Diskette) reduziert. Eine solche Kondensation oder Digitalisierung ist eine Form der Mathematisierung. Die Menge der Kreuzchen oder Bits dient als ein sehr grobes mathematisches Modell des Partnersuchenden mit all seinen/ihren Bedürfnissen und Wünschen.

Zum Zwecke des Vergleichs sei hier ein kleiner Ausschnitt aus der sowjetischen Zeitung ISTWESTIJA vom 15. Dezember 1985 wiedergegeben. Professor Ralph De Marr hat mich darauf aufmerksam gemacht und für mich übersetzt:

»Nun gibt es einen neuen Service:

Eine Braut vermittelt von ... einer Karteikarte.

90 von 100 Partnersuchenden, die sich an den Partnerservice in Odessa (am Schwarzen Meer) wenden, finden einen Partner. Um diesen Service in Anspruch nehmen zu können, muß man zuerst einen soziometrischen Fragebogen ausfüllen und anschließend einen Psychologen konsultieren. Die gesamte Information wird dazu verwendet, einen passenden Partner zu finden. Das dauert etwa 3 Monate. Der Altersunterschied der potentiellen Paare darf maximal 10 Jahre betragen.
Die Fragebögen werden unter einem Aktenzeichen abgelegt und sind stets mit einer Fotografie versehen. Ist die so erfaßte Information für zwei Klienten von Interesse, so wird ein Treffen veranstaltet ...«

Zwei Dinge sind hieran bemerkenswert: Erstens, die Singleszene existiert offensichtlich in irgendeiner Form auch im Sozialismus, zumindest in Odessa. Zweitens: ein Aktenschrank in Odessa arbeitet viel besser (90 von 100!) als ein Computer in Los Angeles oder New York.

Der traditionelle Heiratsvermittler war Bestandteil traditionsgeprägter Gemeinschaften. Diese (jüdisch oder italienisch, polnisch oder chinesisch) lieferte den Rahmen, innerhalb dessen beurteilt werden konnte, wer zu wem gemäß den üblichen Standards hinsichtlich Alter, Reichtum und Familienansehen paßte.

Есть такая служба

НЕВЕСТА ИЗ... КАРТОТЕКИ

В 90 случаях из 100 находят спутников жизни люди, обратившиеся в службу знакомств, созданную недавно в Одессе. Она коренным образом отличается от всех остальных в других городах. Поисковая система здесь новая и, как показывает практика, очень результативная. Без объявления в газете, пользуясь специальной картотекой, абонент получает возможность выбрать наиболее оптимальный вариант предполагаемого спутника жизни.

Любой человек, прибегнувший к услугам службы, заполняет информационную и социометрическую карты, алфавитную карточку. После заполнения необходимых бумаг с абонентом проводит беседу квалифицированный специалист-психолог, который старается как можно лучше понять человека, находящегося перед ним.

Рассказывает консультант службы знакомств, ассистент кафедры психиатрии и медицинской психологии Одесского медицинского института Виталий Дмитриевич Высоцкий:

— Поисковая система дает возможность работникам службы быть не просто посредниками между людьми, а активно влиять на их судьбы. О своих абонентах нам известно практически все: их социальное и материальное положение, состояли ли они в браке ранее, имеют ли детей, хотят ли их иметь в последующем браке. Мы обращаем внимание на такие моменты, как предполагаемая зарплата будущего мужа (жены), специальность, жилье, национальность, возраст. Для нас важно знать круг их интересов: любимые книги, хобби...

Оптимальный срок для выбора кандидата и знакомства с ним — три месяца. Механизм же работы достаточно прост. Все абоненты делятся на возрастные группы, исходя из того, что разница в возрасте не должна превышать десяти лет. В картотеке карточки располагаются под номерами, но обязательно с фотографией и самой минимальной информацией о человеке. Впоследствии, когда карта отобрана, мы предлагаем более полную информацию, сопоставляем людей с учетом их индивидуальных запросов и пожеланий. В том случае, если партнеры, судя по анкете, подходят друг другу, мы устраиваем встречу.

Т. СТАРОБИНСКАЯ,
А. СТЕПАНОВ.

Heirat per Karteikarte

Die Überlegungen des Heiratsvermittlers erschöpften sich aber keineswegs in der Betrachtung quantifizierbarer Parameter. Der Intuition – das heißt der Kunst, das richtige Paar zu erraten – kam eine Schlüsselrolle beim Erfolg des Heiratsvermittlers zu. Intuition kann fast nicht gelehrt werden. So scheint es, als seien einige Leute geborene Heiratsvermittler, während der Rest der Menschheit ihnen für ihre besondere Begabung dankbar sein muß.

Vergleichen wir den Computer mit dem traditionellen Eheanbahnungsinstitut, so stellen wir fest, daß ersterer einen groben und inkompetenten Versuch eines Expertensystems darstellt. Dieser Ausdruck wird gegenwärtig im Bereich der künstlichen Intelligenz viel gebraucht. Unter einem »Expertensystem« versteht man im allgemeinen ein Computerprogramm, das versucht, das derzeit beste Expertenwissen (z.B. im Gebiet der neurologischen Diagnosen oder in Spezialgebieten der organischen Chemie) zu reproduzieren. Der Computer als Ehevermittler kann sich hinsichtlich seines Expertenwissens nicht mit traditionellen Vermittlern messen. Aus den verfügbaren Statistiken scheint hervorzugehen, daß der Erfolg des Computers wesentlich geringer ist als derjenige der traditionellen Konkurrenz: Dennoch ist der traditionelle Vermittler auf dem Rückzug, während sich der Computer in dem Maße auf dem Vormarsch befindet, wie die traditionelle Gesellschaft verschwindet und isolierte Singles überhandnehmen.

Was ist zu den Kontaktanzeigen zu sagen? Wie fügen sich diese in unsere Überlegungen zur Mathematisierung der Partnersuche ein? Die Kontaktanzeigen sind fast dasselbe wie die Partnersuche per Computer – nur daß der Computer eliminiert wurde. Es gibt Publikationen wie die monatlich erscheinende »Single Scene« in Albuquerque, New Mexiko, deren raison d'être die Kontaktanzeigen sind. Viele angesehene Zeitschriften, die für das allgemeine Publikum bestimmt sind, scheuen sich nicht, Kontaktanzeigen zu veröffentlichen. Ein Beispiel hiervon ist »Harvard«, eine Zeitschrift für ehemalige Studenten und Studentinnen von Harvard und Radcliffe. Die »Saturday Review of Literature«, eine kürzlich eingegangene vierzehntägig erscheinende Bücherzeitschrift, war bereits in den vierziger Jahren, als ich noch in den Anfangssemestern war, bekannt für ihre Kontaktanzeigen.

Die Anzeigen werden in zwei Gruppen geteilt: männlich und weiblich. Es handelt sich bei ihnen um eine besondere Art von Werbung, wobei man sich selbst anpreist. Die Kleinanzeige soll zweierlei bewirken: Zum einen muß sie wenigstens soviel Information übermitteln, daß man ihren Auftraggeber einordnen kann. Ein Suchender könnte sich z. B. als GWM bezeichnen: »*g*ay« oder homosexuell, *w*eiß und *m*ännlich. »Berkeley Barb« oder »Village Voice« würden diese Information drucken, nicht aber die »Single Scene« in Albuquerque. Eine andere Suchende ist GJW (*g*eschieden, *j*üdisch, *w*eiblich). Ein weiteres wichtiges Kürzel ist »S« für »straight« oder heterosexuell.

Der zweite Teil der Kleinanzeige scheint sich dem Zugriff der Statistik zu entziehen. In ihm kommt die Poesie zu Wort. Hier versucht der Inserent sich selbst und den gewünschten Partner zu porträtieren – und zwar so, daß möglichst viele Zuschriften von annehmbaren Interessenten kommen und möglichst wenig von indiskutablen. Auf Seite 132 findet der Leser einige typische Beispiele.

Auf den ersten Blick mag es so scheinen, als seien die Kontaktanzeigen ein Refugium vor der Mathematisierung. Jeder Inserent ist vollständig frei, seinen Text so verrückt oder so poetisch abzufassen, wie er gerade will. Liest man aber ein Dutzend solcher Anzeigen, so ist man von den festzustellenden Wiederholungen beeindruckt. Einige wenige Qualitäten werden immer wieder behauptet oder gefordert. Die erwünschten Qualitäten (»kinderlieb«, »Naturfreund«) können nur auf so und soviel Weisen kombiniert und permutiert werden. Folglich sind die Kontaktanzeigen im wesentlichen nur eine leicht verschleierte und raffiniertere Form des Computerfragebogens. Leicht könnte man an Hand einiger Ausgaben der »Single Scene« eine Liste von einem Dutzend darin erwähnten Qualitäten erstellen (seien sie nun positiv wie »liebt Schnurrbärte« oder negativ »bitte keine dope-freaks«) und diese mit einer Skala von 1 bis 50 versehen. Danach ließe sich jede Kleinanzeige mit dieser Zahlenskala codieren und in die Datenbasis eines Computers eingeben.

Unsere Schlußfolgerung lautet: Sowohl in den Kontaktanzeigen als auch bei der Partnersuche per Computer wird die Partnerwahl zu einer unpersönlichen und mechanisierten Angelegenheit. Somit kann auch erstere als eine computerisierte oder mathematisierte Form der Heiratsanbahnung gelten.

Damit soll nicht gesagt werden, daß Liebe oder Sexualität in unserer Gesellschaft in großem Maßstab Gefahr liefen, mathematisiert oder computerisiert zu werden. Wir wollen lediglich feststellen, daß dies in einem nicht vernachlässigbaren Ausschnitt unserer Gesellschaft bereits bis zu einem gewissen Grad geschehen ist.

Wir wollen aber keineswegs behaupten, daß Partnersuche per Computer oder Kontaktanzeigen verwerflich seien. Im Gegenteil: Sie können hilfreich sein, und es ist recht unwahrscheinlich, daß sie Schaden anrichten. Dennoch sind sie deutlicher Ausdruck des Wandels, der in unserer Gesellschaft stattfindet. Sie zeigen an, daß sogar unsere intensivsten Bedürfnisse digitalisiert, quantifiziert und mathematisiert werden können.

F – 2116 43jährige Geschäftsfrau (Schütze), aktiv in der Friedensbewegung, Vegetarierin, liebt Metaphysik, ganzheitliche Gesundheit, Arbeit und Draußensein (z. B. flößen, fliegen, spazierengehen). Verabscheut Jäger, Fischer, RAUCHER und Betrunkene. Sucht einen freundlichen, sensiblen und herzlichen Mann über 40, mit dem sie Liebe, Arbeit und Spiel teilen kann. Adresse erbeten.

F – 2134 Attraktive SBF – 25, Mutter von zwei Kindern, reif, ehrgeizig und extrovertiert, Computertechnikerin. Sucht ein freundliches und liebevolles Individuum, das sich selbst als Profi betrachtet, 25–35, gleich welcher Rasse. Er soll in guten und schlechten Zeiten den Stier bei den Hörnern packen. Gewünscht wird eine Beziehung auf der Basis von Kommunikation, mit gemeinsamen Zielen und jeder Menge Teamwork.

M – 2332 Bin spanisch/englischer Abstammung, 35, 174 cm, 78 kg, lokkiges braunes Haar, Schnurrbart, braune Augen. Kinderlos, alleinlebend, Nichtraucher, selbständig, offen, humorvoll. Interesse an bildender Kunst, Musik, Natur, Wandern, Flohmärkten, Kino, gutem Wein sowie an allem Neuen. Haben wir etwas gemeinsam? Foto und Telefonnummer erwünscht.

(Mit freundlicher Genehmigung der »Albuquerque Single Scene«)

Weiterführende Literatur:
J. Godwin
(s. a. Bibliographie)

Testen

Will man die Gesellschaft mathematisieren – das heißt sie in eine Form bringen, die ein Digitalrechner verarbeiten kann –, so muß man zuallererst die Keimzelle der Gesellschaft mathematisieren – den Menschen also. Menschen mathematisieren bedeutet, sie zu codieren oder, anders gesagt, sie durch Folgen von Nullen und Einsen zu repräsentieren.

In vielerlei Hinsicht sind wir heute bereits codiert. Unsere medizinischen Befunde sind im wesentlichen Listen von Zahlen: Blutdruck und Puls zu verschiedenen Zeitpunkten, Blutwerte (man beachte die arithmetische Bedeutung) und so weiter und so fort. Unsere Schulzeugnisse bestehen ebenfalls aus Kolonnen von Zahlen, Zensuren genannt. Man muß sich klarmachen, daß auch Buchstabenzensuren arithmetischer Natur sind. Man muß lediglich A,B,C,D,E,F als 1,2,3,4,5,6 dekodieren. Und dann gibt es noch die Steuerbescheide vom Finanzamt. Die bestehen in der Tat aus Zahlen! Aber diese Zahlen reichen für das gesteckte Ziel – die Mathematisierung der Gesellschaft – noch nicht aus. Die prinzipielle soziale Funktion eines jeden von uns besteht vielmehr darin, als Angestellter oder Arbeiter Teil der Volkswirtschaft zu sein. Also müssen unsere ökonomischen Verhaltensweisen und Positionen mathematisiert werden.

Wie kann das geschehen? Nehmen wir doch einen Test! Der große zentrale Testproduzent der Nation, der Educational Testing Service (abgekürzt: ETS) in Princeton, New Jersey, verkauft Tests an die CIA, an das Verteidigungsministerium, an den Nationalen Sicherheitsrat, an die Regierung von Trinidad und Tobago, an die Kernenergiebehörde, an die nationale Prüfungskommission für Kontaktlinsen, an die internationale Studiengruppe für Einkaufszentren, an das Erziehungsministerium von Malaysia, an den nationalen Ausschuß für Fußkrankheiten und das Institut zur Förderung der Philosophie für Kinder. In manchen Gegenden unseres Landes muß man, um eine der folgenden Tätigkeiten ausüben zu dürfen, einen ETS-Test absolvieren: Golfprofi, Immobilienmakler, Umzugsspezialist, Automechaniker, Offizier in der Handelsmarine, Feuerwehrmann, Reiseagent oder Wirtschaftsberater. In Pennsylvania müssen sich auch Kosmetiker und Friseure einem ETS-Test unterziehen. (Diese Liste stammt aus »1983: The Last Days of ETS« von David Owen in »Harper's«, Mai 1983.) Noch nicht einmal erwähnt haben wir bisher den Bereich, wo am liebsten und am meisten getestet wird: die Schule. Das Testen zieht sich vom Kindergarten durch die Grundschule bis zur gymnasialen Oberstufe hin. Die Tests, die wir in Klasse 13 schreiben, sind wichtiger Bestandteil des Reifezeugnisses. Dieses liefert das Rohmaterial für Berechnungen, die möglicherweise darüber entscheiden, welchen Arbeitsplatz man bekommt und folglich auch, wieviel man verdient.

Im Juni 1985 ereignete sich in Djakarta ein unerwarteter und tragischer Todesfall. Der indonesische Minister für Unterricht und Kultur, Dr. Nugroko Notosusanto, erlag im Alter von nur 54 Jahren einer Gehirnblutung. Er wurde mit allen militärischen Ehren auf dem Heldenfriedhof Kalibata bestattet. Dr. Notosusanto führte der englischsprachigen Presse in Djakarta zufolge eine grundlegende Reform im indonesischen Bildungssystem durch. Er richtete eine landeseinheitliche Abschlußprüfung für die Sekundarstufe ein. Unglücklicherweise fielen fast alle Kandidaten durch. Um dieses Unheil wiedergutzumachen, entschied der Minister, daß die Testergebnisse der Normalverteilung anzupassen seien. Nachdem dies geschehen war, hatten fast alle Teilnehmer bestanden. Das, so scheint es, führte zu neuen Problemen. Prof. Notosusanto soll dazu geäußert haben: »Egal was ich tue, die Leute sind wütend auf mich!« (Grobe Übersetzung aus dem Indonesischen.) Soweit das seine Familie und seine Freunde beurteilen konnten, war er bei guter Gesundheit. Der einzige Streßfaktor in seinem Leben war – so die englischsprachige Presse von Djakarta – die Zwickmühle mit den Tests. Die wichtigsten Errungenschaften, die Notosusanto durchgesetzt hat, bestanden (wieder nach Berichten der englischsprachigen Presse von Djakarta) in einem verstärkten Unterricht in Religion (Islam) und Geschichte (indonesische Geschichte als Werkzeug zur Bildung des Nationalbewußtseins). Prof. Notosusanto galt als ein feinfühliger und gewissenhafter Mann, der seine Pflichten sehr ernst nahm. So gesehen ist es wahrscheinlich, daß ihn der Streß, den das Problem des Testens mit sich brachte, umgebracht hat.

Diese traurige Geschichte ist es wert, daß man noch einen Augenblick über sie nachdenkt. Sie zeigt mit aller Schärfe, wozu überhaupt getestet wird.

Es geht *nicht* darum, Schüler zu examinieren und mit Hilfe klarer und objektiver Standards zu entscheiden, welche o.k. sind und welche nicht, um ihnen schließlich eine entsprechende Note zu verpassen. Wäre dem wirklich so, so wäre es unverständlich, wieso die gleiche Gruppe von Abiturienten bei der gleichen Prüfung einmal ausnahmslos bestehen und am nächsten Tag ebenso vollständig durchfallen kann. Ein Test ist vielmehr, so wie er heute in modernen Gesellschaften wie den USA oder Indonesiens verwendet wird, ein *Kunstgriff zum Zwecke der Einteilung*. Er stellt eine Methode dar, mit der man eine Bevölkerung in zwei Teilbevölkerungen zerlegen kann. Der erste Teil darf an einem gewünschten Status teilhaben. Der zweite wird davon ausgeschlossen.

Testen ist immer ein Verfahren, um Menschen (»Personen«) rechnerisch handhabbar zu machen. Diese oder jene Note bedeutet diesen oder jenen Platz in der bürokratischen Hierarchie. Eine solche Entscheidung ist *automatisierbar* (das heißt sie kann von Maschinen ausgeführt werden) und *objektiv* (es tritt dabei kein menschliches Wesen offen in Erscheinung, von dessen Vorurteilen die Entscheidung abhängt). Durch diese Eigenschaften kann sie denjenigen, die sie als Opfer hinnehmen müssen, als etwas Gottgewolltes erscheinen: unausweichlich, zeitlos und nicht hinterfragbar. In Wirklichkeit liegt das genaue Gegenteil vor: *Die Entscheidung ist zeitabhängig, fragwürdig und könnte auch ganz anders ausfallen.*

Beim Testen stellen sich zwei wesentliche Fragen: »Sind die Ergebnisse zuverlässig?« und »Ist Testen schädlich?«. Man kann auch fragen: »Erfüllt es den ihm gestellten Zweck?« und »Richtet es in anderer Hinsicht Schaden an?« Zum ersten Punkt ist zu sagen, daß ein richtig durchgeführter Test eine bestimmte Aufgabe zuverlässig erfüllen kann. Diese ist mit der dem Test ursprünglich gestellten Aufgabe verwandt, aber nicht identisch. Betrachten wir als Beispiel die sogenannten Intelligenztests. Mißt ein IQ-Test Intelligenz? Sicherlich mißt er *etwas*; ihm wird innerhalb vernünftiger Schranken das Prädikat Reliabilität zugesprochen. Reliabilität heißt, daß ein statistisch gewonnenes Maß (z. B. der Intelligenzquotient) tatsächlich eine Bedeutung hat. Messen wir Intelligenz oder etwas ganz anderes?

Der IQ ist exakt. Er ist eine Zahl. Andererseits ist Intelligenz eine amorphe, mit Worten definierte Eigenschaft. Wie paßt das zusammen? Der Intelligenzquotient gibt vor, in einem bestimmten Sinn die Intelligenz zu approximieren oder sogar ihr Äquivalent zu sein. Läßt sich diese Behauptung über den IQ rechtfertigen oder beweisen? Zu diesem Zwecke müssen wir »Intelligenz« analysieren und deren verschiedenartigen Erscheinungsformen feststellen: die Fähigkeit, Probleme zu lösen, schwierige Situationen erfolgreich zu bestehen und die beste Verhaltensweise zu wählen. Aber um welche Sorte von Problemen und Situationen geht es? Schon ein flüchtiger Blick auf einen Intelligenztest zeigt, daß die einzigen Probleme und Situationen, die in den Fragen solcher Tests auftreten, schulischen oder akademischen Ursprungs sind. Der IQ-Test ist nichts anderes als ein Instrument, um schulischen Erfolg zu prognostizieren. (Und selbst auf diesem Gebiet ist er weit davon entfernt, unfehlbar zu sein!). Er hat wenig Aussagekraft hinsichtlich beruflicher Karriere, Erfolg in der Liebe oder hinsichtlich anderer wichtiger Gebiete unseres Lebens. Geht man von umgangssprachlicher »Intelligenz« zum »I« in IQ über, so findet eine sehr folgenreiche Verschiebung in der Bedeutung statt.

Obwohl der Intelligenzquotient eine vernünftige Prognose für den schulischen Erfolg liefert, ist er natürlich nicht mit diesem identisch. Einige Schüler mit geringem IQ kommen in der Schule gut zurecht, während manch anderer mit einem hohen IQ versagt. Was ist dann aber der IQ in Wirklichkeit?

Die einzige ehrliche Antwort lautet: Er ist das, was er ist. Oder etwas wortreicher formuliert: *Der Intelligenzquotient ist ein Maß dafür, wie gut man mit einem Intelligenztest klarkommt.* Möchte ihm jemand eine andere Bedeutung beimessen, so tut er das auf sein eigenes Risiko – und möglicherweise auf das Risiko seiner Opfer hin...

Die gleiche Argumentation trifft auf alle anderen »objektiven« Testverfahren zu, die eine bestimmte »Begabung« oder »Fähigkeit« messen sollen. Jeder derartige Test mißt nicht exakt die uns interessierende Begabung oder Fähigkeit. Vielmehr wird ein Artefakt durch die Erfindung des Tests geschaffen. Folglich wird die Fähigkeit, Tests gut zu absolvieren, zu einer neuen und wichtigen Begabung, mit der man im Leben vorwärts kommt. Das ist kein Witz. Die Vorbereitung auf bestimmte Tests (z. B. Zulassungstest für das Medizinstudium, Eignungsklausur in Jura) ist zu einem großen Geschäft geworden. In vielen medizinischen Fakultäten, wo die Studenten nach zwei Jahren landesweite Examina bestehen müssen, bieten die Universitäten systematisches Training in Klausurentechnik an. Wäre den zukünftigen Patienten des Examenskandidaten nicht besser gedient, wenn die Klausuren gestrichen würden zugunsten von Anatomie- oder Pharmakologieunterricht?

Das führt uns zu unserer zweiten Frage zurück: abgesehen davon, ob Tests im erwünschten Maße zuverlässig sind oder nicht – richtet »objektives Testen« nachweislich Schaden an? Über diesen Punkt gibt es harte Kontroversen. So wird beispielsweise behauptet, daß Intelligenztests und auch andere »objektive« Tests kulturell einseitig beeinflußt sind. Es ist kaum eine Frage, daß die Ergebnisse solcher Tests dazu verwandt werden, die Unterlegenheit des nicht-weißen Teils unserer Bevölkerung zu belegen.

Ebenso offensichtlich ist es, daß man Tests aufstellen könnte, um die Überlegenheit der Schwarzen konsistent zu beweisen. So wie die Dinge liegen, ist niemand ernsthaft daran interessiert, IQ-Tests zu schreiben und zu institutionalisieren, die für Schwarze günstig sind. Also werden die gegenwärtig üblichen Tests, die den Schwarzen einen geringfügig niedrigeren Quotienten bescheinigen, weiterhin verwendet. Eine Ursache dieser Ergebnisse ist darin zu sehen, daß viele Schwarze, was Ausbildung und Kultur

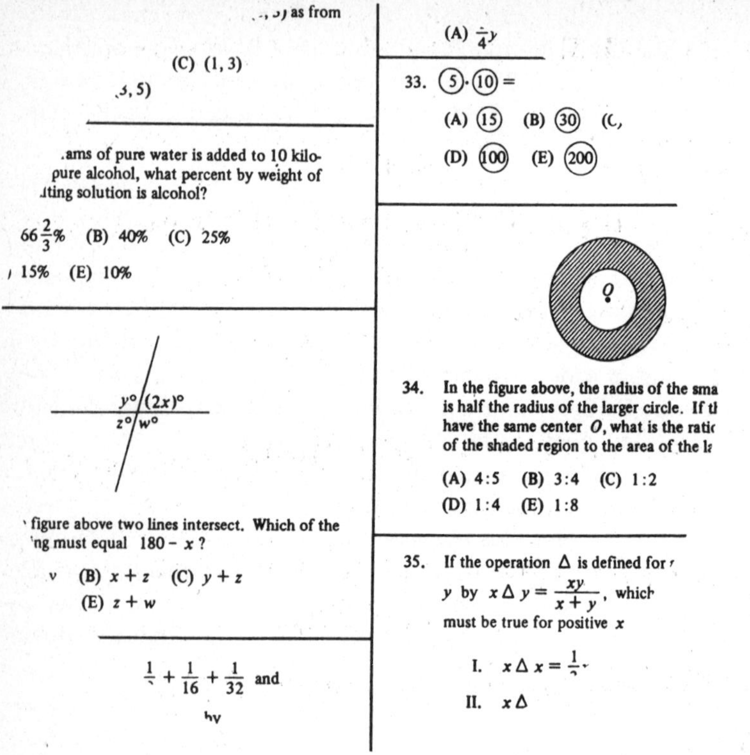

…) as from

(C) (1, 3)

…, 5)

…ams of pure water is added to 10 kilo… pure alcohol, what percent by weight of …lting solution is alcohol?

$66\frac{2}{3}\%$ (B) 40% (C) 25%

… 15% (E) 10%

… figure above two lines intersect. Which of the …ng must equal $180 - x$?

… (B) $x + z$ (C) $y + z$

(E) $z + w$

$\frac{1}{…} + \frac{1}{16} + \frac{1}{32}$ and

…by

(A) $\frac{…}{4}y$

33. ⑤·⑩ =

(A) ⑮ (B) ㉚ (C…

(D) (100) (E) (200)

34. In the figure above, the radius of the sma… is half the radius of the larger circle. If t… have the same center O, what is the rati… of the shaded region to the area of the l…

(A) 4:5 (B) 3:4 (C) 1:2

(D) 1:4 (E) 1:8

35. If the operation Δ is defined for … y by $x \Delta y = \frac{xy}{x+y}$, which … must be true for positive x

I. $x \Delta x = \frac{1}{…}$

II. $x \Delta$

betrifft, schlechter gestellt sind, und die Tests genau diesen Mangel wiedergeben. Nicht der Test ist schlecht, sondern die Realität, die sich in ihm spiegelt. Obwohl diese Verteidigung plausibel erscheinen mag, ist sie doch irreführend, insofern sie den IQ als ein objektives, gottgewolltes Maß darstellt. Wir wissen aber, daß er von Menschenhand geschaffen wurde und daß er der Willkür ausgesetzt ist.

Ein weiterer schwerwiegender Mangel dieser Verteidigung des Intelligenzquotienten ist, daß sie ihn als eine ausschließlich passive Institution behandelt – also als etwas, das bloß wiedergibt, was ist. Es ist aber im Gegenteil so, daß der IQ das, was ist, beeinflußt. Intelligenztests und andere kulturell einseitige Tests sind Bestandteil jenes Mechanismus, der Schwarzen und anderen

Nicht-Weißen den Aufstieg in unserer sozial-ökonomischen Ordnung erschwert. Deshalb ist es nur natürlich, wenn die politischen Organisationen der Schwarzen und deren Anhänger diesen Test angreifen.[1]

Die meisten Leser werden hierzu eine Position beziehen, die von ihren politischen und philosophischen Vorlieben geprägt ist. Viele Bürger unseres Landes fühlen sich wohl bei dem Gedanken, objektive Tests hätten ergeben, daß eine Bevölkerungsgruppe anderen einfach überlegen sei. Leute aber, die an den sozialen Fortschritt oder an die Gleichwertigkeit der Rassen glauben (also die Liberalen und die Linken, wenn man so will), werden sich eher von Kamins oder Goulds Argumenten überzeugen lassen. Sie besagen, daß Intelligenztests (und andere ähnlich gebaute »objektive« Tests) nicht einfach ein objektives Maß für die Wirklichkeit liefern, sondern daß sie auch Instrumente sozialer Kontrolle zur Erhaltung des Status quo sind.

Unsere Anmerkungen neigen unvermeidlich der liberalen Seite zu. Deshalb wollen wir das Gleichgewicht wieder herstellen, indem wir eine Rezension aus »Policy Review« (wohlbekannt als »konservative« Zeitschrift) referieren, die von Michael Levin, einem prominenten Philosophieprofessor konservativer Einstellung, geschrieben worden ist. Levin bespricht sowohl das Buch von Jensen als auch das von Gould. Er lobt Jensen und verwirft Gould, wie das aufgrund seiner politischen Orientierung zu erwarten war. Der größte Teil der Besprechung behandelt die jeweiligen Argumente der beiden Bücher, aber am Ende wird doch der politische Feind beim Namen genannt: »Zwischen den Zeilen von Gould lugen unsere Freunde Marx und Lenin sowie die Neue Linke hervor.« Auf diese Weise wird das mathematische Element nachdrücklich politisiert. Selbst wenn man von den rassischen und politischen Aspekten absieht, haben objektive Testverfahren den Effekt, das Nichttestbare abzuwerten. Als Beispiel nehme man die Gymnasien. Hier sind im Englischunterricht Multiple-choice-Tests heute üblich, während Aufsätze selten geworden sind. Folglich haben die Bedeutung von Kreativität und Stil sowohl für die Lehrer als auch für die Schüler beträchtlich abgenommen.

Mathematisieren wir die Welt, so verlieren (oder übersehen) wir diejenigen Teile der Welt, die nicht mathematisierbar sind. Was nicht mathematisiert ist, scheint nicht zu existieren und scheint auch niemals existiert zu haben.

Wir sollten nicht vergessen, daß ein Waldspaziergang oder ein gutes Gespräch mit einem alten oder neuen Freund jenseits der Mathematik liegt. Und dann sollten wir uns, wenn wir an unseren Arbeitsplatz in der Verwaltung, der Schule oder wo auch immer zurückkehren, stets daran erinnern, daß Zahlen nur Schatten sind. Das Leben aber ist die Realität.

Anmerkung:

1 So hat zum Beispiel Arthur R. Jensen (»Straight Talk About Mental Tests« The Free Press, New York) internationales Aufsehen erregt, als er wieder einmal die Behauptung aufstellte, die durchschnittliche Differenz von 15 Punkten beim IQ zwischen Schwarzen und Weißen sei genetisch bedingt. Einen scharfen Angriff auf Jensens Ansichten enthält »The Mismeasure of Man« von Stephen J. Gould (W. W. Norton and Company, New York, 1981). Im Geiste mit Gould verwandt ist das Buch »The Science and Politics of IQ« von Leon J. Kamin (Lawrence Erlbaum Assoc. Potomac, Md., 1974), das die Zusammenhänge zwischen Intelligenztests und Rassismus/Antisemitismus seit ihren Anfängen in den USA detailliert darstellt.

Weiterführende Literatur:
P. Houts
(s. a. Bibliographie)

Mathematik als soziale Barriere

Leben und Beruf jedes Mathematikprofessors sind von einem merkwürdigen Widerspruch geprägt. Er hat Mathematik aus Neigung studiert. Er liebt es, sich in der idealen Welt mit ihrer Klarheit und Präzision zu verlieren. Nichts schätzt er mehr, als andere dazu einzuladen, ihn dorthin zu begleiten. Für jemanden, der die Mathematik liebt, sollte die Lehre derselben eine lohnende Aufgabe sein.

Leider verhält es sich nicht so. Viele Studenten sitzen nur erzwungenermaßen in den Mathematikvorlesungen. Oft finden sie keinen Geschmack an der Mathematik. Sie haben die größten Schwierigkeiten, auch nur einen Bruchteil der verlangten Mathematik zu lernen. Was vergißt ein unerfahrener Mathematikprofessor, wenn er erstmals etwas besonders Elegantes in seiner Vorlesung vorführt, etwas, das über die üblichen Tatsachen und Aufgaben in den Lehrbüchern hinausgeht? Wenn seine Darbietung fertig ist, geht ein Finger hoch: »Müssen wir das für das Examen können?« Bestimmte Klagen kann man in den Fluren der mathematischen Institute immer wieder hören. Die Studenten der Vorlesung über Differentialgleichungen sind schlecht vorbereitet. Sie haben in der Analysis nicht das gelernt, was sie hätten lernen sollen. In Analysis III bringen die Teilnehmer zu wenig Kenntnisse mit. Sie haben in Analysis II nicht gelernt, was sie hätten lernen sollen. Und so geht das weiter mit Analysis I, mit der Algebra der Oberstufe und schließlich mit der Mittelstufen-Algebra.

Wir verwenden neue Lehrbücher und ändern die Lehrpläne. Aber die Klagen bleiben die gleichen.

Die Folgerung hieraus ist meist, die höheren Schulen zu beschuldigen. Viele Mathematikprofessoren sind davon überzeugt, daß die meisten Lehrer an den höheren Schulen schlechte Arbeit machen. Die Professoren, die diese Meinung vertreten, haben seit ihrem Abitur keine höhere Schule mehr betreten oder mit ihren Kollegen dort gesprochen. Die Gymnasiallehrer, die ich kennengelernt habe, waren intelligente Leute, die sich ernsthaft um das Wohl ihrer Schüler Gedanken machten. Das Problem, so erklären sie, sei, daß die in die Oberstufe eintretenden Schüler nicht die nötigen Vorkenntnisse mitbrächten. Der Fehler liege bereits in der Mittel- und Unterstufe. Aus deren Sicht wiederum liegt das Problem in der Grundschule. In der Grundschule erzählt man uns, die Schwierigkeiten entstünden bereits in der Familie. Also ist jeder und keiner schuld!

Die Situation, die ich gerade vom Standpunkt des Professors aus geschildert habe, ist eine Seite jener »Krise«, die oftmals in den Schlagzeilen der besseren Zeitungen unserer Nation beschworen wird: »Krise durch wissenschaftliches Analphabetentum«, »Triumph der Mittelmäßigkeit« oder »Rückfall hinter Japan und sogar hinter die Sowjetunion«.

Betrachtet man die Situation unter dem Aspekt der internationalen Ausbildungskonkurrenz, so ist sie tatsächlich krisenhaft zu nennen. Sie verlangt nach unverzüglichen Hilfsmaßnahmen, die sicherlich große Geldsummen beanspruchen werden. Die Maßnahmen, die tatsächlich ergriffen werden, sind merkwürdigerweise jedoch sehr bescheiden, und ihre Auswirkungen auf die Situation in den Schulen werden wohl ebenfalls bescheiden ausfallen. Ich möchte noch einmal die Situation aus der Position des Lehrenden betrachten, um herauszufinden, ob es noch eine andere als die oben geschilderte Sichtweise des Problems gibt. Meine Schlußfolgerungen könnten vielleicht unserem Ruf im Ausbildungswettbewerb mit Japan und der Sowjetunion schaden. Sollte dem so sein, so kann ich nur hoffen, daß sie nicht als umstürzlerisch eingeschätzt werden. Noch schlimmer allerdings wäre es, sollte sich herausstellen, daß sie den Eigeninteressen meines Berufsstandes zuwiderliefen. Dafür würde ich bestimmt als Aufrührer gebrandmarkt. Wir werden sehen.

Die erste Frage, die ein unvoreingenommener Beobachter stellen würde, ist: »Warum studieren so viele Leute ein Gebiet, für das

sie, wie es scheint, so wenig Interesse, Neigung und Begabung zeigen?«
Die Antwort hierauf ist natürlich einfach: »Weil es verlangt wird.« Gut, aber von wem oder was wird da verlangt? Aus welchem Grund?

Die Forderung, daß Ingenieure Analysis und Differentialgleichungen beherrschen müssen, steht außer Frage. In einer fortgeschrittenen Vorlesung für Ingenieure kommt man nicht weit ohne Kenntnisse über Differentialgleichungen. Die Art des Stoffes, der in vielen Gebieten des Ingenieurwesens gelernt werden muß, macht mathematische Voraussetzungen unausweichlich. Aber wie steht es mit der wirtschaftswissenschaftlichen Fakultät? Ich habe gelegentlich Studenten der Wirtschaftswissenschaften gefragt, ob sie jemals die Analysis, die sie in ihren Anfangssemestern gelernt haben, angewandt haben. »Niemals« war ihre Antwort. Ich vermute, daß ich mich nicht auf Studenten zu beschränken bräuchte, um die gleiche Antwort zu erhalten. Ebenso könnte ich auch Verwaltungsbeamte oder Unternehmer fragen, ob sie jemals die einstmals gelernte Analysis verwenden. Aber diese Idee scheint *per se* lächerlich zu sein. Natürlich tun sie es nicht.

Warum werden dann Analysiskenntnisse von den Wirtschaftswissenschaftlern verlangt? Ich könnte zu ihnen hingehen und sie befragen, aber das scheint mir nicht unbedingt nötig zu sein. Ich kenne zwei wichtige Fakten: a) Die meisten anderen wirtschaftswissenschaftlichen Fakultäten verlangen ebenfalls solche Kenntnisse. b) Die Wirtschaftswissenschaften haben sehr viel mehr Bewerber, als sie wirklich ausbilden können.

Diese Tatsachen sprechen für die folgenden beiden Motive, aus denen heraus die wirtschaftswissenschaftliche Fakultät Mathematik verlangt:

1. Würde die Anforderung hinsichtlich der Mathematik fehlen, so könnte das ein niedrigeres Ansehen für die Fakultät zur Folge haben; umgekehrt erhöht die Institutionalisierung von mathematischen Anforderungen das Ansehen im Kreise wirtschaftswissenschaftlicher Fakultäten. (Das ist die Welt, die für einen Ökonomieprofessor real ist, ähnlich wie die Welt der Mathematik als Beruf real ist in den Augen eines Mathematikprofessors.)

2. Die Anforderung, die Analysisklausuren zu bestehen, verringert die Anzahl der Studenten und erleichtert so die Entscheidung, wer im Studium weiterkommen darf.

Zum letzten Punkt hat sich John Kenneth Galbraith überraschend freimütig in seinem Buch »Economics, Peace and Laughter« geäußert. Er kommentiert dort die Modelle der mathematischen Ökonomie und stellt dabei fest:

»Darüber hinaus erfüllen die so konstruierten Modelle, obwohl sie keinen praktischen Nutzen haben, eine wichtige akademische Funktion. Das älteste Problem in der Ausbildung von Ökonomen ist die Aussonderung der Unfähigen. Die Forderung, imstande zu sein, schwierige Modelle – insbesondere solche, für die mathematischer Sachverstand erforderlich ist –, zu meistern, ist ein äußerst nützliches Instrument.«

In einer mürrischen Fußnote fügt Galbraith hinzu:

»Es ist jedoch keine Frage, daß die fortgesetzte Beschäftigung mit mathematischen Übungen in den Wirtschaftswissenschaften schädlich sein kann. Diese führt dazu, daß Intuition und Urteilskraft verkümmern. ...«

Angenommen einmal, diese Gründe seien tatsächlich zutreffend, dennoch könnte ein Vertreter der wirtschaftswissenschaftlichen Fakultät einer Universität wie folgt dafür argumentieren, daß die Forderung nach Analysiskenntnissen von einem bestimmten Bildungswert sei: Vielleicht möchte ein Professor in seiner Vorlesung irgendwann einmal eine Ableitung bilden oder das Integral von irgend etwas berechnen. Es bleibt dennoch strittig, ob Analysiskenntnisse wirklich erforderlich sind. Ich meine, daß sie es nicht sind. Aber ich möchte nicht behaupten, daß ich dies beweisen kann. Der Punkt, der mich hier interessiert, ist Punkt 2: Mathematik als Barriere, als Möglichkeit, diejenigen, denen ein Abschluß in Wirtschaftswissenschaften zugestanden wird, von jenen zu trennen, denen das nicht erlaubt wird.

Natürlich wird die Mathematik in der gleichen Weise gegenüber Ingenieurstudenten eingesetzt. Dennoch gibt es Unterschiede, weil die Mathematik hier tiefer verwurzelt ist und ihre Nützlichkeit deutlicher auf der Hand liegt. In den Wirtschaftswissenschaften sieht das anders aus. In diesen scheint es keinen zwingenden Grund zu geben, Mathematik obligatorisch zu machen. Was es aber gibt, ist eine praktische Notwendigkeit, unter den sich bewerbenden Studenten eine Auswahl zu treffen. Die Professoren des Faches beschließen, hierzu die Mathematik einzusetzen. Ist das in Ordnung? Wie sollen wir (die Mathematikprofessoren) uns dazu stellen? Zuerst einmal: es gibt nichts Unausweichliches bei der Entscheidung, Mathematik als Barriere zu verwenden. Andere Barrieren könnten errichtet werden. Zum Beispiel waren folgende bereits einmal üblich: familiäre oder politische Beziehungen, Einkommen, sportliche Leistung, persönlicher Charme, Brutalität und Aggressivität, Listigkeit und Verschlagenheit, Hingabe an das Wohl der Allgemeinheit usw. Die ersten fünf Punkte der aufgeführten Liste waren wichtige Kriterien bei der Aufnahme in höhere Bildungsanstalten der USA; die letzten drei Eigenschaften werden halb scherzhaft als besonders wichtig für Studenten der Ökonomie bezeichnet. Nehmen wir als Beispiel die familiären Beziehungen. In amerikanischen Schulen und Universitäten war es häufig von Vorteil, Sohn oder Tochter eines Ehemaligen oder einer Ehemaligen zu sein. Während einer gewissen Epoche war es in England hilfreich, über verwandtschaftliche Beziehungen zu einem Aristokraten zu verfügen. Dagegen war es im China Maos vorteilhaft, aus einer proletarischen Familie zu kommen und sehr von Nachteil, bürgerliche Eltern zu haben.

Es muß zugegeben werden, daß die Betrachtung dieser Alternativen zur Mathematik deren Verwendung als Barriere vernünftiger erscheinen läßt. Im Vergleich zu den anderen Möglichkeiten haben die mathematischen Anforderungen einen Anschein von Unparteilichkeit, Objektivität und Rationalität. Es ist viel einfacher für die wirtschaftswissenschaftlichen Fakultäten, Analysiskenntnisse zu fordern und sich dabei hinsichtlich Prüfung und »Auslese« auf die Mathematiker zu verlassen, als andere Kriterien zu verwenden. Nehmen wir das letzte unserer Liste als Beispiel. Hierzu müßte man mit Hunderten von Studenten Interviews durchführen und diese hinsichtlich der fraglichen Eigenschaft auswerten.

Welchen Preis bezahlen die Mathematiker für das Privileg, das

Hindernis zu sein, das Mister und Miss Amerika auf dem Weg zu ihrem Traumjob und ihrer Berufskarriere überwinden müssen?

Um die Verwendung der Mathematik als Barriere bewerten zu können, sollten wir diese von drei Gesichtspunkten aus beurteilen: demjenigen der Wirtschaftswissenschaftler (oder jeder anderen Gruppe, die Mathematik als Zulassungs- und Prüfungskriterium verwendet), demjenigen der Mathematiker (die Vorlesungen und Klausuren durchführen müssen) und demjenigen der Gesellschaft als Ganzem (hierzu zählen auch die Bewerber und die Prüfungskandidaten, die ausgesiebt werden sollen!).

Aus der erstgenannten Sicht funktioniert das Ganze, wie mir scheint, annehmbar: Das Heer der Bewerber wird gesiebt ohne eigene Anstrengungen oder Investitionen, ohne Schuld der Wirtschaftswissenschaftler und folglich, ohne daß eine Abneigung gegen sie entsteht. Insgesamt findet die Überwindung der mathematischen Hürde außerhalb der wirtschaftswissenschaftlichen Fakultät statt. Nun müssen wir die Mathematikbarriere aus der Sicht des Mathematikers bewerten. Wie sollte er über die Tatsache denken, daß die Ökonomen Analysiskenntnisse verlangen? Es gibt eine naheliegende, fast automatische Antwort auf diese Frage: Er sollte sie phantastisch finden! Mehr mathematische Anforderungen bedeutet mehr Studenten in den mathematischen Vorlesungen. Die mathematische Fakultät bekommt ein oder zwei neue Stellen. Ausgezeichnet!

Das ist eine übliche und logische Antwort. Man könnte sie als materialistisch oder physikalistisch (im Gegensatz zu spiritualistisch) bezeichnen.

Aber es gibt noch eine andere Antwort, die Mathematiker geben könnten. Ich möchte sie die prinzipientreue nennen. Sie klingt folgendermaßen: In unseren Vorlesungen sitzen schon jetzt zu viele Studenten, die dort gar nicht sein wollten. Um interessierte Zuhörer zu haben, brauchen wir interessierte Studenten. Die Studenten, die nur gezwungenermaßen bei uns zuhören, lassen wir mit Freude laufen. Wir wollen nicht ständig ihre schlafenden Körper sehen, deren Geist sich woanders befindet!

Nun – diese spiritualistische oder idealistische Antwort des Mathematikers wird den Leser zum Schmunzeln veranlassen. Sie ist ja so praxisfern! Aber, praxisnah oder nicht, macht sie sich doch in der (öffentlichen oder heimlichen) Haltung der Mathematiker bemerkbar, wenn es darum geht, die mathematischen Anforderungen zu erhöhen. Wir wollen wirklich keine unwilligen Studenten in Pflichtvorlesungen unterrichten. Wir wünschen uns interessierte Studenten in freiwilligen Veranstaltungen. Selbst wenn es keinen Weg gibt, um das Gewünschte zu erreichen, beeinflußt es doch die Situation und muß deshalb berücksichtigt werden. Aus dem Gesagten folgt, daß die Haltung der Mathematiker zum Thema Mathematik als Barriere prinzipiell zwiespältig ist.

Endlich gibt es noch die Gesamtbevölkerung, und hier insbesondere die Bewerber und Prüfungskandidaten, die an der mathematischen Barriere abgewiesen oder auch durchgelassen werden müssen.

Ein Effekt der mathematischen Hürde ist, daß Schwarze, Lateinamerikaner und Indianer ernsthaft benachteiligt werden. Dies wurde natürlich von den Anwälten und Wortführern dieser Gruppen bemerkt. Im allgemeinen wurden als Reaktion auf entsprechende Kritik Kampagnen durchgeführt, um die mathematischen Kompetenzen dieser Gruppen zu heben und um die ihnen zugängliche mathematische Ausbildung zu verbessern. Ich meine, daß hierbei bemerkenswerte Erfolge erzielt worden sind. Gleichzeitig aber behält die althergebrachte Situation, in der Frauen, Schwarze, Lateinamerikaner und Indianer der mathematischen Barriere überdurchschnittlich oft zum Opfer fallen, die Oberhand. Es ist unwahrscheinlich, daß sich in näherer Zukunft viel ändern wird.

Unzweifelhaft sind alle Verbesserungen der mathematischen Ausbildung, die als Reaktion auf die mathematische Hürde durchgesetzt werden, nützlich für die Gesellschaft als Ganzes und für die genannten jungen Leute insbesondere. Aber warum ist die Barriere selbst sakrosankt? Warum wird ihre Berechtigung hinsichtlich des speziellen Studiums oder Arbeitsplatzes nicht in Frage gestellt? Weder ein Naturgesetz noch Gott oder die Regierung schreibt vor, daß jedermann quadratische Gleichungen lösen können muß. Mathematik ist interessant und wichtig. Aber das gilt gleichermaßen für die Kunst, die Religion, die Literatur und viele andere Dinge mehr. In einer gerechten und vernünftigen Welt würde die Mathematik nur dort als Barriere auftreten, wo sie nachweislich gebraucht wird. Eine solche Veränderung würde von den Mathematikprofessoren freudig begrüßt werden. Wir wollen wirklich weder Türsteher noch Aussieber sein.

Die Rolle der Berechnung in Organisationen aus marxistischer Sicht

Der nachfolgende Dialog ist eine überarbeitete Fassung einer auf Tonband aufgezeichneten Diskussion zwischen Charles Strauss (CS) und Philip J. Davis (PJD). Charles Strauss ist Informatiker.

Seine mehr als fünfundzwanzigjährige Erfahrung umfaßt neben der Lehre an der Universität das Bankenwesen, den wissenschaftlichen Einsatz von Computern und die Computergraphik.

Im vorliegenden Buch werden noch einige andere Dialoge zwischen CS und PJD auftauchen.

PJD: An welche Art von Organisationen denken Sie?
CS: Ich denke an alle Organisationen, die Computer im großen Maßstab benützen und die folglich große Summen in diese investieren. Es gibt in eine bestimmte Anzahl von Leuten, die damit beschäftigt sind, das Computersystem funktionsfähig zu erhalten. Dabei meine ich jene Computer, die Operateure benötigen, und zwar mindestens in zwei Schichten. Ich stelle mir eine Organisation vor, die einen Manager vor Ort beschäftigt, der die Operateure, die System- und Anwendungsprogrammierer und vieles mehr koordiniert. Der Computer könnte eine der typischen großen Maschinen von IBM oder DEC sein. Zum Beispiel denke ich an Versicherungen, Banken, andere Arten von Büros, wissenschaftliche Gesellschaften – kurz, an alle jene Organisationen, bei denen der Computer tatsächlich zu einem integralen Bestandteil ihrer Funktion geworden und nicht nur ein Anhängsel geblieben ist. Würde man den Computer entfernen, so müßten die Angestellten dies schwer büßen.

(Charles M. Strauss)

PJD: Wieviele Leute sind in einer derartigen Organisation direkt oder indirekt mit Berechnungen betraut?

CS: Direkt im Rechenzentrum sind fünfzig bis hundert Leute beschäftigt.

PJD: Wir reden also über eine ganz stattliche Anzahl von Personen; wir sprechen nicht über ein oder zwei Leute.

CS: Nein, nein, nein. In diesem Fall hätten die Berechnungen nur untergeordnete Bedeutung. Ich kann mir kein wirkliches Rechenzentrum vorstellen, in dem insgesamt nur ein bis zwei Leute direkt mit dem Computer zu tun haben. In einem solchen Falle ist die Position des Computers nach meiner Meinung in der Organisation bedeutungslos. Ich rede über Fälle, wo ein beträchtlicher Teil der organisatorischen Struktur in den Computer verlagert worden ist. Dieser ist ein wichtiger Bestandteil der Organisation – sozusagen ihre Lunge, ihr Herz oder ihre Milz. Kurz: er ist zu einem lebenswichtigen Organ geworden.

PJD: Gibt es in einem derartigen Rahmen eine ziemlich starre Organisation der Mitarbeiter?
CS: Es gibt immer eine starre Personalstruktur. Aber die Arbeitsplatzbeschreibungen und die Personalstruktur haben in Wirklichkeit wenig mit dem zu tun, was tatsächlich geschieht und wie es geschieht.
PJD: Werden unter der Bezeichnung »Programmierer« Leute verschiedener Stufen zusammengefaßt?
CS: Das Wort »Programmierer« ist mittlerweile zu einer Art Oberbegriff geworden. Seine Bedeutung ist so breit, daß ihm fast keine mehr zukommt. Ich habe erlebt, wie dieser Begriff abwertend gebraucht wurde: »Er ist nur der Programmierer, Sie sollten mit dem Systemanalytiker sprechen.«
PJD: Was sind Systemanalytiker?
CS: Das sind Leute, die zwei Jahre lang Programmierer gewesen sind. Ich habe noch gelernt, daß alle Leute am Computer als Programmierer zu bezeichnen sind. Man war in der gleichen Weise Programmierer, wie man Ingenieur war. Es gibt auch bei den Ingenieuren Berufsanfänger, Oberingenieure usw. Aber dennoch ist man Ingenieur, wenn man Ingenieur ist.
PJD: Was verstehen Sie unter einer *marxistischen* Analyse?
CS: Es geht mir um die *Marxsche These, daß neue Produktionsmittel die Bildung einer neuen Klasse veranlassen.*
PJD: Um welche Klasse geht es hier?
CS: Ich meine die Klasse der Computerfachleute, insbesondere die Programmierer und Systemanalytiker, aber auch all die anderen Leute, die mit Berechnungen zu tun haben. Sie bekommen ihren Lohn vom Computer und von der Organisation, die um diesen herumgebaut ist.
PJD: Wenn es einen Kern von Leuten gibt, die mit dem Computer in dieser oder jener Weise verbunden sind, so gibt es doch vermutlich einen anderen Teil der Organisation, der in einem bestimmten Sinn computerfrei ist?
CS: Lassen Sie uns besser sagen: computerabgeneigt.
PJD: Können Sie die Beziehungen zwischen diesen beiden Lagern erläutern?
CS: Sie sind von ungebrochener Feindschaft geprägt. Und: Beide

Lager sind voneinander ebenso abhängig wie die Teile eines Körpers.

PJD: Welches Lager ist wichtiger?

CS: Genausogut kann man fragen, ob der Magen wichtiger ist als das Gehirn.

PJD: Wo steht das Spitzenmanagement?

CS: Das Spitzenmanagement hat diese Feindschaft in der Vergangenheit gefördert. Das tut es heute noch, soweit ich sehen kann. Bitte bedenken Sie, daß ich zu meiner Absicht nicht durch Herumhängen in Industrie und Büros gekommen bin, sondern durch Werksbesichtigungen in Forschungslaboratorien. Dort war das Problem sehr deutlich. Im Geschäftsleben werden Sie feststellen, daß jedermann das Rechenzentrum haßt, weil es angeblich ausfällt, immer wenn man es braucht. Und tatsächlich fällt es immer aus! Neben Inkompetenz, die hierbei eine gewisse Rolle spielt, sind unmögliche Anforderungen in geistiger und organisatorischer Hinsicht die Gründe für diese Ausfälle. Die Leute im Rechenzentrum sind Gehilfen. Man setzt voraus, daß sie das tun, was ihnen aufgetragen wird und daß sie damit fertig werden. Man kann sie jedoch nicht einfach als Dienstleistungsbetrieb behandeln wie etwa den Hausmeister, die Sekretärin oder einen Anwalt. Ja, das ist eine bessere Analogie. Nein, es ist doch keine bessere Analogie, denn eine Bank oder eine Versicherungsgesellschaft könnte einen eigenen Justitiar beschäftigen. Aber im allgemeinen bezahlen sie Kanzleien dafür, daß die ihre Rechtsstreitigkeiten durchfechten und ihre Buchhaltung führen: Das geschieht für alle speziellen Angelegenheiten des Geschäftslebens. Sie machen sich auf die Suche, mieten sich die entsprechende Dienstleistung und halten sie so außerhalb der eigenen Gesellschaft. Das sind altbewährte Vorgehensweisen – die Leute bedienen sich ihrer seit hundert Jahren. All das ist akzeptiert. Niemand findet etwas dabei, wenn eine Kanzlei von einer großen Versicherungsgesellschaft jährlich einige Hunderttausend oder auch zwei Millionen Dollar an Honoraren kassiert.

Würden sie alles, was mit Berechnung zu tun hat und alles, was der Computer macht, mit dem gleichen Respekt behandeln, so wäre dies der Beginn eines Umschwunges. Aber ich glaube nicht, daß ihnen das jemals möglich ist. Und ich glaube auch nicht, daß sie es jemals wollen, weil Juristen und Buchhalter nicht über dieses neue Produktionsmittel verfügen. Sie sind noch immer mit Dingen wie Papier und Bleistift beschäftigt. Eine sehr lineare Kultur! Tatsächlich hat der Geschäftsmann die gleiche Kultur. Er arbeitet mit dem Gespräch unter vier Augen. Das Herumschieben von Bits und Bites, von Datenträgern, Informationen und Datenbanken und all dergleichen ist ihm fremd.

PJD: Neue Produktionsmittel führen zur Bildung einer neuen Klasse. Was Sie mir erzählt haben, läuft also nicht nur auf eine neue Klasse hinaus, sondern auch auf eine Feindschaft zwischen dieser und der alten Klasse?

CS: O ja, soweit ich sehe, handelt es sich um eine ähnliche Feindschaft wie die zwischen dem städtischen Proletariat Englands in den Jahren 1830–1840 und den Landadeligen, die, wie man sich leicht vorstellen kann, diese schrecklichen, ungewaschenen und aufsässigen städtischen Massen verachteten. Aber auch das städtische Proletariat und die Bauern waren verfeindet. Die Bauern verabscheuten das Proletariat mindestens ebenso sehr wie die Adeligen.

PJD: Können Sie einige Konsequenzen dieses modernen Klassenkampfes schildern?

CS: Gewissermaßen physikalisch wirkt er sich dahingehend aus, daß das Rechenzentrum immer in einer weit entfernten Ecke des Gebäudes untergebracht ist. Angeblich geschieht dies natürlich aus Sicherheitsgründen. Niemals sind die Computerleute wie die Buchhaltung, die Kreditabteilung oder andere gewöhnliche Abteilungen hier und da verstreut. Und wenn man eine Computerabteilung betritt, dann findet man keineswegs eine Menge Leute an Schreibtischen vor, wobei die *leitenden* Angestellten ihre Büros um die Ecke haben. In jedem anderen Bürogebäude unseres Landes ist das aber der Fall.

PJD: Sie meinen, daß man das Rechenzentrum als etwas ansieht, das man verstecken muß wie die sanitäre Installation oder die Klimaanlage?

CS: Ja – genau wie die sanitäre Installation. Und aus dem gleichen Grund. Sie ist ein bißchen peinlich; sie erinnert die Leute an das, woran sie lieber nicht erinnert werden möchten. So etwas ist nicht nur unüblich und häßlich, sondern es macht auch die Fakten deutlich. Ich denke aber, daß Installationen zu legen bei Lichte betrachtet per se nicht häßlicher ist, als die Buchhaltung zu führen.

PJD: Führt das zu einem geringen Status für die Computerleute?

CS: Nein, das nicht – sie sind Bestandteil einer eigenen Klassenstruktur innerhalb der Computergesellschaft. Aber *innerhalb* ihrer Organisation zeigt man ihnen die kalte Schulter. Sie haben in der Cafeteria nicht viele Freunde unter den anderen Leuten der Organisation.

PJD: Also denken die Informatiker nach Informatikerart und nicht nach Art der Versicherungsleute oder was auch immer die spezielle Gesellschaft sein mag, bei der sie gerade beschäftigt sind?

CS: Ja – teilweise ist das so, weil sie es selbst vorziehen. Selbst wenn sie freundlich sein wollen und sich Mühe geben, daran zu denken, daß sie bei einer Versicherungsgesellschaft sind, kann ich mir vorstellen, daß es ihnen sehr schwerfällt. Ich kann mich an kein Beispiel erinnern, wo dieser Schritt von einer Kultur in die andere unternommen worden wäre. Es verhält sich wie bei einer Randgruppe: um aus dem Ghetto herauszukommen, muß man willentlich mit der Gemeinschaft brechen. Man kann nicht mit einer Gruppe gemeinsame Sache machen und gleichzeitig mit einer anderen kokettieren.

PJD: Fühlen sie sich unterbezahlt?

CS: Nein, im großen und ganzen nicht. Vielleicht meinen sie, daß man sie zu Systemanalytikern oder Obersystemanalytikern oder wie die häßlichen Bezeichnungen für diese Positionen auch heißen mögen, hätte befördern sollen. Der große Sprung beim Aufstieg auf der Programmiererleiter besteht darin, Leute unterstellt zu bekommen. Das ist der Unterschied zwischen Offizieren mit und ohne Patent.

PJD: Welche andere Konsequenzen hat diese Feindschaft?

CS: Sie führt dazu, daß es in allen diesen Firmen ein abgekapseltes Element gibt, von dem man annimmt, daß es für die Firma arbeitet. Es sollte aber erheblich mehr für die Firmen bringen, als es tatsächlich bringt. Das einzige, was man außerhalb des Rechenzentrums über dieses zu hören bekommt, sind Beschwerden: daß die Computerleute nie antworten, daß es zu lange dauert, bis sie etwas zustande bringen, daß sie ständig noch mehr Geld für ihre Ausstattung verlangen und daß man niemals Resultate zu sehen bekommt. Die Computerleute wiederum sagen, daß der Rest der Organisation nicht die Spreu vom Weizen trennen kann: Sie verlangen Unmögliches von uns und machen niemals genaue Angaben. Unsere Ausrüstung ist obsolet. Niemals bekommen wir genügend Geld, um uns die neuesten technischen Entwicklungen, Schulung und dergleichen leisten zu können. – Das sind heutzutage die üblichen Beschwerden, und ich höre sie nun seit 20 Jahren; so lange bewege ich mich schon in der Computerszene. Aber ich habe früher niemals angenommen – wie ich das heute tue –, daß ein tieferer Sinn dahintersteckt. Ich nahm immer an, das sei wie bei der Armee – ein gewisses Maß an Beschwerden ist lebensnotwendig.

PJD: Früher waren die Leute, die eine Firma gründeten, sehr auf Herkunft + Eigenschaften ihrer Produkte bedacht. Später wurden diese Firmen übernommen; in den Vorstand kamen Kaufleute oder Juristen. Das hatte nachteilige Auswirkungen auf das Leben in der Firma selbst. Meinen Sie, es sei möglich, daß eine Person aus dem Computerbereich in den Vorstand eines großen Unternehmens aufsteigt?

CS: Ich kann mich nur an einen Fall erinnern. Und in diesem war das große Unternehmen eine große Universität. Ich denke an John Kemeny, der Präsident von Dartmouth geworden ist. Es steht wohl noch nicht fest, ob dies eine vorteilhafte oder schädliche Entscheidung gewesen ist.

PJD: Kemeny war sicherlich ein Mann, der den Computern freundlich gesonnen war, aber er kam selbst nicht aus der Informatik.

CS: Ja, genau das meine ich auch. Wäre er 20 Jahre jünger gewesen, so hätte er sicherlich zur Informatik gehört.

PJD: Haben Sie von einem derartigen Fall aus der Geschäftswelt gehört?

CS: Nein. Wenn ich die mir bekannten Softwarehäuser betrachte, so waren die äußerst aufgeweckten Jungs, die sich einst zusammenfanden und den Laden in Gang brachten, alle schon an der Reihe gewesen, zum großen Anführer oder Präsidenten aufzusteigen. Heute, 10 bis 20 Jahre später, wo die Firmen herangereift sind, besetzen Managertypen wie Juristen und Ökonomen die Vorstandssessel.

PJD: Meinen Sie, daß es irgendwelche Auswirkungen hätte, wenn das Topmanagement eine bessere Vorstellung vom Wesen des Computers hätte?

CS: Nein. Ich meine, es geht hier um etwas Soziologisches, Marxistisches oder derartiges. Das Grundproblem besteht nicht in der Kenntnis des Computers. Es geht vielmehr darum, eine Organisationsstruktur zu finden, welche die fehlgeleiteten Anstrengungen minimiert, die durch die Arbeitsspezifik der Computerleute selbst entstehen: Diese Art von Disfunktion ist vergleichbar mit dem Verhalten von Anwälten, die sich ihrem Berufsstand und nicht ihrem Klienten gegenüber loyal verhalten.

PJD: Würde es helfen, wenn die Computerleute eine bessere Vorstellung vom Geschäftsleben hätten?

CS: Woher sollten sie diese bekommen? Möglich wäre das schon, denn es gibt ja Seminare. Gelegentlich findet man ein tiefgefrorenes Lächeln über den Abgrund hinweg mit dem Ziel, herauszufinden, wie es um die Geschäfte steht, zu denen man als Mitglied der Computerabteilung gehört. Und man kann sicherlich als leitender Angestellter Seminare für Computer-dies und Computer-das besuchen, wenn man wissen möchte, was die verrückten Kerle da unten tun. Aber die organisatorische Struktur ist auf derartiges nicht ausgelegt – überall, wo ich gewesen bin, war sie so wie bereits geschildert. Es gibt eine unsichtbare Hand, die ihre Soziologie steuert. Der Computer und die Leute, die ihn bedienen, werden bloß als notwendiges Übel behandelt – ein enormes Übel! Das Management würde gerne ohne sie auskommen, und es wäre sie gerne los, aber das geht leider nicht. Das ist ein Problem des Managements.

PJD: Was wird zukünftig geschehen? Denken wir 10 Jahre voraus: Wird sich der Klassenkonflikt verschärfen?

CS: Vielleicht nicht. Das kommt darauf an, wie es mit der dezentralen Verarbeitung, dem Time-Sharing und den problemorientierten do-it-yourself-Sprachen stehen wird. Ich höre diesen Sirenengesang seit nunmehr 15 Jahren, aber ich sehe jetzt gewisse Anzeichen, daß diese neuen Entwicklungen die Situation verbessern werden. Und wenn es nur darum geht, einige Leute weniger leichtgläubig zu machen gegenüber den Wundern, die der Computer vollbringt. Würden nur Chauffeure Autos steuern, hätten wir wahrscheinlich viel mehr Respekt vor ihnen. Ähnlich würde die dezentrale Verarbeitung mit problemorientierten Sprachen – auf dem Schreibtisch jedes leitenden Angestellten oder zumindest in leicht erreichbarer Entfernung, ein Computer, mit dem er sich mehr oder weniger in seiner eigenen Sprache verständigen kann – die Lage erleichtern.

PJD: Nehmen Sie an, daß diese problemorientierten Sprachen außerhalb der speziellen Firma erfunden werden?

CS: Ja. Im allgemeinen werden diese »halb maßgeschneidert«. Wirkliche Maßanfertigung ist viel zu teuer. Vor einigen Jahren schlossen die Gebrüder Brooks ihre Maßanfertigung vollständig. Aber man bekommt noch von vielen Anbietern für den halben Preis einer kompletten Maßanfertigung eine »halb angepaßte« Anfertigung. Die Softwareverkäufer vertreiben heute so etwas wie ein Gerippe oder ein modulares Gehause. Sie bauen die Schale und verkaufen diese mit allen möglichen Sorten von Haken, woran man dann seine eigenen Glocken und Pfeifen hängen kann. Es handelt sich gewissermaßen um eine Kreuzung von Muschelgehäuse und Compilergenerator. Anders gesagt: man kann das Produkt für den Benutzer so aussehen lassen, als wäre es genau das, was er wollte.

III. Erkenntnis und Berechnung

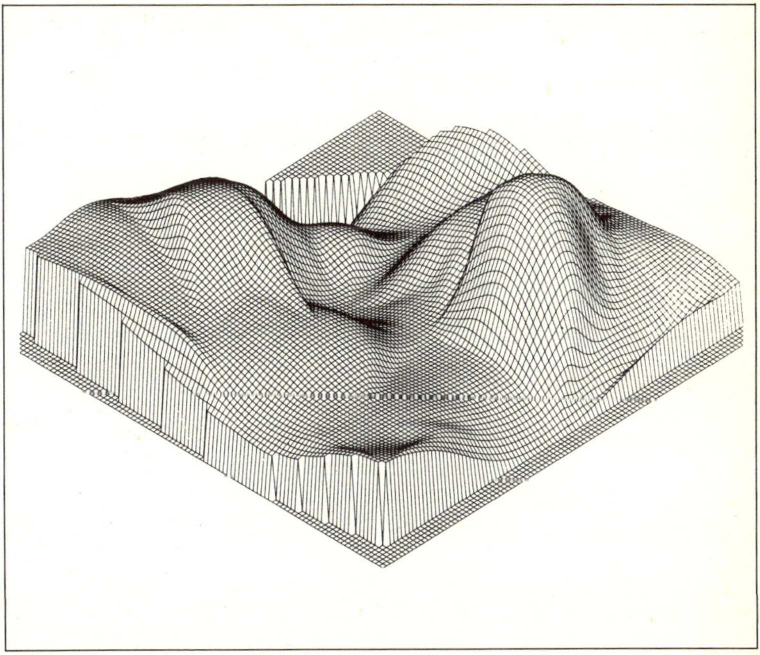

Interpolation zufällig verteilter Daten

Drei Funktionen der angewandten Mathematik: Beschreiben, Vorhersagen, Vorschreiben

Wird Mathematik angewandt, so kann sie zur Beschreibung und zur Vorhersage dienen, sie kann aber auch Vorschriften aufstellen. Diese Funktionen hängen miteinander zusammen, sind aber nicht identisch. Wir wollen im folgenden diese Unterschiede genauer ergründen.

Beschreibung Ein Hibiscus hat fünf Blütenblätter. Die mathematische Vokabel »fünf« liefert eine bestimmte Beschreibung der Blume. Diese dient dazu, den Hibiscus von anderen Blumen mit drei, vier, sechs und mehr Blütenblättern zu unterscheiden. Diese Beschreibung ist nicht vollständig: gehe ich nur von dem Wort »fünf« aus, so bin ich außerstande, die Hibiscuspflanze exakt zu rekonstruieren. Denn es sagt nichts darüber aus, ob die Blütenblätter linsenförmig oder kreisrund sind. Erweitert man seine Aussage, indem man davon spricht, daß der Hibiscus fünf kreisrunde Blütenblätter besitzt, so beginnt sich ein Bild vor unserem geistigen Auge zu formen.

Wird eine Uhrkette an ihren beiden Enden aufgehängt, so nimmt sie ziemlich genau die Gestalt einer mathematischen Kurve, der sogenannten Kettenlinie an. Die Gleichung der Kettenlinie lautet (in einem passenden Koordinatensystem und mit einem entsprechenden Wert für a): $y = \frac{a}{2}\,(e^{x/a} + e^{-x/a})$. Damit hat man eine algebraische Beschreibung der Form der aufgehängten Kette.

Mit etwas graphischem Geschick erhält man aus der Gleichung eine geometrische Kurve. Dann kann man zu sich selber sagen: »Ja, tatsächlich, die Kurve sieht aus wie eine aufgehängte Kette!« Wir können diesen Vorgang auch umkehren: Zuerst fotografiere man eine Kette, dann zeichne man ein Koordinatensystem auf das Foto, und schließlich bestimme man den Wert von a, so daß die mathematische Kurve zur Fotografie paßt:

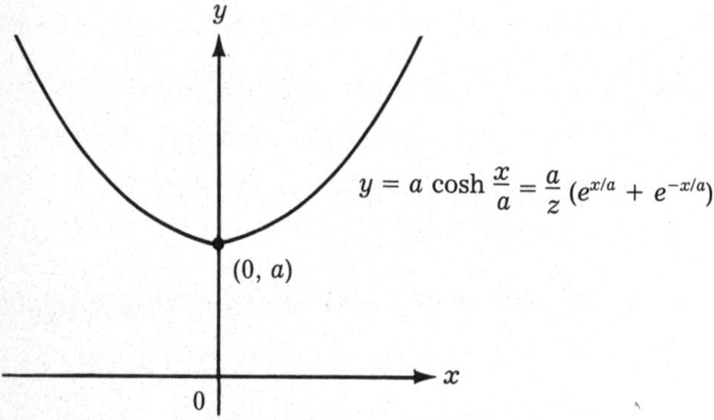

Die mathematische Kettenlinie

Die Bahn eines Planeten, der die Sonne umkreist, ist annährend eine Ellipse. Also lautet die angenäherte Bahngleichung in einem geeigneten Koordinatensystem:

$$r = a \left(\frac{1}{1+b \cos \theta} \right)$$

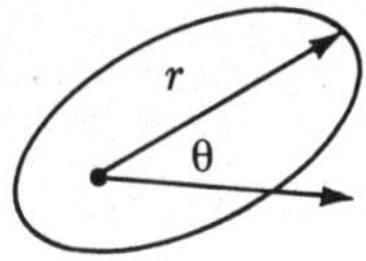

Die Schale einer Nautilusschnecke hat ziemlich exakt die Form einer logarithmischen Spirale. Die mathematische Gleichung einer derartigen Spirale lautet: $r = ae^{b\theta}$.

Die »Nachhallzeit« T eines Konzertsaales wird durch die Sabine-Eyring-Formel gegeben:

$$T = -\ 13.8 \ \frac{\left(\frac{L}{v}\right)}{\ln(1-a)}$$

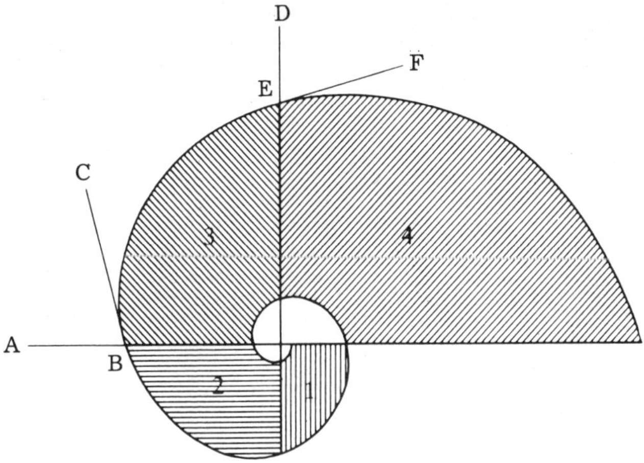

Eine logarithmische Spirale. Die durch 1, 2, 3 und 4 markierten Kammern haben genau die gleiche Form.

Dabei bedeutet L die mittlere freie Weglänge zwischen zwei aufeinanderfolgenden Reflexionen derselben Schallwelle, v die Schallgeschwindigkeit und a die Schallabsorptionskonstante. Obwohl diese Formel viele Jahre in Gebrauch gewesen ist, gibt sie das tatsächliche Geschehen in einem Konzertsaal nur schlecht wieder. Das hat man durch exakte elektronische Messungen herausgefunden. Heute sind erheblich kompliziertere Rechnungen an ihre Stelle getreten. (John R. Peirce: »The Science of Musical Sound«, p. 146)

In allen diesen Beispielen geschieht etwas in der Natur. Indem wir uns auf einen genügend kleinen und genügend abstrakten Ausschnitt des Phänomens beschränken, können wir diesen als Ganzes erfassen und den Ausschnitt durch eine äquivalente mathematische Beschreibung ersetzen.

Welche Aspekte der Welt können mathematisch beschrieben werden? Wir kennen zahlreiche Beispiele erfolgreicher Beschreibungen. Dennoch gibt es trotz der extravaganten Ansprüche, die hinsichtlich der Mathematik vorgebracht wurden, auf diese Frage keine befriedigende Antwort. Eine Funktion der Forschung im

Die Kammern der Nautilus. Alle Kammern sind ähnlich im Sinne der Geometrie.

Bereich angewandter Mathematik ist es, mehr und mehr mathematische Beschreibungen zu produzieren.

Welche Aspekte der Welt lassen sich angeben, die nicht der mathematischen Beschreibung zugänglich sind? Kurz gesagt glaube ich, daß dies jene Aspekte sind, die unter die Überschrift »humanistische Aussagen« fallen. Beschreibt ein Liedermacher das Leben mit dem sprachlichen Symbol »das Leben ist wie eine Handvoll Kirschen«, so gibt es hierfür kein mathematisches Äquivalent. Schreibt aber ein Dichter metaphorisch »das Leben ist ein Spiel«, so könnte jemand, da bereits viele Spiele mathematisch behandelt worden sind, auf die Idee kommen, eine mathematische Beschreibung des Lebens zu geben und zu behaupten, daß diese derjenigen des Dichters äquivalent sei.

Es gibt auch nonverbales, nicht-symbolisches Wissen, wie beispielsweise das Bewußtsein, daß man sich wohl fühlt. Ein Experimentalist könnte in diesem Fall behaupten, daß Wohlergehen ein-

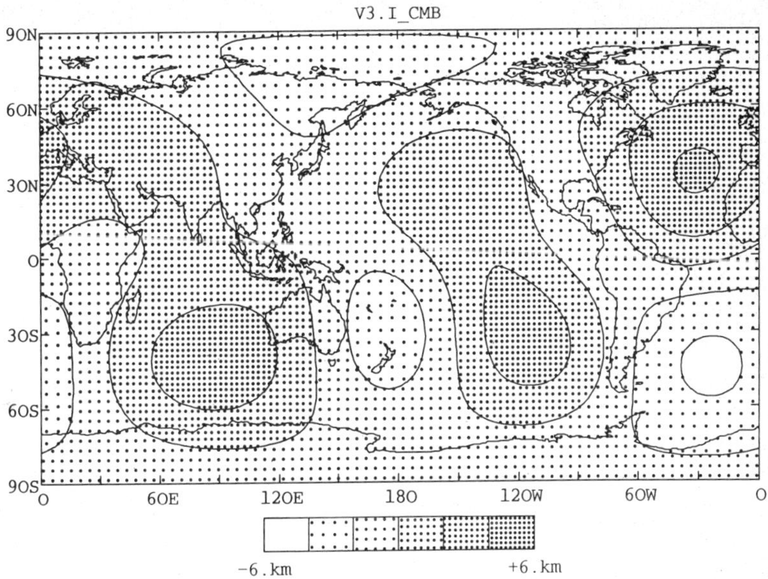

Seismologische Messungen sind das wichtigste Werkzeug bei der Erforschung des Erdinnern. Die weltweit registrierte Ausbreitung von Schockwellen, die durch Erdbeben ausgelöst worden sind, läßt einige wenige wichtige Verwerfungen erkennen. Die Kern-Mantel-Grenze in etwa 2890 Kilometern Tiefe markiert den Übergang vom festen Mantel zum flüssigen Kern. Diese Grenze hat nicht exakt die Gestalt einer Kugeloberfläche. Wir können heute großflächig »Hügel« und »Dellen« auf dieser Oberfläche eintragen.

fach eine Sache des Hormon- und Blutzuckerspiegels sei. Aus diesem Grunde sei auch hier eine Beschreibung in der Sprache der Mathematik möglich. Ein Teil des Konfliktes zwischen Positivisten und Humanisten rührt daher, daß die letzteren das Gefühl haben, es *müsse* einen Teil der Welt geben, der immun ist gegen jegliche Mathematisierung, während die Positivisten behaupten, *alles* lasse sich durch die Mühlen der Mathematik drehen.

Vorhersage Die vorhersagende Funktion der Mathematik ist eng mit der beschreibenden verbunden. Beschreibungen im abstrakten Formalismus der Mathematik kondensieren eine große Menge an Information. Eine solche Beschreibung kann befragt werden, um die Antwort auf spezifische Fragen zu finden. Ich halte meine fünfundzwanzig Zentimeter lange Uhrkette an deren Enden fest. Meine Finger befinden sich in gleicher Höhe. Ihr Abstand beträgt zehn Zentimeter. Wie tief wird die Kette unter dem Fingerniveau zu hängen kommen? Mit Hilfe der bekannten mathematischen Beschreibung (der Kettenlinie) kann man den Abstand durch eine Berechnung voraussagen.

Der Begriff »Vorhersage« beinhaltet in seiner gewöhnlichen Verwendung, daß eine Zeitspanne vergeht. Sage mit Hilfe der Newtonschen Bewegungsgesetze voraus, wo die Venus am 1. Januar 2001 stehen wird! Sage voraus, wann und wo die nächste Totaleklipse der Sonne eintreten wird! Sage das Wetter in Fairbanks (Alaska) in zwei Wochen voraus! Sage voraus, wieviel Multiplikationen erforderlich sein werden, um ein bestimmtes mathematisches Problem mit Hilfe einer bestimmten Formel zu lösen!

Im Alltagsleben werden die meisten Prognosen ohne mathematische Hilfsmittel erstellt. Sind wir gewissenhafte Wähler, so werden wir vorherzusagen versuchen, welche Auswirkungen für uns ein Sieg der Partei A haben wird. Wir haben solche Vorhersagen, aber ohne Formeln. Eine Person, die ich gerne mag, macht mir einen Heiratsantrag. Ich muß mich entscheiden: annehmen oder nicht annehmen; ich versuche vorherzusehen, wie das Leben unter den neuen Bedingungen aussehen könnte. Aber nur eine höchst einfältige Person würde eine Prognose, die ein mathematikverliebter Heiratsvermittler mit Hilfe eines Punktesystems erstellt hat, akzeptieren.

Die Grundlagen der Vorhersagen sind vielfältig: Erfahrung, Vernunft, Intuition, Zufall, Vorahnungen, Rat von Experten und Orakel. Wird eine Vorhersage mit Hilfe eines mathematischen Modells und durch Berechnung gewonnen, so nennt man sie »rational«. Rationalen Prognosen wird oft ein höherer intellektueller Status zugesprochen als solchen anderer Herkunft. Die Möglichkeit rationaler Vorhersagen ist Teil des Cartesischen Weltbildes. Cartesianisch gedacht, bedeutet die Verneinung der Möglichkeit »rationaler« Vorhersagen soviel wie die Verstehbarkeit der Welt zu negieren.

Vorschriften machen Bei der vorschreibenden Funktion der Mathematik denke ich an Situationen, in denen die Mathematik entweder menschliche Handlungen oder (automatisch) irgendwelche technische Vorgänge auslöst. An der Kasse werden die Zebrastreifen der Scannernummer über den Scanner gezogen. Die Rechnung wird automatisch durch die in das System eingebaute Mathematik erstellt, und der Kunde bezahlt. Ein Fluß von Mathematik wird in Bewegung gesetzt, und das Ergebnis (das eine Zahl oder ein abstrakter Symbolismus sein kann) formuliert eine Vorschrift, welche Handlung danach auszuführen sei. Ein Team, das nach Erdöl bohren soll, wird auf Grund von seismischen Daten, die mathematisch behandelt und interpretiert wurden, ausgeschickt. Behandlungen werden nach medizinischen Kennzahlen verschrieben. Eine astronomische Expedition wird auf Grund der mathematischen Vorhersage einer Sonneneklipse ausgerüstet. Ein Thermostat, der die Temperatur eines Hauses reguliert, wird auf 25 °C eingestellt. Wir möchten in unserem Arbeitszimmer einen Teppichboden verlegen: Wir messen das Arbeitszimmer. Es mißt 2,80 Meter auf 4,20 Meter. Wir gehen zum Teppichbodenmarkt und schauen uns Muster an. Wir wählen eines aus. Der Verkäufer erklärt uns, daß dieser Teppich in großen Rollen, die 1,75 Meter breit sind, ausgeliefert wird. Was ist da zu machen? Mehr Mathematik ist hier erforderlich, bis man entscheiden kann, wie der Teppich von der Rolle abzuschneiden ist.

Wir werden in eine Welt hineingeboren, die so dicht mit präskriptiver Mathematik durchsetzt ist, daß wir uns dessen kaum bewußt sind. Werden wir darauf aufmerksam, so können wir uns nur noch schlecht vorstellen, wie die Welt ohne sie auskommen soll. Beispiele für althergebrachte präskriptive Mathematisierungen sind unsere Maßsysteme für Raum und Masse, unsere Uhren und Kalender, unsere Entwürfe für Gebäude und Maschinen und unser Geld. Möchte man ein moderneres Beispiel haben und dabei zugleich ein Gefühl dafür entwickeln, wie das Leben ohne solche Mathematisierungen aussehen würde, so nehme man die Einkommensteuer. Das ist eine enorme mathematische Struktur, die einer enormen präexistenten mathematisierten Finanzstruktur übergestülpt wird. In den Vereinigten Staaten existiert sie erst seit An-

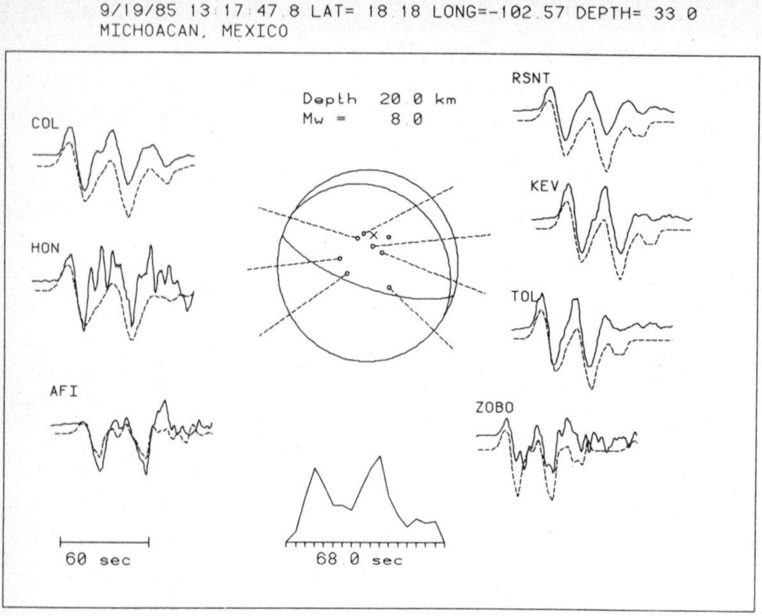

Mathematisierung des großen mexikanischen Erdbebens

fang dieses Jahrhunderts, wobei ein Zusatz zur Verfassung erforderlich wurde, um sie zu rechtfertigen. Die Auswirkungen der Einkommensteuer sind für jedermann spürbar. Sie gibt Veranlassung für Tausende und Abertausende von Jobs in der Beratung, der Interpretation und bei der Verwaltung. Sie beeinflußt das soziale Gleichgewicht, die Finanzstrategien und die Computerisierung. Brauchen wir diese Art von mathematischen Vorschriften? Es wäre schwierig, sie abzuschaffen, aber genauso schwierig ist es, ihre Komplexität konstant zu halten.

In der amerikanischen Gesellschaft gibt es eine Menge von Beispielen für gerade ausgeführte oder wiedereingeführte präskriptive Mathematisierungen. Examensnoten, IQs, Lebensversicherungen, eine Nummer im Bäckerladen ziehen, Lotterien, Verkehrsampeln (das ägyptische Kairo besitzt keine), Selbstwähldienst beim Telefon, Kreditkarten, Zipcodes, Verhältniswahlrecht, Rationierung (in Zeiten des Mangels), Punktsysteme als Grundlage für Darlehensgewährungen, zur Erlangung von Arbeitsplätzen im öffentlichen Dienst und für den Führerscheinentzug, Indexsysteme für Dokumente, Schulnoten und so weiter und so fort. Diese Systeme wurden aus Gründen eingeführt, die oft nur wenigen bekannt sind. Sie regulieren und verändern unser Leben und kennzeichnen unsere Zivilisation. Sie geben eine Beschreibung, noch bevor das Beschriebene existiert.

Die intellektuellen Komponenten von Technologie, Mathematik und Berechnung: vier Listen

Das Erstellen von Listen kann – beschränkt es sich nicht auf Einkaufs- und Primzahllisten – zu einer gefährlichen und gewohnheitsmäßigen Beschäftigung werden. Im Grunde genommen ist eine Liste eine Zusammenfassung oder eine Verdichtung einer möglicherweise ungeheuer komplexen Situation auf wenige Zeilen. Kommt es zu Listen, die vorgeben, einen Verhaltenstypus durch einen anderen zu erklären, so bewegen wir uns auf sehr wackeligem Boden. Manche Wissenschaftler warnen vor solchen Listen; sie sagen, sie werfen sinnlose Fragen auf, um anschließend zu versuchen, diese zu beantworten. Können wenige Zeilen einer Sprache Gedanken und Taten einfangen, die sich über Jahrhunderte erstreckten und Millionen von Menschen beschäftigt haben? Dennoch erstellen wir Listen und lesen diese.

Professor Wong Chu-Ming von der Universität in Rennes hat eine Liste erstellt.

Die Renaissance, der Aufstieg von Wissenschaft und Technik und die nachfolgende industrielle Revolution sind alle im Westen erstanden und nicht im Osten. Das ist ein historisches Faktum. Im Orient gab es ein bedeutendes Aufkommen von Technologie und Mathematik; in vieler Hinsicht war der Osten dem Westen überlegen. Aber die Explosion fand in Europa statt. Warum?

Professor Wong gibt die folgenden Gründe für das Nachhinken der chinesischen Wissenschaft gegenüber der westlichen an:

»1. Die rigide Sozialstruktur der chinesischen Gesellschaft, in der die Klasse der Gelehrten die führende bildete (...).

2. Die geschriebene Sprache hatte eine überwiegend literarische und metaphorische Natur. Sie unterschied sich sehr stark von der Alltagssprache und der Sprache der Technik. So konnten

neue Entdeckungen von ihren Entdeckern nur mit Schwierigkeiten bekanntgemacht werden.

3. Die Verachtung der körperlichen Arbeit, die durch die langen Fingernägel der Gelehrten ausgedrückt wurde; die Geringschätzung kaufmännischer Tätigkeiten, die bestätigte, daß die Kaufleute eine der niedrigsten sozialen Klassen bildeten.
4. Die Logik, wie sie sich aus der hauptsächlich konkreten und nicht-analytischen Sprache ergab. Sie verhinderte die Ausarbeitung von axiomatisch-deduktiven Systemen, wie sie für die Entwicklung der Wissenschaft erforderlich sind. Die praktische Verwertung einer Einsicht galt mehr als ihre theoretische Klärung.
5. Die riesige Größe des Reiches, die Kriege und Revolutionen. Wissenschaftliche Verbindungen waren schwierig; einige wichtige Entdeckungen gerieten in Vergessenheit oder in falsche Hände.
6. Im Westen ist der Mensch das Maß aller Dinge, wohingegen in China sich jedes Problem in einem neuen Licht zeigt ...«.

Diese Liste ist ein zusammenfassender Kommentar zu einem langen Artikel von Professor Joseph Needham mit dem Titel »Poverties and Triumphs of the Chinese Scientific Tradition«. Needham ist ein anerkannter Fachmann für die Geschichte der chinesischen Wissenschaft. Zu Wongs Liste bemerkt er, daß an ihr etwas dran sei. Liest man aber Needhams Kommentar genauer, so bemerkt man, daß alle Punkte von Wongs Liste mit so vielen Wenn und Aber versehen sind, daß man an deren Sinn zu zweifeln beginnt. Immerhin kann man einiges aus ihr lernen. So behauptet sie beispielsweise nicht, daß die technologische Revolution in Europa ausbrach, weil die Engländer und Spanier in der Mitte des sechzehnten Jahrhunderts die Kartoffel aus Amerika nach Europa gebracht haben.

Betrachten wir noch eine andere Liste, die in gewisser Weise mit der Wongs zusammenhängt. In einem anregenden Buch versucht F. Rapp, diejenigen intellektuellen Errungenschaften und Einstellungen ausfindig zu machen, die für eine technisierte Zivilisation erforderlich sind. Rapp findet hiervon acht. Diese sind:

1. Wertschätzung der Arbeit
2. Effizientes Management
3. Impulsgeber für technologische Kreativität
4. Rationales Denken
5. Objektivierung der Natur
6. Mechanistische Auffassung der Natur
7. Experimentelle Forschung
8. Entwicklung mathematischer Modelle
   a) qualitative Exaktheit
   b) funktionale Abhängigkeit
   c) abstrakte Variablen

Um gegenüber diesem Autor (wie auch gegenüber Needham und Wong) fair zu bleiben, muß ich gestehen, daß ich diese nackten und unverzierten Stichworte aus Texten herausgenommen habe, in denen sie in wortreiche Diskussionen eingekleidet sind.

Werde ich mit einer solchen Liste konfrontiert, so stelle ich mir gerne vor, wie es sein würde, träfen die Punkte der Liste nicht zu. Ich male mir aus, wie unser Land aussähe, wenn die meisten von uns nicht gerne arbeiten würden, wenn unser Management vollkommen unfähig und unser Denken abergläubisch und mystisch wäre, wenn wir auf große Autoritäten vertrauten, statt eigene Erfahrungen zu machen und Experimente anzustellen (oder bewegt sich unser Land etwa schon in diese Richtung?). Wie würde das Alltagsleben aussehen, wenn wir uns das Universum als ein holistisches Weltei vorstellen würden, wenn wir also annehmen würden, daß alle Phänomene miteinander zusammenhingen gemäß einer hierarchischen Ordnung, und wenn wir uns physikalische Vorgänge durch Zens Blitze gegen ungehorsame Satyrn erklärten?

Letztlich veranlaßte mich Rapps Liste, eine ähnliche Frage für die Mathematik zu stellen. Welches sind die intellektuellen Komponenten der Mathematisierung?

Ich überlegte mir, daß der mathematische Geist konstant damit beschäftigt ist, sein Rohmaterial gemäß seinen Lieblingsoperationen zu untersuchen. Der mathematische Geist bevorzugt Quantität, Form und Symmetrie. Er liebt Abstraktionen und präzise

Aussagen; diese werden in präzisen, atomaren und analytischen Sprachen formuliert, die allgemein vereinbarte Symbole und prägnante Abkürzungen verwenden. Der mathematische Geist mag Rätsel und ihre Lösungen und verehrt die Deduktion. Er blüht bei Transformationen, bei standardisierten Rezepten und bei logischen und strukturellen Schritten auf. Der mathematische Geist denkt ja/nein bzw. wahr/falsch. Folgt man Leibniz, so verlangt der mathematische Geist, daß man das gesamte intellektuelle Universum aus Nullen und Einsen aufbauen soll. Der mathematische Geist glaubt mit Parmenides, daß was logisch ist, auch wahr sein muß. Der mathematische Geist wird mit einem verschwommenen und unbestimmten Universum konfrontiert. Er versucht, präzise Aussagen über das Chaotische und Zufällige zu finden. Er kann dabei die Dinge vom Standpunkt der Wahrscheinlichkeitstheorie und der Statistik aus betrachten. Derartige Überlegungen haben mich zu folgender Liste geführt:

<u>Intellektuelle Komponenten der Mathematisierung</u>

1. Die Fähigkeit, die ursprünglichen Erfahrungen des Zählens und der räumlichen Bewegung zu symbolisieren, aus ihnen heraus zu abstrahieren und zu verallgemeinern. Ein geschärfter Sinn für Quantität, Raum und Zeit.
2. Die Fähigkeit, in strikten Dichotomien zu denken: ja/nein, wahr/falsch oder 0/1.
3. Die Fähigkeit, einfache Kausalketten zu erkennen: wenn A, dann B. Die Fähigkeit, solche Ketten miteinander zu verbinden und diese neuen Ketten logisch zu durchdenken.
4. Die Fähigkeit und Motivation, aus der realen Welt ein abstraktes Surrogat zu ziehen, und die dementsprechende Bereitschaft, formale Manipulationen mit diesem abstrakten Surrogat als adäquate Repräsentationen der realen Vorgänge anzuerkennen.
5. Die Fähigkeit und der Wunsch, mit abstrakten Symbolen zu manipulieren und mit ihnen herumzuspielen, auch wenn konkrete Bezugsobjekte fehlen. Auf diese Weise Erschaffung einer imaginären Welt, die die konkrete transzendiert.

Diese Liste isoliert einige Aspekte des Denkens und nimmt diese aus ihrem sozialen und materiellen Kontext heraus. Damit ignoriert sie unser Interesse am natürlichen Rhythmus des Lebens und der Welt und an den merkwürdigen Phänomenen, die dabei auftreten. Die Liste vernachlässigt die Rolle des Navigierens und des Reisens, des Planens, des Aufbauens und Zerstörens sowie die Rolle der Maschine und der Kommunikation. Sie weiß nichts von Handel, Eigentum und von den gesetzlichen und psychologischen Fäden, die abstraktes Geld mit konkreten Dingen verbinden. Gerade hier liegen aber die Quellen der Mathematik. Unsere Liste kennt weder metaphysische noch religiöse Ideen. Dennoch lädt die Aufstellung als solche zu Überlegungen und Diskussionen innerhalb der von ihr gesteckten Grenzen ein.

Ich will weiter gehen. Ist es heute zu früh, um die intellektuellen Komponenten der Informatik zu diskutieren? Vielleicht, aber ich möchte es dennoch versuchen.

Die Informatik besitzt eine mathematische Mutter und einen technologischen Vater. Sie hat sich von ihren Ursprüngen noch nicht sehr weit entfernt. Der prototypische Wissenschaftler dieser Disziplin trägt deshalb noch Charakterzüge des Mathematikers. Die Nabelschnur ist heute durchtrennt, und es wird zunehmend deutlicher, daß ein neues Berufsbild im Entstehen begriffen ist.

Hingebungsvolle Informatiker ziehen Maschinen Menschen vor. Sie kuscheln sich an ihre Terminals und umarmen sie liebevoll. Das Handeln liegt ihnen mehr als das Denken. (Sie sagen »Ich möchte Dir meine tolle Entdeckung vorführen« und nicht »Ich möchte Dir von meiner großartigen Idee erzählen«.) Dennoch vergessen sie oft, was zu tun ist, wenn ihnen eine Erleuchtung kommt. So kommt es, daß Informatiker meist der Illusion erliegen, ein konsequent durchdachtes Programm wäre schon so gut wie implementiert und fehlerfrei.

Informatiker sind ungeduldig, vorwitzig und zuversichtlich. Überall erblicken sie Gordische Knoten, die sie alle mit Hilfe von irgendwelchen Programmen für die Welt zerschlagen wollen. Besonders unduldsam sind sie gegenüber Dingen wie Politik und Romanen, die sich der Computerisierung entziehen. Sie neigen dazu, solches Terrain zu meiden. Werden sie trotz allem mit einem solchen ungeliebten Thema konfrontiert, so denken sie: wie dumm, wie unwichtig, wie primitiv das alles ist! Mit ein paar anständigen Algorithmen wäre das im Handumdrehen erledigt! Informatiker denken ahistorisch. Für sie gibt es nur die Gegenwart und die Zukunft, aber absolut keine Vergangenheit.

Sie neigen dazu, ihren Kunden all das aufzuzwingen, was sie leisten können; sie denken nicht darüber nach, was diese wirklich brauchen. Was also sind die intellektuellen Komponenten der Computerisierung? Alle Komponenten der Mathematik sind hier natürlich wichtig. Sie müssen jedoch unter neuen Gesichtspunkten betrachtet werden. Hier ist meine Liste:

1. Algorithmisches Denken. Programme, Rezepte, Standardisierung einer bestimmten Kunstfertigkeit durch Zerlegung von Aufgaben in einfachere Teilaufgaben. Der besessene Wunsch, alles durch elementare ja/nein-Entscheidungen zu analysieren.
2. Modulares Denken. Erstellen nützlicher Algorithmen. Einsatz derselben als »black boxes« oder Moduln überall dort, wo diese als standardisierte Bestandteile auftreten.

2 ist gewissermaßen die Umkehrung von 1. Während 1 Aufgaben analysiert oder zerlegt, synthetisiert 2 oder baut auf. Hierbei werden Mikroentscheidungen zu Makroeffekten erweitert.

3. Systemdenken. Das ist eine intensivierte Form von 2: Zusammenfassen einer sehr großen Anzahl von einigen wenigen standardisierten Teilen zu einer umfassenden Struktur. Die Organisation der Komponenten kann wichtiger sein als die Komponenten selbst.
4. Denken in Zuständen. Modalität. Beispiele: die textverarbeitenden Programme kennen die Zustände »texterschaffend« und »textverändernd«.
5. Metadenken. Schaffung von Programmen, deren Eingaben selbst wieder Programme sind und deren Ergebnis ein Programm ist.

All dies geschieht auf einem psychosozialen, technologischen Hintergrund.

Intellektuelle Komponenten der Computerisierung
(veranschaulicht durch die Vorgänge in einem chinesischen Restaurant)

Die Details der nachfolgenden Diagramme sind bloß schematisch aufzufassen.

Algorithmisches Denken Die Herstellung von Chop Suey wird durch ein Rezept algorithmisiert und vom Küchenchef ausgeführt.

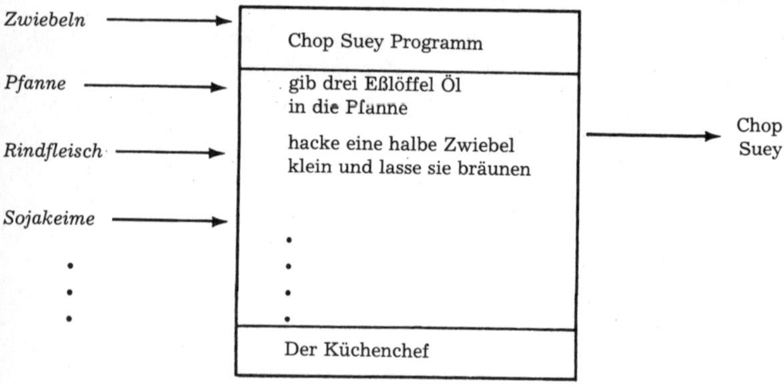

Wir müssen bereit sein, mit einem computerisierten Surrogat in Gebiete vorzustoßen, die früher menschlichem Tun vorbehalten waren. Eine geeignete Hardware muß verfügbar sein, damit unsere abstrakten Programme ausgeführt werden können; umgekehrt sollte die Hardware neue mathematische Entwicklungen anregen können. In der Vergangenheit haben sowohl die abstrakte Informatik als auch die konkrete Wissenschaft vom Computer und den zunehmenden Anforderungen an die Computer-Hardware profitiert. Es ist interessant, darüber zu spekulieren, wie der Stand der Dinge sein wird, wenn die Hardware einmal so weit entwickelt ist wie zum Beispiel heute die Dampfmaschine.

Möglicherweise lassen sich die Popularität und die zentrale Bedeutung des Autos in unserem Leben dadurch erklären, daß das

Modulares Denken Verschiedene Gerichte sind algorithmisiert worden und hinsichtlich gemeinsamer Inputs und gemeinsamer Herstellungsverfahren miteinander verbunden worden.

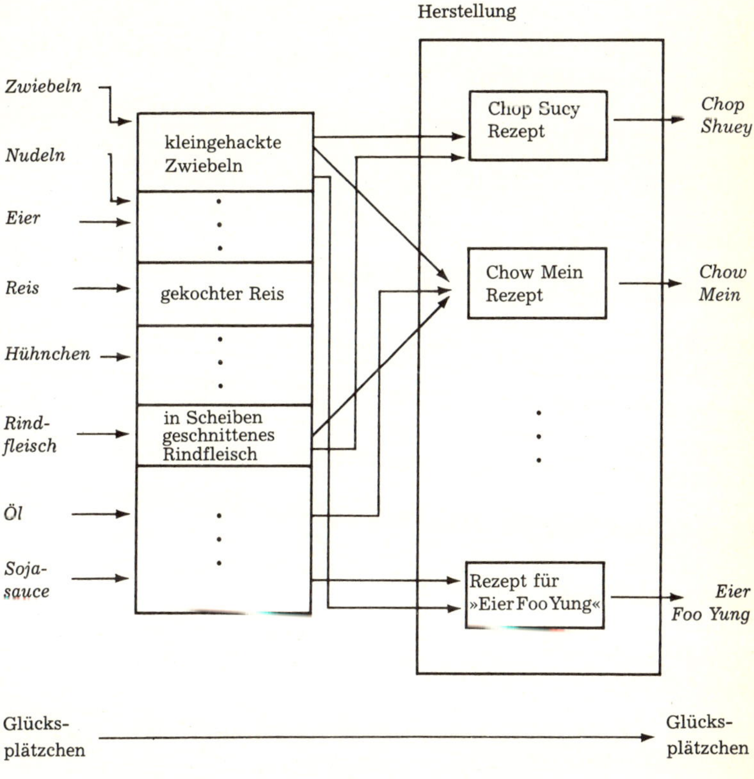

Systemdenken Die Organisation der Arbeit in einem Restaurant als System. Das Menu und der Organisationsablauf werden als fest betrachtet.

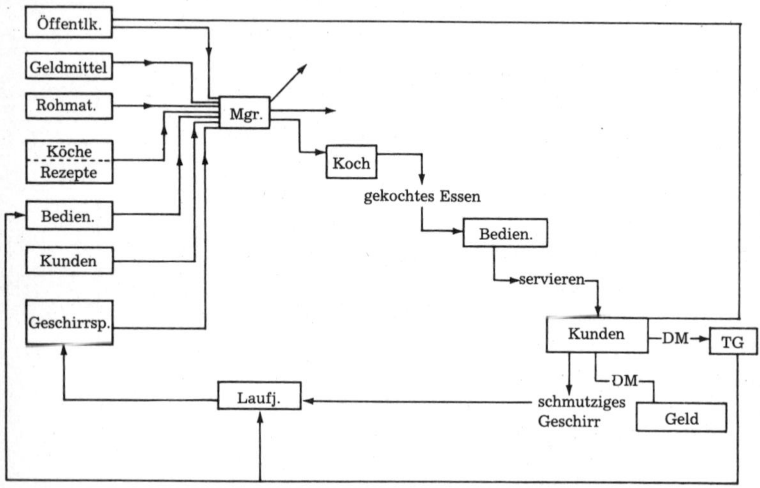

Auto jedermanns Fuß Macht über die Geschwindigkeit verleiht. Ähnlich kommt die psychische Veränderung, die die Computerisierung bei Programmierern, bei Computerliebhabern und bei Hackern hervorruft, von der Illusion mentaler Macht, die in jedermanns Fingerspitzen gelegt ist.

Das prototypische und engstirnige Bild des mathematischen oder logischen Genies umfaßt Eigenschaften wie: großköpfig, gnomenhaft, beschränkt, geistesabwesend und entrückt. Würde er nur in eine einzige physische Auseinandersetzung mit einem weltlichen Barbar verwickelt, so wäre er verloren. Für den Mathematiker liegt der Schlüssel zum persönlichen Überleben im Intellekt und dessen schöpferischer Kraft.

Denken in Zuständen Ein Manager kann leicht die verschiedenen Teilsysteme neu anordnen und so ein anderes Restaurant konzipieren

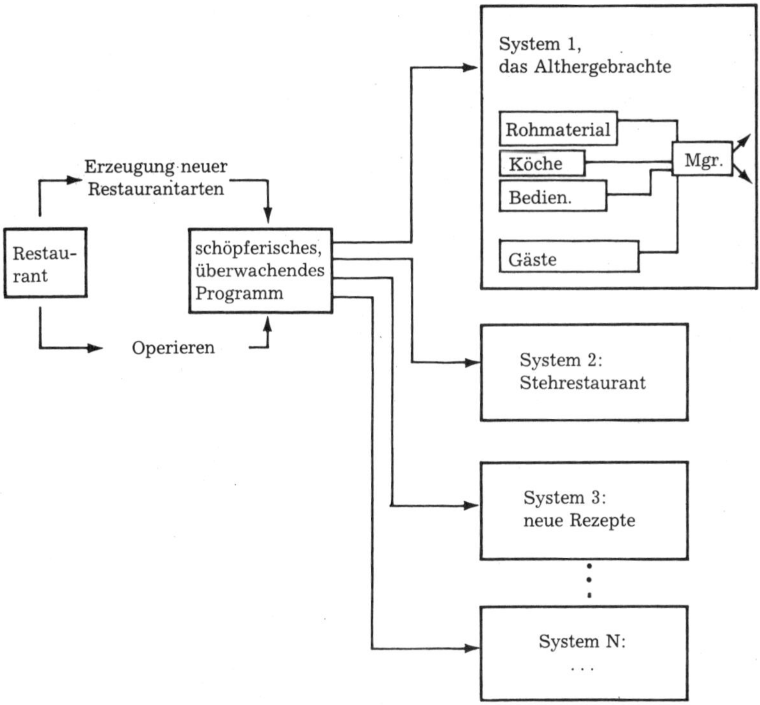

Metadenken Das Metadenken befaßt sich mit Rezepten. Seine Funktionen sind ergänzen, streichen und verändern.

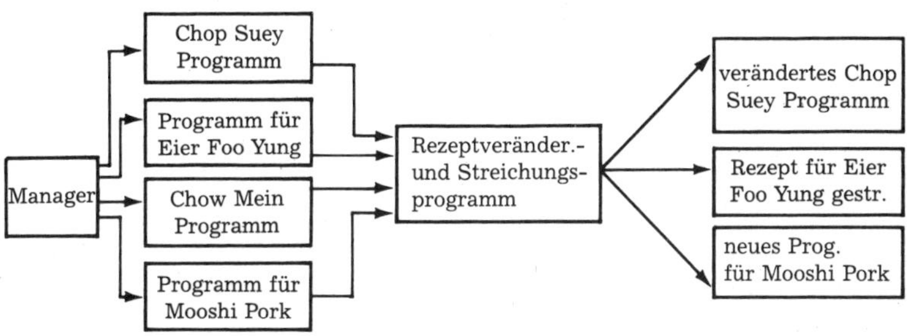

Anmerkungen:

1 Wong Chu-Ming. Scientific Change (A. C. Cromblie), S. 166–167.

2 Man vergleiche den Titel »Cohabiting With Computers« (herausgegeben von J. F. Traub), eine Sammlung von Essays, die uns helfen sollen, Bedeutung, Möglichkeiten und Herausforderungen der Computerisierung der menschlichen Gesellschaft zu verstehen.

Weiterführende Literatur:

S. Card, T. Moran und A. Newell; A. C. Crombie; J. Needham; F. Rapp; J. Traub; S. Turkle (s. a. Bibliographie)

Metadenken als Lebensweise

PJD: Bevor Sie das Metadenken beschreiben, beantworten Sie mir bitte die Frage: Was verstehen Sie unter gewöhnlichem Denken?

CS: Das ist dasjenige, was Ihr Kopf tut, wenn er direkt auf einen äußeren Reiz reagiert.

PJD: Und wie verläuft das Metadenken?

CS: Es hebt die Dinge auf ein anderes Niveau. Es handelt sich um Nachdenken über das Denken.

PJD: Also enthält das »Meta« eine Art von Introspektion?

CS: Es beinhaltet ein höheres Niveau, von dem man auf das vorhergehende herabblickt.

PJD: Wo tritt so etwas in der Informatik auf? Kommt das eher im Bereich des Programmierens oder in der theoretischen Informatik vor?

CS: Es ist überall vorhanden und entspringt in natürlicher Weise der Bauart der Computer. Es hängt mit der Art und Weise zusammen, wie sie Schleifen durchlaufen und indizieren. Auch die fundamentale Technik des Markensetzens ist hier zu nennen: Wird mit Daten und Programmen gedankenlos und ohne Absicht herumgespielt, so ist das ein Fall eines sich selbst verändernden Programms.

PJD: Lassen Sie uns konkret werden. Können Sie Beispiele für das Metadenken nennen? Sie sagten gerade, ein Programm, das sich selbst verändert, sei ein solches Beispiel.

CS: Ja, denn das Programm behandelt sich selbst als Datum. Denkt man im allgemeinen an ein Programm, das auf einem Computer läuft, so hat man die Vorstellung, daß das Programm Daten verarbeitet, die irgendwo anders im Computer gespeichert sind.

Dennoch kann ein Programm sich selbst als Datum behandeln.

PJD: Gibt es dahinter eine Art Super- oder Überwachungsprogramm, das fest und unveränderlich ist?

CS: Ja und nein. Früher – so zwischen 1946 und 1955 etwa – gab es keines. Die Maschine war sozusagen gottgegeben. Der Programmierer bekam eine Maschine mit einem fixen Bestand an Befehlen, die fest verdrahtet waren. Man konnte das Ding aufmachen und die Drähte sehen! Man konnte sie anfassen, und sie waren hart. Man konnte sie berühren, fühlen und riechen.

So um 1960 änderte sich das. Denken Sie daran, daß es beim Computerbau immer eine gewisse Spannung gibt zwischen dem Wunsch, einerseits ausgereifte Maschinen mit vielen Funktionen zu haben, die langsam und teuer sind und andererseits dem Drang, einfache, aber billige und schnelle Geräte zu produzieren. Es gibt sowohl eine Ökonomie des Zuschnitts als auch eine Disökonomie desselben. Um 1960 herum drängten die Ökonomie des Zuschnitts und die Ingenieurkunst die Dinge in Richtung auf einfache, standardisierte, schnelle und billige Komponenten. Das führte zu sehr unbeholfenen Maschinen, mit denen man unmenschlich umgehen mußte (die alten Maschinen waren auch nicht viel besser). Aber diese neuen Maschinen waren mindestens um eine Größenordnung leistungsfähiger und effektiver als die alten, auch schwieriger zu programmieren. Und so wurde die Mikroprogrammierung geboren.

Die Idee der Mikroprogrammierung liegt hauptsächlich auf der Metaebene. Man sieht einen Haufen Eisen – Maschine genannt. Er ist schwierig zu programmieren, aber er ist relativ billig und arbeitet schnell. Diese Maschine soll nun so programmiert werden, daß sie genau dasselbe tut wie eine andere Maschine.

Diese andere Maschine wird auch Zielmaschine genannt. Die Angleichung wird von einem Mikroprogramm geleistet, das der Hersteller mitliefert. So kommt es, daß der Käufer und der Programmierer, der mit der Maschine arbeitet, eine Maschine sehen, die, obwohl sie ein Haufen Eisen ist, sich nicht wie ein Haufen Eisen verhält. Alles geschieht gewissermaßen mit Pappmaché, buntem Licht, Rauch und Spiegeln. Tatsächlich handelt es sich um eine ganz andere Maschine.

PJD: Deshalb sprechen Sie von Metaobjekten?

CS: Ja. Es gab diese sogar zu kaufen. Die 1964 herausgebrachte 360er Serie wurde, bis auf eine oder zwei merkwürdige Ausnahmen, mikroprogrammiert. Die Hardware eines 360er Assemblerprogrammierers oder eines 360er Maschinensprachenprogrammierers war keineswegs die Maschine, die man vor sich hatte. Dieser Metazustand bedeutet, daß die Maschine, mit der man arbeitet, nicht diejenige ist, vor der man steht. Ab 1964 wurden die Maschinen mit einem Betriebssystem ausgestattet. Das bedeutet, daß man nicht mehr seine eigenen Datenträger einlesen läßt und daß man nicht zur Maschine hingeht, einen Knopf drückt und so seinen Job, sein Programm, startet. Vielmehr teilt man dem Betriebssystem mit: »Ich möchte mein Programm laufen lassen.« Dieses antwortet: »Gut, setz dich in den Warteraum und lies eine Zeitschrift. Man wird dich zu gegebener Zeit rufen.« Das Betriebssystem übernimmt das Scheduling des Jobs. Es steuert die Abfolge von In- und Outputs und kontrolliert sie. Es verteilt die verschiedenen Ressourcen des Computers auf die miteinander konkurrierenden Benutzer und versucht, zwischen diesen so gut wie möglich auszugleichen. Das Betriebssystem übernimmt auch die Buchführung. Es hat die gleiche Funktion wie der Verwalter auf einem Zeltplatz – wobei die einzelnen Programmierer mit ihren Programmen die Camper sind. Es spielt die Rolle des wohlwollenden großen Bruders. Es ist ein Programm, das der Hersteller mitliefert, und es arbeitet in offenkundiger Weise, das heißt, es ist nicht in irgendwelchen Mikrocodes oder dergleichen versteckt. Man kann tatsächlich einen Ausdruck von ihm bekommen und kann das Betriebssystem je nach Wunsch verändern. Somit gibt es nun ein anderes Niveau von Metahandlungen, an das man sich, will man Programmierer werden, fortan gewöhnen muß. Mag man das nicht, sucht man sich besser eine andere Arbeit.

PJD: Wieviele Metaebenen können Sie unterscheiden?

CS: Sehen wir, welche Ebenen uns gegeben sind: Da ist zuerst die Ebene des Mikrocodes. Ich kann mir keine Maschine von halbwegs vernünftiger Größe denken, die heute nicht mit einem Mikrocode arbeitet. Die Hardware, die man erreicht, ist nicht die Hardware, die man tatsächlich programmiert. Selbst wenn man

Die Apparatur für eine wissenschaftliche Berechnung im Jahre 1979

sich auf dem tiefsten erreichbaren Niveau bewegt, kommt man höchstens an das Betriebssystem heran.

Das macht schon mal zwei Metaebenen. Dann haben Sie Ihren eigenen Code als dritte Ebene. Sind Sie Programmierer, schreiben Sie vermutlich keine sich selbst verändernden Programme. Es stellt sich nämlich heraus, daß das eine äußerst gefährliche Sache ist. Diese Technik ist so mächtig, daß sie eine Menge Unheil anzurichten vermag. Ein bißchen ist es wie in jenem alten Cartoon: »Faszinierend ist die Vorstellung, daß 4000 Mathematiker 4000 Jahre bräuchten, um eine derartige Katastrophe zustande zu bringen.« Sie haben mit dieser Technik soviel Macht, daß Sie sich bereits durch einen kleinen Fehler selbst zerstören können – oder immerhin Ihr Programm, alle Daten und noch vieles mehr.

Ich will das Gesagte zusammenfassen. Auf dem untersten Niveau hat man die Maschine. Darüber findet sich deren Mikrocode. Dann kommt die Assemblersprache und schließlich Ihre höhere Programmiersprache. Noch höher liegen Dinge wie fertige Programmierpakete für besondere Zwecke. All das ist umgeben vom Fluß des Betriebssystems, das die Dinge in Ordnung halten soll.

PJD: Können Sie etwas zur Rekursion* sagen?

CS: Ich selbst bin nicht mit der Rekursion aufgewachsen, so daß ich mich nie ganz wohl damit fühle. Aber die Informatiker haben die Rekursion heute zu einer zentralen Idee gemacht. Meiner Meinung nach sind rekursive Algorithmen langsam und häßlich. Kann ich eine Aufgabe irgendwie ohne Rekursion bewältigen, so ziehe ich diesen Weg immer vor. Dennoch sind heutzutage alle verrückt danach. Die Rekursion wird bei den Informatikern gelehrt; sogar die Kinder werden instruiert, rekursiv zu denken. Mir persönlich bereitet das Kopfschmerzen.

PJD: Führen diese Metaebenen zu einer Art Schizophrenie?

CS: Nein, so weit würde ich nicht gehen. Allerdings erzeugen sie eine Denkweise, die sich stark von der üblichen unterscheidet. Tatsächlich scheint es mir gerade diese Denkweise zu sein, welche die Informatiker von anderen Leuten unterscheidet. Höre ich auf einer Cocktailparty den Gesprächen der Gäste zu, so kann ich auf Anhieb die Computerleute erkennen, und zwar einfach aufgrund ihrer Witze, ihrer besonderen Wortspiele und der Beispiele, die sie anbringen.

PJD: Beziehen sich diese Witze auf Paradoxien, die mit der Verschiedenheit von Ebenen zusammenhängen?

CS: Ja.

PJD: Stimmen Sie der folgenden umgangssprachlichen Formulierung zu: ich weiß etwas – das ist die erste Ebene. Aber ich weiß auch, daß ich das weiß – das ist die zweite Ebene und so weiter.

CS: Ich würde noch weiter gehen und das Nachdenken über die Gründe unseres Wissens hinzunehmen. Was veranlaßt uns, dies zu glauben? Das ist die wirklich wichtige Frage.

* Rekursion: Die Rückführung einer zu definierenden Größe oder Funktion auf eine bereits definierte. (A. d. Ü.)

```
C-----MENUXRF MAIN PROGRAM

C-----
C-----NOTES:
C-----
C-----   THIS MAIN PROGRAM PRODUCES A CROSS-REFERENCE REPORT FOR ALL THE
C-----FILES AND GLOBALS REFERRED TO BY ONE OR MORE BINARY MENU FILES.
C-----
C-----
      LOGICAL*1 FN(133)
C-----
      LOGICAL*1 SI(133),SJ(133),SL(133)
C-----
      LOGICAL*1 FTAB(133,200,5),MFN(133,50)
      DATA MXFTAB /200/, MXMFN /50/
C-----
      DIMENSION IGUARD(200,5),ICT(5)
C-----
      DIMENSION KKTAB(5)
      DATA KKTAB /1,3,4,2,5/
C-----
      LOGICAL*1 JDOT,JDASH, JQUOTE
      DATA JDOT /'.'/, JDASH /'-'/, JQUOTE /''''/
      LOGICAL*1 JEQUAL
      DATA JEQUAL /'='/
C-----
      INCLUDE 'IODBA.CMX'
      INCLUDE 'GINB.CMX'
      INCLUDE 'MENUB.CMX'
      INCLUDE 'DEBUGB.CMX'
      INCLUDE 'CNTRL.CMX'
C-----
C-----INITIALIZE
      ND1=5
      ND2=6
      ND3=8
      ND=3
      IDBUG=-1
      DO 5 J=1,5
      DO 5 K=1,MXFTAB
5     IGUARD(K,J)=0
C-----ASK FOR REPORT FILE NAME
10    CALL ASK ('Report file name (with extension)--|',0,2)
      IF (IOCODE .EQ. 0) GO TO 10
      CALL SCOPY (IRESP,FN)
      CALL XOPEN (ND,FN,'ASO|',132,IE)
      IF (IE .GT. 1) GO TO 80
      MC=0
C-----MENU FILE NAME LOOP
12    CALL ASK ('Menu file name (with extension) or ''DONE''--|',0,2)
      IF (IOCODE .EQ. 0) GO TO 14
      CALL SCOPY (IRESP,SI)
      CALL XUPPER (SI)
      CALL SCMP1 (SI,'DONE|',IX)
      IF (IX .EQ. 1) GO TO 300
      CALL XACCES (SI,IE)
      IF (IE .NE. 0) GO TO 16
      IF (MC .GE. MXMFN) GO TO 18
      MC=MC+1
      CALL SCOPY (SI,MFN(1,MC))
      GO TO 12
```

Diese Abbildung zeigt die erste Seite eines Programms für Crossreferenzen von Files und globalen Symbolen in anderen Programmen. Das abgebildete Metaprogramm wurde in FORTRAN geschrieben.

PJD: Gibt es im Computerbereich so etwas wie ein Reduktionsprinzip, welches besagt, daß man letztlich die höheren Ebenen ignorieren und alles auf das niedrigste Niveau zu transformieren sollte?
CS: Nein. Das Prinzip geht in der Tat genau anders herum. Man möchte alles so hoch wie möglich heben, weil die höchste Ebene die mächtigste ist. Anschließend klettert man von den indirekten Ebenen wieder herunter. Mechanik ist billig. Wenn man das gleiche per Hand erledigen soll, wird es teuer. Die Macht der Computer hat zugenommen. Computer und Hifianlagen sind die einzigen Güter, die heute billiger sind als vor 20 Jahren.
PJD: Also meinen Sie, daß das Metadenken in gewisser Hinsicht eine Reaktion auf die hohen Arbeitskosten ist?
CS: Jedenfalls wurde es durch diese hohen Kosten indirekt gefördert.
PJD: Hat das Metadenken irgendwelche Auswirkungen außerhalb der Computer und ihrer Branche? Ist es für die Welt im allgemeinen wichtig? Bringt es einen Typ von Individuen hervor, der gleichzeitig auf mehreren verschiedenen Ebenen arbeitet?
CS: Darauf will ich mit einem ausdrücklichen Ja antworten. Programmierer, Informatiker und andere Leute, die mit dem Computer arbeiten, müssen auf diese Art und Weise denken. Ein Mathematiker sieht überall, so er hinschaut, Quantitäten. Ein Ingenieur sieht, betrachtet er sein Stück Metall oder sonst etwas Konkretes, kleine Kristalle und Gesteine, während der Physiker dort Atome und der Chemiker Moleküle sieht. Im gleichen Sinne sieht der Informatiker Metaebenen. Er entdeckt Datenflüsse und Dinge, die sich auf andere Dinge beziehen. Ein Programmierer ist dann enorm stolz auf sich, wenn es ihm gelingt, durch Veränderung einer einzigen Programmzeile den Geltungsbereich seines Programmes enorm zu steigern. Das verleiht ihm das Gefühl einer ungeheuren Macht. Sitzen Programmierer in Kneipen herum und trinken sie ein Bier nach dem anderen, so reden sie über nichts anderes.
PJD: Sind diese Metaebenen Bestandteile der Taxonomie der natürlichen Welt?
CS: Gewiß ist es möglich, einen Großteil der natürlichen Welt

auf diese Art und Weise zu behandeln. Die Nahrungsmittelkette kann als ein System aufeinander bezogener Stufen angesehen werden. Es gibt jede Menge hierarchischer Strukturen. Man denke beispielsweise an politische Organisationen. Warum New York City nicht mehr funktioniert oder ob der gewaltfreie Widerstand durchführbar ist oder nicht (und falls ja, in welchen Situationen) – das sind Fragen, die man analysieren kann, indem man sie auf verschiedene Ebenen der Kontrolle reduziert.

PJD: Haben Sie mit der Wendung »Metadenken als Lebensart« die Computerleute gemeint?

CS: Ja, aber sie ist auch auf andere anwendbar. Ich dachte daran, wie beherrschend diese Denkweise geworden ist. Sie färbt auf Ihre Beziehungen zur Außenwelt und auf Ihre Vorstellungen davon ab. Ihr Einflußbereich beschränkt sich nicht auf Schreibtisch und Computer.

Das Metadenken macht mich beispielsweise mit vielem unzufrieden, was ich in der Zeitung lese. So erfahre ich, daß wir ein kapitalistisches System haben und die Russen ein kommunistisches. Das hat Auswirkungen auf die Preise, die Produktion und die Güterverteilung. Meine Ausbildung als Informatiker läßt mich vermuten, daß ich ein Programm eines entsprechend hohen Niveaus schreiben könnte, das die beiden Systeme umfaßt. Will ich dieses Programm dann laufen lassen, so setze ich die Variable K auf KAP oder auf KOM oder auf eine beliebige Mischung von beiden.

Warum sollte nun irgendein vernünftiges Individuum sich dauerhaft feindselig verhalten und sogar mit dem Weltuntergang drohen, nur weil eine einfache Variable in einer bestimmten Weise belegt ist? (Natürlich sollten wir die Belegung der Variablen so wählen, daß mir möglichst viele Güter zufließen.) Verstehen Sie, worum es mir geht? Das Metadenken macht mich mit den gängigen politischen Floskeln unzufrieden.

Drei Bedeutungen von »Berechnung«

Die Tätigkeit, die man mit dem Wort »Berechnung« benennt, ist heute derart weit verbreitet, daß diese Vokabel vermutlich ebensoviele Bedeutungen aufweist, wie es Leute gibt, die Computer benützen. Im Folgenden werden drei besondere Bedeutungen herausgestellt und erläutert:

1. Die Bedeutung im Sinne der Logik oder der Informatik
2. Die Bedeutung im Sinne der Physik
3. Die arithmetische (traditionelle) Bedeutung

Die Bedeutung im Sinne der Logik Die Betätigungsmöglichkeiten für den Computer umfassen heute sehr unterschiedliche Bereiche, auch die Tätigkeits»modi« sind unterschiedlich. Er kann Texte verarbeiten, Bilder auf farbige Bildschirme malen und Lohnsteuererklärungen abgeben. Daher scheint es vernünftig, nach einer gemeinsamen Basis für diese Tätigkeiten zu suchen. Diese sollten aus einigen wenigen, möglichst einfachen Operationen bestehen. In der Mitte der 30er Jahre hat Alan M. Turing (1917–1954) eine solche Basis entdeckt – noch bevor der erste elektronische Digitalrechner der Welt konstruiert wurde. (Einige andere Logiker, unter ihnen Emil Post, sind unabhängig von Turing zu äquivalenten Ansichten gelangt.) Turings abstraktes Konstrukt heißt heute Turing-Maschine, Logiker und Informatiker identifizieren meist die Bedeutung des Wortes »berechnen« mit den Operationen einer Turing-Maschine.

Ich will jetzt eine grobe Vorstellung davon vermitteln, was eine Turing-Maschine überhaupt ist. Dabei werde ich mich – mit einigen Kürzungen und Änderungen – an den Artikel »Was ist Berechnung?« von Martin Davis halten. Abstraktion heißt derjenige Vorgang, bei dem alle Einzelheiten ausgeschaltet werden, um das Wesentliche zu ermitteln.

Macht es einen Unterschied aus, ob Berechnungen von einem Menschen oder von einem gut ausgebildeten Pferd ausgeführt werden? Nein? Dann kann dieser Aspekt ausgeblendet werden. Macht es einen Unterschied, ob mit Hilfe eines Bleistiftes, eines Füllhalters oder mit Kieselsteinen gerechnet wird? Nein? Dann ist dies ein weiterer unwesentlicher Aspekt. Betrachten wir einmal eine typische schriftliche Multiplikation:

$$\begin{array}{r}
\underline{11 \cdot 12 =} \\
11 \\
\underline{22} \\
132
\end{array}$$

Braucht man hierzu obige zweidimensionale Darstellungsweise? Nein – denn man kann diese Rechnung ja auch linear anordnen: $11 \cdot 12 = 22 + 110 = 132$. Standardisieren wir diese Form, indem wir die Symbole in einen mit Kästchen versehenen Streifen eintragen. Können wir dann noch weiter vereinfachen? Ja. Stellen wir uns folgende Botschaft vor:

1	1	×	1	2	=	2	2	+	1	1	0	=	1	3	2

Jeder weiß, daß man alle Botschaften im Morsealphabet mit Hilfe von Punkten und Strichen ausdrücken kann. Also genügen zwei Zeichen zur Übermittlung unserer Botschaft. Nehmen wir 0 und 1 für diese beiden Symbole. In jedem Kästchen unseres Streifens soll eines der beiden Symbole stehen.

Das Problem wird in der Form eines Streifens mit Nullen und Einsen der Turing-Maschine vorgelegt. Dieses Band soll kästchenweise gelesen werden, wobei es sich von rechts nach links bewegt. Nach dem Einlesen muß eine Entscheidung getroffen werden, was als nächstes zu tun ist. Es ist möglich, ein Symbol durch das andere zu ersetzen. Man kann es auch unverändert lassen. Schließlich sollte der ganze Prozeß einmal beendet werden können.

Eine Rechnung ist nun für eine Turing-Maschine nichts anderes als eine endliche, geordnete Abfolge von Schritten. Jeder einzelne Schritt entspricht einer der folgenden sechs Möglichkeiten:

(a) eine 0 drucken;
(b) eine 1 drucken;
(c) ein Kästchen nach links gehen;
(d) ein Kästchen nach rechts gehen;
(e) zum Schritt n des Programmes springen, wenn eine 1 eingelesen wird;
(f) zum Schritt n des Programmes springen, wenn eine 0 eingelesen wird;
(g) anhalten.

Die Abfolge, in der der Computer diese Operationen ausführt, wird durch ein spezifisches Programm festgelegt, das der Programmierer schreibt und das auf dem Band festgehalten wird. Dieser Programmiervorgang kann auf viele verschiedene Arten standardisiert werden. Das macht die Kodierung der jeweiligen Programmiersprache aus. Zum Beispiel könnten wir folgende Kodierung wählen:

0 0 0	wird interpretiert als	»drucke 0«
0 0 1		»drucke 1«
0 1 0		»gehe ein Kästchen nach links«
0 1 1		»gehe ein Kästchen nach rechts«
1 0 1	$\underbrace{0\ 0 \ldots 0\ 1}_{n \text{ Einträge}}$	»gehe zum Schritt Nummer *n*, wenn 0 eingelesen wird«
1 1 0	$\underbrace{1 \ldots 1\ 0}_{n \text{ Einträge}}$	»gehe zum Schritt Nummer *n*, wenn 1 eingelesen wird«
1 0 0		stop.

Ein Programm wird mit den eingegebenen Daten ausgeführt. Diese Daten können ein anderes Programm darstellen. Sie können aber auch dasselbe Programm kodieren, das die Maschine gerade ausführt.

So sieht also eine Berechnung in den Vorstellungen der Logiker aus. Eines der zentralen Dogmen oder Axiome dieser Disziplin lautet, daß sich jede Berechnung in einzelne Schritte zerlegen und sich anschließend aus diesen wieder zusammensetzen läßt. Steht erst einmal eine begriffliche Standardisierung zur Verfügung – und die von Turing angegebene ist nur eine unter mehreren Möglichkeiten –, so läßt sich deren Anwendungsbereich beschreiben und mit dem anderer Standardisierungen vergleichen.

Die Frage, was alles eine Berechnung darstellt und was nicht, ist *vage und veränderlich.* Sie muß ihren Sinn im Laufe der Zeit ändern. Turings Arbeit liefert eine Axiomatisierung dieses Begriffs. Seit Euklid gelten Axiomatisierungen und Formalisierungen als Gütezeichen theoretischer Wissenschaften. Wir können dem Werk Turings (und demjenigen der anderen Logiker des ersten Drittels des 20. Jahrhunderts) einen intellektuellen Status vergleichbar dem Euklids zugestehen. Dennoch scheint es mir angemessen zu vermuten, daß dieses Paradigma ebensowenig die zukünftige Definition von Berechnung beschreiben kann, wie die Axiome der Euklidischen Geometrie beschreiben können, wie der astronomische Raum in Wirklichkeit aussieht, der unserem Kosmos zugrunde liegt.

Die Bedeutung im Sinne der Physik Die Turing-Maschine liefert eine abstrakte Beschreibung der Berechnung. Aber kein wirklicher Computer arbeitet gemäß Turings Entwürfen. Um der Realität ein wenig näher zu kommen, sollten wir den Blickwinkel eines Physikers einnehmen, der sich für die Arbeit im Innern eines Computers interessiert.

Für eine derartige Person stellt der Digitalrechner einfach eine Erfindung dar, die diskrete Informationen verarbeitet, indem sie Folgen logischer Operationen auf diese Information und in ihrem eigenen Programm ausführt.

Eine diskrete Information ist eine Kette von »Zustands«symbolen: Nullen und Einsen oder W's und F's (für wahr und falsch) – oder allgemeiner gesagt: jede Symbolisierung zweier wohlunterscheidbarer physikalischer Zustände.

Logische Operationen stellen Verknüpfungen von Aussagen dar

mit Hilfe von »nicht«, »und«, »entweder/oder«, »wenn ..., dann« und »dann und nur dann«. Hiermit werden zusammengesetzte Aussagen aus einfacheren aufgebaut. Jeder dieser Verknüpfungen läßt sich eine Wahrheitstafel zuordnen. Die Verknüpfung »und« hat beispielsweise diese Wahrheitstafel:

erste Aussage *P*	zweite Aussage *Q*	erste und zweite *P* und *Q*
wahr	wahr	wahr
falsch	wahr	falsch
wahr	falsch	falsch
falsch	falsch	falsch

Die zweite Zeile dieser Tafel bedeutet: ist die Aussage *P* falsch und die Aussage *Q* wahr, so ist die zusammengesetzte Aussage »*P* und *Q*« falsch.

Ein Physiker betrachtet die dritte Spalte der Tafel einfach als Ergebnis, das sich einstellt, wenn man die ersten beiden Spalten eingibt (und zwar zeilenweise) und dabei jegliche sprachliche und logische *Bedeutung* außer Betracht läßt. Für ihn stellt sich nur die Frage, wie ein physikalisches Gerät gebaut werden kann, das gemäß dem folgenden Muster reagiert:

»und«

Input	Output
1 1	1
0 1	0
1 0	0
0 0	0

Solch ein Gerät wird Gatter genannt. Das obige ist genauer gesagt ein »und-Gatter«. Aus der Sicht des Physikers besteht ein Computer aus einer riesigen Ansammlung logischer Gatter. Seine Aufgabe besteht darin, Gatter zu erfinden, die zuverlässig und in kürzester Zeit arbeiten. Er muß die Möglichkeiten untersuchen, solche Gatter miteinander zu kombinieren und sich über physikalische Anforderungen und Grenzen Gedanken machen. Derartige Gatter können, zumindest im Prinzip, mechanisch, elektromagnetisch, hydraulisch, kryogenetisch, chemisch oder sogar organisch arbeiten. Physiker, die mit der Entwicklung solcher Geräte betraut sind, kümmern sich nicht um die Anwendungen, welche solche Ansammlungen von Gattern finden – selbst dann nicht, wenn es Anwendungen in der Physik sind.

Die arithmetische Bedeutung Gemäß der üblichen und traditionellen Auffassung bedeutet Berechnung Arithmetik. Berechnen meint addieren, subtrahieren, multiplizieren oder dividieren. Also ist berechnen gleichbedeutend mit der Ausführung der vier ehrwürdigen Grundrechenarten, die man in der Grundschule erlernt. Die wichtigsten Abnehmer für Berechnungen in diesem Sinne sind Ökonomie, Wissenschaft und Technik sowie die Mathematik selbst. Früher waren die mathematischen Anforderungen, die das Geschäftsleben stellte, vergleichsweise gering: die vier Grundrechenarten, in der Hauptsache aber die Addition, mußten mit großen Mengen von geschäftlichen Daten immer wieder durchgeführt werden. Die Darlehensauszüge, die die Kreditabteilungen allmonatlich den Kreditnehmern schicken, beruhen auf einfachen Rechnungen. Zum Saldo des Monatsersten sind die Kosten der beabsichtigten Ankäufe zu addieren. Davon werden die in diesem Monat vorgenommenen Zahlungen abgezogen. Ein gewisser Prozentsatz der ursprünglichen Saldos wird als zu erbringende Zinsen hinzuaddiert. Das ergibt den neuen Saldo.

Es war die Aufgabe der Grundschule, die Kinder das Rechnen zu lehren. Nach Abschluß der achten Klasse wußten Kinder meiner Generation – oder es wurde angenommen, daß sie es wußten – wie man addiert, subtrahiert, multipliziert und dividiert (in Kurz- und Langform). Die Schüler konnten diese Operationen auch mit Brüchen und Dezimalzahlen ausführen. Sie wußten, wie man Brüche vollständig kürzt, wie man den größten gemeinsamen Teiler findet und das kleinste gemeinsame Vielfache bestimmt. Sie lernten, Quadratwurzeln zu ziehen und konnten diese Operationen bei Vermessungsproblemen anwenden.

Um die Revolution, die in der Berechnung stattgefunden und die

Welt überwältigt hat, besser einschätzen zu können, sollten wir uns klarmachen, daß bis vor hundert Jahren, als die allgemeine Schulpflicht eingeführt wurde, die volle Kenntnis der Grundrechnungsarten ausschließlich einigen Geschäftsleuten, einigen Wissenschaftlern und dem einen oder anderen Rechtsanwalt oder Geistlichen vorbehalten war. Vor fünfzig Jahren kannte meine Mutter weder die Multiplikation noch die Division in der Langform. Mein Vater, der vier Jahre lang die Grundschule besucht hatte, brachte sich diese Operationen selbst bei, um sein Geschäft besser führen zu können. Ich vermute, obwohl ich keine Statistiken kenne, daß in unserer Generation die Anzahl der in der Arithmetik Unkundigen noch höher ist als diejenige der Analphabeten. Und die Zahl der letzteren ist in unserem Land wohl höher, als wir annehmen.

In der Phase zwischen der Generation meiner Eltern und der meinigen wurde die Ausbildung in allgemeiner Arithmetik zu einem überall anerkannten Standard. Gleichzeitig wurde die Arithmetik des alltäglichen Lebens immer komplexer. Die Lohnabrechnung eines Durchschnittsbürgers der USA enthält vielleicht ein Dutzend Abzüge. Davon sind einige feste Beträge, andere beruhen auf Prozentanteilen oder hängen von Ausdrücken in Klammern ab. Einige Abzüge werden periodisch vorgenommen, andere nur einmalig. Diese Komplexität ist eine lebhafte Illustration dessen, wie die erforderliche Arithmetik zunimmt und so die neu entstandene arithmetische Kompetenz zufriedenstellt. Selbst ein zartbesaiteter Mathematiker wird der Behauptung zustimmen, daß die Formulare für die Lohnsteuererklärung ein Meisterwerk abwegiger hyperkomplexer Mathematik darstellen. Eine ganze Menge Leute kann im wörtlichen Sinne nicht ihre Tage zusammenzählen. Kaum jemand unter uns überprüft die Arithmetik seiner Bank oder seines Lohnbüros. Die juristische, ökonomische und arithmetische Komplexität der Lohnsteuererklärung treibt Millionen in die Arme der Steuerberater. Sie wiederum tun das ihre, um alles möglichst komplex zu halten.

Berechnungen, das heißt die vier Grundrechenarten mit Bleistift und Papier auszuführen, ist eine langweilige, fehleranfällige und quälend langwierige Arbeit. Man sollte sich nichts vormachen: Viele Leute hassen diese Tätigkeit. Aus diesem Grunde haben die Europäer Rechenbretter und den Abakus, die Inkas Schnüre mit Knoten und raffinierte Fingerrechenverfahren erfunden. An manchen Orten wurden Rechnungen niemals auf Papier oder im Kopf ausgeführt, sondern immer mit solchen Hilfsmitteln. Deshalb ist es irreführend zu behaupten, daß Schwierigkeiten mit der Arithmetik die Entwicklung solcher Hilfsmittel angeregt hätten: ohne Abakus keine Arithmetik! Unter dem Druck der für die Astronomie, die Landvermessung und die Navigation notwendigen Berechnungen wurden die Logarithmen eingeführt und allmählich vervollkommnet. Diese reduzierten die schwierigere Operation des Multiplizierens auf die des Addierens; die Division wurde auf die Substraktion und das Wurzelziehen auf eine einfache Division zurückgeführt. Eine Vielzahl anderer Hilfsmittel wie Rechenschieber und Nomographie wurde damals erfunden. Sie alle bewährten sich in der Praxis. Astrolab und andere spezielle Geräte für astrologische Zwecke waren in der islamischen Welt des 15. Jahrhunderts weit verbreitet. Die ersten mechanischen Addierer stammen aus dem frühen 16. Jahrhundert. Seit Mitte des 19. Jahrhunderts gehörten sie zur Standardausrüstung in der Geschäftswelt. Bis in die 40er Jahre unseres Jahrhunderts wurden noch Modelle gebaut, die nur addieren konnten. Gegen Ende der 30er Jahre waren mechanische Rechenmaschinen verfügbar, die auf Knopfdruck alle vier Grundrechenarten ausführten. In den frühen 50er Jahren kamen Modelle mit einem Knopf für das Wurzelziehen auf den Markt. (Diese letzte Erfindung hätte schon Anfang des 19. Jahrhunderts eingebaut werden können.) Nach 1950 wich die mechanische Rechenmaschine dem elektronischen Computer, der um elf Größenordnungen schneller und zugleich viel flexibler war. Man beachte: elf Größenordnungen! Welcher andere Aspekt der Welt hat jemals in so kurzer Zeit eine Vergrößerung um den Faktor 100 000 000 000 erfahren? Führt man die vier Grundrechenarten im Kopf oder auf einem weißen Blatt Papier aus, so begeht man leicht Fehler. Deshalb wurden Proben erfunden, um die Richtigkeit des Resultates zu »beweisen«. Will man eine Division überprüfen, so multipliziert man zurück. Bei einer Subtraktion muß man entsprechend addieren. Aber wie läßt sich eine Multiplikation oder eine Addition überprüfen? Dazu gab es zum Beispiel die Neunerregel, die eine partielle Prüfung erlaubte. Letztlich überprüfte man eine Addition oder eine Multiplikation, indem man sie zweimal ausführte. Der Krämer früherer Zeiten holte seinen Beistift hinter seinem Ohr hervor, befeuchtete dessen Spitze mit der Zunge und schrieb die Preise auf das Packpapier. Zuerst prüfte er, ob er ebensoviele Preise wie Waren aufgeschrieben hatte; dann zählte er diese zusammen. Zur Sicherheit tat er dies noch ein zweites Mal. War er wirklich gewitzt, so addierte er die Spalte einmal von oben nach unten und einmal von unten nach oben.

Auch der Computer hat die Möglichkeit falscher Rechnungen nicht ausgerottet. Wurden die Preise der Lebensmittel richtig eingegeben? Ist das der Fall, so wird deren Summe mit sehr hoher Wahrscheinlichkeit richtig berechnet. Falls nicht, so wird der Computer dies nicht erkennen; beschwert man sich, so erhält man als Antwort, daß der Computer irgendeinen Unsinn gemacht habe. Aber jedermann weiß, daß nicht der Computer, sondern ein Mensch den Unsinn angestellt hat. Wird der Preis der Ware automatisch aus dem Speicher aufgrund des eingelesenen Zebrastreifens abgerufen, so stellt sich die Frage: wie kann man sicher sein, daß die Preise ordnungsgemäß abgespeichert worden sind? So läßt sich eine endlose Kette von Fragen formulieren: Ist dies richtig eingegeben worden? Ist jenes ordnungsgemäß programmiert worden? Letztlich gründet unser Glaube an die Korrektheit des gesamten Prozesses in unserem Vertrauen auf die beteiligten Menschen, insbesondere auf ihre Fähigkeiten, Fehler durch Überprüfung von Zwischenergebnissen zu finden und zu korrigieren.

Höhere Arithmetik: Elemente der wissenschaftlichen Berechnung

Die Bedürfnisse des Geschäftslebens konnten einst – heute ist dies übrigens nicht mehr der Fall – durch die vier Grundrechenarten Addition, Subtraktion, Multiplikation und Division befriedigt werden. Die Anforderungen der erwachenden Naturwissenschaften waren gehaltvoller. Das Problem des Messens in der ebenen, aber auch in der räumlichen Geometrie führte zu komplizierteren Operationen. Die Fläche A eines Quadrates der Seitenlänge s wird gegeben durch $A = s^2$; das Volumen V eines Würfels der Kantenlänge s ist $V = s^3$. Umgekehrt lassen sich Seiten- und Kantenlänge mit Hilfe der Fläche oder des Volumens ausdrücken: $s = \sqrt{A}$ bzw. $s = \sqrt[3]{V}$. Auf diesem Weg gelangten bereits in der antiken Mathematik Quadrat- und Kubikwurzeln in die Welt der Arithmetik. Schon vor Pythagoras war bekannt, daß die Länge der Diagonale im Rechteck die Berechnung einer Quadratwurzel erfordert. Die Berechnung der Stücke eines Dreiecks, eine wichtige Aufgabe in der Landvermessung, der Astronomie und der Navigation, verlangt die Kenntnis der sogenannten trigonometrischen Funktionen. Diese wurden von Claudius Ptolemäus (150 n. Chr.), vielleicht sogar schon früher berechnet und tabelliert. Ptolemäus arbeitete auch systematisch mit ihnen.

Geometrie und Trigonometrie wimmeln von Gesetzen und Formeln, die mit einfachen algebraischen Ausdrücken oder sogar in der Alltagssprache formulierbar sind und die, will man sie für besondere Fälle auswerten, numerische Berechnungen erfordern. Ähnlich ist die Physik voller Formeln, die einfach in ihrer Formulierung, aber tiefliegend in ihrem Sinn sind und die Durchführbarkeit gewisser Rechnungen voraussetzen. Man kann hierfür viele Beispiele anführen. Betrachten wir das Gesetz des freien Falls: $s = \frac{1}{2} gt^2$, das dritte Keplersche Gesetz $\frac{R^2}{T^3} = c$, das Gesetz der relativistischen Masse $m = \frac{m_0}{\sqrt{1 - \frac{v^2}{c^2}}}$, das Brechungsgesetz $n_1 \cdot \sin_1 = n_2 \cdot \sin_2$ und das Plancksche Strahlungsgesetz $R = \frac{c_1}{\lambda^5(e^{c_2/\lambda T} - 1)}$. In vergangenen Tagen wurden diese Formeln mit Bleistift und Papier ausgewertet, wobei man gelegentlich einen Blick in eine Tabellensammlung warf oder einen Rechenschieber beziehungsweise eine mechanische Rechenmaschine benützte. Heute erledigt man solche Rechnungen mit einem Taschenrechner, der über Funktionstasten verfügt. Die Bedienungsanleitungen für solche Geräte raten sogar den Käufern, die Operationen des Rechners zu erlernen, indem sie sich an solchen physikalischen Formeln üben.

Die angeführten Formeln oder Gesetze und viele andere ihnen vergleichbare haben ein gemeinsames Charakteristikum: sie können alle mit den Operationen der Arithmetik oder der höheren Arithmetik ausgewertet werden. Zur höheren Arithmetik rechne ich: die vier Grundrechenarten, die Operation des Wurzelziehens und die Verwendung elementarer transzendenter Funktionen (wie Exponentialfunktion und trigonometrische Funktionen: Sinus, Cosinus, Tangens) sowie deren Umkehrfunktionen. Durch Iteration solcher Operationen kann man Funktionen aufbauen wie arc $\sin^{-1}\sqrt{\frac{1 + x^5}{1 + x^3}}$, $e^{-2\pi x}\cos(60x+23)$ usw. Solche Ausdrücke werden manchmal *explizite Funktionen* genannt. Im Verlauf der Forschung ist es oft wünschenswert, explizite Funktionen für die zur Diskussion stehenden Größen zu erhalten. Nun gibt es viele nützliche spezielle Funktionen, die intensiv untersucht wurden und für die effiziente Berechnungsverfahren bekannt sind. Warum also sollte man die höhere Arithmetik auf die Potenz- und Exponentialfunktionen sowie auf Sinus und Cosinus und deren Inverse beschränken? Die anderen Funktionen waren doch schon zu Beginn des 18. Jahrhunderts bekannt!

Warum sollten wir in unsere Liste nicht auch die Bessel-Funktionen, die Legendre- und die Areafunktionen usw. usw. aufnehmen, um auf diese Weise das Vokabular der höheren Arithmetik zu erweitern? Tatsächlich gibt es keinen Grund, warum man das nicht tun sollte. Allerdings ist de facto das Bedürfnis nach den letztgenannten Funktionen geringer als nach den ersteren, weshalb die vorgeschlagene Beschränkung eine angemessene begriffliche Einheit liefert.

Die Idee der wissenschaftlichen Berechnung ist in ihrer höchsten Form in einem Buch verwirklicht worden, das Mitte der 50er Jahre begonnen wurde, aber erst 1964 ausgeliefert werden konnte. Gemeint ist »The Handbook of Mathematical Functions« (Hand-

Κανόνιον τῶν ἐν κύκλῳ εὐθειῶν			Table of Chords		
περιφε-ρειῶν	εὐθειῶν	ἑξηκοστῶν	arcs	chords	sixtieths
∠′	ō λα κε	ō α β ν	½°	0;31,25	0;1,2,50
α	α β ν	ō α β ν	1°	1;2,50	0;1,2,50
α∠′	α λδ ιε	ō α β ν	1½°	1;34,15	0;1,2,50
β	β ε μ	ō α β ν	2°	2;5,40	0;1,2,50
β∠′	β λζ δ	ō α β μη	2½°	2;37,4	0;1,2,48
γ	γ η κη	ō α β μη	3°	3;8,28	0;1,2,48
γ∠′	γ λθ νβ	ō α β μη	3½°	3;39,52	0;1,2,48
δ	δ ια ιϛ	ō α β μζ	4°	4;11,16	0;1,2,47
δ∠′	δ μβ μ	ō α β μζ	4½°	4;42,40	0;1,2,47
ε	ε ιδ δ	ō α β μϛ	5°	5;14,4	0;1,2,46
ε∠′	ε με κζ	ō α β με	5½°	5;45,27	0;1,2,45
ϛ	ϛ ιϛ μθ	ō α β μδ	6°	6;16,49	0;1,2,44
ϛ∠′	ϛ μη ια	ō α β μγ	6½°	6;48,11	0;1,2,43
ζ	ζ ιθ λγ	ō α β μβ	7°	7;19,33	0;1,2,42
ζ∠′	ζ ν νδ	ō α β μα	7½°	7;50,54	0;1,2,41
⋮	⋮	⋮	⋮	⋮	⋮
ροδ∠′	ριθ να μγ	ō ō β νγ	174½°	119;51,43	0;0,2,53
ροε	ριθ νγ ι	ō ō β λϛ	175°	119;53,10	0;0,2,36
ροε∠′	ριθ νδ κζ	ō ō β κ	175½°	119;54,27	0;0,2,20
ροϛ	ριθ νε λη	ō ō β γ	176°	119;55,38	0;0,2,3
ροϛ∠′	ριθ νϛ λθ	ō ō α μζ	176½°	119;56,39	0;0,1,47
ροζ	ριθ νζ λβ	ō ō α λ	177°	119;57,32	0;0,1,30
ροζ∠′	ριθ νη ιη	ō ō α ιδ	177½°	119;58,18	0;0,1,14
ροη	ριθ νη νε	ō ō ō νζ	178°	119;58,55	0;0,0,57
ροη∠′	ριθ νθ κδ	ō ō ō μα	178½°	119;59,24	0;0,0,41
ροθ	ριθ νθ μδ	ō ō ō κε	179°	119;59,44	0;0,0,25
ροθ∠′	ριθ νθ νϛ	ō ō ō θ	179½°	119;59,56	0;0,0,9
ρπ	ρκ ō ō	ō ō ō ō	180°	120;0,0	0;0,0,0

Sehnentafel des Ptolemäus

buch der Mathematischen Funktionen), das von der mathematischen Abteilung des »National Bureau of Standards« in Washington geschrieben wurde. Dieses Buch enthält auf etwa tausend Seiten eine Zusammenstellung der Eigenschaften der wichtigsten Funktionen, die in Physik, Technik und Statistik nützlich sind. Es enthält eine große Anzahl von Tabellen, Formeln und Graphen. Wie oft bei solchen Monumentalwerken der Fall, war auch dieses Buch bereits bei seiner Planung obsolet, denn es stellte die numerischen Techniken des Vor-Computer-Zeitalters dar und baute auf diesen auf. Während die menschlichen Sammler noch wie Lepidopterologen mit großer Liebe Funktionen, Entwicklungen, Identitäten und Darstellungen für die Aufnahme in das Buch aussuchten, befanden sich die Computer und ihre Software bereits in voller und stürmischer Entwicklung. Das Format computerisierter Information war damals (ähnlich wie heute) allerdings noch so instabil, daß sich die Fachleute auf keinen besseren Weg der Informationsvermittlung als das Buch einigen konnten.

Es sollte sich herausstellen, daß das Buch ein riesiger Erfolg wurde. In mehreren Auflagen wurden etwa eine viertel Million Exemplare verkauft. Es bekam wegen seiner Größe und Farbe den liebevollen Spitznamen »Das rote Monster«. Obwohl sein Geist veraltet war, blieb es dennoch ein nützliches Buch.

Könnten alle wissenschaftlichen Berechnungen mit Hilfe expliziter Funktionen der gerade geschilderten Art ausgeführt werden und genügten einige wenige Berechnungen (sagen wir zehn oder hundert), um immer zu einer Lösung zu gelangen, so hätte es wohl kaum seitens der Scientific Community das Bedürfnis gegeben, die Rechenmaschinen über den mechanischen Stand von 1900 hinaus weiterzuentwickeln. Zum Glück oder unglücklicherweise – je nachdem, welche Ansicht man vertritt – war dies aber nicht der Fall. Um einzusehen, warum dem so war und auf welche Weise die numerischen Berechnungen immer komplexer und subtiler wurden, müssen wir über die Probleme der Numerik reden.

Was als *explizite* Lösung eines mathematischen Problemes angesehen wird, ist in einem gewissen Maße konventionell. Haben wir uns aber auf die obige Vereinbarung geeignet, so stellt sich eine überraschende Tatsache heraus: *Eine mathematische Frage kann eine Antwort haben, ohne deshalb notwendigerweise eine explizite Lösung zuzulassen.* Diese Tatsache wurde schon früh in der Geschichte der Mathematik erkannt. Obwohl man aus 2 eine Quadratwurzel »ziehen« kann, ist es keineswegs so, daß das Ergebnis ein Bruch zweier ganzer Zahlen wäre. Solche Brüche kommen $\sqrt{2}$ beliebig nahe – so nahe, daß dies für alle Anwendungen ausreicht –, aber eine strenge Gleichheit läßt sich nicht herstellen. Dieses Beispiel stammt aus dem fünften Jahrhundert vor Christus.

Obwohl die Differentialgleichung erster Ordnung $y' = x^{-1} + y^{-1}$, $y(1) = 1$ eine Lösung besitzt, findet sich diese nicht unter den einfachen Elementarfunktionen, die man durch Zusammensetzen von Polynomen, rationalen Funktionen sowie Exponential- und trigonometrischen Funktionen und deren Umkehrfunktionen erhält. Dieses Beispiel stammt aus den 30er Jahren des letzten Jahrhunderts.

Ist unser Problem einerseits wichtig genug und kann es andererseits mit den herkömmlichen Hilfsmitteln nicht gelöst werden, so entwickelt sich die Mathematik weiter, indem sie neue Hilfsmittel erfindet, die in späteren Generationen Standard werden. Beispiele für diese Tendenz sind Potenz- und Fourierreihen, orthogonale Funktionen und spezielle Integralfunktionen. Werden die Probleme spezieller, so wird deren Theorie komplizierter und nur noch eingeschränkt anwendbar. Schließlich wird diese zur privaten Spielweise einer Handvoll von Experten. So gehörte zum Beispiel vor hundert Jahren die Kenntnis der Theorie elliptischer Integrale zur Ausbildung *jedes gebildeten Mathematikers*. Deshalb sah man eine Lösung mit Hilfe elliptischer Integrale als »explizit« an, heute ist dem nicht mehr so. Die Erfinder von Programmiersprachen wie MACSYMA und REDUCE träumen davon, die gesamte Theorie der speziellen Funktionen zu »automatisieren« und auf diesem Wege dieses spezielle Wissen dem Gelegenheitsbenutzer zugänglich zu machen. Heute muß ein Praktiker noch abwägen zwischen dem Zeitaufwand, der erforderlich ist, um die Geheimnisse einer speziellen fortgeschrittenen Theorie kennenzulernen und den Vorteilen, die er daraus ziehen kann.

Mathematiklehrer pflegen zu ihren Klassen zu sagen: Dieses Problem hat eine Antwort, aber wir können sie hier nicht explizit angeben. Eine Vorlesung, die die »reine« Theorie behandelt, würde sich auf den Existenzaspekt dieser Aussage konzentrieren: Man beweise, daß es eine Lösung gibt und zeige einige ihrer Eigenschaften. Ist aber aufgrund außermathematischer (z. B. physikalischer oder rechnerischer) Evidenz klar, daß das Problem eine Antwort zuläßt, ist es weiterhin sehr wichtig, diese zu ermitteln, und läßt sie sich schließlich rechnerisch erhalten, so handelt es sich um einen Fall für die Numerikvorlesung.

Wir wollen beispielsweise annehmen, daß wir mit dem Anfangswertproblem $y' = x^{-1} + y^{-1}$, $y(1) = 1$ konfrontiert werden. Existenzsätze sagen uns, daß dieses Problem eine eindeutige Lösung besitzt. Weiterhin ist bekannt, daß diese nicht elementar ist. Das Ziel der Numerik besteht nun darin, eine numerische Darstellung der Lösung mit Hilfe eines schrittweisen Vorgehens zu gewinnen, wobei der Differentialoperator $\frac{d}{dx}$ (der durch einen Grenzwert oder durch Infinitesimalien definiert wird) durch endliche Differenzen approximiert wird.

Diese beiden Aspekte, nämlich der berechende und der existenziale, entwickelten sich historisch gesehen parallel. Große theoretische Mathematiker waren oftmals auch hervorragende Rechner. Im Zeitraum zwischen 1850 und dem Zweiten Weltkrieg wurden die meisten mathematischen Talente von Fragen der Berechnung abgelenkt. Das Gebiet der Berechnung fiel häufig den Astronomen zu. Das Aufkommen der Hochgeschwindigkeitscomputer bewirkte ein Wiederaufleben des Interesses der Mathematiker an der Berechnung. Dieses hat seitdem bis auf den heutigen Tag stetig zugenommen. Die aktuelle Forschung auf dem Gebiet der Numerik zielt auf die Entwicklung von Berechnungsstrategien ab, die genau, stabil, bequem, schnell und ökonomisch sein sollen.

Superarithmetik

Mit *Superarithmetik* – auch numerische Berechnung großen Stils genannt – bezeichne ich die unglaublich schnelle Verarbeitung riesiger Mengen gewöhnlicher Arithmetik. Nehmen wir als Beispiel die Verarbeitung auditiver Signale. Wir möchten vielleicht Signale bis zu 32 000 Hertz verarbeiten. Angenommen, jede Schwingung wird durch 32 Angaben beschrieben, dann haben wir es mit 1 024 000 Angaben pro Sekunde zu tun. Setzen wir einen Faktor 10 für unsere Filterung ein, so landen wir schließlich bei rund 10 000 000 Operationen pro Sekunde.

Nehmen wir an, wir möchten Wettervorhersagen für das Gebiet der USA erstellen. Wir stellen uns die USA grob als Rechteck der

Satellitenbild

Länge 4800 km und der Breite 2400 km vor. Das Mikroklima werde von Meßstationen, die 16 km voneinander entfernt liegen, aufgezeichnet. Dann braucht man für ein zweidimensionales Gitter 45 000 Stationen. Wird das Klima bis in die Höhe von 15 km alle 30 m gemessen, so ergibt das insgesamt 22 500 000 Meßpunkte. Diese ungeheure Masse von Daten muß in Zeitintervallen verarbeitet werden, die numerische Stabilität garantieren. So gelangen wir in einen Bereich der Berechnung, in dem Hunderte von Millionen von Flops (floating point operations per second) erforderlich sind. Computer, die das leisten können, nennt man heute Supercomputer. Die Disziplinen der Wissenschaften wimmeln von Problemen, die derartige Kapazitäten erfordern. Als Beispiele kann man nennen: in der Erforschung der Atmosphäre die Wettervorhersage per Satellit; in der Astrophysik die Entwicklung stellarer Systeme; in der Chemie die Quantenmechanik der Moleküle; in den Ingenieurwissenschaften die Optimierung von Strukturen und schließlich in der Genetik die Simulation lebender Zellen.

Ein Gebiet, in dem große Mengen unzähliger Informationen ausgewertet werden, ist die digitale Bildverarbeitung. Deren Anwendung reicht von der Verbesserung von Bildern, die aus der Raumfahrt stammen, bis hin zur Produktion interessanter visueller Effekte für den Science-Fiction-Film.

Was macht ein Supercomputer, der ein Problem bearbeitet, aus der Sicht des Mathematikers? Nehmen wir einmal an, wir wollten die aerodynamischen Eigenschaften eines Automobils berechnen, um dessen Energieverbrauch zu verringern. Dann haben wir die folgende partielle Differentialgleichung zu lösen (nach C. W. Hirt und J. D. Ramshaw »Prospects for Numerical Simulation of Bluff-Body-Aerodynamics« (Perspektiven der numerischen Simulation in der Aerodynamik breiter Körper)):

$$\text{»}\ \frac{\partial u}{\partial t} + \frac{\partial u^2}{\partial x} + \frac{\partial uv}{\partial y} + \frac{\partial uw}{\partial z} = -\frac{\partial p}{\partial x} + g_x + \nu\left(\frac{\partial^2 u}{\partial x^2} + \frac{\partial^2 u}{\partial y^2} + \frac{\partial^2 u}{\partial z^2}\right)$$

$$(1)\quad \frac{\partial v}{\partial t} + \frac{\partial uv}{\partial x} + \frac{\partial v^2}{\partial y} + \frac{\partial vw}{\partial z} = -\frac{\partial p}{\partial y} + g_y + \nu\left(\frac{\partial^2 v}{\partial x^2} + \frac{\partial^2 v}{\partial y^2} + \frac{\partial^2 v}{\partial z^2}\right)$$

$$\frac{\partial w}{\partial t} + \frac{\partial uw}{\partial x} + \frac{\partial vw}{\partial y} + \frac{\partial w^2}{\partial z} = -\frac{\partial p}{\partial z} + g_z + \nu\left(\frac{\partial^2 w}{\partial x^2} + \frac{\partial^2 w}{\partial y^2} + \frac{\partial^2 w}{\partial z^2}\right)$$

wobei (u, v, w) die Geschwindigkeitskomponenten in Richtung der jeweiligen Koordinaten (x, y, z) sind. p ist gleich dem Flüssigkeitsdruck dividiert durch die konstante Dichte der Flüssigkeit, V ist die kinematische Viskosität und (g_x, g_y, g_z) sind die Beschleunigungen des Körpers in Richtung der Koordinaten (x, y, z). Diese Gleichungen für die Impulse müssen durch die Inkompressibilitätsbedingung

$$(2) \quad \frac{\partial u}{\partial x} + \frac{\partial v}{\partial y} + \frac{\partial w}{\partial z} = 0$$

ergänzt werden.«

Dieses System von mathematischen Gleichungen wurde durch theoretische Physiker im 18. und 19. Jahrhundert entwickelt – also lange vor der Erfindung des Automobils. Seine Lösung aber ließ sich mit dem mathematischen Vokabular seiner Entstehungszeit nicht ausdrücken. Sie muß mit Hilfe der Superarithmetik gefunden werden. Hirt und Ramshaw diskutieren im weiteren den numerischen Ansatz zur Lösung dieser Gleichungen und das Computerprogramm, das diesen Ansatz ausführt:

»Die numerische Lösung dieser Gleichungen verwendet ein Netz quaderförmiger Zellen mit den Kantenlängen δx_i, δy_j und δz_k, wobei die Indizes die i-te Zeile in x-Richtung, die j-te Zeile in y-Richtung und die k-te Zeile in z-Richtung bezeichnen. Das gesamte Netz enthält I_{MAX} Zellen in der x-Richtung, J_{MAX} Zellen in der y-Richtung und K_{MAX} Zellen in der z-Richtung. Eine Schicht von Zellen etwa an der Peripherie des Netzes ist für die Realisierung der Randbedingungen reserviert. Der Teil des Netzes, der die flüssigkeitsenthaltenden Gebiete darstellt, hat die Abmessung $I_{MAX} - 2$ auf $J_{MAX} - 2$ auf $K_{MAX} - 2$ Zellen. Die geschickte Verwendung dieser Randzellen vermeidet die Verwendung von besonderen (endlichen) Differenzen-Gleichungen an den Rändern. Anders gesagt: die Gleichungen, die im Innern des Netzes Verwendung finden, werden unverändert auch an den Rändern des Netzes benützt.

Ein Rechenzyklus, der die Entwicklung der Flußkonfiguration in einem Zeitintervall δt wiedergibt, besteht hauptsächlich aus den folgenden beiden Schritten;

1. Approximationen mit endlichen Differenzen der Impulsgleichungen (1) werden dazu verwendet, die Geschwindigkeiten auf einem neuen Niveau von Zeit zu schätzen. Dabei werden die Größen des unmittelbar vorhergehenden Zeitniveaus in allen Gradienten der Konvektion, der

Viskosität und des Druckes verwandt. Die hierbei gewonnenen neuen Geschwindigkeiten brauchen nicht die Inkompressibilitätsbedingung (Gleichung (2)) zu erfüllen. Deshalb wird

2. der Druck in jeder Zelle des Netzes so eingerichtet, daß die Approximation durch endliche Differenzen der Gleichung (2) in jeder Zelle erfüllt ist. Diese Druckanpassungen müssen iterativ vorgenommen werden, weil eine Änderung des Druckes in einer Zelle das Gleichgewicht in den Nachbarzellen zerstört. Die Anzahl der Iterationsschritte bezüglich des gesamten Netzes, die erforderlich ist, um das gewünschte Konvergenzniveau in Gleichung (2) in allen Zellen zu erreichen, hängt vom jeweiligen Problem ab. Für die in diesem Aufsatz behandelten Probleme liegt sie meist zwischen 5 und 20. Typischerweise sind mehr Iterationen erforderlich, um ein Problem zum Laufen zu bringen, weil die starken anfänglichen Flüsse eine große Anzahl von Druckanpassungen notwendig machen. Niedrigere Iterationsanzahlen sind eher charakteristisch für Zustände, wo der Fluß fast gleichmäßig verläuft. Natürlich wird die Anzahl der Iterationen gleich eins, wenn der Gleichgewichtszustand erreicht ist.

Der Iterationsprozeß wird mathematisch betrachtet dazu verwendet, eine Lösung der Poissongleichung für den Druck zu erhalten. Allerdings tritt diese Gleichung nirgends im Programm explizit auf. Aus physikalischer Sicht ist die Druckanpassungsiteration erforderlich, um dem weitreichenden Einfluß der sich rasch ausbreitenden Schalldruckwellen Rechnung zu tragen, die eine gleichmäßige Dichte beibehalten.«

Im Bereich des Industriedesigns, zum Beispiel bei aerodynamischen Fragen, stellt die Superarithmetik den Schlußpunkt einer fünfhundertjährigen stetigen Entwicklung der Theorie dar. Sie erlaubt es uns, neue Entwürfe innerhalb von Wochen oder Monaten zu analysieren, anstelle der früher erforderlichen Jahre.

Das Ziel des nächsten Jahrzehnts ist es, »Multi-Gigaflop Supercomputer« (10^9 floating-point-Operationen in der Sekunde) herzustellen. Das soll einerseits durch die Steigerung der Geschwindigkeit der Grundbestandteile, andererseits durch ein hohes Maß an Parallelverarbeitung erreicht werden. Neue Programmstrategien, neue numerische Algorithmen und eine dezidierte Orientierung auf die künstliche Intelligenz hin werden das ihre dazu beitragen.

Solche Computer werden das Tempo der technischen Innovation entsprechend steigern; ob die Entwicklung eine gute Richtung nehmen wird, ist eine andere Frage.

Weiterführende Literatur:
M. Davis (1978); P. Eiseman; C. Hirt und J. Ramshaw; H. Goldstine (1977); R. Landauer (1967, 1984); P. Lax; N. Metropolis; J. Howlett und G. C. Rota; B. Parlett
(s. a. Bibliographie)

Wozu ist die Numerik gut?

Die naheliegende Antwort hierauf lautet: Wissenschaftliche Berechnung dient – welch törichte Frage! – dazu, numerische Antworten auf wissenschaftliche Probleme zu finden. Vielleicht trifft das auf Studenten zu, die das Programmierhandwerk erlernen. Tatsächlich scheinen unsere Professoren damit zufrieden zu sein, daß die Studenten die richtigen Lösungen finden[1].

Richard W. Hamming, der früher zu den Bell Telephone Laboratories gehörte und einer der führenden Numeriker der USA ist, ist anderer Meinung; er behauptet, die Situation sei wesentlich komplexer. 1962 veröffentlichte Hamming ein Buch über Numerik – also über die Theorie der wissenschaftlichen Berechnung –, dessen Motto lautete: »Der Zweck von Berechnungen ist Einsicht, nicht Zahlen.« Dieses Motto erregte einiges Aufsehen bei Erscheinen des Buches. Es verwirrte manchen Leser. Keine Zahlen? Warum dann berechnen? Einige Leser wiederum empfanden es als eine Art frischen Wind, belebend wie Kaffeeduft am Morgen. Das Motto wurde diskutiert, mit Beifall überhäuft, verspottet und parodiert. Es war sicher daß, wo immer auch Hamming einen Vortrag hielt, sich ein Zuhörer erhob und fragte, was er mit seiner Rede wirklich gemeint habe.

Ich möchte versuchen, eine faire Darstellung von Hammings Meinung zu geben. Dazu werde ich mich auf die Seiten 3–5 der zweiten Auflage seines Buches von 1973 beziehen. Dort finden sich mehrere Deutungen des Mottos. Die erste lautet: »Jegliche Berechnung sollte eng verbunden bleiben mit dem Ursprung des Problems und mit der Weiterverwendung, die mit dem Ergebnis geplant ist. Sie ist kein Schritt, den man isoliert von der Realität unternimmt.« Die anderen Interpretationen, die Hamming seinem

Motto gibt, haben mit gewissen intrinsischen Schwierigkeiten zu tun, die sich ergeben, wenn man wissenschaftliche Berechnungen per Computer erledigt: Rundungsfehler, Verstümmelungsfehler, Rückkoppelungen in Algorithmen und schließlich die Existenzfrage geeigneter Algorithmen für beliebige Aufgaben.

Die Berechnung muß somit auf sich selbst angewendet werden, um Einsicht in unsere algorithmischen Verfahren und Vertrauen in die vom Computer gelieferten Ergebnisse zu gewinnen. Der Anfänger meint vielleicht, die Numerik sei eine ganz eindeutige Angelegenheit. Wie lautet das Problem? Führen wir doch die von der Formel vorgeschriebenen Operationen aus! Für den Anfänger treten die oben genannten Schwierigkeiten wie ein Schock auf. Geschieht dies, so kann er etwas dabei lernen. Aber es ist hier nicht meine Absicht, die Kunst der Numerik zu preisen; lieber möchte ich die Aufmerksamkeit auf Hammings erste Aussage lenken: Numerik wird nicht isoliert betrieben, sondern aus weltlichen Zwekken. Welche sind das?

Wir essen weder Zahlen, noch tragen wir sie auf dem Körper, um die Kälte abzuwehren. Zahlen werden in Handlungen umgesetzt. Umgekehrt werden Handlungen durch Zahlen erfaßt. Ein Speiselieferant erhält den Auftrag, Lebensmittel für ein Hochzeitsessen zu besorgen. An Hand der Einladungsliste rechnet er aus, wieviel Hühnchen in Sauce er brauchen wird. Er weist seine Köche an, so und soviele Hühnchen zu braten. Hat er das Fest versorgt, so bleibt er mit seinen Rechnungen für die Lebensmittel und seine Arbeit sowie mit einem Scheck des Gastgebers zurück. Am Anfang und am Ende stehen Zahlen. Auch im wissenschaftlichen Bereich führen Zahlen zu Handlungen. Eine Raffinerie oder ein linearer Beschleuniger wird gebaut. An einer bestimmten Stelle wird nach Erdöl gebohrt. All das geschieht auf der Basis bestimmter standardisierter Berechnungen.

Zahlen können in Handlungen umgesetzt werden, weil Berechnungen eine Art von Erkenntnisgewinn sind. Berechnen beinhaltet die Transformation von Daten, die bereits abstrahiertes Wissen enthalten, in eine als Basis von Handlungen brauchbarere Form. Die Berechnung kann auch dazu dienen, eine Handlung in eine andere zu überführen. Aber auch bevor die Fluglinien ihre Reservierungen auf Computer umstellten, flogen ihre Flugzeuge erfolgreich Millionen von Passagieren. Der Computer hat ein Reservierungssystem und die damit verbundenen menschlichen Handlungen in ein anderes überführt. Ob das computergestützte System besser ist oder nicht, ob es kostengünstiger ist oder nicht, steht hier nicht zur Debatte. So ist eben der Lauf der Dinge.

Also ist *Berechnung ein Weg zur Erkenntnis*. Welche anderen Wege gibt es außer ihr? Erfahrung (oder in der Sprache der Labors: Experimente), Deduktion, »Intuition«, Mutmaßung, Metaphern und Analogien sowie, so lehren uns die Theologen, Offenbarung sind bekannte Möglichkeiten. Verschiedene Wege zur Erkenntnis können einander ergänzen. Sie können auch miteinander konkurrieren. Leute, die mit dem Computer arbeiten, behaupten, daß einige dieser Wege durch die Berechnung verbreitert, verbessert oder auch vollständig überflüssig gemacht werden können. Einige dieser Behauptungen sind nichts anderes als extravagantes Selbstlob. Andere jedoch enthalten einen beachtlichen Anteil Wahrheit. Es gibt eine lange Liste von Experimentalphysikern, Ingenieuren und Biologen, deren Vorschläge unter die Rubrik: Experimente nicht nötig; berechne! eingeordnet worden sind. Betrachten wir als Beispiele die Rolle der Experimente in der Aerodynamik. Herkömmlicherweise wurden Flugzeuge unter Benützung umfangreicher Berechnungen konstruiert, die auf experimentellen Befunden von Windkanalversuchen basierten. Solche Tests sind außerordentlich teuer. Sie sind auch nur zum Teil zuverlässige Informationsquellen, da der begrenzte Luftstrom im Windkanal nicht exakt die Luftverhältnisse eines Fluges in der Atmosphäre wiedergeben kann.

Alle Gleichungen der Aerodynamik sind bekannt. Warum löst man diese nicht einfach mit dem Computer? Das würde Kosten sparen und die Flexibilität beträchtlich erhöhen. Wir möchten den »computerisierten Windkanal« konstruieren. Noch ist er ein Traum, der zur Zeit der Abfassung dieses Buches erst teilweise erfüllt ist. Auf welche Schwierigkeiten stößt man? Einige davon sind bereits in der zweiten Gruppe von Hammings Interpretationen zu seinem mysteriösen Motto aufgeführt: Rundungsfehler, Verstümmelungsfehler, numerische Instabilität. Hinzuzufügen ist noch, daß die Komplexität der Rechnungen (das ist die Gesamtanzahl der Operationen mit Zahlen) enorm ist und daß wir in einigen Bereichen der Aerodynamik noch nicht genau wissen, welche mathematischen Modelle für die physikalische Realität benützt werden sollten und welches digitalisierte Modell wiederum das mathematische vertreten soll. Dennoch meinen viele Autoritäten, daß die Lösung dieser Probleme im Bereich der nächsten Generation von ultragroßen, superschnellen Computern liege. Sollte das tatsächlich der Fall sein, so würde der Windkanal zu einem obsoleten Experiment, das seinen Platz neben Benjamin Franklins elektrischer Maschine im Smithsonian finden würde.

Also dient die Berechnung nicht nur dazu, sich selbst in Hinsicht auf numerische Schwierigkeiten zu verbessern, wie Hamming betont, sondern sie hilft auch, Hindernisse beim Erstellen von Modellen für physikalische und soziale Vorgänge aus dem Weg zu räumen. Ein mathematisches Modell wird für einen Prozeß vorgeschlagen. Wie steht es mit seiner Nützlichkeit und seiner Geltung? Wirf es in den Computer! Laß das Modell laufen und sieh zu, ob es das Verhalten der Welt richtig voraussagt. Wenn ja, gut; wenn nicht, so ändere das Modell und beginne erneut.[2]

Gewiß wird es Grenzen für den Umfang des Wissen geben, das man mit Hilfe von Berechnungen erlangen kann. Es sei denn, man glaubt daran, daß im Computer die gesamte Welt in Form einer Miniaturausgabe existiere. Das wäre ein Fall des mystischen Prinzips von »Implikation des Makrokosmos im Mikrokosmos«.

Ist ein Rechenverfahren erst einmal erfolgreich durchgearbeitet, so kann der Computer anschließend automatisch arbeiten; wir können ihn ohne Eingriffe seitens des Menschen von Handlungen zu Zahlen übergehen lassen und dann wieder zurück zu Handlungen. Das verläuft genauso, als wäre der Computer on-line-verbunden mit einem Fertigungsprozeß in einer Fabrik oder mit einem künstlichen Gliedmaß. Haben wir das eingesehen, so kann man sich leicht vorstellen, daß die ganze Maschinerie auch ohne bewußte Hilfe seitens der Mathematik entstanden sein könnte. Denn sie ist gewiß ein Bestandteil der Realität, und wer behauptet schon, daß das, was sich als möglich erwiesen hat, nur auf eine Weise möglich ist? Die Mathematik ist das Produkt der menschlichen Vorstellungskraft, und der Computer ist die konkrete Realisierung eines Teils derselben. Er muß mit den Blumen, Kristallen, Planeten und Atomen der natürlichen Welt verglichen und von diesen unterschieden werden. Auch diese Dinge verhalten sich wie mathematische Maschinen, *wenn wir uns dazu entschließen, die Mathematik auf sie anzuwenden.*

Unsere bisherigen Ausführungen gingen von der Annahme aus, daß unser mathematisches Modell zumindest annähernd zutreffend ist. Stammt dieses Modell aus den Naturwissenschaften, so ist es selbst die Frucht von Jahrhunderten (manche würden sagen: Jahrtausenden) besten wissenschaftlichen Denkens. Ebenso, wie es wahr ist, daß die Raumfahrt ohne den Computer unmöglich gewesen wäre, ist es richtig, daß die Maschinen ohne die klassischen Bewegungsgleichungen nicht hätten in Gang gesetzt werden können. Das Werk großer Naturwissenschaftler wie Ptolemäus, Brahe, Kepler, Galilei und Newton ist eine Vorbedingung der Berechnung.

Es ist möglich, daß die Berechnung die geschilderte Art von Denken umgeht, indem sie auf irgendeine Weise direkt mit dem der Natur entnommenen Rohmaterial arbeitet. So könnte sie zu *eigenen* Formulierungen der relevanten Gesetze gelangen und letzten Endes aus diesen die Information gewinnen, die für nützlich gehalten wird. »Häresie«, ruft eine Gruppe von Wissenschaftlern. »Es ist möglich«, antwortet eine andere.

Hier zitiere ich den Physiker Stephen Hawking, Mathematikprofessor an der Universität Cambridge, aus seiner berühmten Antrittsvorlesung vom 29. August 1980:

»Heute sind die Computer eine nützliche Hilfe bei der Forschung, aber sie müssen noch vom menschlichen Denken angeleitet werden. Extrapoliert man ihren gegenwärtigen hohen Entwicklungsstand, so erscheint es durchaus möglich, daß sie eines Tages die gesamte theoretische Physik übernehmen werden. Demnach ist vielleicht das Ende der theoretischen Physiker in Sicht, wenn auch nicht dasjenige der theoretischen Physik.«

Hierauf antwortete Clifford Truesdell, ein angesehener Wissenschaftler und Historiker der Wissenschaften, daß, falls die Physiker, »deren Intellekt bereits geschwächt und gelähmt ist von den Verwüstungen der bösartigen Computeritis«, diesen Weg einschlagen, sie Harakiri mit Hilfe des Computers begehen.

Insgesamt dient die Numerik einer Vielzahl von Zwecken. Den wissenschaftlichen Laien müssen ihre internen Prozesse, die im Geheimen von einer Handlung zu einer anderen führen, verschlossen bleiben. Aber diese Handlungen selbst sollten mit größter Aufmerksamkeit beobachtet werden. Für den forschenden Wissenschaftler ist die Numerik ein Werkzeug zur Gewinnung von Erkenntnissen unter vielen anderen, nach Bedarf und Notwendigkeit nutzbar. Für die Philosophie wirft sie viele Probleme auf; unter ihnen die Frage, ob Pythagoras recht hatte mit seiner Behauptung, alles sei Zahl. Sie stellt aber auch die neue Frage, ob es nicht paradoxerweise aufgrund der Möglichkeiten des Computers schon bald möglich sein könnte, daß die Menschheit die Zahlen vergessen kann.

Anmerkungen:

1 Einige Professoren haben die Position abgeschwächt. Nach ihrer Meinung kommt es bloß darauf an, daß die Studenten richtige Ansichten über die zur Lösung des Problems anzuwendende Methode haben. Nicht wichtig sei, daß die Antwort stimmt. Man erprobe diese Theorie auf dem Wochenmarkt ...

2 Im Steuerjahr 1983 erhielt das Department of Energy (neben zahlreichen anderen Regierungsbehörden) 6 800 000 $ »für analytische und numerische Methoden. Dieses Forschungsvorhaben zielt auf grundlegende Fragen der Verbesserung von Voraussagen über die Realisierbarkeit, Zuverlässigkeit, Sicherheit und Wirksamkeit von Energiesystemen. Von gleicher Bedeutung für dieses Forschungsvorhaben sind physikalische Grundsatzfragen, die Struktur und die Eigenschaften der Materie betreffend, wobei der Schwerpunkt auf den mathematischen und rechnerischen Techniken liegt. Die analytischen und numerischen Methoden umfassen drei Kategorien von Forschungsinteressen, um die wichtigsten Anstrengungen des Vorhabens in den letzten Jahren wiederzugeben: Angewandte, berechnende Mathematik und numerische Methoden für partielle Differentialgleichungen.« (Summaries of the FY 1983 Applied Mathematical Science Research Program, DOE/ER-0157/1, Seite 3).

Weiterführende Literatur:

R. Hamming, C. Truesdell
(s. a. Bibliographie)

Warum sollte ich einem Computer glauben: Berechnung als Prozeß und Ergebnis

Um hochgestochene Allgemeinplätze zu vermeiden, möchte ich hier ein spezielles Problem diskutieren. Dieses zerfällt in Schritte oder Phasen; auf diese Weise werden die Implikationen des Titels dieses Abschnitts klarer.

Das Problem stammt aus der Akustik. Wir wollen annehmen, daß wir wie E. N. Gilbert von den Bell Telephone Laboratories (siehe Peirce, Seite 149) daran interessiert sind, die Nachhallzeit eines Konzertsaales zu berechnen. Diese Größe spielt eine wichtige Rolle für die akustische Qualität einer Halle.

1. Die reale Situation Diese besteht aus der Konzerthalle mit ihren Abmessungen, ihrer Gestalt und ihren Materialien. Weiter sind zu berücksichtigen: die Möblierung, die Zuhörerschaft, die Art von Musik, die gemacht wird und ob sie verstärkt werden muß. In einem gewissen Maße können diese Informationen in einer natürlichen Sprache wie zum Beispiel Englisch geliefert werden. Hier und da werden wir das gewöhnliche Englisch durch eine präzisere Sprache für räumliche Beziehungen, wie sie die Geometrie bereitstellt, ergänzen wollen.

2. Das mathematische Modell Man bemüht die Gesetze der physikalischen Akustik und leitet hieraus eine Gleichung her, von der man annimmt, daß sie die physikalische Situation beschreibt. Gilbert hat eine bestimmte Integralgleichung aufgestellt. Der Prozeß, der zu einem Modell führt, beinhaltet eine Vereinfachung der realen Situation. Er kann die Kenntnis von bestimmten physikalischen Konstanten voraussetzen, die theoretisch oder experimentell schwierig zu bestimmen sind. Die Sprache des mathematischen Modells ist diejenige der klassischen mathematischen Physik.

3. Lösungsstrategie Die mathematische Gleichung ist hinreichend kompliziert, man kann keine Lösung mit elementaren Ausdrücken angeben. Ein Computer wird benötigt, und eine Approximationsmethode für die Lösung muß erfunden werden. Die Variablen für Raum und Zeit, die im mathematischen Modell kontinuierlich sind, müssen diskret gemacht werden. Das bedeutet, daß Raum und Zeit in kleine Intervalle unterteilt werden. Unter vielen konkurrierenden Lösungsstrategien – genauer gesagt: Strategien für *angenäherte* Lösungen – muß eine ausgewählt werden. Gilbert hat sich für eine Iteration* entschieden.

Die Sprache der numerischen Strategie entstammt dem Teil der klassischen Mathematik, der Numerik genannt wird.

4. Das Computerprogramm Ist eine numerische Strategie gefunden worden, so kann man ein Computerprogramm schreiben, das die numerischen Berechnungen ausführt.

Die Sprache dieser Phase ist eine bestimmte Computersprache. Sie sollte für numerische Zwecke geeignet sein und auf dem vorhandenen Computer gut laufen. Es kommt unter anderem in Betracht: FORTRAN, ALGOL, BASIC, APL ...

5. Die Ausgabe des Computers Der Knopf ist gedrückt, der Computer beginnt zu arbeiten und gibt schließlich Antworten aus. Die Sprache dieser Antworten kann aus Zahlen, Graphiken oder anderen Symbolen bestehen. Nun muß der Toningenieur reagieren und Schritte gemäß diesen Ausgaben einleiten.

Der ganze Prozeß von Schritt eins bis Schritt fünf kann mehrfach iteriert werden.

Die Schritte eins bis fünf liefern einen ziemlich allgemeinen Umriß einer bestimmten Klasse von technischen Berechnungen. Man hätte noch mehr Phasen unterscheiden können, aber die angegebenen genügen für unsere Diskussion. Welches sind die

* Die Iteration ist ein schrittweises Rechenverfahren. (A. d. Ü.)

Schwierigkeiten, die zwischen Start und Computerausgabe auftreten können? An dieser Stelle möchte ich Gilberts spezielle Arbeit verlassen und meine Ausführungen allgemeiner halten.

Beim ersten Schritt könnte der Wissenschaftler die physikalischen Gegebenheiten falsch beschreiben, oder er könnte einige wichtige Situationsmerkmale übersehen.

Beim zweiten Schritt ist möglich, daß das mathematische Modell ein inadäquater Ausdruck des physikalischen Vorgangs ist.

Die Diskretisierung im dritten Schritt könnte einen numerischen Algorithmus ergeben, der unbefriedigende Rundungs- oder Stabilitätseigenschaften zeigt. Dies würde vielleicht zu Ergebnissen führen, die in keiner Weise mehr als nahe den theoretischen Lösungen des mathematischen Modells betrachtet werden könnten. Das Computerprogramm in Schritt vier ist vielleicht eine fehlerhafte Übersetzung des numerischen Algorithmus.

Im fünften Schritt macht der Computer aus vielerlei Gründen möglicherweise nicht das, was man von ihm aufgrund des Programms erwartet. Bei jedem Schritt oder Teilschritt gibt es also Gelegenheit für Fehler und Inadäquatheiten aller Art. Das kann so weit gehen, daß die gefundenen Resultate ungültig sein können. Ich möchte einige der bei Schritt 3 bzw. 4 auftretenden Schwierigkeiten erläutern. Hierzu zitiere ich die Ausführungen von Professor Ian Sloan von der New South Wales University, der weltweit zu den führenden Numerikern zählt:

»Es wird nicht genügend gewürdigt, was es bedeutet, daß am Ende einer langen Rechnung ein richtiges Ergebnis steht. Die Hälfte der wichtigen und großen Berechnungen der Literatur, die ich überprüft und gegengerechnet habe, sind tatsächlich falsch. Obwohl die Numerik eine Kunst ist, glaube ich doch, daß man einen angemessenen Zugang zu ihr lehren kann. Ein Aspekt ist natürlich die Wichtigkeit eines gutstrukturierten und -dokumentierten Programms. (Manchmal ist es sogar vorzuziehen, Effizienz im Interesse eines einfacheren und besser verständlichen Programms zu opfern.) Aber auch ein gut strukturiertes Programm kann falsche Ergebnisse liefern. Deshalb ist eine vernünftige Einstellung zur Überprüfung notwendig. Neben der zeilenweisen Prüfung lege ich großen Wert auf Gegenprüfungen mit anderen Arbeiten und Spezialfällen sowie auf die Untersuchung der inneren Konsistenz (z. B. Summenregel). Ich sehe das

Teilschema einer bestimmten technischen Berechnung

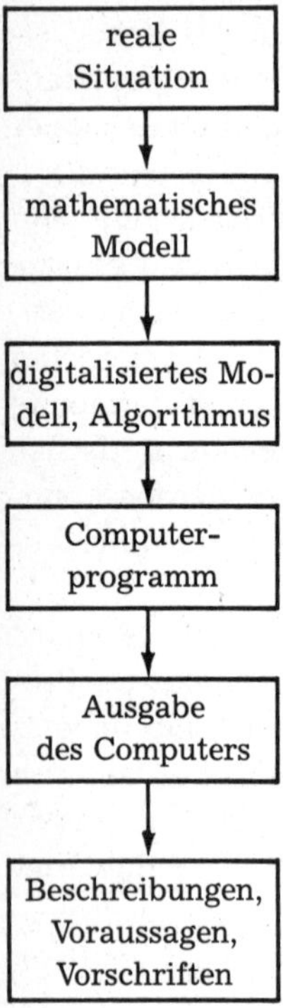

Überprüfen in der Tat als eine schöpferische Tätigkeit an, die viel Vorstellungskraft bei der Erfindung neuer Tests erfordert. Dann gibt es natürlich noch Probleme mit Rundungsfehlern. Die hierfür vorgeschlagenen Theorien scheinen (möglicherweise mit Ausnahme der Lösungen linearer Gleichungen) noch nicht für die Praxis verwendbar zu sein. In dieser muß man sich oft auf den empirischen Test der Stabilität bei geeigneten Störungen verlassen.«

Um einige Schwierigkeiten, die mit dem Vorgang der Berechnung verbunden sind, zu erläutern, will ich ein Beispiel meines Kollegen Professor Herbert Kolsky anführen. Ein homogener »Balken« aus Plastik wird an seinen beiden Enden aufgehängt. Er wird einem rechteckigen Druckimpuls, der gleichmäßig über seine Gesamtlänge verteilt ist, ausgesetzt. Die Frage, die auch eine gewisse praktische Bedeutung hat, lautet nun: Hat die plastische Verformung, die letztlich auftritt, dieselbe Richtung wie der ursprüngliche Impuls? Dieses Problem wurde mit zehn verschiedenen, in der Strukturanalyse gängigen Programmiersprachen untersucht (u. a. ABAQUS, ADINA, ANSYS). Sechs dieser Programme sagten eine Verformung in Richtung des Gewichtes, vier in der Gegenrichtung voraus. Eines dieser Programme lief 2,9 Stunden auf dem Supercomputer Cray IS. Die korrekte Antwort ist bis zum Zeitpunkt, wo diese Zeilen geschrieben werden, nicht bekannt. (P. S. Symonds und T. X. Yu »Counter Intuitive Behavior in the Problem of Elastic-Plastic Beam Deformation« (Antiintuitives Verhalten beim Problem der Deformation eines elastisch-plastischen Stabes) Journal of Applied Mathematics, 1985.) Beispiele dieser Art gibt es sehr viele. Schildert man es einem Numeriker, so wird er lachen: Dieses Phänomen ist der Lebensnerv seines Berufes; es verhindert, daß seine Erfahrung durch numerische Programmpakete überflüssig gemacht wird. Solche Schwierigkeiten und isolierte »Horrorstories« sollten uns jedoch nicht blind machen gegenüber den soliden Errungenschaften, die in vielen Gebieten in der Vergangenheit erzielt worden sind. Warum sollte ich aber in Anbetracht dieser vielfältigen Fehlermöglichkeiten einem Computer glauben? Welches sind meine Kriterien für die Akzeptanz seiner Ausgaben?

Die Antwort, die ich geben möchte und die mir die einzig überzeugende zu sein scheint, ist folgende: Erstens sind viele der einzelnen Schritte und Unterschritte in einer Vielzahl von Situationen erprobt worden. Obwohl sie nicht mit dem zu prüfenden Rechenvorgang identisch sind, haben sie doch mit diesem viele Merkmale gemeinsam. Von einigen der rein mathematischen Teile wurde durch mathematische Beweise bestätigt, daß sie funktionieren wie erwartet. Zweitens kann der gesamte Prozeß von Anfang bis Ende unter dem Aspekt betrachtet werden, daß er ein Produkt liefert. Dieses soll eine bestimmte Funktion erfüllen, und somit liegt das Kriterium für Akzeptanz (oder für erfolgreichen Abschluß) der getanen Arbeit außerhalb des Ergebnisses.

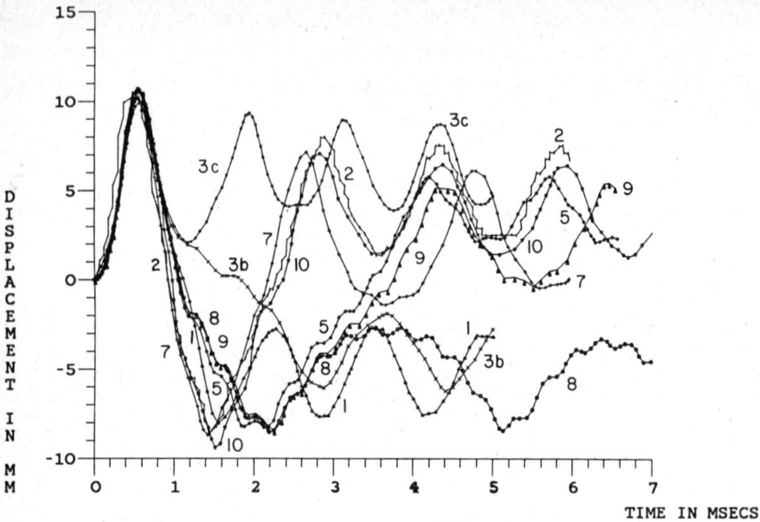

Verschiedene Programme liefern verschiedene Ergebnisse. Welches ist korrekt?

Ein Kriterium könnte in der Forderung bestehen, die Rechnung solle die experimentellen Ergebnisse bestätigen. (Es muß darauf hingewiesen werden, daß die experimentellen Ergebnisse nicht immer so ausfallen, wie das der Wissenschaftler, der das Experiment entworfen hat, erwartet hat. Eine Diskussion der Fehlerquellen bei Experimenten würde hier zu weit führen.) Das Ergebnis kann mit anderen Ergebnissen in Konkurrenz stehen, die dasselbe leisten sollen, deren Berechnung aber möglicherweise völlig anders abläuft. Deshalb gibt es auch die Möglichkeit, eine Ausgabe unabhängig zu bestätigen und die konkurrierenden Verfahren hinsichtlich ihrer Ökonomie miteinander zu vergleichen.

Ich habe mich soeben der Sprache der Geschäftswelt bedient. Worauf es mir ankommt, ist, darauf hinzuweisen, daß der gesamte Prozeß der Berechnung von Anfang bis Ende offen ist für Prüfung, Kritik, Verbesserung und experimentelle Bestätigung. Er steht in der Arena mathematischer und wissenschaftlicher Erfahrung und wird letzten Endes durch diese Erfahrung beurteilt. Es können noch Patente und Copyrights vergeben werden. Der Prozeß ist offen für Verkäufe und Garantien und – in seinem streitsüchtigen Lebensalter – für die Möglichkeit von Mißbrauch.

Weiterführende Literatur:
P. J. Davis (1972); R. de Millo; A. Perlis und R. Lipton; E. Dijkstra (1976, 1978); D. Johnston; J. Peirce
(s. a. Bibliographie)

Die Whorfsche Hypothese: Ziele und Zwecke von Computersprachen

Computer-Babel

»Und die ganze Welt sprach eine Sprache.« So heißt es in Genesis 11.1. Viele Interpretatoren der Bibel meinen, die Generation nach der großen Sintflut fürchtete, daß die Welt erneut zerstört werden könnte. Deshalb begann sie mit dem Bau eines Turms, dessen Spitze so hoch sein würde, daß die Menschen dort oben über den Wellen einer jeden zukünftigen Flut überleben könnten. Dieses Projekt gefiel Gott nicht. Er verwirrte die Sprachen der Menschen und vereitelte so den Fortgang der Arbeiten. Diese Geschichte erklärt die Vielfalt der natürlichen Sprachen. Sie ist ein frühes Beispiel für die nostalgische Vorstellung von einem einheitlichen Ganzen.

Ich sitze vor meinem textverarbeitenden System und gebe in dieses meine Gedanken mit Hilfe eines Programmes ein, das unter dem kommerziellen Namen EZRITE bekannt ist. Diesem Programm liegen (in der Hard- oder in der Firmware) eine Assemblersprache, eine Maschinensprache und die Sprache des Betriebssystems zugrunde. Beschränken wir uns auf kommerzielle und wissenschaftliche Anwendungen, so brauchen wir die gerade genannten Sprachen nicht weiter zu berücksichtigen. Selbst dann gibt es noch über 800 Computersprachen und Dialekte, in denen tatsächlich programmiert wird. Etwa 95% der Programme werden in der kommerziell orientierten Sprache COBOL geschrieben. Hierin spiegelt sich die Tatsache wider, daß die meisten Berechnungen im Bereich der kommerziellen Datenverarbeitung durchgeführt werden. Populäre Sprachen für wissenschaftliche Berechnungen sind FORTRAN, APL und Pascal. *Es ist evident, daß es heute keine Einheit unter den Computersprachen gibt. Ebenso evident ist es, daß es diese nie gegeben hat.* Mit den Maschinen, die in den 40er Jahren gebaut wurden, sprach man ganz individuell entsprechend ihrer besonderen Konstruktion. Dennoch besteht wie im Falle der natürlichen Sprache der Traum von der Einheit und ihren Segnungen weiter. Obgleich die meisten Fachleute glauben, daß dieser Traum niemals zu realisieren sein wird, spornt er doch manche nützliche Veränderung an.

Vielleicht ist die Mathematik die am meisten vereinheitlichte Sprache, welche die Welt gegenwärtig kennt. Ihr Einflußbereich erstreckt sich quer durch alle natürlichen Sprachen. Sind erst einmal die Barrieren der natürlichen Sprachen überwunden, so erlauben es die üblichen Symbole und Interpretationen einem russischen Mathematiker, seine mathematischen Einfälle einem Kollegen in Papua, Neu-Guinea, mitzuteilen. Man könnte auf die Idee kommen, die Programmiersprachen, die doch dem Geist der Mathematik so viel verdanken, müßten diese Einheitlichkeit ebenfalls zeigen.

Der Unterschied liegt in Folgendem: Mathematik wird in einer Mischung von formaler und informaler (natürlicher) Sprache niedergeschrieben. Entgegen den Annahmen und Behauptungen mancher Leute ist die Mathematik niemals vollständig formalisiert worden. Im Unterschied dazu werden Computersprachen mit einem außerordentlich hohen Aufwand an Formalismen geschaffen, der sich mit allen Arten von Trivialitäten und Kleinigkeiten beschäftigen muß. Nehmen wir als Beispiel das Integral, einen der bleibenden Begriffe der Mathematik. Es stellt einen Begriff der Makroebene dar, und die mit dem Integralzeichen verbundene Notation entstand historisch gesehen als vereinheitlichendes Symbol für diesen Begriff. Diese Rolle hat es beibehalten. Im Gegensatz hierzu sind die Begriffe, die präzisen Formulierungen zugrunde liegen, sowohl in der Mathematik als auch in den Computersprachen von geringer Bedeutung. Sie liegen auf der Mikroebene und sind viel stärker den persönlichen Neigungen eines individuellen Formalisierers ausgesetzt.

Praktische Bedürfnisse beim Entwurf von Computersystemen verlangen Vergleichsmöglichkeiten zwischen verschiedenen Com-

Man nehme einen Vektor $E_p \neq 0$ in $g^{\beta+p\alpha}$ und setze $E_n = (\text{ad } E_\alpha)^{n-p} E_p$ für $n \geq p$. Dann ist $E_n = 0$ für $n > q$; ist $p \leq n \leq q$, so gilt wegen (IV) und Satz 4.2 (v) $E_n \neq 0$. Wir werden nun folgende Gleichung beweisen:

$$[E_{-\alpha}, [E_\alpha, E_n]] = \frac{(q-n)(1-p+n)}{2} \alpha(H_\alpha) E_n \qquad (n \geq p) \qquad (7)$$

Da X_p ein skalares Vielfaches von E_0 ist, folgt aus (7) (ii). Wir beweisen nun (7) durch vollständige Induktion und betrachten dabei zuerst den Fall $n = p$. Nach der Jacobi-Identität gilt:

$$[E_{-\alpha}, [E_\alpha, E_p]] = -[E_\alpha, [E_p, E_{-\alpha}]] - [E_p, [E_{-\alpha}, E_\alpha]]$$
$$= 0 + [E_p, H_\alpha] = -(\beta + p_\alpha) \cdot (H_\alpha) \cdot E_p,$$

was wiederum nach (i) gleich $\frac{1}{2} \cdot (q - p)\, \alpha(H_\alpha) \cdot E_p$ ist. Wir setzen jetzt (7) voraus. Dann haben wir die Gleichheit

$$[E_{-\alpha}, [E_\alpha, E_{n+1}]] = -[E_\alpha, [E_{n+1}, E_{-\alpha}]] - [E_{n+1}, [E_{-\alpha}, E_\alpha]] \qquad (8)$$

Der erste Ausdruck auf der rechten Seite ist gleich $[E_\alpha, [E_{-\alpha}, [E_\alpha, E_n]]]$ was wiederum nach der Induktionsannahme

$$\frac{(q - n \cdot (1 - p + n)}{2} \alpha(H_\alpha) \cdot E_{n+1}$$

ergibt. Der letzte Ausdruck auf der rechten Seite von (8) ist gleich $-(\beta + (n+1)\alpha)(H_\alpha) E_{n+1}$, weil $E_{n+1} \in g^{\beta+(n+1)\alpha}$ ist. Verwenden wir nun (i), so bemerken wir, daß sich diese Ausdrücke zu

$$\frac{1}{2} \alpha(H_\alpha) E_{n+1} \{(q-n)(1-p+n) + p + q - 2n - 2\}$$
$$= \frac{(q-n-1)(n+2-p)}{2} \alpha(H_\alpha) \cdot E_{n+1}$$

addieren.

Die Sprache der Mathematik

putersprachen. In der komparativen Linguistik (der natürlichen Sprachen) gibt es die »Whorfsche Hypothese«. Diese besagt, daß die Struktur unserer Sprache unsere Wahrnehmung der Welt festlegt (Benjamin Whorf: Sprache, Denken, Wirklichkeit (Hamburg, 1970)). Die Gegenposition zu Whorf nimmt Noam Chomsky ein, der behauptet, daß wir alle mit der gleichen universellen Sprachveranlagung geboren werden, die in unserem Gehirn gleichsam vorprogrammiert ist.

Die Whorfsche Hypothese: Ein Gespräch mit Charles M. Strauss

PJD: Was ist die Whorfsche Hypothese?

CS: Ich möchte sie nicht Hypothese nennen; es ist eine Idee, eine großartige Idee. Benjamin Whorf hat sie bekanntgemacht. Sie besagt, daß bestimmte Sprachen für bestimmte Dinge besser geeignet sind als andere. Sie kann in folgendem Satz zusammengefaßt werden: »Hat man für etwas kein Wort in seiner Sprache, so wird man es schwerhaben, darüber zu reden.« Ich fand einige Beispiele hierfür in dem Buch »The Greeks« von H. F. Kitto. In den vorangegangenen Kapiteln schilderte Kitto das Griechische als eine Sprache scheinbarer Klarheit. Aufgrund meiner spärlichen Griechischkenntnisse, die auf einem einjährigen Kurs beruhen, erinnere ich mich, daß es auf griechisch ganz natürlich ist zu sagen: »einerseits ... andererseits.« Dies ist so natürlich im Griechischen, daß man kaum einen Satz ohne diese Wendung aufbauen kann – These und Antithese, natürliches Dilemma. Nun muß eine Sprache, in der diese spezielle Konstruktion nicht so tief verankert ist, nicht unbedingt einen abwägenden Gesichtspunkt, also das Dilemma, bestärken. Sie könnte eine einseitige Sichtweise fördern oder eine, die viele Standpunkte einbezieht. Aber Griechisch ist besonders geeignet, wenn man »einerseits ... andererseits« sagen will.

PJD: Also dichotomisiert das Griechische die Welt auf künstliche Weise?

CS: Ja. In mancher Hinsicht ist Französisch eine besonders klare

Sprache. Deutsch ist eine sehr unklare Sprache. Es fällt sehr leicht, im Deutschen vage und metaphysisch zu sein – einfach weil es im Deutschen ganz natürlich ist, einen Satz zu schreiben und dann noch einen dahinter und dann noch einen. Schließlich sammelt man alle Verben am Ende.

Jede natürliche Sprache hat ihre Neigungen und Kompetenzen. Ich habe gehört, daß es in der Sprache der Eskimos eine große Anzahl von Wörtern für Schnee gibt, weil es für einen Eskimo sehr wichtig sein kann, ob der Schnee leicht und flockig oder hart und körnig ist. Im Arabischen kennt man 27 Wörter für Kamel: Schwangeres Kamel, altes Kamelmännchen und derartiges mehr.

Das gleiche gilt für Computersprachen, wobei ich hiermit sowohl die fundamentalen Maschinensprachen meine, die die Maschinen direkt verstehen, als auch die höheren Programmiersprachen. Letztere wurden erfunden, weil die Maschinensprachen für Menschen schwierig zu verstehen und zu benutzen sind. Alle diese Sprachen, so künstlich sie auch sein mögen, sind Sprachen in dem Sinne, daß man in ihnen Befehle erteilen kann, die zu entsprechenden Reaktionen führen. Sie haben alle eine ursprüngliche Neigung. Bezieht man die Whorfsche Hypothese auf Computersprachen, so besagt sie meiner Ansicht nach, daß abhängig von der speziellen Sprache, die man zum Programmieren wählt, sich manche Dinge sehr viel einfacher gestalten als andere. Stets sind einige Dinge einfach und einige Dinge schwierig, *ganz egal, welche Sprache man wählt.*

PJD: Zwischen wievielen Alternativen kann sich ein durchschnittlicher Programmierer entscheiden?

CS: Das kommt ganz darauf an, wo er arbeitet. Arbeitet er an einem gewöhnlichen, kommerziell orientierten Platz in der Datenverarbeitung, so stehen ihm nicht viele Alternativen zur Verfügung. Er hat Cobol und vielleicht PL/1, FORTRAN oder Pascal zur Verfügung sowie die Assemblersprache. Ada wird gegenwärtig ausprobiert. Jede dieser Sprachen war zu ihrer Zeit wundervoll – wie geschaffen dafür, alles märchenhaft zu machen. Nun, ebensowenig wie es eine natürliche Sprache mit Zauberkräften gibt, gibt es wahrscheinlich eine für den Computer.

PJD: Gibt es Träume von einer Lieblingssprache?

CS: Es gibt immer solche Träume, genauso wie es immer Träume von Lieblingen gibt. Die Hoffnung keimt immer. Es stellt sich heraus, daß wir nicht viel über Sprachen wissen.

PJD: Wie sieht die Bilanz aus, wenn man eine neue Sprache entwirft oder definiert? Muß man schließlich in der einen oder anderen Hinsicht Opfer bringen, um etwas Bestimmtes zu erreichen?

CS: Immer. In den späten 50ern und frühen 60ern waren die Leute sehr mit der Frage beschäftigt, was in eine Sprache hineingenommen werden sollte. Jedermann erfand seine eigene Sprache, weil man damals auf der ersten Welle der höheren Sprache, der Compiler und Compilergeneratoren und all diesen Dingen schwamm. Dann wurde man dessen überdrüssig. Es war wie mit dem Hundertjährigen Krieg. Alles, was die Leute danach wollten, war ihre Ruhe. Sie waren des Kämpfens müde und beschlossen, daß euer Gott für euch genauso gut sein kann wie mein Gott für mich.

In der letzten Zeit sah man den Aufstieg von Ada und Pascal, von verteilter und paralleler Verarbeitung. Eine ganze Menge von Neuheiten auf dem Gebiet der Berechnung sind jetzt kommerziell zu haben. Sie existieren nicht mehr nur in den Träumen blauäugiger Forscher, sondern sind zu fundierten Projekten geworden, die mit Millionen von Dollars in Form von Forschungsgeldern und Ausrüstung gefördert werden. Die Auseinandersetzung über die Inhalte einer Computersprache scheint heute beunruhigende Zeichen eines Wiederauflebens zu zeigen. Man möchte keine zu reichhaltige Sprache haben, da man dann zuviel Zeit zum Lernen aufwenden muß. Man möchte aber auch keine zu arme Sprache haben, weil man dann zu lange braucht, um dem Computer »Ich brauche eine Tasse Kaffee« klarzumachen.

PJD: Entsteht eine neue Programmiersprache zum Beispiel folgendermaßen: Die Programmierer stellen über einen längeren Zeitraum hinweg fest, daß sie immer wieder dieselbe Operation definieren. Sie sagen sich dann: würde ich über ein Zauberwort verfügen, das das Gewünschte leistet, so wäre das großartig.

CS: Nein, das ist zu stark vereinfacht. Ich kann mir mit Ausnahme von BASIC keine Programmiersprache vorstellen, die keine Unterprogrammtechnik enthält. Sich wiederholende Vorgänge sind das erste, woran man in einer Sprache denkt – wie man Routine erfassen kann und in ein Kommando umwandelt. Alles, was noch zu tun bleibt, ist die Eingaben richtig zu wählen, dann kommt die richtige Ausgabe von selbst. Das ist Standard.

Die neuen Gesichtspunkte ergeben sich in erster Linie aus neuen Merkmalen der Hardware*. Man muß sich klarmachen, daß die gesamte Computerindustrie vom Ingenieurwesen mitgerissen wurde. Weder die Informatiker noch die Wirtschaft oder das Verteidigungsministerium oder irgendeine andere der gängigen Quellen des technischen Fortschritts hat einen starken Einfluß auf das Computerwesen gehabt. Sie denken gerne, sie hätten welchen, aber in Wirklichkeit ist dem nicht so. Schaut man nach, wo die Impulse und die neuen Ideen herkommen, so entdeckt man, daß die Software aus dem Sog stammt – aus dem Vakuum, das die Entwicklung der Computerhardware hinterläßt.

PJD: Gibt es Anzeichen dafür, daß sich bestimmte Computersprachen etablieren? In den vergangenen 40 Jahren waren sie sehr instabil. Sie veränderten sich viel rascher als natürliche Sprachen.

CS: Tatsächlich haben sie sich während der 70er Jahre eine Zeitlang stabilisiert. Das zu jener Zeit eingeführte Pascal war ein ansehnlicher Erfolg. Die 70er Jahre stellen hauptsächlich eine Periode der Konsolidierung dar. Gegen Ende des Jahrzehnts tauchte dann eine neue Rechnerarchitektur auf: Vernetzung, verteilte und parallele Verarbeitung. Die Regierungen sahen ein, daß die alten Ansätze nicht mehr ausreichten.

Es gibt eine interessante Kombination von geschäftlichen, psychologischen und Trägheitsproblemen mit dem, was die Regierung tut. Das Verteidigungsministerium besitzt eine Menge an obsoleter Ausrüstung, veralteten Computern und Computerprogrammen. Man sah ein, daß man dieses Zeug rasch loswerden und dafür neue Sachen einkaufen müßte, denn bald würde niemand mehr die vorhandene Ausstattung bedienen können, und Ersatzteile wären keine mehr erhältlich. Man erkannte auch, daß das Programmieren dieser Anlagen zu einem unmöglichen Job werden würde. Das

* Man vergleiche hierzu den Kommentar am Ende dieses Abschnittes, der eine andere Sichtweise erläutert. (A. d. Autoren)

Verteidigungsministerium suchte deshalb nach einer Sprache, die einerseits das Wiederprogrammieren des Vorhandenen erleichterte und andererseits das Programmieren neuer Programme bequemer machte. Es ist einfach, neue Programme zu schreiben, aber schwierig, diese aufrechtzuerhalten. Aus diesem Grunde wurde Ada entwickelt.

Das Urteil über Ada steht noch aus. Ada ist in vielerlei Hinsicht sehr schön, aber vielleicht doch etwas zu kompliziert für den Durchschnittsprogrammierer. Es ähnelt einer natürlichen Sprache mit 17 Fällen! Ada wurde von einem Komitee von Informatikern entworfen. Sie haben sicherlich schon davon gehört, daß ein Kamel ein Pferd ist, das von einem Komitee entworfen worden ist.

PJD: Wieviel Geld wurde in die Entwicklung von Ada gesteckt?

CS: Ein dickes, dickes Bündel.

PJD: Wie können wir vermitteln, was wir sagen wollen? In Ihrer Formulierung besagt die These von Whorf, daß man das, wofür man kein Wort hat, nicht ausdrücken kann. Wie aber können wir dann zu irgendeinem Zeitpunkt wissen, was wir sagen wollen?

CS: Ja, das ist eines der schwierigen Probleme. Normalerweise sagt man nichts, ohne daß man daran gedacht hat, es zu sagen. Und beim Programmieren denkt man nicht daran, etwas zu sagen, bis man von irgend jemandem dazu aufgefordert wird. Also haben wir es mit einem circulus vitiosus zu tun, denn niemand wird einen dazu auffordern, etwas Unmögliches zu tun. Die Kunstfertigkeit entwickelt sich deshalb ganz langsam weiter. Erwartungsvoll fragen die Leute nach dem Stand der Dinge, und alles, was sie finden, sind praktische Anwendungen.

Es gibt eine Menge von Unzulänglichkeiten und zahlreiche Kommunikationsprobleme, weil diejenigen, die an der Front stehen – also die Programmierer und Systemanalytiker – Schwierigkeiten haben, sich mit den Leuten zu verständigen, die die Sprachen entwerfen und implementieren. Es verhält sich wie beim Bau oder bei der Konstruktion von Maschinen. Diese Probleme treten überall dort auf, wo die Leute, die mit den Mitteln arbeiten, nicht in direktem Kontakt mit denen stehen, die diese entwerfen. Aus diesem Grund gibt es Konferenzen, Aufsätze und ganz allgemein die Forschung. Und man nimmt an, gerade in diesem Bereich sei die Informatik besonders gut. Aber ich bin nicht dieser Ansicht.

PJD: In den natürlichen Sprachen begegnet man gelegentlich einem gewissen Maß an politischer oder sozialer Manipulation der Sprache. Zum Beispiel findet man in marxistischen Schriften ein besonderes Vokabular, das jedermann erkennen kann. Die Frauenbewegung revidiert die englische Sprache, um sexistische Ausdrücke auszuschalten.

CS: Das ist ein treffendes Beispiel für die Whorfsche Hypothese, oder genauer gesagt, für die feministische Interpretation.

PJD: Hat es jemals in den Computersprachen etwas gegeben, was man ein politisches Manöver nennen könnte?

CS: Jeder hat seine Trickkiste. Das ist wie beim Bieten im Bridge. Hat man es mit einem Standardproblem zu tun, wie z. B. eine Textreihe zu sortieren, zu lesen oder sie in Worte und Zwischenräume aufzubrechen, so hat jeder seine eigene Lieblingsmethode. Das ist reine Gewohnheit, und in einer bestimmten Situation sind alle Wege gleichgut geeignet. Bevor man zehn Minuten damit verbringt, herauszufinden, welcher geringfügig besser ist, wählt man einfach die Standardmethode. Das ist nicht nur natürlich; es spart auch Zeit – die Mikrosekunden, die man durch die allerbeste Methode spart, wiegen nicht die Zeit auf, die man braucht, um herauszufinden, welches der allerbeste Weg tatsächlich ist.

Die grundlegenden Techniken, die man anwendet – nicht so sehr, um die Daten zu verarbeiten, sondern um sie abzulegen (also in Bäumen, Stapeln, Tabellen, in sequentiellen oder direkten Dateien; formatiert oder unformatiert usw.) –, sind meiner Meinung nach eine Sache der Ausbildung und der Erfahrung. Ich fühle mich hierin bestärkt durch die Tatsache, daß ich niemals daran denke, in Baumstrukturen abzuspeichern. Zwar habe ich davon gelesen und ich bin auch dazu imstande, aber es erscheint mir unnatürlich. Ich arbeite immer noch gemäß der Maxime »Sind wir in der Lage, eine Tabelle zu benützen, so wählen wir eine Tabelle. Bestehen Sie auf etwas anderem, so nehmen wir eine Liste.« Das ist eine sehr altmodische Einstellung. Die Studenten in den Einführungskursen werden heute gelehrt, Stapel zu verwenden und solche Algorithmen, die Stapel verarbeiten. Pascal ist eine sehr natürliche Sprache für Stapelbetrieb. Sie besteht aus Stapeln, Bäumen und derartigem. Ich gehöre zu einer früheren Generation. Zwar kann ich sie verwenden, aber sie ist für mich ungewohnt. Zeigt man den heutigen Studenten Algorithmen, die Tabellen benützen, so lautet die Antwort: »He? Warum soll man das so machen; was für ein dämlicher Weg ist das! Warum benützt man keinen Baum?« Dabei schwingt viel persönliche Vorliebe mit, aber dennoch ist diese Antwort mehr als dies. Sie ist Ausdruck eines umfassenden Programmierstiles. Will man Bäume verwenden, so braucht man natürlich eine Sprache mit den entsprechenden Bestandteilen. In FORTRAN sind Bäume als Dateistruktur nur sehr schwer zu verwenden. In dieser Sprache gibt es noch nicht einmal ein Wort für Baum.

PJD: Lassen Sie uns ein wenig bei diesem Aspekt der Sprache verweilen. Sprachen entstehen als Reaktion auf ein empfundenes Bedürfnis. Dann entwickelt man sie weiter, und dieselben Bedürfnisse werden im Gegenzug von der Sprache verändert. So stelle ich mir beispielsweise vor, ist es dem kaufmännischen Rechnungswesen gegangen. Prozeduren hierfür gab bereits in den 40er Jahren, als die Computerära gerade erst begann. Danach wurden die Maschinen im Rechnungswesen eingesetzt, Sprachen wurden konstruiert usw. Veränderten diese Sprachen anschließend die Rechnungen?

CS: Nein, Sie haben gerade den einzigen Bereich herausgegriffen, der der Computerrevolution unzugänglich geblieben ist. Die Revision der Steuersätze von 1980 ist hierfür ein gutes Beispiel. Ich selbst hatte einige Abschreibungssätze neu zu programmieren. Dazu mußte ich die entsprechenden Regeln herausfinden. So schlug ich im Gesetz nach, und nach 20 Seiten mit einem unglaublich undurchdringlichem Text stieß ich auf den Kern der Sache. Dort wurde mit viel Aufwand gesagt, wie man zu rechnen hat. Auch eine Tabelle mit Beispielen fand ich. Ich versuchte, mich durch diese hindurchzuarbeiten, aber ich bekam nie die gleichen Zahlen wie in der Tabelle heraus. Wie kommt so was? Ich rief einen Freund beim Finanzamt an, dieser wiederum rief seine Freunde beim Finanzamt an und so weiter. Schließlich stellte sich heraus, daß die Werte in der Tabelle, um die Benutzung zu erleichtern, abgerundet worden waren. Die Tabelle log.

Nun, das entspricht nicht meinen Vorstellungen vom Computerzeitalter. Was man haben sollte, wäre ein kleiner Algorithmus. Denn diesen muß jeder programmieren. Der Grund, warum wir ihn für dieses spezielle Projekt programmierten, war, daß alle unsere Konkurrenten ihn ebenfalls programmierten. Jeder mußte die gleiche Übersetzung der altmodischen kaufmännischen Rechnung in die moderne Sprache der Berechnung vornehmen, und diese litt in der Übersetzung. Sie kennen die Wendung »Der Text verlor in der Übersetzung« – dieser verlor in der Tat in der Übersetzung.

PJD: Letztlich wird eine neue Generation von Buchhaltern, die vertraut ist mit ...

CS: Dies *ist* bereits eine neue Generation von Buchhaltern.

PJD: Und ihre Praktiken sind noch immer konservativ?

CS: Außerordentlich konservativ.

PJD: Wie, meinen Sie, würde ein Computerfachmann im kaufmännischen Bereich die Lohnsteuererklärung, die jeder Durchschnittsbürger abzugeben hat, beurteilen?

CS: Tatsächlich gibt es im kaufmännischen Bereich keine Informatiker, zumindest keine mit einem akademischen Grad. Es gibt zwei Arten von Computersprachen: solche, die gut geeignet sind für mathematische Manipulationen (FORTRAN, PL/1, APL) und – obwohl erstere auch ihre Befürworter haben, die sie für die kaufmännische Datenverarbeitung anpreisen – solche für die Datenverarbeitung im kaufmännischen Bereich. Letztere sind nicht besonders geeignet für komplexe mathematische Operationen. Sie sind mehr auf die Manipulation und die Rückgewinnung von Daten ausgerichtet. Sie leiden sehr unter dem Mangel einer guten Notation. Die Ursache für diese Diskrepanz ist, daß sich die mathematisch orientierten Sprachen auf das Jahrtausende alte Notationssystem der westlichen Mathematik stützen können. Einige der größten Denker der westlichen Zivilisation (darin zeigt sich eine beträchtliche Hochachtung für die Mathematiker) haben in den letzten tausend Jahren daran gearbeitet. Sie haben die Notation verfeinert und damit entschieden, was sie sagen wollten und, wie es auszudrücken sei. Will man das auf den Computer bringen, so braucht man bloß zu kopieren. Man kann sich keine bessere Vorlage denken. Im Gegensatz dazu hat in der Vergangenheit nie jemand über kaufmännische Datenverarbeitung nachgedacht. Diese war vollständig von den Kaufleuten verinnerlicht, und deshalb gab es keine gute Notation.

Ich habe noch genügend Erinnerungen an meine Zeit als angewandter Mathematiker, um zu wissen, daß man, besitzt man eine gute Notation, nichts anderes mehr braucht. Man braucht nicht zu denken – das ist die Grundidee jeden Kalküls. Bevor der Kalkül der Infinitesimalrechnung eingeführt wurde, mußte man ein Galilei oder ein Newton sein, um physikalische Probleme zu bewältigen. Heute kann das jeder Oberstufenschüler.

PJD: Wir haben über undurchdringliche Gebiete gesprochen. Kennen Sie Gebiete, wo es eine beträchtliche Rückwirkung der Sprache auf die Probleme der Disziplin gegeben hat?

CS: Die Entwicklung verallgemeinerter Datenbanken und deren Manipulationssprachen. Das war sicher ein Gebiet, wo die Benützer und die »Benutzten« – entschuldigen Sie, die Benützer und die Lieferanten – auf symbiotische Art und Weise aufeinander angewiesen waren. Hier gibt es viel Kommunikation in beiden Richtungen. Wir bewegen uns dabei hauptsächlich im Bereich der kaufmännischen Datenverarbeitung.

Ein sehr aktives und interessantes Gebiet ist das *Vernetzen,* also das zufällige Zusammenschließen vieler kleiner Computer. Es ist sehr angenehm, einen Computer stückchenweise kaufen zu können. Man hat eine neue Aufgabe, also kauft man einen neuen Computer, der hauptsächlich für diese Aufgabe zuständig ist. Natürlich muß er mit all den anderen kleinen Computern, die man herumstehen hat und die andere kleine Aufgaben lösen, kommunizieren. Angenommen, Sie kaufen ein Stück Hardware und schreiben eine Software dafür, die Ihr ganzer Stolz wird. Sie arbeitet ausgezeichnet, und alle, die damit zu tun haben, gewöhnen sich daran, daß die Maschine die Dinge erledigt. Also möchten Sie diese vergrößern. Sie möchten sie aber nicht einfach ersetzen, weil sie ihre Aufgaben hervorragend bewältigt. Sie wollen bloß weitere Kapazitäten hinzufügen. IBM kam dem sehr entgegen, indem sie es ermöglichte, ihre Zentraleinheiten auf ganz einfache

Art und Weise zu vergrößern. (Das einzige, was man tun mußte, war, ihr sehr viel mehr Geld zu zahlen.) Aber jedenfalls, wenn sie eine derartige Vergrößerung durchführten, kamen neue Grundregeln ins Spiel. Das war schlecht. Man möchte die Grundregeln vor den Leuten, die schon mit dem Gerät beschäftigt waren, lieber verheimlichen, und man möchte nicht Dinge über den Haufen werfen, die erfolgreich gearbeitet haben. Sinnvoller ist es, wenn man ein neues Stück Computer kaufen und einbauen kann, so daß es hinterher die Aufgabe, die es erledigen soll, tatsächlich erledigt und mit all den anderen Kameraden kommuniziert. Das ist genau das, was die Vernetzung leisten soll. Daran ist viel gearbeitet worden. Nur geht es hier nicht im strengen Sinne um Computersprachen, obwohl ein Vernetzungsprotokoll eine Sprache ist – zumindest eine Protosprache.

PJD: Also gibt es Bereiche, in denen eine Balance herrscht zwischen dem, was man tun will und dem, was einem die Sprache zu tun erlaubt.

CS: Ja, zumindest gibt es ein Feedback. Es ist nicht so, daß die Sprache ein gottgegebenes Geschenk wäre und daß man sie deshalb bloß lieben oder verabscheuen könne. Gewöhnlich führt eine Gruppe eine Sprache ein. Es gibt eine Menge von Problemen bei der Einführung neuer Sprachen. Woher soll man wissen, daß die Sprache nicht mehrdeutig ist? Handelt es sich um eine natürliche Sprache, so spielt es keine Rolle, ob sie mehrdeutig ist, weil menschliche Wesen sehr viel Mehrdeutigkeit tolerieren können. Tatsächlich sind sie darin wirklich gut! Genau deshalb werden wir nicht so schnell durch Computer ersetzt werden können, denn ein Computer stoppt bei der geringsten Andeutung von Mehrdeutigkeit in einer Sprache. Noch schlimmer ist es, wenn er nicht anhält, sondern wie wild oszilliert oder andere merkwürdige Sachen anstellt. Ein menschliches Wesen dagegen würde sagen: »Einen Augenblick bitte!«

Also ist das mindeste, was man bei der Einführung einer neuen Computersprache beachten muß, deren *Eindeutigkeit*. Das ist eine Art negativer Tugend. Einfach nur sicherzustellen, daß etwas nicht mehrdeutig ist, bietet noch keine Gewähr dafür, daß der Job korrekt ausgeführt wird. Das garantiert nur, daß die potentiellen

Fehler durch Mehrdeutigkeit dabei ausgeschlossen sind. In dieser Situation beginnt irgend jemand in der Gruppe, sich über menschliche Faktoren in der Sprache Gedanken zu machen: Was soll ausgedrückt werden, und wie einfach ist es, dies in der fraglichen Sprache auszudrücken? Dann sind da noch kleine lästige Details: Wie einfach wird es sein, eine Übersetzung für diese Sprache zu schreiben? Das heißt wiederum: Wie einfach ist es, die in dieser Sprache formulierten Aussagen in die zugrunde liegende Maschinensprache, die jede Maschine verstehen kann, zu übersetzen? Einige Sprachen lassen sich einfacher übersetzen als andere, weil die Maschinensprachen, obwohl sie weitgehend übereinstimmen, doch voneinander abweichen und die Architektur der einzelnen Maschinen leicht voneinander differieren. Es gibt noch viele Probleme und Fragen auf diesem Gebiet. Und wer wird schon behaupten, daß diese Gruppe das göttliche Allwissen besitze und alles richtig mache? Besonders wenn er bemerkt, daß er es wahrscheinlich mit Denkern und nicht mit Tatmenschen zu tun hat. Woher sollen sie die »Eingaben« der »handelnden« Gesellschaft bekommen: Daß dies hier die tatsächlichen Probleme sind und daß jene vielleicht wie Probleme aussehen, aber in Wirklichkeit keine sind, weil wir mit ihnen längst fertigwerden?

Das herauszufinden erfordert in der Tat Erkundigungen. Jemand muß hinausgehen und muß den Arbeitenden über die Schulter schauen, die wirklich mit den Aufgaben konfrontiert sind und diese irgendwie bewältigen oder auch nicht. Schließlich muß er von allen lokalen Besonderheiten abstrahieren. Macht man so was, so findet man kaum Zeit zum Nachdenken. Nur ganz ungewöhnliche Menschen können etwas *tun* und gleichzeitig in ihrem Geiste zurücktreten und darüber *nachdenken,* was sie gerade tun. Und eine noch ungewöhnlichere Person ist diejenige, die etwas tut, zurücktritt und darüber nachdenkt, was sie gerade tut, dabei noch registriert, was ihre Nachbarn tun und anschließend zurücktritt, um dies gesondert zu überdenken. Das ist eine wahrhaft schwierige Aufgabe.

PJD: Treten Prozesse wie das Eindeutigmachen einer Sprache schon im Planungsstadium dieser Sprache auf?

CS: Sie treten immer und überall auf.

PJD: Stellt es so etwas wie eine »debugging«-Phase dar?

CS: Von Anfang an versucht man, die Dinge eindeutig zu halten. In jedem Stadium der Formalisierung der Sprache – also beim Hinschreiben der Spezifikationen der Sprache – wird überprüft. Noch sind das keine Überprüfungen, die der Computer durchführt, aber es wird angestrengt danach geforscht, wie man eine gegebene Sprache automatisch auf Eindeutigkeit untersuchen kann. Dieser Beweis ergibt sich real in der vielfachen Anwendung der Sprache durch den Benützer. Genauso wird die Wahrheit eines mathematischen Theorems durch dessen Veröffentlichung in einem Aufsatz geprüft; die Fachwelt kann es in Augenschein nehmen und sehen, ob sie Löcher hineinbohren kann, ob sie es duplizieren oder entwerten kann.

PJD: Können Sie mir ein einfaches Beispiel für die Mehrdeutigkeit einer Sprache nennen?

CS: Wünschen Sie ein richtiges Beispiel oder ein konstruiertes?

PJD: Egal – jedenfalls ein typisches.

CS: Es ist schwierig, ein solches zu finden. Regeln, wann Variable lokal sein können und wann global. – Sie haben für etwas einen Namen. Wer kennt diesen Namen für diese Sache? Welche anderen Anweisungen im Programm können den Namen dieser Sache kennen?

PJD: Führen diese Mehrdeutigkeiten zu Unterschieden auf der Metaebene?

CS: Sie können. Typischerweise läuft es so – andernfalls wäre es einfach, sie herauszufinden. Um es nochmals zu sagen: Was uns fehlt, ist ein guter Metaformalismus oder ein Formalismus, in dem man sich über Metadinge verständigen kann.

PJD: Ist *Metadenken* besonders schwierig?

CS: Ja, jeder, den ich kenne, findet es äußerst schwierig. Wir sind gut im gewöhnlichen Denken. Sie schauen sich ein Programmstück an und sagen: »Ich sehe das Ganze vor mir.« Sie gehen dann zu einem anderen Niveau über, indem Sie feststellen: »Ich betrachte nun ein Bündel von Programmen, deren Aufgabe es ist, Programme zu überprüfen.« Unter der Hand potenzieren sich die Schwierigkeiten.

PJD: Wo wir gerade über Wachstum reden ... In den Anfängen

von MACSYMA – einer Sprache für algebraisch-symbolische Manipulationen – konnte ich feststellen, daß das Benützerhandbuch sehr dünn war. Als die Sprache an Tiefe und Reichtum zunahm und man mehr und mehr Dinge mit ihr anfangen konnte, nahm auch das Handbuch entsprechend zu. Heute steht man vor dem Dilemma, zu entscheiden, ob es einem leichter fällt, alle Identitäten der Algebra und die Formalismen der Analysis zu lernen oder ob man sich lieber den Inhalt des Handbuchs aneignet, das einen in MACSYMA einführen soll. In dieser Geschichte liegt bestimmt eine Moral.

CS: Ja, die Moral lautet: Schwierige Probleme sind schwierig. Einen Computer als Helfer zu haben, ist sehr schön. Nur stellt sich heraus: »Wem viel gegeben wird, von dem erwartet man auch viel.«

Kommentar: Es gibt eine andere Ansicht über die Kräfte, die zur Entwicklung neuer Computersprachen führen.

»Sicherlich kennt man Sprachen und Kennzeichen von Sprachen, die als Resultat einer Hardwareentwicklung entstanden sind. So stellt FORTRAN eine Antwort auf die Hardware der Gleitpunktarithmetik dar. Die Arbeit der Gegenwart an Parallelsprachen ist angeregt worden von der Entwicklung in VLSI (very-large scale integrated circuits). Es gibt auch Neuerungen in der Hardware, die als Antworten auf Softwareentwicklungen ganz oder zumindest weitgehend unabhängig von der Hardware verlaufen.

Wo liegen dann ihre Ursprünge? Ich schlage vor, zwei Arten von Entwicklungen zu unterscheiden. Es gibt einmal neue Sprachelemente, die einfach hinzugefügt werden, andererseits gibt es neue Sprachen, die grundsätzlich neuartige Zugänge zum Problem der Berechnung darstellen. Neue Sprachelemente werden aus den oben genannten Gründen hinzugefügt: Die Programmierer sind es leid, immer wieder das gleiche zu programmieren. Aber »das gleiche« ist kein einfaches Unterprogramm; es liegt vielmehr auf einem höheren Abstraktionsniveau. Ich will ein einfaches Beispiel geben: man kann nicht »while«-Schleifen zu FORTRAN oder APL hinzufügen, indem man ein »while«-Unterprogramm schreibt.

Wirklich neue Ansätze bei Sprachen entstehen immer dann, wenn die Programmiergemeinschaft zu der Ansicht gelangt, daß etwas, das sie durchzuführen hat, begrifflich einfach, aber programmiertechnisch in den verfügbaren Sprachen schwierig ist. So war zum Beispiel eine der entscheidenden Erkenntnisse, auf denen LISP basiert, die Einsicht, daß eine Sprache sehr zweckmäßig sei, die mit Symbolen anstatt mit Zahlen operiert. Eine wichtige Neuerung von Ada ist die explizite Verwendung von Datentypen. Und so weiter. Das sind die wirklich kreativen Sprünge in der Entwicklung der Programmiersprachen.« – E. S. Davis.

Weiterführende Literatur:
I. Miller
(s. a. Bibliographie)

Das Programmierermilieu Ein Interview mit Charles M. Strauss

PJD: Was macht den Berufsstand des Programmierers ungewöhnlich?
CS: Grundsätzlich handelt es sich um Leute, die lieber mit Maschinen als mit Menschen kommunizieren. Programmieren gilt als eine hochgeistige Angelegenheit. Ich vermute, daß es als gleichermaßen abstoßend und häßlich angesehen wird.
PJD: Wie sieht ein Tag im Leben eines Programmierers aus?
CS: Er besteht aus Systemen. Er umfaßt sowohl reine Denkarbeit als auch häßliche Hackerei. Diese beiden sind unauflöslich miteinander verknüpft. Sie müssen teuflisch auf Details achten, wenn sie wirklich ein Programm schreiben. Planen Sie dagegen ein Programm, so müssen Sie eine Menge weitreichender Ideen im Kopf behalten, die alle Teile des Programms umfassen. Zuerst abstrahiert man die wichtigsten Züge aus dem Programm, um sie anschließend auszuarbeiten. Beim Entwicklungsprozeß ist es nicht erforderlich, in jedem Stadium das gesamte Programm vor Augen zu haben. Man schreibt schnell Zeichen hin und dokumentiert so das Programm. Zum Schluß muß man das ganze Dokument beherrschen. Ein bißchen verhält es sich so wie beim Bau eines Hauses, wobei man in einer Person zugleich Architekt, Statiker, Bauunternehmer und Bauarbeiter ist.
PJD: Wie dokumentiert ein Programmierer das Netz von Details? Er wird sich ja wohl kaum auf ein Flußdiagramm verlassen – oder doch?
CS: Er verläßt sich niemals auf eine Sache allein. Flußdiagramme und aus mehreren Flußdiagrammen bestehende Blockdiagramme sind hilfreich. Das konkrete Programm ist lange nicht so wichtig. Viel wichtiger ist die Frage, welche Informationen man

für die weitere Verarbeitung braucht und wie man diese von einer Stelle zu einer anderen schafft. Zeigt man mir ein Programm – und sei es noch so gut dokumentiert –, so kann ich nicht auf Anhieb sagen, wo Anfang und Ende sind. Zeigt man mir aber eine Beschreibung des Informationsflusses – also was an Information reingeht und was rauskommt, welche Informationen vorübergehend erzeugt und gespeichert werden während des Programmablaufes –, so werde ich das Programm ziemlich schnell verstehen, ohne eine Zeile Code gesehen zu haben.

PJD: Also absolviert ein Programmierer eine Beschreibungsphase, bevor er das Programm detailliert niederschreibt?

CS: Man muß eine solche Phase absolvieren und deren Ergebnisse ständig als Arbeitsanweisungen im Gedächtnis behalten. Man hat sich an alles zu erinnern und muß es abrufbereit halten, wenn man programmiert. Und dann wiederum muß man in der Lage sein, fast alles zu vergessen, um sich auf das klitzekleine Stück Programm zu konzentrieren, das man gerade schreiben will. Einem Maler geht es so ähnlich – einerseits muß er das gesamte Bild sich vor Augen führen können, andererseits muß er, wenn er an irgendeinem Detail in der rechten unteren Ecke arbeitet, sich wirklich auf dieses Detail konzentrieren und es nicht in der einen oder anderen Hinsicht übertreiben. Man darf nicht zu oberflächlich sein, aber auch nicht zu kleinlich.

PJD: Wie entwickelt sich so ein Tag – können Sie ihn mit Prozentangaben charakterisieren?

CS: Sieht man Programmierer, so tun sie meistens gar nichts. Einer der anziehenden Aspekte des Programmiererdaseins ist es, daß man nicht durch bloßen Augenschein zu entscheiden vermag, ob sie arbeiten oder nicht. Oft sitzen sie irgendwo herum, trinken Kaffee und halten dabei scheinbar einen Plausch. Oder sie starren einfach in die Luft. In Wirklichkeit versuchen sie aber, die verschiedenen unzusammenhängenden Ideen, die im Kopf herumspuken, in den Griff zu bekommen. Der Computer selbst ist aus standardisierten, sehr einfachen Bestandteilen zusammengesetzt. So funktioniert er auch. Jeder Berufsstand hat nur eine begrenzte Anzahl von Tricks in seiner Kiste. Man weiß, eine ganze Menge von Techniken zu beherrschen. Taucht ein bestimmtes Problem auf, so kann man diese Fähigkeiten und Tricks auf irgendeine Weise kombinieren (das macht gerade die Schlüsselphase aus), um das Problem zu knacken.

Dinge zusammensetzen – das ist die ganze Kunst. Den Rest kann man lernen – das ist Technik. Es ist so, wie wenn man etwas aus Legos oder Stabilo oder Fischer Technik zusammenbaut. Stabilo trifft es am besten: Man hat Teile mit Löchern, die Schrauben halten, und Schrauben verschiedener Länge und das ist alles. Sieht man etwas, das aus Stabilo gebaut ist, so sieht es spindeldürr aus. Es wirkt wie ein Skelett oder ein Netz. Genauso ist ein Computerprogramm. Es gibt Stöße von Codes, die von Transfers zusammengehalten werden. Man befiehlt dem Computer, an einem bestimmten Punkt mit der Ausführung zu beginnen. Stellt der Computer fest, daß eine bestimmte Bedingung eintritt, so soll er zu einem anderen Teil des Programms übergehen und diesen ausführen. Anschließend kehrt er zum Ausgangspunkt zurück oder er geht, stellt er das Eintreten einer anderen Bedingung fest, woanders hin. So sieht ein Netz aus. Die Aufgabe des Programmierers besteht darin, sicherzustellen, daß alles miteinander zusammenhängt.

PJD: Was geschieht, wenn mehrere Programmierer jeweils einen bestimmten Teil eines größeren Programms herstellen sollen?

CS: In diesem Falle muß nicht nur garantiert sein, daß der eigene Teil funktioniert, sondern man muß auch sicherstellen, daß die Schnittstellen (ein Reizwort für die Computerfachleute) mit dem größeren Netz wohldefiniert sind und daß sie so arbeiten, wie man selbst und die anderen wünschen. Die Verantwortung für das, was im eigenen Teil des Programmes geschieht, liegt bei einem selbst. Ich mag meinen Teil am meisten und ich nehme an, daß die meisten Programmierer so empfinden, einfach weil er etwas Eigenes ist. Man erhält durch den Code eine vollständige Kontrolle über die Struktur des eigenen Teils. Es gibt Regeln für gutes und Regeln für leichtfertiges Programmieren; innerhalb dieser Regeln aber hat man einen hohen Grad an Freiheit. An den Schnittstellen, wo der eigene Teil beginnt und am Ende desselben bei der Ausgabe, wo die Ausführung des eigenen Teils zu Ende ist, sollen Daten übergeben werden. Das geschieht besser in der richtigen Form, sonst wird sie vielleicht den Part des Kollegen nicht richtig weiterverarbeiten können. Die Spezifikationen der Schnittstellen müssen natürlich von jemand geschrieben werden – meist macht dies eine Gruppe von Programmierern. Sie müssen unzweideutig mitgeteilt werden. Der Plan des Ganzen muß für alle Mitglieder des Teams klar sein. Hier beginnt der Spaß, denn Programmierer wollen wirklich lieber mit Maschinen als mit Menschen umgehen. Gleichgültig, wie formalisiert die Beschreibung der Schnittstellen eines Programmes ist, sie enthält doch immer ein bestimmtes Muß menschlicher Mitteilung. Das ist die Ebene, auf der das Gezänk der Schulkinder (»Du warst es, ich war's nicht«) liegt. Seine Ursache ist, daß Wörter verschiedene Konnotationen haben.

PJD: Ich habe gehört, daß es in einer Gruppe von n Personen n Quadrat (n^2) Möglichkeiten für Ärger gäbe.

CS: Das liegt daran, daß es n Quadrat (n^2) mögliche Verbindungen zwischen n Leuten gibt. Ein wohlüberlegter Entwurf wird deshalb die Bestandteile so weit wie möglich isolieren, um so die Anzahl der Schnittstellen zwischen den Blöcken zu minimieren. Menschen sind nur in beschränktem Maße fähig, alle Aspekte eines Problems zugleich zu verstehen. Das Verständnis ist analog zur direkten Spanne an Kontrolle. Die Struktur der Armee beruht darauf, wieviele Leute ein einzelner Mensch direkt befehligen kann. Ich denke, das sind höchstens 4 oder 5.

PJD: Gilt das auch für das Programmierermilieu?

CS: Ja, ganz genauso. Was bedeutet, daß man sehr gut als individueller Programmierer eines speziellen Projektes bis zu einem gewissen Punkt klarkommen kann. Jenseits von ihm wird man überfordert, und die Effektivität sinkt. Man braucht einen Mitarbeiter für das Projekt, aber das verdoppelt nicht die Effektivität. Tatsächlich wird sie um etwa 20% zunehmen. Ein Teil der eigenen Arbeitszeit und ein Teil der Arbeitszeit des Mitarbeiters werden nämlich für die Verständigung miteinander verbraucht. Nimmt man fünf Leute, so müssen diese nicht nur viel miteinander kommunizieren, sondern man muß auch einen Chef ernennen. Der macht nichts anderes, als den Kontakt unter den Leuten aufrechtzuerhalten. Vergrößert man den Umfang des Projektes, so entstehen mehrere Ebenen von Obermanagern und Koordinatoren, und es wird nur wenige Leute geben, die wirklich Arbeit leisten. Sicherlich handelt es sich um eine Pyramide, aber es ist eine Pyramide mit fast vertikalen Seitenflächen. Was sehr schade ist, aber es ist nun einmal so.

PJD: Gibt es unter den Programmierern einen speziellen Wahn?

CS: Ihre Arbeit ist kurzlebig. Man kann sie weder berühren noch riechen oder schmecken. Ist sie geleistet, so bleiben nur die Bits in der Maschine. Die Bits sind sehr einflußreich, tatsächlich sind sie unzumutbar einflußreich. Denn ohne Programm ist die Maschine ein untätiger Haufen; mit Programm aber ist sie ein sehr machtvolles Werkzeug. Das macht einen Teil der Freude beim Programmieren aus: *Man empfindet dabei diese immense Macht.* Es ist so ähnlich, wie wenn man einen Maserati oder einen Bulldozer fährt oder auf dem Rücken eines Elefanten reitet. Während man das Programm entwickelt, ist dieses »da draußen«. Es befindet sich entweder auf dem Schreibtisch (in Form von Bleistiftstrichen auf dem Papier) oder in der Maschine, wo es gerade getestet wird. Moderne Betriebssysteme können Texte edieren und enthalten Systeme für Dateiverwaltung und Informationsrückgabe. Wir erleben, wie Büros und ganze Unternehmen ihre Daten umwandeln und diese der Sorge eines elektronischen Helfers anvertrauen. Sie werden jedoch feststellen, daß die Programmierer zu den letzten gehören, die diese neue Technologie annehmen, obwohl sie die Lieferanten sind. Hier liegt der Hund begraben. Programmierer möchten Listen; sie möchten, daß ihre Programme auf Papier ausgedruckt werden, das sie in ihrem Schreibtisch verwahren können. Nun werden sie sicherlich dieses Papier nie mehr benützen. Die Programme, die laufen, sind immer als on-line-Dateien verfügbar. Es gibt Zeiten, zu denen es vorteilhaft ist, sich sein Programm ausdrucken zu lassen. So ist es nämlich viel einfacher, Randbemerkungen zu machen und Kreise zu malen. Da man sich ein Programm als Netz oder aber als ein Bündel von zusammengebundenen Löchern vorstellen kann, kann es nützlich sein, dieses auf einem Papier ausgebreitet vor sich zu haben und die Verbindung physisch durch Zeichen von Pfeilen und Kreisen zu realisieren. Dennoch ist die Verwendung solcher Bögen von Papier in dem Moment anachronistisch, wo man das Ganze viel rascher und einfacher auf einem Bildschirm ausbreiten kann. Es ist anachronistisch vom Standpunkt der Vernunft aus; ganz und gar nicht anachronistisch ist es aber aus psychologischer Sicht. Wenn sich ein Programm entwickelt, gibt es Stücke, die gerade nicht zur Hand sind. Entfernen sich diese zu weit von einem, gehen sie verloren. Man muß dann viel Zeit für den Versuch verwenden, sie wieder zurückzuholen. Manchmal bekommt man sie niemals zurück. Begrifflich, nicht physikalisch. Physikalisch sind sie schon vorhanden, allerdings nur als eine große Menge von Strings. Sie sind bloß nicht mehr miteinander verknüpft. Tatsächlich ist es die Aufgabe des Programmierers, sie miteinander zu verbinden.

Ich bin zu der Meinung gelangt – und ich nehme an, viele andere Programmierer teilen diese –, daß es am besten ist, den psychologischen Sinn, also die Verbindungen im Netz, mit einer physikalischen Repräsentation zu verbinden. Sie wissen, daß das, was Sie suchen, auf einer bestimmten Seite steht und Sie wissen, wie diese Seite aussieht – Sie können ein Bild von dieser Seite vor Ihrem geistigen Auge heraufbeschwören. Weiter wissen Sie, daß das, womit jenes verbunden werden soll (oder worin jenes umgewandelt werden soll – oder womit jenes interagieren soll), auf einer bestimmten anderen Seite steht – auch von dieser haben Sie ein Bild in Ihrem Kopf. Da alles gedruckt ist, verändert es seine räumlichen Bezüge nicht. Sie wissen, wo es steht. Der Ärger mit Systemen der Informationsrückgabe ist, daß man alles in jeder beliebigen Reihenfolge abrufen kann.

Bei Papier ist der Vorteil, daß man die Informationen nicht in beliebiger Reihenfolge abrufen kann. Sie können, falls erforderlich, das Papier falten, so daß Texte, die zuvor durch fünfzig Seiten voneinander getrennt waren, nebeneinander zu liegen kommen. Auf diese Weise kann man die Ordnung abändern. Dennoch gibt es eine lineare Ordnung. Diese wird erzwungen durch die Tatsache, daß man alles auf Papier druckt, welches linear ist.

PJD: Sind dies handwerkliche Fähigkeiten, die man weiterentwickeln sollte?

CS: Ja, es ist eine handwerkliche Fähigkeit – genauso wie ein Maurer eine dünne Mörtelschicht der richtigen Konsistenz aus-

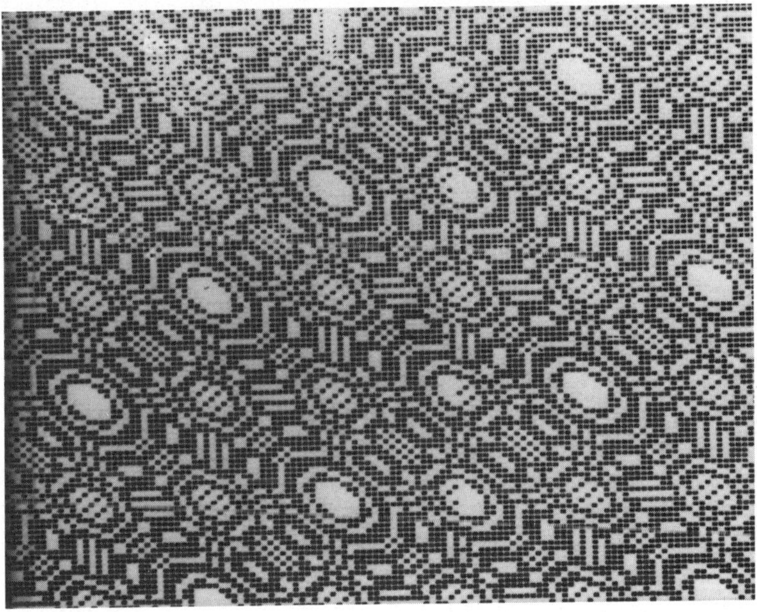

Quadratische Residuen

streichen können muß. Das ist des Pudels Kern. Ich habe diese Fähigkeit noch in keiner anderen Disziplin angetroffen.

PJD: Sie haben davon gesprochen, daß Programmierer es vorziehen, mit Maschinen zu kommunizieren anstatt mit Menschen. Gibt es noch andere psychologische Qualifikationen eines guten Programmierers?

CS: Nicht jeder kann Programmierer werden. Nicht jeder will das werden. Wenn Sie keine Kreuzworträtsel mögen, kann ich mir nicht vorstellen, daß Sie gerne Programmierer wären. Beides erfordert die gleiche Sorte geistiger Muskeln.

PJD: Ist mathematische Begabung nützlich für einen Programmierer?

CS: Sie ist nützlich, aber nicht unbedingt notwendig. Gewöhnlich haben gute Mathematiker eine Abneigung gegen das Programmieren. Sie meinen, daß die Mathematik, die sie beherrschen, so mächtig ist, daß sie die Hilfe der Maschine nicht mehr benötigen.

PJD: Wie steht es mit handwerklichen Fähigkeiten? Zum Beispiel: Ist es vielleicht hilfreich, wenn jemand gut in der Holzbearbeitung ist?

CS: Nein. Ich denke, daß Programmierer im großen und ganzen bestenfalls durchschnittliche handwerkliche Fähigkeiten aufzuweisen haben.

PJD: Hat schon mal jemand einen Test konstruiert, um ideale Programmierer herauszufinden?

CS: Ja, aber alles, was er mißt, sind die üblichen intellektuellen Fähigkeiten. Es gibt einen typischen Nervenkitzel, den ein wahrer Programmierer empfindet, wenn er an einem Programm arbeitet. Dabei spielt die Heiterkeit des Arbeitens mit und das Gefühl, sich selbst an ein Hilfsmittel (wie zum Beispiel ein Auto) zu binden, das es einem möglich macht, die physischen Grenzen zu überschreiten. Sie steigen in ein Auto und werden ein Teil davon, das Auto wird zu einem Teil von Ihnen. Sie und das Auto zusammen sind imstande, Dinge zu tun, die weder das Auto noch Sie alleine tun könnten. Und Sie werden dafür auch noch bezahlt. Das ist das Seltsamste daran.

PJD: Es gibt Literatur über die Psychologie von Grand-Prix-Fahrern. Gibt es hierzu etwas Vergleichbares?

CS: Ich denke schon. Die Leute sind nur noch nicht darauf gekommen, daß es hier einen Vergleich gibt.

PJD: Der Fahrer und sein Wagen sind eins.

CS: Der Programmierer und sein Computer sind nicht wirklich eins, weil ein Computer vielen Programmierern dient. Jedoch denkt der Programmierer nicht daran. Der Programmierer stellt sie sich als seine Maschine vor, ganz egal wieviel Leute sie benützen. Soweit es um ihn geht, gehört sie ihm allein. Die einzige Gelegenheit, bei der er jemals die anderen Leute bemerkt ist, wenn es diesen gelingt, sich vor ihn zu drängen und er deshalb warten muß. Fred Brooks macht dies sehr gut deutlich in einem Anfangskapitel von »The Mythical Man Month«, wo er sagt, daß die Anziehung zwischen Programmierer und Computer von allem, was er sich vorstellen kann, der Poesie am nächsten kommt. Sie schreiben ein Programm. Es existierte nicht, bevor Sie es schrieben. Selbst wenn es geschrieben ist, existiert es noch nicht wirklich. Es besteht bloß aus Symbolen. Gibt man aber diese Symbole in den Computer ein, werden sie lebendig. Sie erhalten einen synergetischen Effekt. Das ist ein wirklicher Nervenkitzel. Das ist der Lebensnerv des Programmierens.

Weiterführende Literatur:
F. B. Brooks, Jr.; S. Turkle
(s. a. Bibliographie)

IV. Ausblick auf die Zeit

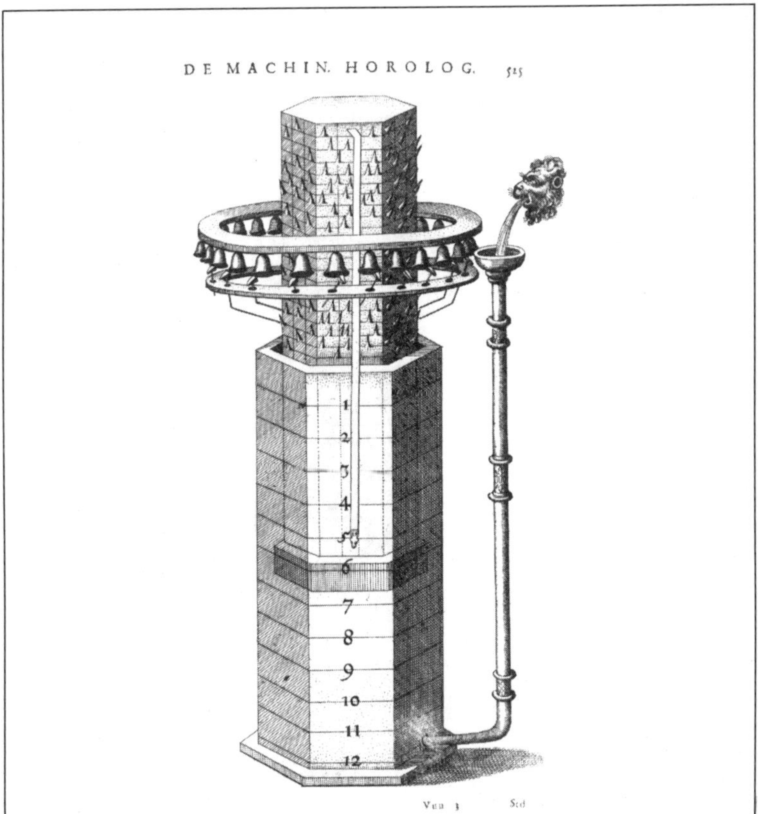

Entwurf eines Weckers aus dem 18. Jahrhundert

Über Zeit und Mathematik

»Er (Giambattista Vico) gewann die Überzeugung, daß die vollkommenen und unkorrigierbaren Begriffe der zeitlosen Mathematik, die in allgemein verständliche Symbole gekleidet sind, welche jedermann in einer momentanen Erleuchtung begreifen kann, eine Chimäre sind. Die einzige Ausnahme hiervon seien die Wahrheiten der göttlichen Offenbarung. Gegen dieses Dogma des Rationalismus stellte er die Behauptung, daß die Wahrheit alles gültigen Wissens, auch der Mathematik und der Logik, nur durch das Verständnis seiner Entstehung eingesehen werden kann, also durch einen historischen oder genetischen Ansatz.« (Sir Isaiah Berlin. Vico and Herder)

»Was geschieht, wenn ein neues Kunstwerk geschaffen wird, ist das, was gleichzeitig auch mit allen vorangegangenen Kunstwerken geschieht.« – T. S. Eliot. Zitiert bei Leonard B. Myer: Music, the Arts, and Ideas.

Die Zeit – dieses mysteriöse Etwas, das fließt, diese Beziehung, dieser Vermittler, diese Arena der Ereignisse – hüllt uns alle ein und verblüfft uns alle. Was ist Zeit? Die Antwort des Heiligen Augustinus ist berühmt geworden: »Frägt niemand mich danach, so weiß ich es; verlangt aber jemand von mir, daß ich es sage, so kann ich es nicht.«[1]

Zwei Jahrtausende später, nach zwei Revolutionen in der Physik, kann man noch immer mit dieser Antwort sympathisieren. Unsere Bücherregale sind mit Formeln und Spekulationen vollgestopft, und dennoch können wir noch immer nicht sagen, was Zeit ist. Es gibt keine Übereinstimmung darüber, ob es eine Zeit gibt oder mehrere, ob die Zeit ein wesentlicher Bestandteil des Universums ist oder die große Illusion des menschlichen Intellekts.

Zwei alternative Vorstellungen über »die Zeit« sind seit der Antike in der Diskussion: Nach Archimedes (und nach dem noch früheren Parmenides, für den die letzte Realität zeitlos ist) muß man die Zeit eliminieren und verstecken, muß man sie wegdenken und verändern. Die Zeit ist auf etwas anderes, vielleicht auf die Geometrie zu reduzieren. Sie stellt ein Hindernis dar. Nach Aristoteles (und nach dem noch früheren Heraklit, für den die Welt eine Abfolge von Ereignissen bildete) muß man der Zeit mit Bestimmtheit gegenübertreten, denn die Welt ist ihrer ersten Natur nach zeitlich, und alles Entstehen ist real.

Die moderne Wissenschaft folgte weitgehend der Auffassung von Archimedes und nicht der des Aristoteles. Die Zeit wird heruntergespielt. Übersehen, verändert und eliminiert. Ursache und Wirkung werden ersetzt durch Beschreibung und Relation. Man fragt nicht, »warum«, sondern »wie«. Die Erfolge des archimedischen Programms prägen unsere naturwissenschaftliche Zivilisation.

Die Herabminderung der Zeit in den theoretischen Naturwissenschaften scheint paradox. Schließlich ist es eine wichtige Aufgabe der Naturwissenschaften zu beschreiben, was ist und vorauszusagen, was sein wird. Spielt die Zeit bei diesen Bestrebungen keine Rolle?

Um zu überleben, müssen wir antizipieren. Indem wir antizipieren, gewinnen wir eine gewisse Kontrolle über die unbearbeitete Natur. Und taucht nicht in den Gleichungen, die unser unstillbares Bedürfnis nach Vorhersagen erfüllen, das Symbol für die Zeit immer wieder auf? Dennoch hat der Wissenschaftstheoretiker Emile Meyerson vor vielen Jahren darauf hingewiesen, daß die Naturwissenschaft im gleichen Maße, wie sie rational wurde, dazu neigte, Veränderung und Zeitlichkeit zu unterdrücken.[2] *Sie sucht nach »Konstanten«* der Natur, also nach Dingen, die invariant und folglich zeitlos sind: die Lichtgeschwindigkeit, die Ruhemasse des Protons und die Gravitationskonstante. Sie stellt *Erhaltungssätze* für die Masse, die Energie und den Impuls auf. Diese besagen, daß falls die Buchführung ordnungsgemäß vorgenommen wurde, nichts geschehen ist. Die Zeit ist eliminiert bzw. dort, wo sie nicht eliminiert wurde, in ihrer Bedeutung herabgesetzt.

Variable bringen Regeln in Fluß. Norbert Wiener pflegte seine Studenten an das Crocketspiel aus »Alice im Wunderland« zu erinnern. Darin waren lebendige Stachelschweine die Bälle, die folglich ihre eigenen Wege gingen, Spielkarten waren die Tore, die ungewöhnlich instabil waren und die Schläger waren lebendige Flamingos, die ihren eigenen Willen hatten. Die Spielregeln änderten sich als Krönung des Ganzen ständig. Ohne Veränderlichkeit, bemerkte Wiener, kann es keine Wissenschaft geben[3]. Aber um Erfolg in der Wissenschaft zu haben, muß man vereinfachen und ingnorieren – zum Beispiel die Zeit.

Als Albert Einstein mit der Feststellung Meyersons konfrontiert wurde, gestand er deren Wahrheit ein. Er gab zu, daß für die Denkweise der Physik die Tendenz charakteristisch ist, ausschließlich mit »raumartigen« Begriffen zu arbeiten[4]. Nach der hohen deduktiven und ästhetischen Vollkommenheit von Euklids Elementen strebend, *geometrisiert* die theoretische Physik die Zeit, indem sie sie als Gerade auffaßt. Man spricht von Zeit»punkten« und Zeit»intervallen«. Diese Ausdrücke sind mehr als bloße Metaphern: Wir arbeiten und denken mit Hilfe einer Zeitachse, an Hand derer wir Dinge wie die Veränderungen der Temperatur oder der Preise darstellen. Sie ist uns zur zweiten Natur geworden – so sehr, daß wir verloren sind, sollen wir eine andere Darstellung angeben. Wir verwenden dieses Modell, obwohl es gegen ein grundlegendes Kennzeichen der Zeit verstößt, nämlich gegen ihre *Irreversibilität*. Mit unseren Augen können wir entlang einer Zeitachse von 1790 bis zur Gegenwart vor und zurücklaufen, aber in unserer menschlichen Zeit können wir solche Kunststücke nicht fertigbringen – es sei denn, wir gelangen in die Zeitmaschine von H. G. Wells.

Im Minkowskischen Raum-Zeit-Kontinuum, jener der Relativitätstheorie zugrunde liegenden subtilen Fusion von Raum und Zeit, scheinen die Raumdimensionen die Zeitdimensionen zu beherrschen. Die ganze Struktur existiert in Gestalt einer gefrorenen Mannigfaltigkeit außerhalb der Zeit. Die Aufmerksamkeit der Relativitätstheorie liegt eher auf räumlichen denn auf zeitlichen Aspekten. Damit geht teilweise der Traum des englischen Mathematikers W. K. Clifford in Erfüllung, der die Materie und ihre Bewegungen ausschließlich mit Begriffen der Ausdehnung beschreiben wollte.

»Ist die Zukunft bereits gegenwärtig?« fragt der Wissenschaftstheoretiker Phillip Frank. Versuchen wir, uns andere Zeitsysteme vorzustellen, so denken wir uns in Momenten kühnster Spekulation die Zeit als Kreis, als Möbiusband oder eine andere topologische Mannigfaltigkeit. Dabei würde Franks Frage nicht so paradox erscheinen. Die bekannten Zeitverzerrungen des Fernsehens drücken der Geometrisierung das Siegel öffentlicher Anerkennung auf.

Beim Schreiben fallen mir mehrere zeitgenössische Lehrbücher über mathematische Physik ein. Diese erklären die Zeit gewöhnlich im Zusammenhang mit Differentialgleichungen als Grundbegriff, der nicht definiert werden kann (und deshalb auch nicht definiert werden muß). Die Zeit wird durch eine reelle Zahl t dargestellt. Ein bestimmter Wert der Zeit (t_0) entspricht der Ge-

»Endloses Band aus einem Ring« von Max Bill

genwart. Ein Zeitintervall ist ein Intervall im System der reellen Zahlen, die durch die Relation ≤ geordnet sind. Für die Autoren solcher Bücher ist die Zeit also eine reelle Zahl. Sie ist nicht abgeleitet von einer mathematischen Struktur, die »diskret« oder »körnig« ist. Sie ist auch keine vektorielle Größe oder eine komplexe Zahl, noch gehört sie zu einem Nicht-Standard-System, welches das unendlich Kleine zuläßt. Die Zeit trägt die Topologie der reellen Geraden, obwohl es eine gewisse Unklarheit darüber gibt, ob man es nun mit $[0,1]$, $(0,\infty[$, $]-\infty,\infty[$ zu tun hat. Dies hängt davon ab, welcher kosmologischen Kirche man angehört. Jedenfalls haben wir es mit einer erneuten Herabsetzung zu tun, wenn die Mathematiker heute die Zeit dem abstrakten System der reellen Zahl unterordnen. Diese Identifikation führt das geometrische Element ein und ersetzt dieses wiederum durch das symbolisch-strukturelle, formalisierte Element. Der Prozeß der Herabsetzung auf Räumliches läuft in der Mathematik seit Descartes' Koordinatengeometrie ab. Bis vor zehn oder fünfzehn Jahren konnte man mit Fug und Recht behaupten, daß die Physik zeitlos gewesen sei.

Das Paradoxe daran ist, daß die meisten physikalischen Gesetze beschreiben, wie sich bestimmte physikalische Systeme in der Zeit entwickeln werden. Diese Gesetze sind im folgenden Sinne zeitlos: Die vorhergesagte Entwicklung bleibt dieselbe, gleichgültig ob sie heute beginnt oder bereits gestern oder vor 100 Millionen Jahren begonnen hat. Die Gesetze beziehen sich auf die Zeit, aber ihre Beschreibung der zeitlichen Entwicklung selbst ist zeitlos, oder, wenn man diese Formulierung vorzieht, unveränderlich.

Die derzeitige Revolution der Kosmologie ist unter dem Namen »Urknalltheorie« populär geworden; sie hat den Stand der Dinge radikal geändert. Heute behaupten die Physiker, das Universum habe sich vor etwa 18 Milliarden Jahren aus einem Urzustand entwickelt, in dem die Materie im gesamten Universum unendlich dicht verteilt war. Sie beschreiben die Entwicklung des Universums, von einem Quark-Antiquark-Gas in den ersten 10^{-8} Sekunden ausgehend, über ein Elektronen-Positronen-Gas in den folgenden 10^{-4} Sekunden bis hin zu einem vorwiegend strahlenden Plasma während der nächsten 300 000 Jahre. Diesem folgte unser heutiges, materiebestimmtes System, in dem wir Sterne und Galaxien beobachten und sogar Planeten, von denen zumindest einer (soweit wir heute wissen) Leben tragen kann.

Diese Aussagen sind nicht ohne Zeitbezug; sie sind vielmehr datiert, sei es in Mikrosekunden oder in Megajahren. So sind Kosmologie und angrenzende Gebiete, wie zum Beispiel die Elementarteilchenphysik, zu historischen oder evolutionären Wissenschaften (ähnlich der Geologie oder der Biologie) geworden. Die Gesetze der Physik werden nun in einem gewissen Sinne zeitbezogen, denn sie sind nur anwendbar, solange das Universum in einem Zustand ist, worin die durch die fraglichen Gesetze beschriebenen Phänomene tatsächlich stattfinden können. Die beobachtbaren physikalischen Ereignisse in einem Quark-Antiquark-Gas sind völlig verschieden von denjenigen auf der heutigen Erdoberfläche. In diesem Sinne sind die physikalischen Gesetze, die heute die Erde beherrschen – zum Beispiel in der Wetterkunde oder der Geophysik – weder zeitlos noch ewig. Sie gelten vielmehr nur während dieses Abschnittes der Geschichte des Universums, in dem Planeten und Atmosphäre physikalisch möglich sind.

Die allgemeinverbreitete Philosophie der Mathematik besagt, daß die persönliche, historische Zeit keinerlei Bedeutung für die Mathematik besitzt. Manche Autoren haben sogar die Meinung vertreten, daß die Mathematik das einzige Gebiet sei, in dem die Zeit keine Rolle spiele. Die Gegenstände der Mathematik gelten als *zeitlos;* sie sollen in einer perfekten Welt reiner Wahrheiten existieren. Die mathematischen Wahrheiten sind Wahrheiten für immer – abseits von Zeit, Verstand und Personalität. Der deduktive Dialog findet zeitlos in einer Welt rein logischer Transformationen statt. Technische Vokabeln des gängigen mathematischen Diskurses wie »existieren«, »es sei«, »variieren«, »sich annähern«, »Abbildung«, »konstruieren« und »versehen mit«, die ein zeitliches Fundament zu verraten scheinen, werden als metaphorische Ausdrücke für ein formalisiertes, zeitfreies Äquivalent angesehen.[5]

Die Mathematik verwendet Implikationen (A→B) & (B→C) → (A→C). Müßten wir so etwas in einem speziellen Fall verifizieren, so würden wir einen Moment darüber nachdenken und könnten dann zustimmen. Soll ein Computer diesen symbolischen Ausdruck verifizieren, so bräuchte er nur einen Augenblick, aber selbst ein Augenblick ist eine Zeitspanne. Dennoch behauptet die gängige Philosophie, daß diese Implikation kein Vorgang in der Zeit sei.

Der Begriff »Funktion« ist eine Erfindung der Nach-Renaissance-Mathematik. In Galileis »Unterredungen über zwei neue Wissenszweige« sieht man, wie er aus der Vorstellung von Bewegung hervorgeht. In den Gedanken von Autoren wie Newton ist eine Kurve die Bahn eines Punktes, der sich in der Zeit bewegt. Die Notation $y = f(x)$, die einen Black-Box-Charakter trägt, betont das Individuum y als Ausgabe (oder Korrelat) der Eingabe x; hat man ein x eingegeben, so kann man das nächste eingeben. Die heute übliche Schreibweise $f: X \to Y$ für Funktionen, die vor etwa dreißig Jahren aufkam, betont den gesamten Definitionsbereich X aller Argumente x, der in das Ziel Y zeitlos abgebildet wird. Die Beziehung $f: X \to Y$ ist somit vollendet statisch.

Primärer Cäsiumstandard NBS-6. Sechste Generation von Atomfrequenzstandards beim NBS (National Bureau of Standards). NBS-6 ist sechs Meter lang und liefert eine Referenzfrequenz mit einer Genauigkeit größer als 10^{-13}. Wird NBS-6 als Uhr verwendet, so gibt dieses Gerät die Zeit mit einer Genauigkeit von etwa drei Millionstel Sekunden pro Jahr an. Das Gerät gehört zum Atom-Zeitsystem des NBS, das das nationale Standardzeitintervall, die Sekunde, liefert.

Schreibt man *X* für eine Menge, zum Beispiel die Menge der reellen Zahlen, so stellt man sich diese Menge als »vollständig gegeben« vor. Sie ist auf einen Schlag und ohne Zeitbezug vorhanden; wir können zeitlos mit ihr »umgehen«. Und wo sollen die Elemente von X existieren – zeitlos natürlich –, so daß wir mit ihnen umgehen können? Die Antwort fällt verschieden aus: im Reich Gottes, im platonischen Königreich der Ideen oder in Poppers III. Welt, die die Welt der Produkte des menschlichen Geistes ist. J. C. C. Smart hat diese Position in eindeutiger Weise charakterisiert: »Wir behaupten ›2 + 2 ist gleich 4‹ nicht deshalb, weil wir nichts über den zeitlichen Status von ›2 + 2 gleich 4‹ aussagen wollen, sondern weil diese Aussage *überhaupt keinen zeitlichen Status besitzt.*«[6]

Insofern der Computer die Gleichungen der mathematischen Physik löst und als Instrument zur Vorhersage dient, das vorgibt, uns heute das zu sagen, was morgen geschehen wird, läßt er die Zeit schrumpfen. Mit seiner Hilfe tritt die Zukunft schon heute auf. Natürlich stimmt das nicht, genaugenommen, denn auch die Berechnung braucht als Prozeß eine endliche Zeitspanne. Ich habe die Herabsetzung der Zeit in den physikalischen Wissenschaften, in der von der Physik beeinflußten Mathematik und im Formalismus der Mathematik selbst beschrieben. Ich möchte mich nun der Betrachtung von Veränderungen in der Mathematik sowie unserer Wahrnehmung und unserem Verständnis derselben zuwenden. Das sind Themen, wo der Einfluß der Zeit nicht geleugnet werden kann. Es ist offensichtlich, daß man historische Aussagen über die Mathematik machen kann. Im zweiten Jahrhundert vor Christus hat Archimedes bewiesen, daß $3\frac{10}{71} < \pi < 3\frac{1}{7}$ gilt. Lobatschewski schuf in den 30er Jahren des vorigen Jahrhunderts eine abweichende Geometrie, und Cantor führt in den 80er Jahren desselben Jahrhunderts die Mengenlehre ein. Die Theorie der Funktionen einer komplexen Veränderlichen war Al Chwarismi unbekannt. Die Riemannsche Vermutung ist bis heute weder widerlegt noch bewiesen. Es liegt auf der Hand, daß Erfindung, Diskussion, Verwendung, Interpretation und Förderung von Mathematik Vorgänge in der Zeit sind. Schreitet die Zeit fort, so werden neue Aussagen hinzugefügt, alte Fehler berichtigt, neue Begriffe geschaffen, Zusammenhänge erweitert, neue Anwendungen entdeckt, neue Beziehungen und Interpretationen gefunden und alte Unzulänglichkeiten überwunden. Das führt dazu, die Mathematik als eine *akkumulierende* Wissenschaft anzusehen. (Hermann Hankel vertrat die Auffassung, daß in den meisten Wissenschaften eine Generation das niederreiße, was die vorangegangene aufgebaut habe. Nur in der Mathematik füge jede Generation einen Stein zur alten Struktur hinzu.) – Ich glaube nicht, daß dies eine adäquate Beschreibung unseres Gegenstandes ist. Gewiß geht der Ausbau weiter, aber es wird auch abgerissen. Gründe hierfür sind Korrektur von Fehlern, Vereinfachung und Abstraktion, Reorganisation, Vernachlässigung des Unmodernen und des (aus welchem Grund auch immer) Irrelevanten. Auch die Unfähigkeit des einzelnen Wissenschaftlers oder der ganzen mathematischen Gemeinschaft, mit dem gesamten historisch bedingten Korpus an mathematischem Material umzugehen, spielt eine Rolle.

Zu Hankels Lebzeiten schien es durchaus möglich, daß ein einzelner Mathematiker im wesentlichen die damals existierende Mathematik im Gesamten kennen konnte. Dieses Wissen, obgleich sehr umfangreich, lag im Bereich der Fähigkeiten eines Individuums. Die letzte Generation, für die diese Aussage zutrifft, wurde meiner Ansicht nach in der Periode 1900–1920 ausgebildet. Heute kann ein einzelner Mathematiker kaum mehr als fünf Prozent des mathematischen Gebäudes in einem nicht oberflächlichen Sinn kennen. Wenn es sinnvoll ist, von dem zu sprechen, was die mathematische Gemeinschaft im Vordergrund ihres Bewußtseins hält, dann gibt es auch weite Gebiete potentiell verfügbarer Information, die übersehen oder aufgegeben werden. Sie werden als trivial und irrelevant abgetan oder scheiden aus Gründen der Mode oder Ästhetik aus. Wenn es gestattet ist, von »mathematischen Denkweisen« zu sprechen, in denen der Praktiker als Individuum oder innerhalb einer Gruppe arbeitet, so enthalten diese Denkweisen nicht nur spezifisches Wissen, sondern auch Absichten, Motive, Intuitionen, Assoziationen, metaphysische Prinzipien und Werte. Diese Denkweisen können unwiederbringlich verlorengehen. Wenn ein Mensch stirbt, so heißt es im Talmud, geht eine Welt unter.

Also gibt es die Mathematik, die Geschichte der Mathematik und die mathematische Erfahrung. Man kann diese Aspekte durch die folgende Frage miteinander verbinden: Sind die Wahrheiten der Mathematik zeitabhängig? Nun gut, dies muß in einem gewissen Sinn der Fall sein. Damit will ich nicht behaupten, daß zwei plus drei in den Tagen des Pythagoras fünf gewesen ist, während es heute aufgrund bestimmter Berichtigungen ein klein wenig mehr ist. Schließlich ist die Mathematik kein Spiel, das mit lebendigen Stachelschweinen und Flamingos gespielt wird. Aber im Sinne einer weiteren Auffassung von »Wahrheit« sind die Wahrheiten der Mathematik tatsächlich zeitabhängig. Der mathematische Autor von »Alice« hat vielleicht tiefersinnig geschrieben als wir vermuten. Es gibt viele Möglichkeiten, diese Zeitabhängigkeit aufzuzeigen. Wir wollen für einen Moment lang die unglaublich einfache Aussage »zwei plus drei ist fünf« betrachten. Im alten Babylonien (etwa 550 vor Christus) wäre diese Aussage als Keilschriftzeile geschrieben worden (diese wollen wir hier nicht wiedergeben) und »2 ana – 3 üsibma 5« gesprochen worden. Übersetzt man dieses Gegrunze in unsere Art zu grunzen, so erhält man »zwei zu drei addiert: fünf«. Ist eine Übersetzung aus einem Kontext in einen anderen ohne Verlust möglich? Die Dichter antworten hierauf mit Nein. – Heutzutage schreibe ich diese Aussage in arithmetischer Notation als $2 + 3 = 5$. Die Gestalt der Zahlsymbole geht auf das vierzehnte Jahrhundert oder noch etwas früher zurück. Das Pluszeichen stammt von 1481, während das Gleichheitszeichen von 1557 ist. Auf einer elementaren Ebene betrachtet, hat die Bedeutung dieses Satzes etwas mit dem Abzählen von Ansammlung zu tun. Setzt man hinter zwei Dinge drei Dinge, so wird man fünf Dinge zählen; hier haben wir es mit einer Aussage über physische Handlungen in der Welt zu tun. Schreibe ich andererseits zwei Trillionen plus drei Trillionen ist gleich fünf Trillionen, so ist dies keine Aussage über das Zählen, denn diese Größen sind jenseits der Möglichkeiten des physischen Zählens, und die Gleichung $2 + 3 = 5$ muß einen »nicht-zählenden« Kontext enthalten (oder er ist ihr aufgezwungen worden). Die Bedeutung wurde von einer Umgebung A auf eine übergreifende Umgebung B durch Kontextänderung erweitert. Indem wir die beiden Kontexte auf dem Durchschnitt von A und B zur Übereinstimmung bringen, erzwingen wir die Konsistenz und Kohärenz unseres Gegenstandes.

Wir müssen etwas zurückgehen. *Verum et factum convertuntur:* Was wahr und was gemacht ist, ist austauschbar, schreibt Vico[7]; wir beweisen die Geometrie, weil wir sie hervorgebracht haben. Dieser Aspekt der Mathematik sollte betont werden, weil er gewöhnlich unterschätzt wird. Dennoch ist er nur ein Teil des Gesamtbildes, denn wir sind nicht frei, unsere Mathematik vollkommen beliebig zu gestalten.

Im Laufe der Zeit wurde das Zahlsystem nach und nach erweitert. Heute lernt ein Student die Aussage $2 + 3 = 5$ in der Analysisvorlesung als Teil des reellen oder komplexen Zahlsystems kennen. Diese Systeme wurden in mühevoller Kleinarbeit in einem Zeitraum von tausend Jahren ausgeheckt. Ist diese spezielle Entwicklungslinie eines Kontextes abgeschlossen oder wenigstens abschließbar? Vermutlich nicht. In den 60er Jahren wurde eine moderne Ergänzung, das System der Nicht-Standard-Zahlen erfunden, um die alten Intuitionen der Begründer der Infinitesimalrechnung zu klären.

Die Aussage $2 + 3 = 5$ kann auch sonstwo angesiedelt werden; zum Beispiel in der Menge ganzen Zahlen modulo fünf. In diesem Fall müssen wir $2 + 3 = 0$ schreiben, weil 5 mit 0 zu identifizieren ist: $5 = 0$. Oder sie kann in Cantors Mengenlehre hineingehören. Wir würden in diesem Falle $2\aleph_0 + 3\aleph_0 = 5\aleph_0 = \aleph_0 = n\aleph_0$ schreiben (n ist eine natürliche Zahl größer Null). Also wäre in diesem Kontext $2 + 3$ gleich jeder beliebigen natürlichen Zahl.

Suchen wir nach einer Erklärung unserer Aussage im Rahmen der mathematischen Logik, so könnte man den Denkwegen von Russell und Whitehead folgen und zur fraglichen Formel nach Hunderten von Seiten mit detaillierten logischen Deduktionen gelangen. Oder wir können sie in 10^{-9} Sekunden auf einem schnellen Computer erhalten. Im Computer gehören die Zwei, die Drei und die Fünf zu einem Zahlsystem, das weder babylonisch noch arabisch ist und das auch nicht mit den Brüchen oder mit dem System der reellen Zahlen übereinstimmt. Der Computer kann von Modell zu Modell leicht variieren. Sein Zahlsystem kann mathematische Seltsamkeiten wie $(a + b) + c \neq a + (b + c)$ aufweisen. Auch mag die Gleichung $1 + x = 1$ viele Lösungen haben. Bricht die Welt zusammen, weil der Computer gelegentlich das Assoziativgesetz der Addition mißachtet? Das kommt auf den Kontext an: Die Welt bricht vermutlich nicht zusammen, eine Brücke vielleicht doch.

Die Pythagoräer meinten, zwei sei das weibliche und drei das männliche Prinzip. Fünf ist die erste Zahl, die das Männliche und das Weibliche in sich vereinigt. Selbst wenn wir denken, dies sei

Unsinn, können wir dennoch sicher sein, daß dies für sie eine ernsthafte Angelegenheit war. Die Chinesen betrachteten ihrerseits Zahlen als Symbole, um die Eigenschaften räumlicher Anordnungen von Dingen auszudrücken.

Stelle ich mir 2 und 3 als Preise von Waren in Dollar vor, dann gilt gewöhnlich beim Lebensmittelhändler: $\$ 2 + \$ 3 = \$ 5$. Aber auch hier könnte es anders sein, denn der Verkäufer räumt mir vielleicht einen Barzahlungsrabatt ein. Haben die Geschwindigkeiten dieselbe Richtung, so darf ich 2 m/s + 3 m/s = 5 m/s schreiben. Ist dies aber nicht der Fall, so ist die Gleichung falsch. Meiner Meinung nach kann man die Aussage $2 + 3 = 5$ nicht isoliert verstehen. Deren Sinn beruht zum Teil darauf, daß sie eine Aussage aus einer kohärenten Familie von Aussagen wie $2 + 4 = 6$, $3 + 2 = 5$ etc. ist. Sie gehört zu einem Szenario.

Um besser verständlich zu machen, was isolierte Mathematik wäre, will ich ein Beispiel geben: Ich erzähle jemandem, daß die Aussage $u^*/u//u^* > \int$ eine revolutionäre mathematische Erkenntnis sei, die allerdings mit nichts aus der Literatur Bekanntem in Zusammenhang stehe. Welche Bedeutung kann sie dann haben? Mir scheint klar zu sein, daß die Bedeutung oder die Bedeutungen, die der Aussage $2 + 3 = 5$ beigelegt werden können, von dem Kontext abhängen, in dem die Aussage gemacht wird.

Hier könnte man einwenden, daß das Zählen ein Teil der ursprünglichen Intuition der Addition sei und die Intuition von mathematischen Gegenständen nicht gleich der Mathematik. Weiter könnte man behaupten, daß die Einbettung der natürlichen Zahlen in die reellen oder komplexen Zahlen zur Geschichte der Mathematik gehöre. Die Geschichte der Mathematik ist ebenfalls etwas anderes als die Mathematik selbst. Auch ließe sich die These vertreten, daß Einkaufstaschen und vektorielle Geschwindigkeiten zur angewandten Mathematik gehören. Auch diese ist nicht die ganze Mathematik. Man könnte auch so argumentieren: der Computer gehört zur Physik und zur Numerik, und diese sind nicht die Mathematik. Weiter könnte man behaupten, daß es doch eine formale Bedeutung von $2 + 3 = 5$ gäbe, die aus all dem oben Gesagten abstrahiert ist und daß diese formale Bedeutung außerhalb der Zeit existiere. In diesem Fall möchte ich den Betreffenden auffordern, mir zu erzählen, was diese zeitlose Bedeutung sein soll. Dabei müßte er sich einer Art Sprache oder Metasprache bedienen, die selbst außerhalb der Zeit liegt. Ich glaube, dies ist unmöglich, weil die Bedeutung von $2 + 3 = 5$ nur als Teil einer umfassenderen Menge ähnlicher Aussagen zur Verfügung steht und weil diese Bedeutung gebunden bleibt an Anwendungen, Intuitionen, Übereinkünfte, Kunst und Mystizismus – kurz: an die gesamte mathematische Erfahrung. Je mehr dieser Elemente man abstrahiert, um zu einer reinen und klaren Aussage zu kommen, desto schwieriger wird es, das Verbleibende mitzuteilen. Wir gelangen immer näher an einen Formalismus, in dem Denken und Bedeutungen voneinander getrennt sind.

Die Mathematik umfaßt alle diese Aspekte und noch andere mehr. »Die reine Mathematik existiert nicht«, behauptet Didier Norden[8], und ich stimme ihm darin zu.

Betrachten wir ein Beispiel aus der Mathematik, wo die Vorstellung der Zeit eine Absurdität auflöst. Sind die Vorzeichenregeln »plus mal plus ergibt plus« und »minus mal minus ergibt plus« bekannt, so ist glasklar, daß es keine Zahl gibt, die gleich der Quadratwurzel aus -1 ist. Anders gesagt: die Quadratwurzel aus -1 existiert nicht. Fragt man einen Taschenrechner nach der Quadratwurzel aus -1, so zeigen die blinkenden Lichtchen, daß etwas nicht in Ordnung ist. Dennoch gibt es, wie jeder Student der Algebra weiß, eine Quadratwurzel aus -1. Seit dem Werk Cardanos (1501–1576) sind deren formale Aspekte weltbekannt. Seit dem 17. Jahrhundert ist ihre Nützlichkeit für die Mathematik allgemein anerkannt. Im 19. Jahrhundert wurde nicht nur ihre Verwendbarkeit im Rahmen der mathematischen Physik erkannt, sondern es wurde auch ihr ontologischer Status (ihre »Existenzberechtigung«, A. d. Ü.) geklärt ... Also haben wir es mit etwas zu tun, dessen Nichtexistenz genauso festzustehen schien wie alles in der Logik und das dennoch heute existiert. Wie ging diese wunderbare Geburt vor sich? Wir alle kennen bereits die Antwort: durch *Erweiterung des Kontextes.* Im Rahmen der reellen Zahlen existiert die Quadratwurzel nicht, nimmt man Paare reeller Zahlen mit einer entsprechend festgelegten algebraischen Struktur, so gibt es die Quadratwurzel. Mathematik ist empfänglich für Kontexte. Neue Kontexte entwickeln sich; was einst unmöglich war, wird nun möglich. Sagt man – wie das oft geschieht – daß die Möglichkeit immer schon dagewesen sei und daß wir bloß nicht über sie gestolpert wären, so vereinfacht man den historischen Prozeß zu stark und tut unserer schöpferischen Kraft Unrecht.

G. J. Whitrow, ein bekannter Physiker, hat sehr viel über die Zeit und ihre Beziehung zur physikalischen Welt geschrieben. Seiner Ansicht nach spielt die Zeit die Rolle eines *Vermittlers zwischen dem Möglichen und dem Wirklichen.* In der Welt der mathematischen Ideen vermittelt die Zeit, so fügt Whitrow hinzu, zwischen dem Unmöglichen und dem Möglichen.

Wenn der Gesamtzusammenhang zeitabhängig ist, so gilt das folglich auch für Beweise und Beweisbarkeit. Gegen Ende des achtzehnten Jahrhunderts entstand ein Bedürfnis nach größerer Strenge in der Analysis. In Argumenten, die früher als ausreichend galten, wurden nun logische Sprünge und falsche mathematische Schlüsse entdeckt. Das Werk des großen Schweizer Mathematikers Leonhard Euler ist eine Fundgrube für »unzulässige« Verfahren, die gültige Ergebnisse liefern[9]. Es könnte nun so scheinen, als sei die Mathematik nichts anderes als ein Spiel mit Deduktionen, bei dem sich sogar während des Spieles die Regeln ändern. Also doch Stachelschweine und Flamingos!

Die Mathematik ist ein ständig wachsendes, lebendiges Gefüge; sie ist eine sich verändernde Erfahrung. Wie ist es in Anbetracht dieser Veränderlichkeit der Mathematik möglich, nicht zu Chaos und unvernünftigen Ergebnissen zu kommen? Um hierauf eine Antwort zu finden, können wir die Mathematik mit den alten Straßenbahnen von San Francisco vergleichen. Sie machten ihren Weg stadtauf- und stadtabwärts mit Sitzen im Freien und geringer Geschwindigkeit. Man konnte beliebig auf- oder abspringen, ohne um Leib und Leben fürchten zu müssen.

Die schöpferische Aufmerksamkeit des arbeitenden Mathematikers, die quantitativ und zeitlich beschränkt ist, liefert einen experimentellen Rahmen, der hinreichend stabil ist, um aufspringen zu können. Hierzu schreibt David Bohm: »Die Vorstellung eines unveränderlichen Gegenstandes, der sich erschöpfend beschreiben läßt, kann bloß eine Annäherung sein. Er beruht auf einer

Abstraktion von der unendlichen Komplexität der Veränderungen, die in der realen Welt des Werdens vor sich gehen. Eine derartige Approximation und Abstraktion ist nur anwendbar in Zeitspannen, die so kurz sind, daß keine grundlegenden Veränderungen in den wichtigsten, das Dasein bestimmenden Eigenschaften und Qualitäten stattfinden.«[10]

Jeder Versuch, die Mathematik außerhalb von Zeit und menschlicher Gesellschaft anzusiedeln, zerstört eine Schicht von Bedeutung und fördert einen ausgedörrten Kern zutage. Die Entzeitlichung ist genau so ein Zerstörungsprozeß. Sie führt zu dem naiven Glauben, formale Operationen könnten in jeder Situation schöpferisch und maßgeblich angewandt werden. Oft wird versichert, die Symbole verfügten über ein Eigenleben und über eine fast wunderbare schöpferische Kraft. »Symbole sind klüger als wir.« Obwohl hierin ein wahrer Kern steckt – warum sollte der Mensch sonst Symbole bilden? –, hindert erst die zeitliche Relativierung diese Tendenz daran, grob unsinnig zu werden.

Eine entzeitlichte Mathematik kann uns nicht sagen, was Mathematik ist, warum die Mathematik wahr und schön ist, wie sie entsteht oder warum jedermann sich um sie kümmern sollte. Situiert man aber die Mathematik sorgfältig in menschlicher Zeit und Erfahrung, so wird sie zu einer reichen Quelle für mögliche Bedeutungen und Handlungen. Ihr letztes Geheimnis wird wohl niemals gelüftet. Dennoch muß sie als eine der wichtigsten Schöpfungen des menschlichen Intellektes gelten.

Anmerkungen:

1 Vergleiche C. C. Smart »Time« in Encyclopedia of Philosophy (Hrsg. Paul Edwards) 8 Bände (New York: Macmillan), *8*; 127

2 Emile Meyerson. »The Elimination of Time in Classical Science« in Milic Čapek (Hrsg.) The Concepts of Space and Time (Boston: Reidel, 1976), S. 255–264

3 Norbert Wiener, Vorlesung am Massachusetts Institute of Technology, 1949

4 Man vergleiche zum Beispiel »Comment an Meyerson's ›La Deduction Relativiste‹«, in Čapek, S. 363–367

5 Man vergleiche zum Beispiel das folgende Zitat von George Temple: »Man muß zugeben, daß die meisten Mathematiker von Hause aus Platoniker sind. Sie lieben es, unreflektiert und häufig bedeutungsschwere Sätze wie ›Wir nehmen an, es existiert ...‹ oder ›Deshalb existiert ... ein Gegenstand mit diesen oder jenen Eigenschaften‹ zu gebrauchen. Auf eine entsprechende Herausforderung durch einen Realisten würden sie vermutlich antworten, daß es ungereimt sei, die vom menschlichen Denken unabhängige Existenz der mathematischen Gegenstände zu bestreiten, da die Wahrheiten

der Mathematik absolut, universell und ewig sind.« (100 Years of Mathematics New York: Springer-Verlag, 1981, S. 4)

6 Smart, *8*: 127

7 In Isaiah Berlin. »Vico and Herder« (New York: Viking, 1976)

8 Didier Norden. »Les mathématiques pures n'existent pas!« (Paris; Actes Sud, 1981)

9 Man vergleiche zum Beispiel »Euler Subdues a Very Obstreous Series« (»Euler bändigt eine äußerst widerspenstige Reihe«), American Mathematical Monthly *86* (1979), 356–371 und Judith V. Grabiner, »Is Mathematical Truth Time-Dependent« (»Ist die mathematische Wahrheit zeitabhängig«) American Mathematical Monthly *81* (1974), 354–365. Grabiner zitiert das folgende schockierende Beispiel: »Leonhard Euler gewann die unendlichen Reihen für den Cosinus eines Winkels folgendermaßen. Er begann mit der Identität $(\cos z + \mathrm{i} \sin z)^n = \cos nz + \mathrm{i} \sin nz$. Dann entwickelte er die linke Seite der Gleichung der binomischen Formel. Anschließend nahm er den Realteil dieser Binomialentwicklung und setzte ihn gleich $\cos nz$. So erhielt er:

$$\cos nz = (\cos z)^n - \frac{n(n-1)}{2!}(\cos z)^{(n-2)}(\sin z)^2 + \frac{n(n-1)(n-2)(n-3)}{4!}(\cos z)^{(n-4)}(\sin z)^4 - \dots$$

Nun sei z unendlich klein und n unendlich groß. Dann gilt:

$$\cos z = 1,\ \sin z = z,\ n(n-1) = n^2,\ n(n-1)(n-2)(n-3) = n^4,\ \text{etc.}$$

Mit diesen Vorbereitungen läßt sich die gesuchte Gleichung leicht erkennen:

$$\cos nz = 1 - \frac{n^2 z^2}{2!} + \frac{n^4 z^4}{4!} - \dots$$

Da z unendlich klein und n unendlich groß sein soll, schließt Euler, daß nz eine endliche Größe sei. Es sei also $nz = v$. Der moderne Leser ist hier vielleicht sprachlos. Dennoch erhalten wir:

$$\cos v = 1 - \frac{v^2}{2!} + \frac{v^4}{4!} - \dots$$«

Das ist eine wahre Gleichung.

10 David Bohm. »Causalitiy and Chance in Modern Physics« (New York: Harper and Row, 1957).

Weiterführende Literatur:

S. G. F. Brandon; M. Čapek; F. M. Cornford; A. R. Caponegri; P. J. Davis und R. Hersh; M. L. von Franz; J. T. Fraser; A. Koyrè; D. Park (1980); D. Park (1985); C. M. Sherover; S. Weinberg; V. F. Weisskopf; G. J. Whitrow; R. L. Wilder
(s. a. Bibliographie)

Die Nichteuklidische Geometrie und der ethische Relativismus

Gelegentlich wird behauptet, die intellektuelle Szene der Gegenwart werde von fünf -ismen beherrscht: Szientismus, Relativismus, Materialismus, Evolutionalismus und Milieutheorie (eng. Environmentalism). Der Szientismus geht davon aus, daß die Naturwissenschaft die letzte Instanz ist, in der über wahr und gut entschieden wird. Der Relativismus versichert, daß kein Moralsystem wissenschaftlich begründet werden kann und diese deshalb alle gleichwertig sind. Der Materialismus behauptet, daß alles im Universum auf materielle Objekte und deren Wechselwirkungen reduzierbar ist. Der Evolutionismus vertritt die These, alles sei einer Entwicklung unterworfen und dem Menschen komme daher keine Sonderstellung im Universum zu. Die Milieutheorie schließlich besagt, daß die Menschen das sind, was ihre Umgebung aus ihnen gemacht hat.

Es wird ebenfalls behauptet, daß diese fünf Weltanschauungen in hohem Maße zu dem Sinnverlust beigetragen haben, der eine durchdringende Erfahrung unseres Zeitalters ist.

P. J. Davis' (PJD) nachfolgender Dialog mit der Professorin Joan Richards (JR) handelt vom Relativismus. Er ergründet das Ausmaß, in dem eine entscheidende Entdeckung der reinen Mathematik zur Verbreitung des Relativismus beigetragen hat. Gemeint ist hier die Nichteuklidische Geometrie. Joan Richards vertritt Wissenschaftsgeschichte an der Brown University.

Joan Richards

PJD: Die Rolle der Mathematik in Naturwissenschaft und Technik scheint den meisten Menschen klar zu sein; vielleicht auch die Rolle der Mathematik für die Ökonomie. Was ihnen nicht vertraut ist, ist die Bedeutung der Mathematik über Jahrhunderte hinweg für Religion und Ethik. Die Bücher, die in den letzten hundert Jahren über die Geschichte der Mathematik geschrieben worden sind, erwähnen bestenfalls die Tatsache als solche. 1973 veröffentlichte Edward Purcell ein brillantes Buch mit dem Titel »The Crisis of Democratic Theory«[1].

Purcell versucht darin, die Beziehung zwischen der Entdeckung der Nichteuklidischen Geometrie[2] und dem später entstandenen »ethischen Relativismus« aufzuklären.

Ein guter Ausgangspunkt ist ein Zitat von Walter Pater[3], das ich gefunden habe. Im Alter von 26 Jahren schrieb Walter Pater (1866):

»Das moderne Denken unterscheidet sich von dem althergebrachten durch Kultivierung des relativen Geistes anstelle des absoluten. Die antike Philosophie versuchte, jedes Objekt in eine ewige Kette einzufügen, die Gedanken in notwendige Formeln zu gießen und die Vielfalt des Lebens mit Hilfe von Arten und Gattungen einzufangen. Nach moderner Ansicht kann nichts absolut erkannt werden, sondern nur relativ und unter Voraussetzungen.«

Pater war kein Wissenschaftler; er war Literaturkritiker und Ästhet. Dennoch machte es ihn betroffen, in einem Zeitalter des Relativismus zu leben. Dies alles spielte sich nur wenige Jahre nach Erscheinen des »Ursprungs der Arten« von C. Darwin ab. Wie war das damalige intellektuelle Klima in England? Was könnte Pater zu diesen Sätzen bewogen haben?

JR: Die Veröffentlichung des »Ursprungs der Arten« wird im allgemeinen als ein Wendepunkt im britischen Geistesleben angesehen. Ich meine aber, daß man solche Wendepunkte nur dort antrifft, wo die Gesellschaft auch *bereit* ist, sich umzuwenden. Im Großbritannien des späteren neunzehnten Jahrhunderts veränderten sich die menschlichen Auffassungen über das Wesen der Realität stark. Darwins Buch war ein sehr wichtiger Prüfstein für diese Veränderung, aber ich glaube nicht, daß man diese Entwicklung speziell und allein dem Buch zuschreiben kann. Die von Pater beschriebene Umwälzung ist weniger die von alter zu moderner Philosophie; sie besteht vielmehr in der Reaktion einer ganzen Gruppe von Leuten aus Paters Generation auf das, was sie als eine autoritäre Interpretation des Wesens von Wissen bezeichnete. Diese war in der vorangehenden Generation verbreitet gewesen.

PJD: Denken Sie, Pater hat etwas von der Nichteuklidischen Geometrie gewußt? Ist das möglich?

JR: Nein.

PJD: Aber er muß etwas über den Darwinismus gewußt haben.

JR: Es ist klar, daß er davon wußte. Die darwinistische Theorie löste eine ganze Reihe von Diskussionen aus, begonnen auf der Ebene des Wissenschaftsjournalismus mit Auseinandersetzungen zwischen Leuten wie Louis Agassiz[4] und Thomas Huxley[5] und anderen. Sehr schnell nahmen aber breite Gesellschaftsschichten

Anteil daran. Der Darwinismus wurde sicherlich auch von Ästheten wie Pater diskutiert.

PJD: Glauben Sie, die Nichteuklidische Geometrie ist Darwin bekannt gewesen?

JR: Nein.

PJD: Dennoch sind diese beiden Theorien – die Nichteuklidische Geometrie und die Evolution – ihrer Auffassung nach Ausdruck für die Bereitschaft des Zeitalters, sein Weltbild zu überdenken?

JR: Richtig. Das Interessante an der Nichteuklidischen Geometrie ist, daß diese mathematische Theorie unterschiedlich interpretiert werden kann. Als ich die mathematische Literatur aus der Zeit um 1865 untersuchte, stellte ich fest, daß in England Arthur Cayley[6] das Werk Lobatschewskis[7] kannte, über das er etwas im »Crelle Journal«[8] gelesen hatte. In Irland wußte ein relativ unbekannter Mathematiker namens Kelland von Lobatschewski. Keiner von beiden sah die Nichteuklidische Geometrie als in irgendeiner Weise wichtig für die Erkenntnistheorie oder die Ethik an. Sie betrachteten sie als eine geringfügige Abweichung innerhalb der Mathematik; kurz: als ein Kuriosum. Nur vier Jahre später, 1869, hielt J. J. Sylvester[9] einen Vortrag vor der Britischen Vereinigung zur Förderung der Naturwissenschaften. Darin schilderte er die Nichteuklidische Geometrie genau in der Weise, wie sie ab den siebziger Jahren verstanden werden sollte. Hiernach stellt sie sich ganz anders dar, nämlich als massive Bedrohung der autoritären Auffassung von Wissen. Die Theorie der Nichteuklidischen Geometrie mußte aber zuerst unter einem entsprechenden Blickwinkel betrachtet werden, bevor sie in dieser Weise wirken konnte.

PJD: Also förderte die Theorie eine Krise in den siebziger Jahren des neunzehnten Jahrhunderts?

JR: Ich bin weder sicher, daß die Theorie die Krise förderte, noch daß die Interpretation der Theorie zur Krise beitrug. Ich bin auch unsicher, ob sie ein integraler Bestandteil der Krise war.

PJD: Blieb die Krise auf Großbritannien beschränkt oder gab es sie auch auf dem Kontinent?

JR: Es gab sie auch auf dem Kontinent, allerdings in etwas anderer Form. Die Beziehungen zwischen Naturwissenschaft, Ethik

und Religion waren in Großbritannien während des frühen neunzehnten Jahrhunderts in voller Intensität erhalten geblieben. In Frankreich war dies nicht der Fall. In Deutschland gab es eine Verbindung von Mathematik und Philosophie, die aber sehr universitätsabhängig war. Sie hatte nicht den breiten kulturellen Charakter wie in der britischen Gesellschaft, wo das akademische Leben vollständig integriert war.
PJD: Die Krise dort konnte also in England viel breiter wirken und das Geistesleben insgesamt erschüttern. Der junge Bertrand Russell[10] hat das vielleicht in seiner Jugend so empfunden.
JR: Ganz gewiß. Die Diskussionen um die Nichteuklidische Geometrie wurden in England nicht nur in den mathematischen Fachzeitschriften von Cambridge und Dublin ausgetragen; sie blieben auch nicht auf die britische Vereinigung zur Förderung der Naturwissenschaften oder andere große wissenschaftliche Gesellschaften beschränkt, noch auf die Universitäten. Vielmehr finden wir sie auf den Seiten von Zeitschriften wie »Fortnightly Review«, »Contemporary Review«, »The Atheneum« und in der katholischen »Dublin Review«. Die ganze intellektuelle Gemeinschaft war durchdrungen von der Frage nach der Wichtigkeit, den Folgerungen und dem Sinn der Nichteuklidischen Geometrie.
PJD: Welche philosophischen oder ethischen Konsequenzen ergaben sich, als die Krise in den siebziger und achtziger Jahren offenbar wurde?
JR: Nun – meine Kenntnisse in Geschichte der Ethik sind nicht sehr umfangreich, aber ich meine, daß die Krise zunächst einmal Einfluß auf die weitere Entwicklung der britischen Mathematik hatte. Der Versuch, die von der Nichteuklidischen Geometrie aufgeworfenen erkenntnistheoretischen Probleme zu meistern, veranlaßte die britischen Mathematiker dazu, ihre Auffassungen über das Wesen der Geometrie neu zu interpretieren und eigenständige Ideen zu verfolgen. Ich sollte eine Minute lang innehalten und über *die erkenntnistheoretischen Annahmen* sprechen, auf denen die *Vor*-Nichteuklidische Geometrie beruhte.

Die wichtigste Annahme war, alles Wissen bilde eine *Einheit*. Fand man eine Art von Gewißheit in der Geometrie, so durfte man hoffen, die gleiche Art von Gewißheit auch in der Physik, der

Biologie, der Ethik oder der Religion zu finden. Dieses gesamte Wissen befand sich auf der gleichen Ebene. Die Nichteuklidische Geometrie untergräbt, so meinte man, das Paradigma vollkommenen Wissens, nämlich die klassische Geometrie. *Eine* sehr heftige Reaktion bestand darin, das Wissen zu teilen und zuzugeben, daß die Geometrie nicht mehr länger an der Spitze einer einheitlichen Hierarchie stand. Zu jener Zeit wurde das Studium von Ethik und Psychologie von den Naturwissenschaften abgetrennt. Die Leistungsfähigkeit der Naturwissenschaften wurde zunehmend gering eingeschätzt, und die Leute wollten nicht deren beschränkte Sichtweise auf die Ethik anwenden.

PJD: Lassen Sie uns ein Stück zurückgehen. Wie würden Sie dem Durchschnittsbürger den Unterschied zwischen Nichteuklidischer und Euklidischer Geometrie erklären, so daß dieser das Entstehen der Krise verstehen kann?

JR: Meine Erklärung würde sehr unmathematisch ausfallen. Ich würde sagen, daß die Euklidische Geometrie lange Zeit als Beispiel einer absoluten und wahren Art von Wissen gegolten hat. Vor allem in britischen Schriften findet man Wendungen wie: ›Es ist ebenso gewiß, daß Gott existiert, wie es gewiß ist, daß die Winkelsumme im Dreieck 180° beträgt.‹ Es handelte sich um nicht bloß mathematisch konsistentes Wissen. Vielmehr war es einerseits *mathematisch wahr* und bildete andererseits *eine Beschreibung der Wirklichkeit.* Diese Art von Wissen war durch die Unvorstellbarkeit seines Gegenteils gekennzeichnet. Wenn man wirklich verstanden hat, was ein Dreieck ist, so wird jene scheinbar unwesentliche Tatsache über die Winkelsumme zu einer absolut notwendigen.

Eine menschliche Vorstellung, also eine subjektive Vorstellung – in diesem Fall ein Dreieck – stimmt vollkommen mit der von uns allen erfahrenen Realität überein. Nun kann man die Nichteuklidische Geometrie mit der Aussage gleichsetzen, daß die Winkelsumme im Dreieck ungleich 180° sein kann. Plötzlich stürzt der gesamte Überbau von Ethik und Religion ein; die Hoffnung, wahres Wissen in den Naturwissenschaften zu finden, ist zerstört. Diese Hoffnung beruhte auf der Annahme, daß es zumindest ein Stück solchen Wissens bereits gäbe. Nun aber war es nicht mehr sicher, daß die Winkelsumme im Dreieck 180° beträgt. Folglich war nicht mehr gewiß, daß Gott existierte.

PJD: Purcell meint, daß dieser Zusammenbruch einer jener Quellen war, die den »wissenschaftlichen Naturalismus« (Purcell) speisten. Nach Purcells Ansicht läßt sich der wissenschaftliche Naturalismus in vier Punkten zusammenfassen: Absolute rationale Prinzipien erklären nicht das Universum; es gibt keine Wahrheiten *a priori*; die Metaphysik ist eine Verkleidung des Unwissens; nur konkretes wissenschaftliches Experimentieren und Forschen liefert wahre Einsicht. Weiter weist er darauf hin, daß es nach dem Auftreten von Darwinismus und Nichteuklidischer Geometrie einen Gegenangriff seitens der liberalen Kirche gab. Letztlich gewann jedoch der wissenschaftliche Naturalismus die Oberhand. Man kann ihn in der neuen Anthropologie wiederfinden, die um die Jahrhundertwende herum auftrat. Diese neue Anthropologie untersuchte viele verschiedene Kulturen und gestand jeder ihren eigenen Wert und ihre eigene Integrität zu. Damit setzte sie sich gegen den Geist der Mission ab, der nichtchristliche Kulturen als Irrläufer betrachtete, die es zum Christentum zu bekehren galt. Seit etwa 1900, so bemerkt Purcell weiter, sahen die vom wissenschaftlichen Naturalismus beeinflußten Soziologen den Wandel als natürlich und dauerhaft an, die Ordnung dagegen als zufällig. Von da an galten Prozesse als nicht-zielgerichtet und Verhalten als erlernt. Werte konnten nur noch experimentell in Laboratorien gewonnen werden. Alles Absolute wurde als abergläubisch und sinnlos abgetan.

Stimmen Sie der These zu, daß die Nichteuklidische Geometrie eine beachtliche Rolle bei der Herausbildung dieser neuen Geisteshaltung spielte?

JR: Es ist schwierig, deren Rolle in ein kausales Schema einzubauen. Die Veränderungen des Weltbildes gegen Ende des neunzehnten Jahrhunderts wurden nicht durch ein einzelnes Ereignis, durch eine isolierte Entdeckung oder durch eine einzige Theorie hervorgerufen. Der gesamte begriffliche Rahmen oder, wenn Sie das vorziehen, die gesamte Weltsicht verschob sich. Deshalb habe ich das Beispiel von Cayley und Kelland erwähnt, die die Nichteuklidische Geometrie beurteilten, bevor der neue erkenntnistheoretische Kontext in den siebziger Jahren auftrat. Diese Leute sahen in ihr nichts als ein mathematisches Detail. In einem bestimmten Kontext wurde die Nichteuklidische Geometrie zu einer gefährlichen Waffe. Ohne diesen Kontext hätte man sie ebensogut übersehen können; das Interesse an ihr wäre vollständig verlorengegangen und man hätte sie weiterhin ignoriert, wie immerhin von den dreißiger Jahren bis in die siebziger Jahre hinein. Wir können uns der Frage, warum die Nichteuklidische Geometrie zwischen 1830 und 1870 im Grunde genommen nicht zur Kenntnis genommen wurde, nicht entziehen. Die Zeit mußte zuerst reif werden.

PJD: Die Geometer des klassischen Griechenland waren äußerst brillant. Sie haben viele Dinge untersucht. Warum wurde die Nichteuklidische Geometrie nicht Jahrhunderte früher entdeckt, zumal sie doch tatsächlich naheliegend ist? Kann man behaupten, der Grund für diese Nichtentdeckung sei das Bedürfnis nach einer autoritären Grundlage des Wissens gewesen? War Euklid in den Mantel der Autorität gehüllt?

JR: Ich glaube nicht. Die Bücher des Euklid bedeuten Unterschiedliches für verschiedene Leute. Sporadisch gab es Überlegungen zum Problem des Parallelenpostulats. Seit Beginn des achtzehnten Jahrhunderts nahm das Interesse an der Frage nach dem Wesen der Euklidischen Wahrheit rasch zu. Den Hintergrund für diese Beschleunigung bildeten die Nachwirkungen der neuen Erkenntnistheorien, die aus der wissenschaftlichen Revolution des siebzehnten Jahrhunderts entstanden waren. Es wurde in diesem Kontext sehr wichtig zu fragen, wie der Mensch Gewißheit erlangen kann, insbesondere in Naturwissenschaft und Mathematik. Auch die Natur dieser Art von Wissen zu ergründen, wurde dringlich. In *diesem* Kontext wurde die Nichteuklidische Geometrie erstens geschaffen und zweitens interpretiert.

PJD: Naturgemäß findet man den Geist der Nichteuklidischen Geometrie in unserer heutigen Mathematik überall. Damit meine ich die Idee, daß die Mathematik aus einer deduktiven Struktur besteht, innerhalb derer Deduktionen von den Axiomen zu den Konklusionen führen. Die Axiome suchen wir nach Belieben aus; sie sind bloße *Spielzeuge*. Dies ist der Geist der modernen Mathematik. Stimmen Sie dem zu?

JR: All das ist auch im Sinne Euklids – mit Ausnahme Ihrer Aussage, daß Axiome bloße Spielzeuge seien. Diese Behauptung hätten weder die Euklidischen noch die Nichteuklidischen Geometer akzeptiert. Die Ansicht, daß Axiome bloße Spielzeuge seien, wurde als Antwort auf einige fundamentale Herausforderungen entwickelt, welche die Nichteuklidische Geometrie mit sich brachte.

PJD: Vielleicht forcierte die Entdeckung der Nichteuklidischen Geometrie die formalistische Idee, Axiome seien nichts als Spielzeuge – oder anders gesagt: daß sie bloße Ausgangspunkte sind und daß der Deduktionsprozeß, der im Geiste oder auf dem Papier abläuft, nichts mit dem zu tun haben muß, was in der Welt da draußen vor sich geht.

JR: Sie forcierte in einem gewissen Sinn tatsächlich diese Idee. Aber ich glaube, das war nicht notwendigerweise so. Verstehen Sie meine Unterscheidung? In dem Kontext, in den die Nichteuklidische Geometrie hineinkam, forcierte sie diese Idee. Wäre sie aber in einen anderen Kontext eingebettet gewesen, so hätte sie vielleicht eine vollkommen andere Idee forciert. Möglicherweise hätte sie auch gar kein Interesse erweckt.

PJD: Sie meinen also, daß sich die Nichteuklidische Geometrie, die Ideen Darwins, der ethische Relativismus und anderes in ein großes Bild einfügen, worin sie alle eine bestimmte Funktion haben.

Die Position, die ich jetzt schildern möchte, ist sehr interessant. Eric Temple Bell[11] hat sie anfangs der dreißiger Jahre unseres Jahrhunderts verteidigt. Bell war ein bekannter Mathematiker und Mathematikhistoriker. Außerdem war er auch Romanschriftsteller; und er schrieb Science Fiction: 1934 veröffentlichte er ein bemerkenswertes Buch mit dem Titel »The Search for Truth« (Die Suche nach Wahrheit). Heute erscheint es sehr altmodisch, aber ich meine, daß Bell darin für das mathematische Establishment der zwanziger und dreißiger Jahre gesprochen hat. Ich möchte das Buch folgendermaßen zusammenfassen:

1. Die Mathematik ist ein vom Denken geschaffenes Werkzeug.
2. Sie verfügt über keinerlei Beziehungen zu metaphysischen oder theologischen Absoluta.

3. »Die Gewißheit ist verschwunden, und es besteht keine Hoffnung auf ihre Wiederkehr« (das ist ein Zitat).
4. Die Mathematik kann keine Wahrheiten hervorbringen.
5. Die Mathematik hat vier bedeutende Marksteine zur Geistesgeschichte beigesteuert.

Der erste ist die *Meßkunst*. Bell datiert diese auf etwa 4000 vor Christus. Der zweite ist der *Begriff des Beweises*, den er um 500 vor Christus ansiedelt. So nebenbei erwähnt er, daß *Beweise* die Ketten des menschlichen Denkens während der nächsten 2300 Jahre gewesen sind. Der dritte wichtige Durchbruch war die *Nichteuklidische Geometrie* aus dem Jahre 1826, und der vierte Markstein war die zu Zeiten Bells neue *mehrwertige Logik*[12]. Von dieser erwartete er enorme Fortschritte für die Mathematik. Heute sind mehr als fünfzig Jahre seit Erfindung der mehrwertigen Logiken vergangen, und es scheint sich um eine ziemlich sterile Entdekkung gehandelt zu haben. Aber Autorität und ihre Zusammenbrüche sind in E. T. Bells Gedanken ziemlich deutlich gegenwärtig.

JR: Ich glaube, das gilt auch für die Gedanken der Leute, die im späten neunzehnten Jahrhundert über die Nichteuklidische Geometrie reflektierten. Bei meinen Studien der mathematischen Gemeinschaft Englands habe ich festgestellt, daß die Antwort keineswegs ein Schlachtruf nach dem Sturz der Autoritäten war. Eher versuchte man, die Autorität zu erhalten.

PJD: Stimmen Sie meiner Behauptung zu, Bells Position sei ein wenig veraltet?

JR: Ja – und die Zuhörerschaft, für die er schrieb, ist heute verschwunden. Wenn er zum Beispiel sagt, daß keine Wahrheit in der Mathematik zu finden sei, so gibt er dem Wort Wahrheit eine Bedeutung, die heute kaum noch jemand auf die Mathematik anwenden würde.

PJD: Man kann heute in der Mathematik Wahrheit finden, aber *der Begriff der Wahrheit hat sich verändert.*

JR: Genau.

PJD: Und er hat sich als Reaktion auf diese vielfältigen Krisen verändert.

JR: Ob als Reaktion auf Krisen oder nicht, sei dahingestellt. Jedenfalls hat er sich ganz gewiß verändert. Wenn heute jemand über mathematische Wahrheit spricht, meint er etwas ganz anderes als das, was 1860 darunter verstanden wurde. Hierzu gibt es eine interessante Anekdote. Professor P. aus dem mathematischen Institut sitzt in meiner Vorlesung. Er ist ein ausgezeichneter Student. Er ist sehr nett und sehr höflich und bei fast allem, was ich sage, vollkommen anderer Meinung. Größtenteils liegt das daran, daß wir, sprechen wir von »Wahrheit«, gänzlich aneinander vorbeireden. Ich verwende dieses Wort in einem altmodischen Sinn, wenn ich über die Geschichte der Mathematik rede. Er ist ein durch und durch gut ausgebildeter Mathematiker des zwanzigsten Jahrhunderts, der niemals den Namen der Wahrheit in dieser Weise beschmutzen würde.

PJD: Würden Sie P. einen Relativisten nennen?

JR: Ich kann P's Auffassung von Wahrheit nicht analysieren. Worauf es mir ankommt ist, daß dieses spezielle Wort seine Bedeutung radikal verändert hat. Ich meine, daß Bell veraltet ist – nicht weil er die mehrwertigen Logiken so wichtig nahm, sondern weil das Publikum, zu dem Bell spricht, offensichtlich nicht Professor P. ist. Dennoch wäre P. heute seine übliche Zuhörerschaft. Genau diese Art von Überholtsein meine ich.

PJD: Wenden wir uns der Behauptung, Axiome seien Spielzeuge, zu. Ich habe dies einmal in einer Anfängervorlesung behauptet. Eine Studentin unter den Zuhörern schrie im wörtlichen Sinne aus Protest auf. Woher hat sie ihre ablehnende Haltung? Schließlich ist sie ein Kind unserer Zeit.

JR: Nun, ich glaube, wir erwerben diese beim Geometrieunterricht im Gymnasium. Zum Beispiel gibt es den Satz, daß die Winkelsumme im Dreieck 180° beträgt. Natürlich setzt man voraus, daß dies aus den Axiomen zu beweisen ist. Aber wir alle wissen auch, daß man 75 verschiedene Dreiecke zeichnen kann und deren Winkel messen kann und immer addieren sie sich zu 180°. Da kann der Lehrer sagen, was er will. Das ist so, auch wenn er das niemals als Beweis akzeptieren wird. Korrekte mathematische Aussagen über ein Dreieck sind nicht nur aufgrund der abstrakten Idee ihrer Ableitung her wahr, sondern auch, weil sie sich bewähren, wenn man ein Dreieck zeichnet und überprüft. Die Forderung, die axio-

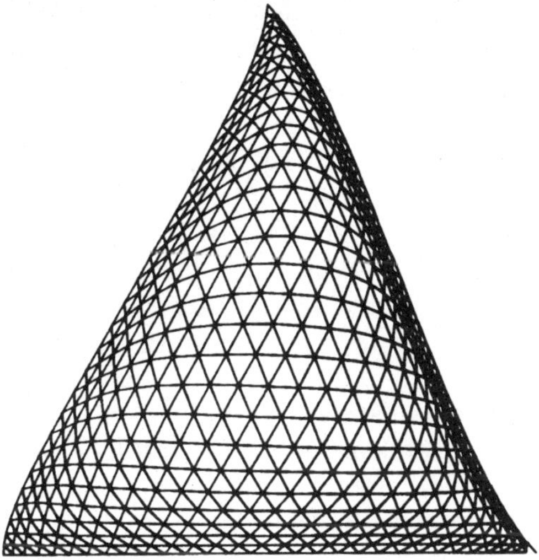

matisch-mathematische Formulierung von unseren räumlichen Erfahrungen zu trennen, ist für uns alle problematisch. Halte ich eine Vorlesung über den Raumbegriff, so geben viele Studenten formalistische Plattitüden von sich. Wenn ich aber nachfrage, glauben sie selbst überhaupt nicht daran. Für sie sind mathematische Theorie und physikalischer Raum unauflöslich miteinander verbunden: Sie betrachten die Euklidische Geometrie als objektive Wahrheit.

Professor P. fällt es sehr schwer, mit solchen Studenten zu reden. Andererseits sehen die Studenten, die aus dem mathematischen Institut kommen, die Dinge anders als ihre Kommilitonen.

PJD: Es gibt sicherlich ein gewisses Maß an (ich hoffe, Sie entschuldigen meine Ausdrucksweise) Gehirnwäsche im Werdegang eines Mathematikers, und diese findet auf metaphysischer Ebene statt.

JR: Ja, ich stimme Ihnen zu.

PJD: Also produzieren wir eine Mathematikergeneration, die in diesen Bahnen denkt, für die also die Mathematik hauptsächlich ein Spiel mit Deduktionen ist. Die Axiome sind beliebig. Einige

sind vielleicht interessanter als andere; und manche sind vielleicht fruchtbarer als andere. 2 und 2 ist nicht notwendigerweise gleich 4. Das hängt vielmehr von dem System ab, in dem wir reden. In manchen Systemen ist das Ergebnis 4; in anderen Systemen lautet es anders. Diese Idee durchdringt die gesamte Mathematik der Gegenwart.
JR: Ja, aber tadeln Sie nicht den Mathematiker. Eine vergleichbare Gehirnwäsche findet in jeder Fakultät der Universität statt. Dies ist einer der Punkte, die uns vollkommen von dem System des Wissens und der Bildung trennen, das in Großbritannien im letzten Jahrhundert vorherrschte.
PJD: Einer der wichtigsten Punkte in Purcells Buch ist das Scheitern der relativistischen Ethik an der Geschichte der dreißiger Jahre des 20. Jahrhunderts. Der Bogen seiner Argumente spannt sich etwa folgendermaßen: Die Haltung der Historiker – zumindest der englischsprachigen – um 1830 war die von Macaulay: liberal, fortschrittsgläubig (verbunden mit der Meinung, daß England den Fortschritt bereits vollzogen hatte), überzeugt von der Soziologie, gesetzestreu als Rechtfertigung des Establishments. Während des neunzehnten Jahrhunderts war das demokratische Ideal weithin akzeptiert. Die Demokratie galt als die rational und moralisch beste Form der Regierung. Der religiöse Glaube, die Tradition und der gemäßigte Rationalismus gingen auf die Unabhängigkeitserklärung zurück, und konkrete Erfahrung bestätigte Vitalität und Gewißheit ihrer Ideale vollständig. Das war die Position des frühen neunzehnten Jahrhunderts. Dann traten Nichteuklidische Geometrie, Darwinismus und die Evolutionslehre auf den Plan, der wissenschaftliche Naturalismus und die neue Anthropologie kamen auf. Auch eine neue Soziologie entstand.

Um 1900 herum konnte William Graham Sumner[13] versichern, daß es keine natürlichen Gesetze gebe, kein Naturrecht und keine Wahrheiten *a priori*. »Das einzig natürliche Recht ist das Recht, ums Überleben zu kämpfen.« Nun ergibt sich hieraus ein Konflikt mit den demokratischen Auffassungen: Ist das einzige Gesetz des Lebens der Kampf ums Überleben, so ist die humanitäre Ethik der Demokratie ein unberechtigtes Handicap in diesem Kampf. Nach

Purcells Meinung begann sich ein *Konflikt zwischen zwei Idealen* zu entwickeln: Das eine war die *wissenschaftliche Objektivität,* das andere das moralische Ideal einer *humanen* und wirklich demokratischen, auf der Toleranz gegenüber abweichenden Ansichten begründeten sozialen *Ordnung*. Man kann diesen Konflikt auf allen Ebenen antreffen: Als Beispiele nehme man die Auseinandersetzung zwischen der kreativistischen Auffassung und der Evolutionslehre in den Hochschulen und die Diskussion über die Erforschung des Zusammenhanges von Rasse und Intelligenz. Wie würden Sie aus der Sicht der Mathematikhistorikerin diesen Konflikt beschreiben?

JR: Indem ich ihn in den vorhin entwickelten Kontext der historischen Veränderung des Wahrheitsbegriffes einordne. Auch die Frage, was die Naturwissenschaften über Ethik, Religion und soziale Probleme auszusagen haben, muß berücksichtigt werden. Im frühen neunzehnten Jahrhundert galten die Naturwissenschaften als eine Art der wissenschaftlichen Forschung, die absolute Wahrheiten erkennen konnte. Damals verkörperten sie das höchste Ideal, dem alle anderen Forschungsarten nacheiferten. Indem die wissenschaftlichen Naturalisten den Autoritarismus in den Wissenschaften durch Hinweis auf die Grenzen des naturwissenschaftlichen Wissens zu untergraben versuchten, unterminierten sie zugleich die Autorität jeglicher wissenschaftlicher Erkenntnis. Die wissenschaftlichen Naturalisten behaupteten, daß wir nicht wissen können, was absolut wahr ist; nur das, was innerhalb bestimmter Grenzen und unter entsprechenden Voraussetzungen gilt, ist uns zugänglich. Deshalb müssen wir unsere Hoffnung auf eine absolute Wahrheit auch in der Ethik aufgeben.

Eine noch extremere Antwort wäre die folgende: Ist die Naturwissenschaft nicht in dem Sinne wahr, wie das früher behauptet wurde, so können wir die Wissenschaftler übergehen und *unsere eigenen Vorstellungen* verfolgen, wo auch immer sie uns hinführen werden.

Diese Reaktion ist das Extrem in der einen Richtung. Sie beruht auf der vollständigen Ablehnung der Naturwissenschaften als Wahrheitsnorm. Damit stellt sie den Versuch dar, die Naturwissenschaften von ihrem Sockel zu stürzen und nach nichtwissenschaftlichen Zugängen zu den menschlichen Problemen zu suchen. Das andere Extrem bilden jene, die behaupteten, daß es in allen Gebieten – sei es nun Ethik, Religion oder sonst etwas – kein menschliches Wissen außer dem naturwissenschaftlichen gäbe. Diese Position liefert uns der Gewalt der Naturgesetze aus, welche die Naturwissenschaft für uns gefunden hat. Dies ist die Ansicht von jemandem wie Sumner, wenn er sagt, es gäbe kein natürliches Gesetz in der Gesellschaft außer dem Überleben der Stärksten. Eine Alternative zu Sumners Schlußfolgerungen wäre: Vielleicht sollten Naturgesetze nicht die Gesellschaft leiten. Es könnte andere Arten von Gesetzen geben, die sich vom Gesetz des Überlebens der Stärksten unterscheiden – humane Gesetze, die innerhalb der Gesellschaft wirken.

PJD: Der moderne Geist, den Pater beschrieb, also der *Relativismus*, entstand plötzlich und heftig. Sie haben angedeutet, daß er zum Teil ein Generationenphänomen ist. Purcells Erklärungen entstammen der Geistesgeschichte: Was die Menschen denken, erklärt, was sie tun. Es muß doch mehr daran sein als eine bloße Generationenfrage. Gibt es beispielsweise eine marxistische Erklärung?

JR: Gewiß. Eine *marxistische Erklärung* besagt, daß es einen Klassenkampf innerhalb der mathematischen Ausbildung in England gab. Die Oberklasse wurde in Oxford und Cambridge ausgebildet. Die Mathematik wurde an diesen Orten weder als Selbstzweck noch um ihrer Anwendungen in der Naturwissenschaft willen studiert, sondern um das Wesen der absoluten Wahrheit zu erlernen. Andererseits gab es eine wachsende Nachfrage nach einer Ausbildung für Mittelklassestudenten. Das bedeutete nützliche Ausbildung; Ausbildung zur Förderung britischer Fabrikation und britischen Handels. Für die Mittelklasse ging es beim Studieren der Geometrie nicht um die absolute Wahrheit, sondern um den Nutzen für den Ingenieur – also um das, was wir angewandte Mathematik nennen. Nützliche Lehrpläne wurden von Huxley und Clifford[14] gefordert. Letzterer war damals Mathematiklehrer an einem Universitätscollege – also einer Institution, die vorwiegend von der Mittelklasse besucht wurde. Die Interpretation, die man dort der Geometrie gab, war sehr viel naturwissenschaftlicher, also induktiv und empirisch. Das fügte sie bruchlos in die pragmatisch-utilitaristische Auffassung von der Bedeutung menschlichen Wissens ein. Zwischen 1860 und 1870 gewann die Mittelklasse kontinuierlich an Stärke und Einfluß. Sie griff die alten Bastionen der Oberklassenausbildung an. Sie können dies am deutlichsten an den Angriffen auf Euklid erkennen, die in den sechziger und siebziger Jahren des letzten Jahrhunderts aufkamen. Eine Anzahl englischer Mathematiklehrer versuchte, Euklid als Lehrbuch loszuwerden. Sie behaupteten, Euklid sei nicht für Schuljungen geeignet, da er nicht sinnvoll aufgebaut und psychologisch ungeschickt sei. Sie versuchten, die Lehrpläne und die Kriterien, nach denen geometrisches Wissen geprüft wurde, zu verändern. Auf diese Weise wollten sie vom bloßen Auswendiglernen der Euklidischen Theoreme und Beweise wegkommen zugunsten dessen, was sie ein wahres und tieferes Verständnis der Geometrie nannten. Diese spezielle Schlacht verloren sie – zumindest auf dem Niveau von Cambridge. *Euklid blieb* der Schlüssel zum Eingang nach Cambridge während des gesamten neunzehnten Jahrhunderts. Man muß beachten, daß Euklid selbst die Voraussetzung war und nicht etwa Geometrie allgemein – selbst wenn man Geometriekenntnisse besaß und geometrische Probleme zu lösen vermochte, konnte einem die Immatrikulation in Cambridge verwehrt bleiben, wenn man bestimmte Theoreme und Beweise aus Euklid nicht aufsagen konnte.

PJD: Wollen Sie sagen, daß Euklid Bestandteil der *klassischen Tradition* war, daß diese klassische Tradition Teil einer *Klassentradition* war und daß diese in Frage gestellt wurde?

JR: Genau.

PJD: Lassen Sie uns unsere Diskussion zusammenfassen. Wieviel hat die Nichteuklidische Geometrie insgesamt gesehen zum neuen relativistischen Geist des Zeitalters beigetragen? Und umgekehrt, wieviel hat dieser neue Geist zu einer neuen Interpretation der Bedeutung der Mathematik beigesteuert?

JR: Damit die Nichteuklidische Geometrie als relevant für den Relativismus betrachtet werden kann, muß *eine aufnahmebereite intellektuelle Gemeinschaft* vorhanden sein. Bis zum Auftauchen einer aufnahmebereiten Gemeinschaft wurde diese Theorie übersehen. Lobatschewski und Bolyai veröffentlichten in den dreißiger Jahren, aber nichts geschah bis hinein in die sechziger und siebziger Jahre. Als dann etwas passierte, zuerst in Deutschland, war die Entwicklung heftig. Die Leute entdeckten Lobatschewski und Bolyai; sie nahmen Riemann zur Kenntnis; Helmholtz schrieb seine Arbeiten. Das war ein plötzlicher Ausbruch. Und der setzte eine aufnahmebereite Gemeinschaft voraus, die imstande war, diese Mathematik als relevant einzuschätzen.

Anmerkungen:

1 Edward A. Purcell. »The Crisis of Democratic Theory«, University of Kentucky Press, 1973.

2 Nichteuklidische Geometrie: Eine Geometrie, die nicht auf den Axiomen Euklids beruht, insbesondere eine Geometrie ohne Parallelenaxiom.

3 Walter Pater, 1839–1894, englischer Essayist und Kritiker. Das Zitat findet sich in seinem Essay über Coleridge in »Appreciations« (Macmillan, London, 1910).

4 Louis Agassiz, 1807–1873, Schweizer Naturforscher in Harvard. Agassiz lehnte die natürliche Zuchtwahl ab.

5 Thomas H. Huxley, 1825–1895, britischer Biologe, der den Darwinismus verteidigte.

6 Arthur Cayley, 1821–1895, britischer Mathematiker.

7 Nikolai I. Lobatschevski, 1793–1856. Russischer Mathematiker. Zusammen mit Janos Bolyai, Ungar, 1802–1860, Entdecker der Nichteuklidischen Geometrie.

8 Crelle Journal. Eine der wichtigsten mathematischen Fachzeitschriften des neunzehnten Jahrhunderts.

9 J. J. Sylvester, 1814–1897. Britischer Mathematiker, der an der Universität von Virginia und an der Johns-Hopkins-Universität lehrte.

10 Bertrand Russell, 1872–1970. Britischer Mathematiker und Philosoph, engagierte sich in sozialen Fragen.

11 Eric Temple Bell, 1883–1960. Amerikanischer Mathematiker und Mathematikhistoriker.

12 Mehrwertige Logik: Eine formale Logik, in der Aussagen auch andere Wahrheitswerte als wahr und falsch annehmen können.

13 William Graham Sumner, 1840–1910. Professor der Ökonomie und Sozialwissenschaft in Yale.

14 William K. Clifford, 1845–1874. Britischer Mathematiker und Naturwissenschaftler.

Weiterführende Literatur:

J. Barzan; J. Ladd; J. Richards; I. Toth
(s. a. Bibliographie)

Die unvernünftige Effektivität der Computer: Sind wir vernagelt und festgenagelt?

PJD: Vor einer Generation schrieb der berühmte Physiker Eugene P. Wigner einen vielzitierten Aufsatz mit dem Titel: »Über die unvernünftige Effektivität der Mathematik in den Naturwissenschaften«. Seine zentrale Frage lautete: Warum arbeitet die Mathematik so gut in der Physik? Ich denke, wir reden hier über etwas anderes. Wir diskutieren nicht, warum Computer für die Physik nützlich sind.

CS: Nein, wir diskutieren, warum sie in unserer Gesellschaft, also in der westlichen Zivilisation, nützlich sind. Warum sie allgegenwärtig geworden sind.

PJD: Können Sie sich eine Gesellschaft vorstellen, die sagt: »Zum Teufel mit den Computern! Wir brauchen sie nicht!«?

CS: Unsere Gesellschaft ist ihnen in die offenen Arme gefallen – es war von Anfang an *eine Liebesgeschichte*. 1950 meinten die besten Marketingleute von IBM, in der Welt sei vermutlich Platz für hundert Großrechner. Mit einem Großrechner meinten sie damals das, was wir heute einen Minicomputer (mit einer Million Bits) nennen würden. Jetzt findet man diese überall. Offensichtlich muß ein Bedürfnis danach vorhanden sein. Ihre Verwendung muß plausibel erscheinen, sonst gäbe es nicht so viele.

PJD: Kennen Sie auf der heutigen Erde eine Zivilisation, die resistent gegen Computer ist?

CS: Ich glaube, das ist keine Frage von Resistenz. Es gibt einige Zivilisationsnischen – so meinten zum Beispiel lange Zeit die geisteswissenschaftlichen Fakultäten in den Universitäten, Computer seien Teufelswerk. Allerdings das Werk eines kleinen Teufels, so daß man sie beruhigt ignorieren darf. Sie hatten es geschafft, die Naturwissenschaften zu ignorieren; warum sollten sie es also nicht auch fertigbringen, die Computer zu übersehen? Doch sogar sie wurden von den Computern mit einbezogen, als sie sich dem Siegeszug des Computers in Form von Textverarbeitung, Büromechanisierung und so weiter anschlossen.

PJD: Würden Sie sagen, daß es so etwas wie Gruppen von Maschinenstürmern gibt?

CS: Natürlich gibt es ganze Landstriche voller Menschen, die sich nicht um den Computer kümmern – zum Beispiel die Aborigines in Australien. Ich bezweifle, daß sie viel vom Computer mitbekommen haben.* Es interessiert sie einfach nicht. In unserer Zivilisation ist das völlig anders.

PJD: Warum lieben wir die Computer so innig? Was tun sie für uns?

CS: Sie tun alles für uns. Das ist an ihnen so bemerkenswert. Wäre ihre Leistung auf wenige Gebiete beschränkt, wie Berechnung oder Physik oder so etwas, dann würde ich sagen, es war Zufall. Das würde ich selbst dann noch behaupten, wenn es ziemlich große, aber doch in sich abgeschlossene Gebiete wären. Es dreht sich darum, den Menschen oder den Arbeitsplatz mit der Maschine in Übereinstimmung zu bringen. Das ist eine schöne Aufgabe. Aber ich denke, die Ausbreitung des Computers ist im wörtlichen Sinne bemerkenswert. In den Vereinigten Staaten gilt heute alles als leichtes Spiel für den Computer; in Fabriken, Haushalten, Büros, kurz: überall.

PJD: Handelt es sich darum, daß die Funktion einer Form bedarf, und diese ist in Gestalt des Computers verfügbar? Wir suchen verzweifelt nach Funktionen, die in seine Form passen. »Ich weiß die Antwort, was war die Frage?«

CS: Nein, denn es gibt alle möglichen anderen Formen. Wenn Sie sich anschauen, wofür Computer gut sind, so sind dies (mit Ausnahme der KI-Leute**) dumme Routineaufgaben. Nun – sie sind ja

* Nachdem ich gerade von einer internationalen Tagung über mathematische Ausbildung zurückgekehrt bin, die in Adelaide (Südaustralien) abgehalten wurde und an der sich einige Lehrer aus dem Volk der Aborigines beteiligt haben, meine ich, CS sollte sich nach einem besseren Beispiel umschauen. (A. d. Autoren)

** »KI« ist die Abkürzung für das Teilgebiet der Informatik, das man als Künstliche Intelligenz bezeichnet. (A. d. Ü.)

auf dumme und routinemäßige Art gebaut worden. Die Ökonomie des Computerbaus tendiert in den letzten dreißig Jahren zu einfacheren, stärker standardisierten Minifunktionen. Weniger Funktionalität pro Komponente, aber dafür mehr Standardisierung und viel mehr Komponenten. Sehr viele standardisierte Komponenten anstelle von wenigen, aber auch weniger standardisierte Komponenten mit mehr Funktionen. Es gibt vernünftige technische Gründe hierfür, aber die Entwicklung hätte auch in die andere Richtung gehen können. Computer erledigen am besten sehr geradlinige Aufgaben. In unserer Zivilisation gibt es sehr viel für eine Maschine zu tun, die häßliche Routinearbeiten erledigt.

PJD: Ich nehme an, daß der Kosmos oder das Sonnensystem mit seiner eingebauten Periodizität von Tag, Monat und Jahr die Regelmäßigkeit unserer menschlichen Handlungen fördert. Es gibt viele Dinge, die wir täglich, monatlich usw. tun müssen. Zum Beispiel müssen wir monatlich Rechnungen begleichen.

CS: Es gibt noch eine andere Art von Routine, nämlich jene, die von der Ausbreitung des Konsums verursacht wird. Wir wollen ein Automobil herstellen, und dann zwei, vier, acht ... Auf diese Weise erhalten wir eine andere Art von Wiederholung.

PJD: Gehen wir zurück zur Frage der *Resistenz*. Vor einigen Jahren schrieb Kurt Vonnegut ein Buch, das damals sehr populär war. Sein Titel war »The Player Piano« (Das elektrische Klavier). Nach meinem Verständnis soll der Titel andeuten, daß das elektrische Klavier seinen Höhepunkt in den zwanziger Jahren oder sogar noch früher erreichte. Sie als Klavierspieler verstehen wahrscheinlich die Psychologie dieses dynamischen Prozesses. Nun – was würden Sie sagen, waren die Gründe, warum das elektrische Klavier kränkelte?

CS: Das Klavier war in erster Linie ein Lieferant populärer Musik, und die Musik kränkelte damals im allgemeinen. Zu jener Zeit gelang es, Radio und Schallplattenspieler zu perfektionieren.

PJD: Also meinen Sie, daß Radio und Schallplattenspieler tatsächlich das elektrische Klavier ersetzt haben?

CS: Ja, und das war eine Verbesserung. Denken Sie an die Fülle von Musik, die sich mit ihrer Hilfe gut wiedergeben läßt.

PJD: Würde es Ihnen als Klavierspieler gefallen, auf eine Party zu gehen und den Knopf zu drücken, der das elektrische Klavier in Gang setzt? Gibt es in der Musik eine Tendenz zurück zum »do-it-yourself«? Man kann ja argumentieren, daß der Computer befreit hat, indem er all die dummen Routineaufgaben übernahm. Sehen Sie hierfür Anzeichen auf dem Gebiet der Musik?

CS: Ja. Ich bin mir nicht ganz sicher, woher das kommt, aber ich habe bemerkt, daß in den letzten fünf Jahren sehr viel mehr nach Live-Musik in den Bars und Restaurants verlangt wurde – sei es nun von einer kleinen Combo oder einem einzelnen Klavierspieler. Heute wird viel mehr Live-Musik gemacht als früher.

PJD: Ist es denkbar, daß in dem weiten Gebiet, in dem elektronische Computer eingesetzt werden können, irgendwo eine Gegenbewegung entsteht, die die Dinge wieder per Hand machen möchte – einfach der Freude wegen?

CS: Ja, aber so etwas würde an der Peripherie geschehen. Ohne Bewegung gibt's keine Gegenbewegung. Die Bewegung kommt aber von der Einführung des Computers ganz allgemein. Heute steht zur Diskussion, warum die Leute gezwungenermaßen Schwierigkeiten auf sich nehmen, nur um dem Computer die erste Stelle einzuräumen. Sie kamen ohne ihn bis vor dreißig Jahren blendend zurecht.

PJD: Ich sehe die weitverbreitete Tendenz, überall wo möglich zu computerisieren. Zum Beispiel halten die Computer jetzt ihren Einzug in die Bibliotheken, und man gewinnt den Eindruck, daß nur Bibliothekare ihren Kopf hoch tragen dürfen, die in einer computerisierten Bibliothek arbeiten. Sie können dieses Beispiel auf viele Bereiche übertragen. Ist es selbstverständlich, könnte man beispielsweise fragen, daß uns eine computerisierte Bibliothek bessere Dienste leistet als eine nach althergebrachter Art organisierte?

CS: Die Antwort ist wieder die gleiche. Sie erlaubt eine größere Anzahl stärker standardisierter Vorgänge. Hat die Bibliothek, an die Sie denken, eine computerisierte Informationsgewinnung oder ist sie nur im Bereich der Ausleihe computerisiert?

PJD: Nun, das System sendet nicht gerade einen mechanischen Greifer ins Magazin, um die Bücher herauszuholen und auszugeben.

CS: Dann sprechen Sie also über die Computerisierung des Kataloges?

PJD: Im Moment rede ich von der Computerisierung des Ausleihvorganges.

CS: Hier liegt die Ursache meiner Ansicht nach darin, daß die Computer immer billiger, menschliche Arbeitskräfte aber immer teurer werden. So sagt man: Gut, wir investieren zu Anfang eine viertel oder eine halbe oder zwei Millionen Dollar, aber das holen wir wieder rein. Sie wissen, daß die Bibliothekare heutzutage gewerkschaftlich organisiert sind – sogar die Halbtagskräfte! –, und ich nehme an, daß die Bibliotheksdirektoren ahnen, daß sie in einigen Jahren Schwierigkeiten bekommen. Vermutlich halten sie sich daran, *daß Computer nicht streiken.* Das Schlimmste, was man zu befürchten hat, ist Stromausfall.

PJD: Ein Aspekt dieser Angelegenheit ist, soweit ich dies ausmachen kann, daß die Bibliotheken, die computerisiert werden, Unmengen Geld für Computersysteme haben, aber kein Geld für den Ankauf neuer Bücher. Hier sehen wir ein perfektes Beispiel dafür, wie *aus dem Medium die Botschaft werden kann.*

CS: Gut. Was aber sollte man mit all den neuen Büchern anfangen, wenn alle Bibliothekare für immer in den Streik treten und man keine Bücher mehr ausleihen kann?

PJD: Dann gibt es den Ausverkauf.

CS: Gewiß, ich argumentiere für die Computerseite. Es gibt Argumente für die Einführung des Computers in diesem besonderen Falle.

PJD: Mir scheint, daß das Computergeschäft eine enorme Eigendynamik besitzt. Es gibt Hunderttausende von Leuten, die ihren Lebensunterhalt damit verdienen, sich neue Verwendungen für den Computer auszudenken.

CS: Eine Tendenz zum Computer muß auch hier bereits vorhanden sein. Sie können nicht etwas an Leute verkaufen, die daran wirklich nicht interessiert sind. Das ist keine Schrulle mehr; hier geht's um das große Geschäft.

PJD: Lassen Sie uns die Computerisierung vergleichen – ich bin nicht sicher, ob dieser Vergleich fair ist – mit der Liebe zum Auto, die in den zwanziger Jahren aufkam. Dort sieht man Tendenz und

Gegendruck. Es gab gewiß eine psychologisch bedingte Tendenz zu Bewegung, Geschwindigkeit und Flexibilität. Das Auto gibt uns eine Menge von Möglichkeiten, die zu Zeiten von Pferd und Wagen unerreichbar waren. Dann begann das System, uns zu erdrücken. Können Sie im Falle des Computers eine solche Tendenz benennen?

CS: Ich kann das Bedürfnis nach einem Wagen gut verstehen, denn ich hatte verschiedentlich sechs Monate lang keinen. Das war außerordentlich unbequem – vor allem psychologisch unbequem –, weil es mit Auto Plätze gab, deren zeitliche – nicht räumliche – Entfernung vernachlässigbar war. Eine Entfernung von 10 Autominuten ist praktisch zu Fuß unüberwindbar. 15 Kilometer zu laufen ist hart; besonders hart ist es zu laufen, am Ziel etwas zu erledigen und anschließend wieder zurückzulaufen. Schrecklich hart ist es, hat man auf einem oder auf beiden Wegen Gepäck zu schleppen. Dann lassen Sie es einfach. Das ist ein gradueller Unterschied, der zu einem prinzipiellen wird. Kein Auto zu haben ist bei uns so gut wie bettlägerig zu sein.

Beim Computer ist die Valenz zu ihm sicherlich ein Teil seines Ganzen; er verkörpert die moderne Lebensart. Gehen Sie in einen Hifi-Laden und schauen Sie sich Gehäuse, Lautsprecherboxen, Plattenspieler und Vorverstärker an: Sowohl die Gehäuse als auch die Anzeigen sind interessant. Eine Zeitlang gab es Skalen, dann digitale Anzeigen und der letzte Schrei ist vollkommene Einfachheit. Sie sehen eine schwarze Plastikwand, und diese gibt Ihnen einen Hinweis (da ist wieder der Computer im Spiel, denn es handelt sich um Mikroprozessoren). Sie drücken einen Knopf, und die Anzeigetafel leuchtet auf. Nichts wird projiziert oder versenkt; da ist nur eine Plastik- oder Glasanzeige, die von einem bunten Rechteck erleuchtet wird, um einen Zustand anzuzeigen. Etwas geschieht – es wird lauter oder sie wechseln den Kanal oder sonst irgend etwas. Es ist aufregend!

Das gehört zum Industriedesign. Auf die gleiche Weise ist die Psychologie des Computerdesigns romantisch und auffällig – sie hat das »gewisse Etwas«.

PJD: Also sind die Computer einfach ein Ausdruck der modernen Zeit?

CS: *Sie sind unser Symbol,* unser Logo gewissermaßen. Wir gebrauchen sie und sie verändern uns. Schauen wir uns ein Büro der Zukunft an: Büroautomation. Das Büro ist seit 1850 das gleiche geblieben. Für bestimmte Zwecke wurden neue Maschinen eingeführt – Rechen- und Schreibmaschinen, Fotokopierer. Sie alle haben den Ablauf im Büro kaum verändert. Die Computer aber ändern ihn. Man kann kein Computernetz haben, ohne die Beziehungen zwischen den Büroangestellten zu verändern. Auch deren Status muß sich ändern, denn in einem Büro geht es um Informationen und den Zugang dazu. Nicht jeder hat Zugang zu den gleichen Informationen. Die Standardbeziehung Chef – Sekretärin – Laufjunge läuft so: Der Chef befiehlt seiner Sekretärin »Bringen Sie mir diese Akte«, die Sekretärin gibt die Anweisung an den Laufjungen weiter, und dieser geht zu einem Aktenschrank und zieht die Akte heraus. All das läßt sich vom Bedienungspult aus erledigen, wenn man das Büro automatisiert. Das bedeutet, daß die Leute, welche die Schlüssel kennen und die Maschine bedienen können, nun enorm wichtig werden.

PJD: Gehen wir zur Ökonomie zurück. Ich habe den Eindruck, daß die Dynamik, die Computer heutzutage verkörpern, nicht nur ihren ökonomischen Vorteilen zu verdanken ist, sondern daß sie auch die Art und Weise ausdrückt, wie wir heute die Dinge erledigen *müssen.*

CS: Nun ja, ein Aspekt ist der Glamour, die Aura, die Computer umgibt. Ein anderer sind die zukünftigen Kosten. Ein Büro ist sehr arbeitsintensiv – Menschen kosten Geld und, was wichtiger ist, lassen sich nicht standardisieren. Immer und ewig müssen Sie sie beschwatzen, rausschmeißen und einstellen. Zugegeben, Systemanalytiker sind schreckliche Menschen, aber andererseits sind auch die Leute vom Personalbüro schrecklich.

PJD: Es ist schwieriger, einer unsympathischen Person zu dienen als einer unsympathischen Maschine.

CS: Ja. Ob dem so ist oder nicht – jedenfalls wird es so gesehen.

PJD: Ich verstehe noch nicht ganz die Ökonomie dieser Angelegenheit. Angenommen einmal, daß Arbeitskraft sehr teuer ist und daß durch Computerisierung gewisse Arbeitskosten gesenkt werden können. Dann müssen Sie doch die Computerindustrie finanzieren, wo die Leute dann angestellt sind und ihren Lohn verdienen.

CS: Das stimmt. Das Großartige an der Software ist aber gerade, daß man sie, ist sie erst einmal geschrieben, beliebig oft duplizieren kann. Das kostet dann nichts mehr. Der Prototyp ist allerdings immer sehr teuer.

PJD: Stellen Sie sich da nicht gerade eine Gesellschaft mit lauter Arbeitslosen vor?

CS: Nein, aber ich überlege, was aus all diesem folgt. Bis heute hat der Computer mindestens so viele Arbeitsplätze geschaffen, wie er zerstört hat. Dennoch gibt es eine erschreckende Anzahl von Arbeitsplätzen, die er *verändert* hat. Ich frage mich, ob der Computer nicht im großen Maßstab zur Verdrängung der manuellen Arbeit und damit der ungelernten Arbeitskräfte beigetragen hat.

PJD: Konzentrieren wir uns auf das Wort »Effektivität«. In welchem Sinn ist der Computer unvernünftig effektiv?

CS: Es gibt eine Stelle in »Lucky Jim«, dem ersten Buch von Kingsley Amis, wo Jim ein hübsches blondes Mädchen mit einem großen Busen trifft und er sich fragt, warum er Brüste so gern mag. Er weiß ganz genau, daß er Brüste gern mag – Gott sei Dank! –, die Frage ist nur, warum er sie *so* gerne mochte. In der gleichen Weise weiß ich heute – ich arbeite seit zwanzig Jahren mit Computern –, daß sie für eine ganze Menge von Dingen gut sind – für spezielle Aufgaben, die ich keinesfalls anders als mit Computer angehen möchte. Was mich so erstaunt ist, daß sie in unserer Zivilisation in jeder Hinsicht beherrschend geworden sind. Einiges hiervon läßt sich damit erklären, was manche Leute unvernünftige Regierungsforderungen nennen. Eine Lobby drängt die US-Regierung, eine Statistik zusammenstellen zu lassen, damit irgendwelche Finanzmittel gerecht aufgeteilt werden sollen. Also wird die Forderung in ein Gesetz umgewandelt und veröffentlicht – nun muß man jährlich dieses Formblatt ausfüllen. Jeder in einem bestimmten Industriezweig oder jeder Empfänger von Regierungsgeldern oder wer auch immer hat dieses Formblatt auszufüllen und Informationen zu liefern.

Gut, wer kümmert sich schon um ein Formblatt – man füllt es einmal im Jahr aus. Jedoch vervielfachen sich die Formblätter; es gibt eine Menge davon. Es gibt genug davon, um ein spezielles Gewerbe zu ernähren. Wenn Sie Formblatt nach Formblatt nach Formblatt und so weiter ausgefüllt haben, wird es irgendwann einmal billiger, zu sagen: Gut, wir haben eine endliche Menge von Eingaben. Das ist die gesamte Information über unser Geschäft. Computerisieren wir diese! Wir stecken sie in ein System der Informationsverarbeitung. Dieses ergänzen wir durch einen allgemeinen Berichtschreiber oder, besser gesagt, durch einen »Formblatt-Ausfüller«. Und dann kümmere ich mich nicht mehr darum, was diese Typen von mir wissen wollen. Sie fragen mich etwas, und ich lasse es einfach tack, tack, tack machen. Wann immer sie diese Informationen wollen – monatlich, wöchentlich, täglich, jährlich –, stehen sie im Standardsystem zur Verfügung. Wenn ich morgens komme, sage ich »Gib mir diese blöden Formblätter aus«, und der Computer macht »tick, tick, tick«. Ich habe alle Informationen für diese Formblätter in einem Topf und – Tischlein deck dich – schon ist es passiert. In anderen Worten: auf diese Weise werden die Anstrengungen und Kosten beschränkt, die möglicherweise auf einen zukommen.

PJD: Mir scheint dies ein Fall zu sein, wo die vom System gestellten Anforderungen vom Computer erfüllt werden können, weil schon frühere Forderungen dieser Art vom Computer erfüllt worden sind. Nennt man das nicht Murphys Gesetz?

CS: Parkinsonsche Krankheit. Mir scheint, daß ein Teil der unvernünftigen Effektivität dem Parkinsonianismus zu verdanken ist.

PJD: Sehen Sie eine Sättigung des Computerbedarfs in näherer Zukunft?

CS: Es wird der Zeitpunkt kommen, da fallende Kosten nicht mehr das Mißverhältnis an Größe ausgleichen werden, wo alle einfachen Aufgaben erledigt sind und es zunehmend schwierig wird, den Computern noch unerledigte Aufgaben zu übertragen. Sicherlich wird dann das Geschäft zurückgehen, nur weiß ich nicht, wann das sein wird. Es gibt Gebiete, wo die Computerisierung noch überhaupt nicht stattgefunden hat – zum Beispiel bei der Konstruktion von Automobilen, genauer gesagt, beim individuellen Automobil. Man findet computerisierte Armaturenbretter mit trickreichen Anzeigen und kann sich vorstellen, daß dies ein Fortschritt für die nächste Zeit ist.

PJD: Wie steht's mit den kleinen Chips im VW, die Zündung, Zündzeitpunkt und so weiter steuern? Und die automatische Diagnose: Fahren Sie heutzutage in eine VW-Werkstatt, so klemmen die Leute dort einen Testcomputer an. Der Mikrocomputer, der testet, unterhält sich mit dem Mikrocomputer der Maschine, und der eine erzählt dem anderen, was verkehrt läuft.

CS: Das gibt es. Es ist erstaunlich für mich, aber das gibt es. Was noch nicht teuflisch gut automatisiert ist, ist die Fabrikation – mit Ausnahme von Japan natürlich.

PJD: In letzter Zeit wurde großes Aufhebens um die zukünftige Rolle des Computers im Haushalt gemacht. Mich überzeugt das nicht. Was meinen Sie dazu?

CS: Ich sehe da überhaupt nichts Bemerkenswertes. Was ich bislang angetroffen habe, war sehr amateurhaft.

PJD: Da die Effektivität des Computers unvernünftig ist, können wir es nicht wirklich erklären.

CS: Nein, das können wir nicht. Ich habe das Wort »unvernünftig« gebraucht, weil es auf den ersten Blick so scheint, als wäre hier ein Helfer, der für eine bestimmte Anzahl von Dingen gut zu gebrauchen ist, von dem sich aber herausstellt, daß er für viel, viel mehr nützlich ist. Der Computer dringt in Gebiete ein, die bis vor fünf Jahren als sakrosankt galten (sieht man einmal von der Science Fiction ab). Beispiel: Autos. In Science Fiction-Geschichten steuern Computer die Autos und stellen nicht mehr wie heute bloß Diagnosen, was am Auto nicht mehr funktioniert. Ich habe niemals angenommen, daß man weite Teile unserer Zivilisation standardisieren könnte. Nein – das ist nicht stark genug. Ich habe niemals gedacht, daß unser Bedürfnis nach Problemlosigkeit und Minimierung der Schwierigkeiten so groß sein würde, daß wir die *Agonie* einer knappen, sauberen, glatten und phantasielosen Standardisierung, die der Computer erfordert, in Kauf nehmen würden. Die Leute scheinen bereit zu sein, hundert Jahre alte Gewohnheiten zu ändern, nur um diese ganz oder teilweise computerisieren zu können. Das überrascht mich wirklich.

PJD: Was folgt hieraus für die Psychologie der Zukunft?

CS: Ich denke, daß sich die Menschen, haben sie sich einmal geändert, nicht gerne nochmals verändern. Aber ich muß hier vorsichtig sein, wenn ich habe mein Leben lang mit Computern gearbeitet und denke natürlich in Computerbegriffen. Ich habe wirklich überhaupt keine Vorstellung – und ich denke, niemand sonst hat eine – was die psychologischen Effekte großen Maßstabs sein werden. Mehr Entfremdung? Weniger Entfremdung vielleicht? Werden die Menschen freier für menschliche Interaktionen sein, wenn sie diese dummen Routineaufgaben nicht mehr erledigen müssen? Wer weiß.

PJD: Zur Zeit der Ölkrise versuchte man sich eine Zivilisation ohne Autos und mit alternativen Transportmitteln vorzustellen. Der Erfolg war gering.

CS: Einen Augenblick – Sie müssen nur in das Jahr 1930 zurückgehen, wo die meisten Leute keinen Wagen hatten und das Leben dennoch ziemlich lebenswert war.

PJD: Das ist richtig. Aber wir sind nicht bereit, auf den Stand von 1930 zurückzukehren.

CS: Weil wir die Einkaufszentren außerhalb der Städte gebaut haben und in den Vororten leben. Es ist sehr schwierig zurückzugehen. Wir könnten es – aber wir wollen es nicht. Die Computer halten uns fest. Wir können einen einzelnen Computer abschalten, aber nicht die gesamte Computerzivilisation. Ob gut oder schlecht – jetzt sind wir festgenagelt.

Weiterführende Literatur:
J. Deken (1982, 1983); M. Dertouzos und J. Moses; C. Evans; E. Feigenbaum und P. McCorduck; P. McCorduck (1984); H. Pagels; H. Sackman
(s. a. Bibliographie)

V. Mathematik und Ethik

Platonistische Mathematik und platonische Religionsphilosophie: eine ethische Metapher

Welche Beziehung besteht zwischen der Mathematik und Gott? Natürlich gibt es viele Leute, insbesondere viele Mathematiker, die an die Mathematik, nicht aber an Gott glauben. Andererseits glauben erheblich mehr Menschen an Gott, nicht aber an die Mathematik. Hiermit haben wir bereits eine Parallele zwischen diesen beiden hergestellt.

Etwas ernsthafter: Man kann nach kurzem Nachdenken feststellen, daß die platonistische Konzeption der Mathematik (die von fast allen Mathematikern zu allen Zeiten geteilt wurde) der Mathematik gewisse Eigenschaften und Züge zuschreibt, die gewöhnlich nur Gott eigen sind. Diese Einsicht legt es nahe, die Gott-Mathematik-Entsprechung ein wenig genauer zu verfolgen. Wir setzten in keiner Weise voraus, daß diese beiden Entitäten identisch sind; sondern wir gehen nur davon aus, daß es einen gewissen Parallelismus zwischen beiden gibt, den zu untersuchen interessant sein könnte.

Zu diesem Zweck wollen wir an den großen neuplatonischen Religionsphilosophen Philon (Judaeus) von Alexandrien erinnern (20 vor Christus bis 50 nach Christus), der von Harry A. Wolfson in unserer Zeit neu herausgegeben und präsentiert wurde. Wir nehmen Philons Beschreibung der Eigenschaften und Attribute Gottes und schauen, was geschieht, wenn man in diesen Aussagen »Gott« durch »Mathematik« ersetzt. Auf diese Weise konstruieren wir eine Metapher, die man vielleicht den religiösen Aspekt der Mathematik nennen könnte.

Beginnen wir mit Spinoza. In seiner Ethik fragt sich Spinoza (nach Wolfson)[1]:

»Was ist die fundamentalste Annahme, die den religiösen Philo-

Harry A. Wolfson. Fotografiert von Irene Shwachman

sophien des Judentums, der Christenheit und des Islam zugrunde liegt? (...) Es ist der Glaube, daß es über, neben und jenseits der Ansammlung von Dingen, die wir unser physisches Universum nennen, noch etwas gibt, das anders als das Universum ist ...

Sie alle glauben, daß im Gegensatz zur Welt, die abhängig von Gott ist, Gott unabhängig von der Welt ist. Diese Unabhängigkeit Gottes findet ihren Ausdruck im Begriff des Getrenntseins – getrennt in dem Sinne, daß die Existenz Gottes nicht notwendig die Existenz der Welt nach sich zieht. Da diese Denker glaubten, daß die Welt zu existieren begann nach einer Zeit, in der sie nicht existiert hatte, glaubten sie auch, daß vor dieser Welt Gott ohne Welt existierte. Da manche glaubten, daß die Welt eines Tages ein Ende haben werde, glaubten sie auch, daß nach der endgültigen Zerstörung der Welt wieder Gott ohne Welt übrigbleiben würde. Und da Gott ohne Welt existiert hat und existieren wird, ist Gottes Existenz selbst zum gegenwärtigen Zeitpunkt, wo die Welt existiert, unabhängig von der Welt, getrennt von dieser und abgesondert.« Als nächstes werden wir unsere Metapher aufbauen, indem wir das Wort »Gott« durch »Mathematik« oder »mathematisches Wissen« ersetzen. Nimmt man diese Ersetzung im obigen Zitat vor, so erhält man eine Sichtweise der Mathematik, die allgemein als *Platonismus* bezeichnet wird. Sie wird von den meisten Leuten geteilt. Nach dieser Ansicht ist die Mathematik *unabhängig von der Welt.* Sie existierte vor der Welt und abgesondert von ihr. Sollte die Welt eines Tages untergehen, so wird die Mathematik weiter existieren. Mit dem Wort »Welt« ist hier nicht nur der Planet Erde, sondern der gesamte physische Kosmos gemeint. Aus dieser Sicht besteht die Aufgabe des Mathematikers darin, die Mathematik, die »immer schon da ist«, zu entdecken, sie mitzuteilen, sie zu ordnen und zu diskutieren. Die Mathematik läßt sich oft auf die physische Welt anwenden. Diese Anwendungen bestätigen die Existenz und Macht der Mathematik – aber sie sind bloße Zugaben. Die Existenz der Mathematik ist zeitlich und ursächlich unabhängig davon. Erscheint diese Vorstellung jemandem schwierig, so kann man sie folgendermaßen erläutern: Gott ist ein Beispiel für etwas, das von selbst existiert, sich selbst kennt und sich selbst rechtfertigt. Das gleiche für die Mathematik zu behaupten, ist also eine parallele Aussage nicht ohne Präzedenzfall.

Die Beziehung zwischen Gott und Mathematik wurde schon von Autoren vor Philon in zugegeben oberflächlicher Weise diskutiert. »Alles ist Zahl«, behauptet Pythagoras. *»Gott ist ein Mathematiker«*, lautet die moderne Formulierung. Sie besagt, daß der Weg der Welt ein mathematischer sei, daß die Mathematik den Schlüssel zum Universum liefere und daß Gott, als der erste Mathematiker, das Universum gemäß mathematischen Prinzipien gestaltet habe. Diese Auffassung ist vielleicht ein bißchen egozentrisch und wird nicht notwendigerweise von den Theologen unterschrieben. Sie wird von vielen Physikern geteilt (die das Wort »Gott« verwenden werden oder auch nicht), um mit ihrer Hilfe die unbeantwortbare Frage, warum die Mathematik ein solchermaßen effektives Werkzeug in der theoretischen Physik sei, zu beantworten. Diese Auffassung steht auch hinter einer Vielzahl zeitgenössischer Mathematisierungen verschiedenster Disziplinen, wie zum Beispiel Geschichte, Soziologie und Psychologie. Die Welt *ist* mathematisch, also muß man – will man sie richtig interpretieren – die Mathematik benützen.

Es gibt eine verwandte Ansicht, die ebenfalls moderne Befürworter[2] gefunden hat. Diese dreht das Ganze gewissermaßen um und behauptet, die »Einheitswissenschaft der intellektuellen Ordnung« sei notwendig mathematisch. Damit sind wir bei einer vollständigen Äquivalenz angelangt: Was die Welt regiert, ist Mathematik. Was ist Mathematik? Das, was die Welt regiert.

Die antiken Religionsphilosophen hätten eingeräumt, daß Gott vor der Mathematik (wie vor allem anderen auch) da war. Er erschuf sie, und damit existierte sie vor der physischen Welt, die er beaufsichtigte. Nun führt diese Sichtweise in Schwierigkeiten. Eines der Attribute Gottes ist die Omnipotenz. »Omnipotenz« ist auf verschiedene Arten definiert worden. Nach Philon[3] sind mit diesem Wort vier Dinge gemeint:

»a) Gott schuf die Welt aus dem Nichts. Er gab ihr Naturgesetze mit, die sie nun regieren.

b) Bevor Gott unsere Welt schuf, hätte er, sofern er das gewollt hätte, diese überhaupt nicht zu erschaffen brauchen oder er hätte eine andere Art von Welt schaffen können, die von andersartigen Gesetzen regiert würde.

c) In unserer heutigen Welt kann sich Gott über die von ihm in Kraft gesetzten Gesetze hinwegsetzen und das, was wir Wunder nennen, vollbringen.

d) Gott kann, wenn er will, diese Welt zerstören und an ihrer Stelle einen neuen Himmel und eine neue Erde schaffen.«

Nun kollidiert Gottes Omnipotenz mit dem Begriff der Zeitlosigkeit und der Unwiderlegbarkeit der Mathematik. Wenn Gott wirklich omnipotent ist, könnte er ein Universum erschaffen, in dem mathematische und logische Unmöglichkeiten existieren, in dem zum Beispiel $2 + 2 \neq 4$ ist. Gott könnte den Inhalt der Mathematik vollkommen auf den Kopf stellen. An diesem Punkt scheiden sich die philosophischen Geister. Eine Meinung besagt, daß Gottes Omnipotenz die Macht einschließt, »es zustande zu bringen, daß aus dem Wesen des Dreiecks nicht folgt, daß seine Winkelsumme gleich zwei rechten Winkeln ist«.[4]

Die andere Meinung verneint dies. Sie setzt Gottes Macht Grenzen und scheint so die Mathematik von Gott und von der Welt zu trennen. Die erste Ansicht stellt Gott an die Spitze aller Macht und Möglichkeiten. Unter ihm stehen die mathematischen Gesetze, und unter diesen finden sich die physikalischen.

Die Aufhebung physikalischer Gesetze, die laut Bibel in den Wundern stattfand, beunruhigte die Religionsphilosophen weniger als die Verletzung mathematischer Gesetze. Damit wird der Mathematik eine Ausnahmestellung zuerkannt. Die Möglichkeit, daß ihre ewigen Wahrheiten außer Kraft gesetzt werden könnten – und sei es durch einen omnipotenten Gott –, wirkt störend.

Die christlichen Philosophen versuchten, diese beiden widerstreitenden Positionen zu versöhnen. Die Versöhnung sieht nach Wolfson[5] folgendermaßen aus:

»Gott verändert Unmögliches nicht aus Mangel an Macht, so wird argumentiert, sondern aus Weisheit und Gerechtigkeit. Gott hätte eine andere Welt schaffen können, in der diese Unmöglichkeiten zu Möglichkeiten geworden wären. Ebensogut kann er diese Welt zerstören und eine neue Welt erschaffen, in der die Unmöglichkeiten möglich werden. Aber da er durch den Schluß seiner Weisheit diese Welt geschaffen und ihr diese Gesetze gegeben hat, würde er diese Gesetze nicht ändern, außer dies diente einem bestimmten Zweck. Denn Gott ändert nicht willkürlich die Naturgesetze, noch vollbringt er wie ein Gaukler Wunder, um die Zuschauer zu belustigen und zu beeindrucken. Gott vollbringt Wunder nur in Ausübung seiner individuellen Vorsehung, um diejenigen zu bewahren, die es wert sind, bewahrt zu werden, oder um diejenigen zu unterweisen, die es wert sind, unterwiesen zu werden. Gleiches gilt für die Aufhebung von Naturgesetzen. Durch Gottes weisen Ratschluß ist die Welt so eingerichtet, daß zur Vollbringung von Wundern nur die physikalischen Gesetze der Natur durchbrochen werden müssen; es ist nicht erforderlich, die Gesetze des Denkens oder die der Mathematik zu verändern. Alle Wunder, von denen die Bibel berichtet, angefangen mit der Schöpfung der Welt bis hin zur Auferstehung Jesu, sind Wunder, die nur auf Übertretungen der physikalischen Naturgesetze beruhen. Alle diese Wunder waren sinnvoll. Es läßt sich kein Grund dafür denken, warum in der gegenwärtigen Welt, so wie sie beschaffen ist, die Gesetze des Denkens oder die Gesetze der Mathematik auf wunderbare Weise abgeändert werden sollten. Wenn die christlichen Philosophen deshalb behaupten, Gott ändere nicht in unserer Welt, so wie sie beschaffen ist, das Gesetz des verbotenen Widerspruchs oder den geometrischen Satz über die Winkelsumme im Dreieck, so drückt dies keinen Mangel an Macht aus. Vielmehr zeigt dies diese Tatsache, daß Gott seine Macht in Übereinstimmung mit seiner Weisheit und seiner Güte gebraucht.«

Es ist interessant, daß Spinoza als Beispiel für die durch den omnipotenten Gott aufzuhebende mathematische Wahrheit genau die Tatsache auswählte, die die Mathematiker selbst durch die Erfindung der Nichteuklidischen Geometrie ohne göttliches Eingreifen aufhoben (oder zur Diskussion stellten).

Die Schwierigkeit, mit der die christlichen Philosophen kämpften, entsprang der Konfrontation eines omnipotenten Gottes mit einer platonistischen Auffassung der Mathematik. Die Mathematik wird zu einem Rivalen Gottes. Ist aber erst einmal die platonistische Sichtweise der Mathematik aufgegeben, so löst sich die philosophische Schwierigkeit auf.

Insofern die platonistische Mathematik ein Rivale für einen ewigen, allwissenden und allmächtigen Gott ist, ist es kein Zufall, daß sich viele Leute bewußt oder unbewußt zur Mathematik als Religionsersatz hinwenden. Es gibt eine starke Sehnsucht nach Dauer und Gewißheit in einer chaotischen Welt. Viele Menschen suchen diese lieber in einem mathematischen oder naturwissenschaftlichen Kontext als in einem religiösen. Ihnen ist vielleicht nicht bewußt, *daß sowohl die Mathematik als auch die Religion als Grundlage eines Glaubens bedürfen,* den das Individuum selbst mitbringen muß.

Die Religionsphilosophie beschäftigt sich unter anderem mit der Frage, wie man Kenntnis von Gott erlangt. Setzen wir im Sinne unserer Metapher »Mathematik« für »Gott« ein, so erhalten wir eine andere wichtige Frage: »Wie erlangt man Kenntnisse der Mathematik?« Wir wollen uns noch einmal den Ansichten Philons zuwenden. Nach Philon kann man auf dreierlei Wegen Kenntnis von Gott erlangen: durch Imagination, durch Vernunft und auf dem Wege der Offenbarung.[6]

Der »Weg der *Imagination*« sieht Gott als bloßen Begriff an, also als Produkt unserer Imagination. Er wurde aus irgendwelchen

Nützlichkeitserwägungen heraus geschaffen – hauptsächlich, um den Gehorsam gegen weltliche Gesetze und Ordnung zu stärken.

In unserer mathematischen Analogie kann der »Weg der Imagination« am ehesten mit der philosophischen Position des Formalismus verglichen werden. Diese besagt, daß unsere mathematischen Symbole und Operationen keinen inneren Gehalt besitzen und Mathematik demzufolge lediglich ein formales »Spiel« ist, das gemäß bestimmter Regeln aus Gründen der Bequemlichkeit für bestimmte Zwecke gespielt wird. Philon meinte, der »Weg der Imagination« bedeute Atheismus. Entsprechend behaupten wir, daß der Formalismus kein adäquates Bild der mathematischen Tätigkeit gibt.

Der »Weg der *Vernunft*« führt in der Religion nach Philon zum Gott von Platon, Aristoteles und den Stoikern. Diese Philosophen sahen sich »ausgehend von einer Welt, in der sie Ordnung, Schönheit und Sinn fanden, aus Gründen der Vernunft genötigt, die Existenz Gottes zuzugestehen«.[7]

Nun gilt die Mathematik im allgemeinen als der »Weg der Vernunft« par excellence. Der deduktive Beweis im Rahmen eines formalen axiomatischen Systems ist das Gütezeichen der mathematischen Wissenschaften. Er ist das ideale Ziel jeder mathematischen Darstellung und die endgültige Bestätigung unseres mathematischen Wissens.

Philon glaubte nicht, daß die Vernunft der einzige Weg sei, auf dem man zur Kenntnis Gottes gelangen könne. Noch nahm er an, daß die Vernunft zu einer wahren und vollständigen Kenntnis führe. Auch in der Mathematik sollte man nicht meinen, die Vernunft sei der einzige Weg zum Wissen. Die heutige Mathematik gesteht dem deduktiven Denken einen hohen Stellenwert zu; sie schreibt ihm die Macht zu, endgültige Gewißheit zu liefern. Will man aber neue Mathematik machen, so sind andere Prozesse wichtig.

Der dritte philonische Weg zur Erkenntnis ist die *Offenbarung*. Nach Philon bedeutet Offenbarung zweierlei. Erstens gibt es die historische Offenbarung: eine Menge göttlichen Wissens, das zu einem bestimmten Zeitpunkt und an einem bestimmten Ort von Gott den Menschen übergeben wurde. (Kurz: die Bibel.) Zweitens meint Offenbarung die fortschreitende Offenbarung durch einzelne Menschen, die göttliche Eingebungen haben. Diese erkennen neue Wahrheiten und erfassen die wirkliche Bedeutung alter Wahrheiten.

Eine Offenbarung erster Art kennt die Mathematik nicht. Es gibt kein Buch und auch keine Materialsammlung, welche vorgeben könnte, göttlichen Ursprungs zu sein und die als Ausgangspunkt für alle mathematischen Entdeckungen dient.

Andererseits gibt es eine Offenbarung im zweiten philonischen Sinne, die von großer Wichtigkeit ist. Die Werke einzelner Genies werden eifrig zur Kenntnis genommen, verehrt und studiert. Die mathematische Intuition, das »innere Licht«, hat neben Erfahrung, Experiment und Deduktion immer eine Schlüsselposition im mathematischen Leben eingenommen.

Verlassen wir nun die Kenntnis Gottes und gehen wir zu seinen Attributen über. Hier wird die Analogie spärlicher, aber dennoch scheint sie mir wert, formuliert zu werden.

Philon legt das Hauptgewicht auf drei *Attribute,* die alle mit Gottes Unendlichkeit zu tun haben. Diese steht im Gegensatz zur Vorstellung eines endlichen Gottes, die zu jener Zeit in der Welt der Griechen allgemein verbreitet war.[8] Die »Attribute« Gottes sind Unendlichkeit im Sinne von (a) Unbegreiflichkeit, (b) unendlicher Güte und (c) Omnipotenz. Über die Omnipotenz haben wir bereits gesprochen. Die *Unbegreiflichkeit* Gottes, das Attribut (a), besagt, daß unmöglich ist, Gott mit irgend etwas anderem zu vergleichen. Er ist einmalig. Er gehört keiner Klasse an, und man kann sich keinen Begriff von ihm bilden (man vergleiche die Paradoxien der Mengenbildung in der naiven Mengenlehre!).

Verfolgen wir unsere Parallele weiter und setzen »Mathematik« für »Gott«, so ergibt sich aus dem Obigen die Behauptung, daß die Mathematik grundsätzlich unbegreiflich sei. Das kommt folgendem Scherz Bertrand Russells nahe: Die Mathematik ist dasjenige Gebiet, wo man weder weiß, worüber man spricht, noch ob das, was man sagt, wahr ist. Diese Behauptung nähert sich auch der formalistischen Position, daß es keine Rolle spiele, was letztlich real ist, sondern daß es nur wichtig sei, mit unseren Symbolen richtig umzugehen.

Das zweite Attribut »Gott ist von unendlicher Güte« bedeutete mehreres für Philon. Aus ihm folgte, daß Gott frei und zielbewußt handelt und über eine Vorsehung individuellen Schicksals verfügt. Anders gesagt: Er beschäftigt sich nicht nur mit den großen Angelegenheiten des Kosmos, sondern auch mit den kleinsten Einzelheiten des Universums. »Kein Spatz fällt vom Dach, ohne daß Er es weiß.«

Fahren wir mit unserer Parallele fort: Die Mathematik ist *zielbewußt*. Das heißt, sie ist kein bedeutungsloses Spiel, das frei und gedankenlos gespielt wird. Sie besitzt Bedeutung, Nützlichkeit und Anwendungen. Die Mathematik befaßt sich mit den kleinsten Einzelheiten, meint: eine mathematische Struktur wird aus Myriaden kleiner, scheinbar irrelevanter Teilchen aufgebaut. Selbst wenn nur der allerkleinste Baustein fehlt, gerät die Stabilität des ganzen Unternehmens in Gefahr.

Nun kommen wir zur Interpretation des Ausdrucks »unendliche Güte« (im moralischen Sinn). Im religiösen Bereich ergibt sich hieraus ein äußerst schwieriges Problem. Wenn Gott gütig ist und wenn die Welt nur von ihm abhängt, wie kann es dann das Böse geben? (Mit dem Bösen ist sowohl das physisch Böse als auch das moralisch Böse gemeint.) Philon zieht alle Register, um die Güte und die Omnipotenz Gottes miteinander zu versöhnen. Er führt sowohl philosophische Überlegungen als auch Argumente aus der populären Tradition an, trotz aller Anstrengung bleibt das Problem schwierig. Letzten Endes zieht sich Philon auf das Prinzip der Unbegreiflichkeit Gottes zurück.

Wenn die Mathematik ewig, wahr und gut (im Sinne von fehlerfreien, tiefen Wahrheiten über das Universum) ist, wie ist es dann möglich, daß es außerhalb der Mathematik oder auch in Verbindung mit ihr sowohl physisch als auch moralisch Böses gibt? Das ist keine bedeutungslose oder absurde Frage. Von dem Mathematiker und Naturwissenschaftler Archimedes (200 vor Christus), der seine Kenntnisse der Optik und der Mechanik dazu verwandte, Katapulte und Brenngläser zu bauen, bis hin zum Chef des Atombombenprojektes Robert J. Oppenheimer, dessen Agonien von Schuld man in seiner Autobiographie nachlesen kann, gibt es eine konstante Verwendung der Mathematik im Dienste der militärischen Technik und der Zerstörung. Nachdem sich die Mathematik mit dem Computer und der angewandten Statistik liiert hat, bleibt kaum eine schädliche Tendenz (von der Werbung über die kannibalistische Ausbeutung natürlicher Ressourcen bis hin zu den Spielhöllen in Nevada und New Jersey) übrig, worin die Mathematik nicht als Komplize verwickelt ist.

Wie kann man dieses Dilemma aufzulösen versuchen? Selbst wenn wir Platons Identifikation der Mathematik mit »dem Guten« beibehalten, können wir das Problem umgehen, indem wir den Sinn des Wortes »gut« verändern. Wir können behaupten, daß die Naturwissenschaften – ein Gleiches gilt auch für die Mathematik – moralisch neutral sind. »Sie können dem Guten wie dem Schlechten dienen.« Die analoge religiöse Behauptung wäre, daß Gott neutral oder indifferent sei. Ethische Folgerungen entfallen dann. Die Mathematik kann dann weiterhin die »Einheitswissenschaft intellektueller Ordnung« sein, aber dieser Intellekt hat kein Herz mehr.

Ein anderer Versuch, das Dilemma aufzulösen behauptet, daß nicht die gesamte Mathematik, sondern nur Teile von ihr das Böse hervorbringen. Einige Leute haben die angewandte Mathematik als korrupt bezeichnet. Die reine Mathematik hingegen (rein im Sinne von »ohne Anwendungen«) sei auch moralisch rein. Wir vermuten, daß, wie subtil auch immer diese Unterscheidung vorgenommen wird, der Teil, der übrigbleibt und heute »gut« genannt wird, von zukünftigen Generationen als Ursache von ebensoviel Gutem wie Schlechtem angesehen werden wird.

Die Auflösung des Dilemmas kann weder durch Ausschluß noch durch Vernichtung erfolgen. Versucht man es im Sinne Philons, so wird man zur philonischen »Ausflucht« gezwungen. Es ist erschreckend, aber vielleicht realistisch, daß, obwohl die Mathematik selbst verständlich ist, ihre Wege ebenso wie diejenigen Gottes unergründlich sind.

Anmerkungen:

1 Harry A. Wolfson. »Religious Philosophy«. Harvard University Press, 1961. Von besonderem Interesse ist der erste Artikel »The Platonic God of Revelation and his Latter Day Deniers«, S. 247.

2 F. E. Browder. »Is mathematics relevant? And if so, to what?« University of Chicago Magazine 67, (1975), S. 11–16.

3 Wolfson, a.a.O., S. 8.
4 Spinoza. »Ethik«. Vergleiche Wolfson S. 18.
5 Wolfson, a.a.O., S. 20.
6 Wolfson, a.a.O., S. 2.
7 Wolfson, a.a.O., S. 3.
8 Wolfson, a.a.O., S. 6.

Weiterführende Literatur:
H. A. Wolfson (1976, 1979)
(s. a. Bibliographie)

Der denkende Computer: eine Interpretation nach Art des Mittelalters

»Entschließen wir uns dazu, die Rätsel unbeantwortet zu lassen, so ist das eine Wahl; schwanken wir in unserer Antwort, so ist das ebenfalls eine Wahl: aber welche Wahl wir auch immer treffen, wir treffen sie auf eigene Gefahr.« Fritz James Stephen

Der Text

»*Der Computer denkt.* Er führt Operationen aus, die man, werden sie vom Menschen vollbracht, als intelligent bezeichnet. Er macht seine Arbeit sehr gut. Deshalb ist der Computer gescheit; er kann Menschen an Arbeitsplätzen, die Denken erfordern, ersetzen.« Unsinn, sagen die Gegner. Im Gegenteil: Der Computer denkt nicht. Er ist dumm. Er tut nur das, was man ihm befiehlt, nicht mehr und nicht weniger. Der Computer ist ein Super-Rechenschieber, ein großer Bleistift mit einem großen Blatt Papier. Menschen denken. Solange sie leben und wachsen, nehmen sie Eindrücke auf, ihr Denken reflektiert sie. Menschen sind offene Wesen. Der Computer ist ein engstirniger Mechanismus in einer festen Bahn.

Diese zweite Sichtweise wird dann widerlegt: »Ihre Informationen sind nicht auf dem neuesten Stand. Computer können ihre eigenen Programme *verändern.* Sie können so programmiert werden, daß sie aus Erfahrung lernen und auf eine veränderte Umwelt reagieren. Man kann ein probabilistisches Element in Form eines Zufallsgenerators einbauen. Wie können Sie da von Engstirnigkeit sprechen?« Es folgt die Widerlegung der Widerlegung: »Es gibt kein Programm – weder in einer Maschine noch auf einem

Reißbrett –, das die Anpassungsfähigkeit einer Katze oder auch nur einer Küchenschabe besäße. Lernt der Computer und verändert er sich, so geschieht dies in einer Weise, die wiederum festgelegt und beschränkt ist. Selbst die Zufallsgeneratoren beruhen nicht auf echtem Zufall. Sie sind bloßer *Pseudo-Zufall* und vollständig determiniert durch die Formel, die der Erzeugung zugrunde liegt.«

Und so geht es weiter. Stoß und Parade, Stoß und Parade. Der denkende Computer ist eine der großen Ideen unserer heutigen technologischen Welt: Geist in der Materie. Vor einem Jahrzehnt etwa wurden einige philosophischen Aspekte hiervon ausführlich in der wissenschaftlichen Gemeinschaft diskutiert – natürlich, ohne zu einer Lösung zu kommen. Ist das nicht immer so in der Philosophie? Gelangt Theaitet zu einer Einsicht in das Wesen der Erkenntnis oder landet er bloß in der Hoffnungslosigkeit? Heute hat der denkende Computer etwas von einem Klischee an sich – oder von einer ausgepreßten Zitrone. Schwer arbeitende Wissenschaftler und Techniker neigen dazu, Diskussionen darüber als unwichtigen metaphysischen Unsinn einzuordnen. Gehören sie zu den Nutznießern des Computers, so pflegen sie sich keine Gedanken darüber zu machen, ob der Computer denkt oder nicht, wenn er nur die gewünschten Antworten liefert. Sind sie Informatiker und damit beschäftigt, die Möglichkeiten ihres Instrumentes auszubauen, so tun sie, was sie können und betrachten ansonsten philosophische Fragen als unproduktiv.

Denkt der Computer? Heute ist es still geworden um diese Frage. Hmm ..., würden die meisten von uns antworten. Sogar die Science Fiction läßt dieses Problem links liegen. Robert A. Henlein, dessen Science Fiction man als Reflex authentischer amerikanischer Vorstellungen und Werte rühmt, akzeptiert, daß Computer denken. Aber er betont diesen Punkt nicht. In seinen Büchern sind Computer und Menschen *austauschbar*, wobei der Nachdruck auf dem biologischen und dem mythologischen Aspekt liegt. In »Time Enough for Love« (1973) wird von einem Computer Minerva erzählt, der sich in eine Frau aus Fleisch verwandelt, deren Gene von dreiundzwanzig ausgewählten Eltern stammen. Minerva verdoppelt sich selbst etc. etc. Eine der gegenwärtig populärsten Science Fiction-Stories – »Dune« – umgeht die Frage, indem die Handlung ins »Post-Computer-Zeitalter« verlegt wird.

Aber dadurch verschwindet die Frage nicht, sie bleibt vielmehr hochinteressant. Sie stellt Verbindungen zu fast allen Fragen der Philosophie und der Wissenschaftstheorie her. Ich möchte die Diskussion ein bißchen anregen: Während wir auf weitere Entwicklungen in der Informatik, der Gehirnphysiologie, der Neurobiologie und der Wahrnehmungs- und Denkpsychologie warten, die vielleicht zuvor eingenommene Positionen drastisch verändern, und während wir auf neue philosophische Urteile warten, möchte ich in der Zwischenzeit die Frage auf eine unkonventionelle Art diskutieren. Dabei werde ich versuchen, den Standpunkt eines mittelalterlichen Kommentators einzunehmen. Ich werde mich dem Satz »Der Computer denkt« so nähern, wie ein solcher Schreiber sich einem heutigen Text oder einer Gedichtzeile genähert hätte.

»Halt«, könnte der Leser einwenden. »›Der Computer denkt‹ bezieht sich auf Begriffe der modernen Naturwissenschaft und Technik. Dieser Satz sollte weder leichtsinnig noch wirklichkeitsfremd oder gar archaisch interpretiert werden. Insbesondere sollte er nicht im Geiste eines absterbenden literarisch-religiösen Humanismus verstanden werden.« Darauf antworte ich: Naturwissenschaft ist Naturwissenschaft. Aber das Nachdenken über die Wissenschaft und das Einordnen der Wissenschaft in das Weltganze ist eher eine Sache der Philosophie, der Metaphysik und der Poesie. Der Positivismus liegt in seinen letzten Zügen. Der Metaphysik wird wieder zaghaft und versuchsweise eine Rolle im Prozeß der Begriffsbildung zugestanden. Das große metaphysische Prinzip, das Universum sei erklärbar, liegt allen naturwissenschaftlichen Bemühungen zugrunde.

Exegese auf mittelalterliche Art

In einem Brief an Can Grande della Scala schrieb Dante Alighieri (1265–1321), daß er die Göttliche Komödie gerne auf zwei Arten interpretiert sähe: wörtlich und symbolisch. Jedes große literarische Werk läßt sich, so Dante, auf diese beiden Weisen interpretieren. Das Denken gelangt zu einem Verständnis dieser Interpretationsweisen, weil sie analog den beiden Stadien jeglichen Schöpfungsaktes sind – sei er nun göttlichen oder menschlichen Ursprungs.

Die symbolische Interpretationsweise unterteilt Dante dreifach: sie kann allegorisch, moralisch oder anagogisch sein. Der anagogische Zugang ist dem modernen Leser am wenigsten vertraut und bedarf deshalb einiger erläuternder Worte. Er beruht auf mystischer und spiritueller Erhebung. *Die anagogische Methode* faßt Leute, Ereignisse und Institutionen als Vorboten des zukünftigen Zustandes der Gnade auf, der die Gläubigen erwartet. Ein Kommentator aus dem Mittelalter hat den anagogischen Weg treffend so gekennzeichnet: Die wörtliche Interpretation lehrt uns, was geschah, die allegorische lehrt uns, an was wir glauben sollen, die moralische, wie wir uns verhalten müssen, und die anagogische, worauf wir hoffen dürfen. Dante führt die Interpretation einer Aussage auf die vier angegebenen Weisen an Psalm 114 vor:

> »Als Israel aus Ägypten zog,
> und das Haus Jakob aus fremdem Land,
> da wurde Juda Gottes Heiligtum,
> Israel sein Königreich.«

Interpretiert man diesen Psalm wörtlich, so enthält er nach Dante eine historische Schilderung: Zur Zeit Moses wurde das Volk Israel, das zuvor in ägyptischer Sklaverei gelebt hatte, befreit und konnte seiner Wege gehen. Als Allegorie verstanden, beziehen sich diese Zeilen auf die zukünftige Erlösung durch Christus. Die moralische Aussage ist, daß sich die Seele tatsächlich *verändern* und aus dem irdischen Jammer und Elend befreien kann, um in den Zustand der Gnade einzugehen. Die anagogische Bedeutung ist schließlich, daß die *heilige* Seele nun aus der Sklaverei dieser korrupten Erde befreit ist und in die Freiheit des ewigen und glückseligen Lebens Eingang gefunden hat. Auf diese Weise werden vier Interpretationen vorgeführt, die den vier Bedeutungen des Ausdrucks »Erlösung der Welt« entsprechen. Nebenbei sollte man darauf hinweisen, daß die Bildung von Kategorien auch unserem

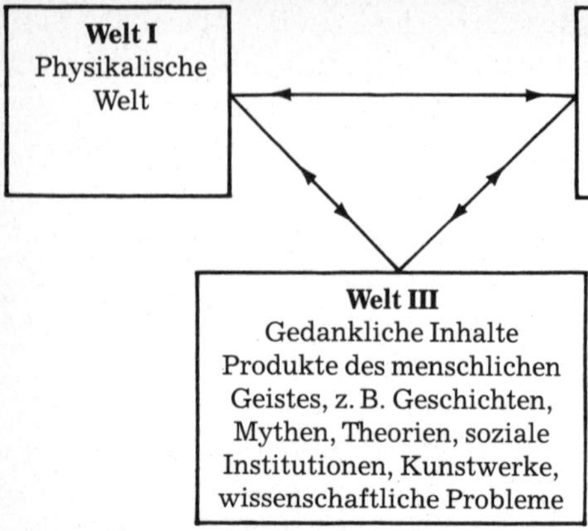

Die drei Welten des Karl Popper

zeitgenössischen philosophischen Denken nicht fremd ist. So entdeckte Sir Karl Popper, einer der führenden Wissenschaftstheoretiker der Gegenwart, drei Welten:

»Zunächst gibt es die physikalische Welt – das Universum der physikalischen Entitäten, die ich ›Welt I‹ nennen möchte. Zweitens gibt es die Welt der geistigen Zustände, die ich mit ›Welt II‹ bezeichne. Diese umfaßt auch Bewußtseinszustände und psychologische Dispositionen. Aber es existiert auch noch eine dritte Welt, die Welt der gedanklichen Inhalte und der Produkte des menschlichen Geistes. Das ist die ›Welt III‹.«[1]

Der Computer denkt. Es ist offensichtlich, daß man diesen Satz nicht interpretieren kann mit Hilfe von Begriffen, die im Denken des Mittelalters lebendig waren. Dennoch möchte ich Dantes Ansatz beibehalten: Ich werde also diesen Satz im wörtlichen, im metaphorischen, im moralischen und im anagogischen Sinne interpretieren. Traditionsgemäß beginne ich mit der wörtlichen Interpretation.

Die wörtliche Interpretation

Der Computer denkt. Genau wie du und ich denken. Du und ich, wir beide spielen Schach, das Vernunftspiel par excellence. Der

Computer spielt besser Schach als die meisten Menschen. Deshalb denkt der Computer. Du und ich treiben Arithmetik. Während wir das tun, denken wir darüber nach. Der Computer beherrscht die Arithmetik besser als wir und er ist schneller – vielleicht einebillionmal schneller. Ergo denkt der Computer. Die Fluglotsen auf unseren Flughäfen haben eine Arbeit, die sehr viel Denken erfordert. Sie leiden unter geistigem Streß. Computer wurden mit Landesystemen für Flughäfen programmiert. Ergo, der Computer denkt.

Der Computer denkt, um die Unvollkommenheiten unseres Denkens zu überwinden und um unser Denken durch eine beträchtlich effizientere Art des Denkens zu ersetzen. Der menschliche Genius wird von einer Art automatisiertem, symbiotischen Genius verdrängt.

Was steckt hinter dieser Position? C'est pour épater le bourgeois, natürlich (es geht darum, den Bürger sprachlos zu machen)! Zuerst einmal sind die großen Erfolge des Computers zu beachten, die er bei der Ausführung zahlreicher Operationen erzielt hat, welche man gemeinhin mit geistigen Eigenschaften verbindet. Und es gibt Anzeichen für viele weitere, zukünftige Erfolge. Der Computer beherrscht die Arithmetik; er kann auch viele Prozesse aus der höheren Mathematik ausführen. Ursprünglich wurden Computer ausschließlich für mathematische Berechnungen gebaut. Heute wird nur noch ein geringer Anteil Rechenzeit auf die Mathematik verwendet. Simulationen einer Vielzahl anderer geistiger Prozesse sind beherrschend geworden.

Zweitens gibt es gewisse oberflächliche und globale Ähnlichkeiten zwischen der Physiologie des Gehirns und dem Aufbau eines Computers. Das Gehirn ist eine Zentraleinheit und ein zentraler Prozessor. Natürlich können wir – öffnen wir ein Gehirn und einen Computer – keine eindeutige Beziehung zwischen deren Bestandteilen und deren Funktionen herstellen.

Man meint, Parallelen im Verhalten von Neuronen und von logischen Gattern zu sehen. Wir verstehen vollkommen, wie ein Computer arbeitet; wir kennen – oder nehmen das an – die Beziehung zwischen Soft- und Hardware genau. Trotz einer beträchtlichen Menge an physiologischer Information sind die Funktionen des

Gehirns weiterhin mit vielen Fragezeichen versehen. Deshalb ist die Analogie zwischen Gehirn und Computer gleichfalls fragwürdig.

Gibt es eine geistige und eine materielle Welt? Falls ja, wie wirken diese aufeinander? Oder bedeuten Trennung und Kategorisierung Täuschung und Falle? *Die Vorstellung, das Gehirn sei ein Computer, hängt eng mit der Ansicht zusammen, der Mensch sei eine Maschine.* Das Universum ist materiell, es ist ein Mechanismus. Der Mensch als Teil des Universums ist ebenfalls ein Mechanismus. Die Behauptung, das Gehirn sei ein Computer, stellt heute ein Forschungsprogramm dar – eine Hoffnung für die Zukunft. Es gibt Geist, und es gibt Materie. Wie lassen sich diese beiden vereinen? George Wald, Nobelpreisträger für Biologie, wies auf die Paradoxie hin, daß wir zwar eine ganze Menge über die Physiologie des Sehens wissen, aber dennoch nicht sagen können, was »sehen« wirklich bedeutet. Seiner Meinung nach träumt die Biologie davon, eines Tages solches Wissen zu haben.

Betrachten wir einmal unseren Wortschatz für geistige Prozesse. Er enthält Wörter wie: Gedanke, Intelligenz, Erkenntnis, Wahrnehmung, Gedächtnis, Wissen, Bewußtsein, Selbstbewußtsein, Vernunft, Intention, Gedächtnis, Anschauung, Idee, Glaube, Muster, Beziehung, Trieb, Schönheit und Erklärung. Von diesen Wörtern gibt es hunderte. Wir würden diesen Begriffen gern so präzise wie möglich physikalische und chemische Vorgänge im zentralen Nervensystem zuordnen, zusätzlich möchten wir ihnen Verhaltensmuster beigeben. Auf der dritten Seite des Dreiecks müssen Physik und Verhalten miteinander verbunden werden. Alle drei Probleme sind notorisch schwierig. Von den dreien wurde das erste bisher vielleicht mit dem geringsten Erfolg angegangen.

Jetzt kommt die kecke und neue Informatik. Die hat ihre eigenen Ausdrücke: Sprache, Programm, Schleife, Rückkoppelung, Information, Datenstruktur, strukturierte Liste, Zugang, Datenbasis, Protokolle und Parallelverarbeitung. Diese Ideen bilden eine Brücke zwischen rein geistigen Konzepten und ausschließlich physikalischen Fakten. Vielleicht bieten sie die Möglichkeit, eine Brücke zu schlagen oder sogar die Dichotomie von Geist und

Materie zu überwinden. »Der Computer denkt« drückt wörtlich interpretiert die Hoffnung auf eine *endgültige Vereinheitlichung* aus.

Der bekannte Informatiker Allan Perlis von der Yale-Universität behauptet kategorisch: »Der einzige Unterschied zwischen belebter und unbelebter Materie liegt in der Chemie.« Er ergänzt, daß der Beweis dieser Behauptung einer der großen Träume der Informatiker sei. Man beachte: der Informatiker!

Wenden wir uns nun dem Verhalten zu. Angenommen, ich behaupte: »Der Computer denkt:« Was meine ich wirklich damit? Ich denke, Du denkst. Ich nehme an, daß wir beide zwar nicht genau auf dieselbe Art und Weise gebaut sind, aber dennoch etwas Ähnliches geschieht, wenn *ich* denke, wie wenn Du sagst, daß Du denkst. Ich nehme das an, bin mir dessen aber nicht vollkommen sicher. Diese Bemerkung erhält eine gewisse Bitterkeit, zieht man Geisteskrankheiten mit in Betracht. Ist dieser Mann verrückt oder gibt er bloß vor, verrückt zu sein? Ist es nicht *auch* verrückt, wenn er Schauspielerei betreibt? Aus dem Abgrund, den dieser Zweifel eröffnet hat, könnte man ein Bedürfnis nach Definitionen ableiten. Der berühmte Turingtest, der von Alan Turing, einem genialen Mitbegründer der theoretischen Informatik, vorgeschlagen wurde, geht in etwa in diese Richtung.

Man stelle sich vor: Eine Person A befragt ein Computerprogramm C und eine andere Person B. B und C sind für A nicht wahrnehmbar. Sie kommunizieren über ein Ausgabegerät mit A. Kann nun C A davon überzeugen, daß B eine Frau ist, so darf man behaupten, daß C denkt. Turing zeigte, wie dieses Ziel erreicht werden könnte. Es gibt keinen Zweifel, daß es erreicht werden kann. Wir alle werden öfter von Botschaften, die wir am Telefon hören, an der Nase herumgeführt: Leute haben ein Computerprogramm für einen Psychoanalytiker gehalten. Oder, falls diese Leute nicht wirklich getäuscht wurden, so wurden sie zumindest in einen Geisteszustand versetzt, der die Weiterführung des »psychoanalytischen« Dialoges begünstigte.

Ein Computer läßt sich so programmieren, daß er begrenzte, genau festgelegte Aufgaben erfüllen kann. Diese Aufgaben wurden von uns zuvor formalisiert. Ist das Denken? Eine Küchenmaschine kann Karotten schneiden – eine Aufgabe, die der Kopflose Ritter nicht ausführen kann. Denkt deshalb die Küchenmaschine? Hat der chinesische Glückskeks gedacht, als er mir letzte Woche einen guten Rat gegeben hat? »Die Computer denken.« Das ist absurd! Ich behaupte das jedenfalls, und Sie können sich mir anschließen. Karl Popper sagt ebenfalls, das sei absurd:

»Ich möchte ohne das geringste Zögern behaupten, daß sie es nicht können – trotz meiner uneingeschränkten Hochachtung für A. M. Turing, der das Gegenteil annahm. Wir können vielleicht einem Schimpansen das Sprechen beibringen – allerdings in einem sehr rudimentären Sinne. Sollte die Menschheit lange genug überleben, so könnte sie eines Tages imstande sein, die natürliche Zuchtwahl zu beschleunigen. Auf diese Weise vermag die Menschheit vielleicht eine Gattung zu schaffen, die sich mit ihr messen könnte. Wir könnten auch irgendwann einmal einen künstlichen Mikroorganismus erschaffen, der sich selbst – in einer gut vorbereiteten Enzymumgebung – reproduzieren könnte. So viel Unglaubliches ist geschehen – es ist übereilt, zu behaupten, etwas sei unmöglich. Aber ich sage voraus, daß wir niemals fähig sein werden, elektronische Computer mit bewußten und subjektiven Erfahrungen zu bauen.

Turing argumentierte etwa folgendermaßen: Sagen Sie mir genau, in welchem Sinn Sie meinen, der Mensch sei dem Computer überlegen. Dann werde ich einen Computer bauen, der Ihre Behauptung widerlegt. – Turings Herausforderung sollte man nicht annehmen, denn jede hinreichend präzise Beschreibung kann zumindest im Prinzip dazu verwendet werden, einen Computer zu programmieren. Es ist zu beachten, daß sich Turings Herausforderung auf Verhalten – zugegebenermaßen unter Einschluß verbalen Verhaltens – bezog und nicht auf subjektive Erfahrung.«

»Die Computer denken.« Absurd? Vielleicht. Aber es gibt eine Gruppe von brillanten und kreativen Informatikern, die das nicht glauben. Sie fühlen sich als fleischliche Brüder und Schwestern von gleichfalls brillanten und kreativen Elementen aus Draht und Keramik. Verneinen wir ihre verwandtschaftlichen Beziehungen, verhalten wir uns dann ähnlich wie Bischof Wilberforce (der Darwins These, daß der Mensch vom Affen abstamme, bestritt)?

Vielleicht ist das Problem bloß ein semantisches: es gibt 69

Überbrückt die Informatik den Abgrund?

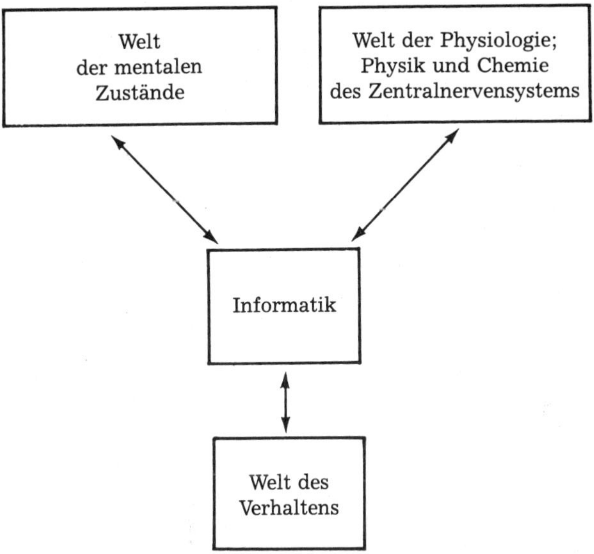

Interpretationen des Verbs »denken«, und jede davon hat ihre Berechtigung. Einige von ihnen führen zu der Aussage »der Computer denkt«, andere wiederum zu deren Verneinung. Den Fürsprechern der wörtlichen Sichtweise verdanken wir die Einsicht, daß der Computer in dem Maße, wie er mehr und mehr Typen von menschlichen Geistestätigkeiten übernimmt, immer mehr der neunundsechzig Interpretationen von Denken erfüllt.

Die Gegner der wörtlichen Sicht sagen: »Das Denken der Computer reicht nur bis zu einem gewissen Punkt. Darüber hinaus *kann* es nicht gehen.« Sie verweisen auf das Beispiel von Otos und Ephialtes, die den Olymp erklimmen wollten, um die Götter zu töten und die in Naxis ermordet wurden. »Die Computer besitzen kein Selbstbewußtsein, keine subjektive Erfahrung, keinen Glauben, keine Originalität, keine Intuition. Sie kennen nicht die Liebe, die Telepathie oder die Aufmerksamkeit. Sie haben keine Seele.« Die Widerleger der Widersacher besuchen internationale Konferenzen über künstliche Intelligenz und reichen Abhandlungen ein mit Titeln wie »Warum Roboter Gefühle haben werden« oder »Über die Zuordnung mentaler Qualitäten zu Maschinen«.

Gehen wir nun aufs Ganze und fragen: *Sind Computer lebendig?* Denn ist Leben nicht eine notwendige Bedingung für Denken? Die Aufschneider antworten: »Aber natürlich sind Computer lebendig. Sie erfüllen doch die vier Kriterien für Leben. Sie zeigen 1. charakteristische Formen und Organisationen; 2. verarbeiten sie Energie; 3. tauschen sie Informationen aus und 4. reproduzieren sie sich. (Was die Biene für die Blume, ist der Mensch für den Computer.)« Q.E.D. – vorausgesetzt, man macht die Reduktion von »Leben« auf diese vier Kennzeichen mit.

Die metaphorische Interpretation

Der Computer denkt. Das soll jetzt metaphorisch interpretiert werden. Beginnen wir mit einigen Beobachtungen über Metaphern.

»Der Morgen, gehüllt in einen rostbraunen Mantel,
wandert über den Tau des östlichen Hügels dort.« (Shakespeare. Hamlet)

Der Morgen trägt keinen rötlich-braunen Mantel.

»Die Trompeten versetzen mit ihren Tönen alle Balken in Flammen.« (Achylos. Die Perser)

Trompeten können keine Balken anzünden.

»Werft die Gewänder ab ... und ersteht wieder mit euren nackten Seelen.« (Plotin. Änäas)

Unsere Körper können nackt sein, nicht aber unsere Seelen.

Was geschieht hier? Wir haben es mit Beispielen metaphorischer Sprache zu tun. Diese deutet eine Beziehung der Ähnlichkeit zwischen zwei Dingen an. Unsere Wahrnehmung beider Gegenstände wird verändert, indem eine Beziehung zwischen ihnen hergestellt wird und sie anschließend verglichen werden.

Unter den Metaphern unterschiedlichster Art sind die Metaphern, die John Ruskin als »pathetischen Fehltritt« charakterisierte, besonders wichtig. In dieser Sprachfigur werden menschliche Eigenschaften der unbelebten Natur zugeschrieben:

»Die See wütet.«
»Die Flammen verschlingen.«

Die See wütet nicht wie ein Mensch, und die Flammen essen nicht wie ein Hungriger.

Warum verwenden wir Metaphern, wenn diese doch genaugenommen absurd sind? Eine der ersten Antworten hat Aristoteles gegeben: Metaphern sind Ornamente der Sprache, Dekorationen also. Sie drücken Analogien aus und bereichern so unsere Ausdrucksmöglichkeiten. Sie wecken Emotionen in uns.

»Die feuchten Seelen der Hausmädchen sprießen verzagt
an den Gartentoren.« (T. S. Eliot)

Insofern Dichter nach einer abgehobenen Sprache suchen und insofern sie intensive Gefühle und tiefes Verständnis hervorrufen wollen, sind Metaphern für sie unverzichtbar. Da Dichter danach trachten, »das Unaussprechliche auszusprechen und das Unbenannte zu benennen«, sind sie gezwungen, Metaphern zu verwenden. Aber Metaphern spielen noch eine viel fundamentalere Rolle. Sie sind viel mehr als bloße Dekoration. Metaphern bieten uns eine Möglichkeit, die Welt zu *organisieren.* Verschiedenartige Phänomene werden miteinander verbunden, ohne daß ihre Unterschiedlichkeit geopfert werden müßte. Die Welt ist dynamisch. Wir erfahren sowohl das Bleibende als auch das Entstehende. Nur die Geschmeidigkeit der Metapher macht es der Sprache möglich, sich unserer Wahrnehmung der sich wandelnden, vieldimensionalen Welt anzupassen. Genauso wie in der Natur das Neue durch Kombination weniger einfacher Elemente entsteht, schafft die Sprache neue Bedeutungen durch Juxtaposition und Synthese.

Aus der Spannung zwischen dem wörtlich genommen Falschen und dem metaphorisch Wahren entstehen neue Einsichten. Einige radikale Dichter behaupten, jede Sprache sei letztlich metaphorisch. Es gebe keine vollkommen reine und vollkommen präzise Sprache. Diese Art der absoluten Aufrichtigkeit sei der Gottheit vorbehalten – oder vielleicht Gottes mathematischem alter ego. Einige Wissenschaftler sprechen von »Wurzelmetaphern«. Das sind besonders packende und überzeugende Metaphern, die unsere Art zu leben beeinflussen können.

Die Welt ist ein Garten.
Die Welt ist eine Bühne.
»Die ganze Welt ist ein Theater
und alle Männer und Frauen sind Schauspieler« (Wie es Euch gefällt.)
Die Welt ist ein Tal der Tränen.
Die Welt ist das Vorzimmer der kommenden Welt.
Die Welt ist eine Maschine.
Der Körper ist eine Maschine.

Bekommt man ein Auge von der Augenbank oder wird man an ein Dialysegerät angeschlossen, so drängt sich die wörtliche Bedeutung sehr in die metaphorische hinein.

Der Geist ist ein Computer.
Der Computer hat Geist.
Mathematik ist das alter ego Gottes.

Läßt es auf eine Schwäche schließen, wenn eine metaphorische anstatt einer wörtlichen Erklärung gegeben wird? Nehmen wir als Beispiel Gott. Es handelt sich hier sicherlich um eine der fundamentalsten, beständigsten und umstrittensten Ideen menschlicher Erfahrung. Woraus könnte eine wörtliche Interpretation bestehen? Ein alter, bärtiger Mann, der irgendwo in den Wolken wohnt, das Universum kontrolliert und – wie in Michelangelos »Schöpfung« – den Lebensfunken an Adam überreicht? Wir sind keine Primitiven. Also verwerfen wir die Vorstellung, Gott sei buchstäblich ein Tier oder ein Mensch. Behaupten Christen die Identität im wörtlichen Sinn von Gott und Mensch, so gilt das als ketzerisch.

Andererseits gab es Behauptungen wie: Gott steht der Mathematik nahe (Platon, Aristoteles), Gott ist ein philosophisches Ideal (Kant) oder Gott ist der kosmische Äther (Ernst Haeckel). Sie alle versetzen uns nicht gerade in einen Zustand freudiger Erregung. Anscheinend müssen wir doch bei Metaphern unsere Zuflucht suchen. »Dies (der Wein) ist das Blut Christi. Dies (das Brot) ist der Leib Christi.« Wird dieses »ist« wörtlich oder metaphorisch verwandt? Wir sagen: Gott weiß, Gott sagt, Gott hört, Gott denkt, Gott schuf, Gott erinnert sich, Gott urteilt, Gott beobachtet, Gott ist eifersüchtig, Gott ist ein Vater oder ein König, Gott ist gut. All dies sind Anthropomorphismen. Unsere Sprachen (zum Beispiel Englisch, Latein, Griechisch oder Hebräisch) verfügen in der Tat nur über wenige Worte, die ausschließlich auf Gott angewandt werden können. Allmächtig und allwissend fallen einem ein – und natürlich tautologische Wendungen wie göttlich, gottähnlich usw. Was sagen die Theologen zu metaphorischen Interpretationen Gottes? Insgesamt gesehen begrüßen und fördern sie diese. Der Heilige Thomas verteidigt in seiner »Summa theologica« Metaphern. Er zitiert als Beleg Hosea 12:10: »Ich habe viele Bilder gebraucht und *Ähnlichkeiten* benützt durch die Geistlichkeit der Propheten.« Thomas von Aquin fährt fort mit der Feststellung, daß »etwas mit Hilfe von Ähnlichkeiten klären« Metaphern verwenden bedeutet:

»Es ist der Heiligen Schrift gemäß, göttliche und geistige Wahrheiten durch den Vergleich mit materiellen Dingen zu klären. Denn Gott sorgt für alles entsprechend seinen natürlichen Fähigkeiten. Nun ist es für den Menschen natürlich, intellektuelle Wahrheiten durch sinnliche Gegenstände zu erkennen, denn seine gesamte Erkenntnis hat ihren Ursprung in den Sinnen. Deshalb werden in der Heiligen Schrift zu Recht geistige Wahrheiten durch ihre Ähnlichkeit mit materiellen Dingen gelehrt.«

Dennoch hat für Thomas von Aquin der Wortsinn Vorrang.

Drei Jahrhunderte später beunruhigten John Donne (*1631) der Unterschied und der Zwiespalt zwischen dem wörtlichen und dem metaphorischen Sinn. Die folgende Passage stammt aus einer seiner »Devotions«:

»Gott, mein Gott. Obwohl Du ein deutlich erkennbarer Gott bist, kann ich doch nicht behaupten, Du seist nur ein wörtlicher Gott – also ein Gott, der im wörtlichen Sinne – gemäß dessen, was er gesagt hat – zu verstehen ist. Du bist auch (Herr, ich sage das, um Dich zu preisen. Laß keine profanen Mißdeuter meine Worte zu Deiner Herabsetzung mißbrauchen) ein symbolischer oder metaphorischer Gott: in Deinen Worten gibt es viele Gleichnisse und ungewöhnliche und wundervolle Metaphern. Deine Worte enthalten so viele Allegorien und Hyperbeln, so viele harmonische Lobpreisungen und dergleichen, daß alle profanen Autoren als Saat der Schlange, die herumkriecht, erscheinen. Du aber bist die Taube, die in den Lüften fliegt.

Noch bist Du ausschließlich ein gleichnishafter, symbolischer Gott in Deinen Worten. Du bist es auch in Deinen Taten. Der Stil Deiner Worte und der Ausdruck Deiner Taten ist metaphorisch. Die Institution des alttestamentarischen Gottesdienstes ist eine fortgesetzte Allegorie; Sinnbilder und Gleichnisse durchziehen ihn. Ein Gleichnis geht in das nächste über und gibt diesem Überzeugungskraft. Das Beschneidungsfest Christi trug den Charakter der Taufe, und die Taufe hat Züge jener Reinheit, die wir in vollem Umfang im Paradiese haben werden. Du hast Dich nicht immer dieser Sprache bedient. Nur im Zeitalter der Propheten sprachst Du so. Seither aber sprichst Du durch Deinen Sohn. Wie oft hat sich dieser Sohn selbst einen Weg genannt, ein Licht und ein Tor? Er sprach von sich als Wein und Brot, als Sohn Gottes und der Menschen. Wieviele Male hat er sich als metaphorischer Christus gezeigt und dann auch wieder als Christus im wörtlichen Sinn?«

Obwohl Donne behauptet, Gott sei sowohl wörtlich als auch metaphorisch zu verstehen, kann Donne als Dichter erheblich mehr Beispiele für einen metaphorischen Gott anführen, denn Donne als Theologe für einen wörtlichen Gott findet. Er führt alles auf Metaphern zurück – sowohl Gottes Worte als auch seine Taten, den Vater wie den Sohn.

Viele glauben, das Metaphysische sei nicht real, Metaphern vermieden eine direkte Konfrontation mit der Realität und erhielten so die Täuschungen des Glaubens aufrecht. Von dieser Behauptung auszunehmen sind jene tiefgläubigen Christen, die fähig sind, das zentrale Mysterium ihres Glaubens anzunehmen und die deshalb behaupten können, daß die Inkarnation (»Das Wort wurde zu Fleisch und trat unter uns«) die wichtigste Metapher jenes erhabenen Autors ist, der sie realiter selbst vollzogen habe.

Die religiöse Literatur und der religiöse Glaube gehören zu den beeindruckendsten Beispielen metaphorischen Stils. Religiöse Aussagen sind poetisch. Sie lassen sich nicht wörtlich interpretieren. Betrachtet man sie auf diese Weise, so werden sie absurd. »Ich glaube genau deshalb, weil es absurd ist«, sagt Tertullian. Die metaphorischen Attribute wie Allwissen, Allmacht, Selbsterkenntnis, Selbstgenügsamkeit, Selbstliebe und Beständigkeit gelten alle als sinnlos vom Standpunkt der Logik aus. Religiöse Begriffe wie die Wirksamkeit des Gebetes, die Unsterblichkeit der menschlichen Seele und die Glückseligkeit in einer zukünftigen Welt entziehen sich der naturwissenschaftlichen Nachprüfung. Nach der Ansicht von Sir Francis Crick, dem Entdecker der molekularen Struktur der DNS, sollte man so etwas nicht lehren: »Weil hiervon vieles nach Ansicht gelehrtester Männer Unsinn ist, erscheint es mir besonders betrüblich, daß Religion ein verbindlicher Bestandteil der britischen Erziehung ist.« (Of Molecules and Men.) Der irische Historiker W. E. H. Lecky (1838–1903) stimmte vor einem Jahrhundert versöhnliche Töne an: »Die Religion eines Zeitalters wird oftmals zur Poesie des nächsten ... Religiöse Ideen sterben wie die Sonne: die geringe Wärme ihrer letzten Strahlen erschöpft sich darin, Schönheit zu schaffen.« (History of Rationalism.) Strahlen Metaphern überhaupt Wärme aus?

Anders als die Aussagen der Poesie oder der Religion galten die Sätze der Naturwissenschaften als experimentell verifizierbar und deshalb als wahr im wörtlichen Sinn. Dem ist nicht so, behaupten moderne Wissenschaftstheoretiker. Den Aussagen der Naturwissenschaften darf man so lange Glauben schenken, wie sie nicht falsifiziert worden sind (manche Wissenschaftstheoretiker behaupten sogar, daß man ihnen auch dann noch glauben darf). Potentielle Falsifikation ist ein Gütezeichen wissenschaftlicher Aussagen. Während der letzten 150 Jahre haben die Naturwissenschaftler unter dem Einfluß der Nichteuklidischen Geometrie und der Relativitätstheorie allmählich den Gedanken einer *Theorie* von xyz ersetzt durch den eines *Modells* von xyz. Philosophisch und psychologisch liegen Welten zwischen einer Theorie und einem Modell. Das Wort »Theorie« scheint zu beeinhalten, daß diese *wahr* ist, und zwar zeitunabhängig. Ein Modell hingegen ist *nütz-*

lich und *vergänglich*. Francis Bacon, der in der Übergangszeit zwischen mittelalterlicher und neuzeitlicher Wissenschaft lebte, bezog sich auf diese Differenz, als er die kopernikanische Auffassung des Sonnensystems dahingehend kritisierte, daß es die Wahrheit zugunsten der Nützlichkeit opfere. Im Rahmen eines physikalischen Modells werden unsere Wahrnehmungen von einem Teil der Welt durch unsere Wahrnehmungen von einem anderen Teil erklärt. Es wird eine *Analogie* aufgebaut. Welche anderen Erklärungsarten gibt es? Oft wird ein physikalisches Phänomen, das zur Welt I (im Sinne Poppers) gehört, durch etwas anderes aus Welt I erklärt. Betrachten wir als Beispiel die Erklärungen der Natur, wie sie die altägyptische Religion anbietet. Die Himmelsgöttin Nut wölbt sich über das Himmelsgewölbe, wobei sich ihre Hände und Füße an verschiedenen Horizonten befinden. Ihre Brüste hängen in der Mitte herab, in manchen Darstellungen sieht man sie mit mehreren Brüsten. Der Erdgott Geb befruchtet Nut. Das alles ist ein Modell, eine Metapher. Wir können daraus einige Schlußfolgerungen ableiten. Man kann auch in der modernen Physik Beispiele solcher Modelle finden.

Oft wird ein Phänomen in Welt I mit Ausdrücken erklärt, die sich auf Welt II beziehen. Die Planeten gehorchen den Newtonschen Gesetzen für Bewegung und Gravitation.

Gesetz I: Jeder Körper beharrt im Zustand der Ruhe oder der gleichförmigen geradlinigen Bewegung, wenn er nicht durch äußere Kräfte dazu gezwungen wird, diesen zu verlassen.

Gesetz II: Die Änderung der Bewegung ist der bewegenden Kraft direkt proportional, sie vollzieht sich in Richtung der wirkenden Kräfte.

Gesetz III: Mit jeder Kraft tritt eine gleichgroße Gegenkraft auf: actio = reactio.

Gehorcht der Mond dem Gesetz I im gleichen Sinne, wie Newton den Gesetzen des Parlaments gehorchte? Das ist unsinnig. Hier haben wir es mit einem metaphorischen Sprachgebrauch zu tun. Sowohl die verbale Beschreibung in Gesetz I als auch die in Gesetz II implizit enthaltene Differentialgleichung sind Metaphern. Die Geschichte von Nut und die Newtonschen Gesetze sind beide Metaphern. Sie dienen verschiedenen Zwecken. Aus der Geschichte von Nut lassen sich moralische Maßstäbe für den Umgang mit der Natur ableiten. Das ist nicht möglich bei den Differentialgleichungen der Meteorologie. Folgen die Planeten Newtons Vorschriften? Vielleicht sollte man die Frage umdrehen: Newtons Gesetze – wie auch die Einsteins – haben verdammt nochmal befolgt zu werden – egal was die Planeten anstellen! Andernfalls sind ihre Gesetze out. Zack, zack – falsifiziert. Aber selbst das stimmt nicht.

Stellen unsere modernen Modelle der Naturwissenschaften die Wahrheit dar, oder sind sie – wie Lecky im obigen Zitat behauptete – bloße Poesie einer absterbenden Sichtweise der Welt?

Wir haben den Computer vermenschlicht. »Der Computer denkt, der Computer weiß, der Computer erinnert sich, der Computer lernt. Der Computer spricht. Wir beladen ihn (wie wir ein Pferd oder einen Wagen laden). Wir geben ihm Befehle (wie ein Polizist einem Privatmann). Der Computer verstößt gegen die Regeln. Geben wir ihm Unsinn ein, so gibt er Unsinn aus. Der Computer ist der Schuldige.« Hier werden der unbelebten Natur menschliche Eigenschaften zugeschrieben. Wir haben es mit einem pathetischen Fehltritt zu tun – nämlich mit der Vermenschlichung einer Maschine. »Sein Kopf begann zu rauchen. Er ist aufgedreht. Sie dachte so angestrengt nach, daß man ihre Zahnräder knacken hören konnte. Ich brauche einen Ölwechsel. Seine Frau hat ihn programmiert.«

»Der Computer denkt.« Als Metapher genommen, stellt dieser Satz eine Verbindung her zwischen bestimmten menschlichen Handlungen (wozu sicherlich Denken gehört) und den Aktivitäten des Computers. Es werden Parallelen behauptet. Wir haben gesehen, daß diese Art von Sprache nicht nur illustrativ ist, sondern daß sie auch produktive Einsichten gewähren kann. Wie weit können wir die Sprache treiben? Können wir tatsächlich die Anführungsstriche bei »denkt« zum Verschwinden bringen?

Warum *vermenschlichen* wir den Computer? Hierfür fallen einem mehrere Gründe ein. Die Vermenschlichung erlaubt es, die Tiefe der Mensch-Maschine-Beziehung auszudrücken und zu steigern. Diese Sprache ist eine Form, mit unseren Frustrationen umzugehen. Kommen wir bei der Überprüfung zu keinem Ergebnis, so ist es sinnlos, die Zentraleinheit für das zu beschimpfen, was letztlich unser eigener Programmierfehler ist. Statt dessen sagen wir: »Der Computer hat alles vermurkst«; wir grinsen und ertragen es.

Andere Arten der Intensivierung entstehen ebenfalls durch die Vermenschlichung. Bauen wir Strukturen auf, so wollen wir ihnen vertrauen können – wir verlassen uns auf unsere Häuser und Brücken, auf die Familie, auf den Staat sowie auf unsere religiösen und philosophischen Überzeugungen. Wir wünschen uns, daß sie eine solide Grundlage für unser Leben bilden. Viele rasche Veränderungen fanden in den letzten dreihundert Jahren statt, eine Struktur nach der anderen zerbrach. Trotz aller Beteuerungen des Gegenteils und trotz hartnäckigem Zynismus haben wir uns einen Rest von Glauben an das Rationale und den Fortschritt bewahrt. Wenn auch der Computer neu ist, so ist doch die Mathematik seine Grundlage. Sie ist eine alte Disziplin, die immer das Symbol des rationalen Elementes in unserem Universum gewesen ist. Gegenwärtig symbolisiert jedenfalls der Computer den Fortschritt durch rationales Denken. Kommt ein Zweifel auf, so greife man zur Berechnung!

»Der Computer denkt.« Diese Ansicht bringt viele Vorteile für uns mit sich. Folgt aus dem metaphorischen Charakter dieser Aussage, daß bestimmte physikalische Folgerungen ausgeschlossen werden? Auf keinen Fall, denn wie wir gesehen haben, sind alle wissenschaftlichen Erklärungen metaphorisch. Ausgehend von der Arbeitsweise des Computers könnten wir unter Berücksichtigung der Resultate, zu denen der Computer beim Studium mathematischer Modelle gelangt, wichtige Aufschlüsse über Neurologie und Psychologie bekommen. Der Computer könnte uns zu Erkenntnissen über kognitive Prozesse und Gedächtnis führen. Wir werden vielleicht herausfinden, ob die Hardware/Software-Unterscheidung auch auf das menschliche Gehirn anwendbar ist. Möglicherweise gelangen wir auf diese Weise per Analogie auch zu Erkenntnissen über Geisteskrankheiten.

Dies alles ist eine Hoffnung. So kommen wir zur moralischen Auffassungsweise.

Die moralische Interpretation

Der Computer denkt. Seine Gedanken erbauen uns. Durch seine guten Taten werden wir uns bessern.

Die Nützlichkeit der Computer, sei sie nun fiktiv oder tatsächlich, ist heute Allgemeingut. Der Leser wird also keine Schwierigkeiten haben, sich ein persönliches Urteil über seine Vor- und Nachteile zu bilden. Die Welt befindet sich in einer intensiven Phase der Mathematisierung. Diese reicht von Pac Man bis zum Herzschrittmacher, vom Mondflug bis zur digitalen Schallplattenaufnahme, von Wahlprognosen bis zur stilistischen Analyse der Federalist Papers, und von der mathematischen Physik bis hin zu neuen Entdeckungen in der Mathematik. Der Computer ist die Maschine, die das alles vorantreibt. Seine Erfolge verleihen ihm einen blinden und euphorischen Schwung. Der Computer scheint zu meinen, alles sei Futter für Bits und Chips. Enorm viel Geld wurde mit ihm gemacht. Der Aufwand an Publicity und Öffentlichkeitsarbeit war beträchtlich. Eine riesige Anzahl von Wörtern – sinnvolle und unsinnige – hat die Ware Computer hervorgelockt. Der Computer geht jeden an. Haben Sie schon einmal einen Computerladen besucht? Ein neues Zeitalter kündigt sich an, wenn man die Nachkommen der Schlangenölverkäufer beim Verkauf von Peripheriegeräten antrifft. Was gut ist, muß verkauft werden, und was verkauft wird, muß gut sein: Das ist die Moral des Marktes. Und der ist gegenwärtig weit und vielversprechend. Und in Zukunft? Eine bekannte Weisheit besagt: »Wir wissen noch von nichts.« Die Gegenwart ist ein düsteres Vorzimmer der glorreichen Welt der Zukunft, wo wir Süßigkeiten in Hülle und Fülle sowie Wunder aller Art antreffen werden. Es wird uns versprochen, daß »die meisten Produkte mit Intelligenz versehen« sein werden. »Ein nationales Informationsnetz« soll es geben, das »jedem intelligenten Haus zugänglich sein wird«. Wir werden so ausgebildet sein, daß jeder Mensch »ohne Computerunterstützung geistig minderbemittelt erscheinen wird«. Die unablässige Wachsamkeit der Computer, die uns »durch Ergreifen geeigneter Sicherheitsmaßnahmen davor schützen können, gefährliche Fehler zu machen«, wird uns beschützen.

Diese Zitate stammen aus dem Artikel »The Case for Computer Literacy« (Plädoyer für die Computerbildung) (Daedalus; Frühjahr 1983) von John Kemeny. Kemeny war früher Präsident des Dartmouth College und Mitglied nationaler Kommissionen. Seit dreißig Jahren ist er ein Vorkämpfer der Computerisierung. Der Preis, den wir nach Kemenys Auffassung für den Eintritt in den Zustand geistiger Erweiterung zu zahlen haben werden, ist eine umfassende »Computerbildung«.

Es wäre eine interessante Aufgabe, Kemenys Artikel (wie auch jeden anderen Artikel über die Zukunft des Computers) genauer zu analysieren und Einfältigkeit wie den Mangel an Beweisen zu kritisieren. Weitere Angriffspunkte sind die Überbewertung der Errungenschaften der Gegenwart, die Vernachlässigung der Instabilität, zu der die Computerisierung führt und der naive Fortschrittsglaube. Es wäre einfach, die These zu kritisieren, die Leute müßten lernen, mit Freude zu programmieren. Auch die Forderung, das Programmieren solle die geliebten Trinkgelage und das geliebte Schwätzen ersetzen, ist wenig überzeugend. Man könnte ohne Schwierigkeit den Zeigefinger erheben und sagen »Sie haben überhaupt nicht *die* Frage beantwortet: ›Was sollen die Menschen tun?‹. Ihre Philosophie ist öder Positivismus, und Ihr Horizont bleibt auf die Technologie beschränkt.« All das würde mich von meiner Aufgabe in diesem Abschnitt ablenken, nämlich eine moralische Interpretation für den Satz »Der Computer denkt« vorzuführen. Sicherlich sind Intelligenz, Ausbildung, Information und Wachsamkeit notwendige, aber nicht hinreichende Komponenten des moralischen Lebens. Hier ist die Frage wichtig, wie der Computer – mit seinem Denkvermögen – als Werkzeug zum Guten gebraucht werden kann. Eine Erklärung könnte etwa so aussehen:

Unser menschliches Denkvermögen ist, obwohl es ausreichte, uns von den Bäumen herunterzuholen, auf denen wir mit unseren affenartigen Verwandten herumturnten, fragil, inadäquat und begrenzt. Es ist für Täuschungen anfällig und steht solchen oftmals hilflos gegenüber. Sagen wir in einem moralischen Sinne »Der Computer denkt«, was könnten wir damit meinen, außer daß der Computer durch seine Schnelligkeit und seine logische Unerbittlichkeit Vorgänge wie Deduktion, Erkenntnis und Schöpfung weiterentwickelt? Durch die Verbindung mit dem Computer könnten wir ein moralischeres Leben leben als zuvor.

Man kann ähnlich wie Hamlet von einer Mensch-Maschine-Symbiose träumen: »Welch ein Meisterwerk ist diese Mensch-Maschine! Wie nobel ist ihr Denken! Wie unbegrenzt sind ihre Fähigkeiten! Ihre Form, ihre Bewegungen – wie ausdrucksstark und beeindruckend! Sie handelt wie ein Engel! Ihre Auffassungsgabe ist göttlich!« *Das ist der Traum.* Das ist die Vision von Leibniz, der visionierte, Ethik, Moral und Gesetzgebung auf Berechnung zu reduzieren. Stehen die Prozeßgegner vor dem Richter, so könnte der Richter sagen: »Laßt uns rechnen« und könnte auf diese Weise zu einer gerechten Entscheidung gelangen.

Dennoch folgt dem Traum die Realität. Also müssen wir diesen Bericht über die Quintessenz von Chips und Nebel prüfen. Der Computer wird so programmiert, daß er bestimmte mathematische Modelle sozialer und ökonomischer Strukturen realisiert. Die Antwort, die man bekommt, hängt von dem Modell ab, das man laufen läßt. Welchen Rat der Computer gibt, ist davon abhängig, welche Kriterien für Güte man benützt. Der Computer soll unser Leben vereinfachen; wendet man das Parkinsonsche Gesetz auf Computer an, so nimmt der Grad an Mathematisierung zu, bis die Kapazität der verfügbaren Maschinen erschöpft ist. Der Computer ist ein Anhängsel des Militärs, mitsamt deren computergesteuerten »sauberen« Bomben. Mehrere neue Arten von Straftaten, die von geschickten Programmierern und Computerknackern begangen werden, sind in letzter Zeit aufgetaucht.

Die Meister der Science Fiction haben Dekaloge über das freundliche Verhalten von Computern gegenüber Menschen verfaßt. Verglichen damit klingt das einfache Gesetzeswerk des Hammurabi (18. Jahrhundert vor Christus) ähnlich wie das komplexe Chaos unserer modernen Rechtsprechung. Wird der Computer, wenn er erst mal sich selbst programmieren und so von den Erfahrungen früherer Generationen lernen kann, all die häßlichen Tricks seiner Vorgänger übernehmen? Oder wird er wunderbarerweise jene sechs Stufen zur moralischen Reinigung finden, die nach Lawrence Kohlberg[2] allen Menschen angeboren sind?

Der Computer denkt. Denken bereichert und verbessert uns.

Die anagogische Interpretation

Ein geringer Teil zeitgenössischer Forschung in der Informatik beschäftigt sich mit »den physikalischen Grenzen der Berechnung«. Die Praktiker dieses Teilgebietes (brillante Leute mit einem Hang zu esoterischen Spekulationen) kümmern sich um Fragen wie: Wie groß kann ein Computer sein, wenn man eine Schaltzeit von 10^{-10} Sekunden vorgibt? Antwort: drei Zentimeter. Wie groß ist die Geschwindigkeit, mit der Informationen bei gegebener Übermittlungsenergie weitergeleitet werden können? Letztlich: Wieviele Berechnungen können insgesamt durchgeführt werden? Solche unvermeidlichen Fragen führen direkt in Spekulationen im Bereich der relativistischen Quantenmechanik, der Informationstheorie und der Thermodynamik. In deren Faustregeln zur Berechnung gehen das Lebensalter des physikalischen Universums ($2 \cdot 10^{10}$ Jahre) ein, dessen Gesamtmasse (10^{55} Gramm) und Dinge wie die Anzahl der Ziffern der längsten Zahl, die ein menschliches Gehirn aufnehmen kann. Die Berechnungen sind schwindelerregend: Es gibt einige mathematische Probleme, die so komplex sind, daß man selbst bei Anwendung der besten Berechnungsverfahren und Verdatung des gesamten Universums keine Antwort finden würde. Solche Probleme nennt man transberechenbar. Sie führen auf die fundamentale Frage: Sollte eine physikalische Theorie berechenbar sein? Und welche Theorien konnten das sein?

Diese Spekulationen sind faszinierend und paradox. Wir können sie hier nicht weiterverfolgen, ich habe sie hier nur zu einem bestimmten Zwecke dargestellt. Die Physik führt uns direkt von den alltäglichen Dimensionen zu Spekulationen über Atome und Galaxien oder über den Mikrokosmos im Makrokosmos. Letzten Endes gelangt man zu der Auffassung – denkt man nur lange genug auf diese Art und Weise nach –, daß *alles* Berechnung sei und daß das ganze Universum Mathematik betreibe.

Das ist keine neue Ansicht. Sie geht mindestens bis auf Pythagoras (550 v. Chr.) zurück. Zur Zeit des Pseudo-Aristoteles* (»De

* Kryptische Texte, die fälschlicherweise dem Aristoteles zugeschrieben wurden. (A.d.Ü.)

Mundio«: c 50) sieht die Kosmologie so aus: Gott ist der unbewegte Beweger; er ist fixiert und unbeweglich. Gott ist Denken oder Geist. Die reinste und am meisten verfeinerte Form des Denkens ist die Mathematik. Alle Dinge haben eine vernünftige Ursache, die in Gott gefunden werden kann. Gott denkt, und die Welt, die eine riesige Maschine ist, wird durch Gottes Gedanken bewegt. Sein Denken beruht auf dem Prinzip der Versöhnung der Gegensätze (männlich und weiblich, Tag und Nacht, trocken und feucht, schwer und leicht, heiß und kalt). Diese Eigenschaften werden mathematisch genau zugeteilt und gegeneinander ausbalanciert.

Auf dem untersten Niveau wird die Bewegung der Planeten, der Sonne und des Mondes beeinflußt. Liest man diese Bewegungen richtig, so liest man Gottes Gedanken, die Zukunft wird offenbart. Wie kann man die Bewegungen angemessen lesen? Hierauf gibt es mindestens zwei Antworten: Mit der Astrologie (die bis 1600 ein ernstzunehmender Vorschlag bleibt) und durch die Zugangsweise, die sich schließlich zu unserer modernen Naturwissenschaft weiterentwickelt hat.

Nach göttlicher Art denken heißt berechnen. Irdische Rechnungen auszuführen bedeutet, in Gottes Gedanken einzudringen. Die Aussage, daß der Computer denkt, läßt sich allegorisch dahingehend interpretieren, daß Gottes Vorhersehung die Welt auf mathematische Weise festlegt. Ich zweifle sehr daran, daß irgendein Informatiker, der behauptet, daß Computer denken, jemals für sich privat Datenverarbeitungsprozesse und Zahlenmanipulationen in Moraltheologie umgesetzt hat. Ich übergehe diese Interpretation und komme zu einer letzten, deren Aussagen expliziter und eher anagogisch sind.

Professor I. J. Good, der heute am Virginia Polytechnique Institute arbeitet, schrieb 1963 einen bemerkenswerten Artikel mit dem Titel »Speculations Concerning the First Ultra Intelligent Machine« (Spekulationen über die erste ultraintelligente Maschine). Im Impressum dieser Arbeit erschienen das Institute for Defense Analysis in Princeton, das Admiralty Research Laboratory in Teddington (England), das Trinity College in Cambridge und das Atlas Computating Laboratory in Chilton. Der Aufsatz lädt uns in das Reich der Ultraintelligenz und das Reich der

Gnade ein. Die wissenschaftlichen Aussagen von Professor Good sind über jeden Zweifel erhaben. Er ist ein brillanter Mathematiker und Statistiker, der Hunderte von wichtigen Abhandlungen geschrieben hat. Daneben ist er Wissenschaftstheoretiker. In seiner Jugend gehörte Good der berühmten Entschlüsselungsgruppe in Bletchley an. Als erstes stellt Good fest, daß es keinen Sinn hat, Maschinen mit durchschnittlicher menschlicher Intelligenz zu bauen, denn »es ist einfacher, menschliche Gehirne nach der herkömmlichen Methode zu erzeugen«. Deshalb sollte man eine *ultra*intelligente Maschine erfinden. Diese läßt sich definieren »als eine Maschine, die alle intellektuellen Leistungen, zu denen Menschen fähig sind, bei weitem übertrifft«. Natürlich enthält diese Arbeit keinen Konstruktionsplan für diese Maschine. Es gibt nur eine lange Liste von Spekulationen darüber, was möglicherweise zu einer solchen Maschine gehören könnte und welche Schwierigkeiten bei ihrer Konstruktion zu überwinden wären. Der Sprung, mit dem es uns möglich sein soll, die menschliche Intelligenz zu überschreiten, bleibt undeutlich. Das ist selbstverständlich: ihn genau zu beschreiben, hieße bereits eine ultraintelligente Handlung auszuführen. (Gut, jedenfalls beinahe.) Man hofft, den Sprung durch Zusammenfügen von großen Hardwarepaketen bester Qualität zu schaffen: Man mische gut und hoffe, daß die Masse kritisch wird und so die Ultraintelligenz entsteht.

Die erste ultraintelligente Maschine wird zugleich nach Goods Meinung die letzte Erfindung der Menschheit sein. Denn die ultraintelligente Maschine wird uns mit der super-ultraintelligenten Maschine beschenken. So wird sich eine *Intelligenzexplosion* ergeben, deren Konsequenzen buchstäblich unbeschreiblich sind. Nun ist Good nicht der erste, der sich so etwas ausgedacht hat. Vielleicht ist er der erste, der seine Spekulationen mit so viel Wahrscheinlichkeitstheorie ausgeschmückt hat. Sein Artikel ist angenehm zu lesen, weshalb ich ihn hier als Prototyp verwende. Handelt es sich um Wissenschaft oder um Science Fiction? Warum sollten wir uns über diese Unterscheidung den Kopf zerbrechen? Denn Good sagt: »Gelegentlich ist es der Mühe wert, Science Fiction ernst zu nehmen.« Wie dem auch sei, der Leser gelangt schließlich zu der Erkenntnis, daß Good seine Argumente in der gleichen Geisteshaltung darlegt, die auch Pascal einst einnahm, als er dafür argumentierte, der dogmatischen Theologie Glauben zu schenken: schließe eine Wette ab, daß Gott existiert. Tut er das nicht, so verlierst du etwas. Existiert er aber, so wird dein Glaube dir Eingang in die ewige Glückseligkeit der zukünftigen Welt verschaffen. Ist die Ultraintelligenz kein erreichbares Ziel, so ist das kein großer Verlust. Ist sie aber erreichbar – so scheint Good zu sagen –, dann sollte ich einer der ersten sein, der auf sie hingewiesen hat – selbst wenn meine Hinweise unvollständig sind. Vielleicht dachte Good an den berühmten Brief Einsteins an Roosevelt, in dem dieser den Präsidenten darauf hinwies, daß eine atomare Explosion möglich sei. Möglicherweise erinnerte sich Good auch an Descartes' universelle Methode. Diese zielte darauf ab, den gesamten wissenschaftlichen Diskurs und die gesamte Forschung zu vereinheitlichen. Damit war sie weit entfernt von der üblichen Methode, bei der »dem kindlichen Gebrabbel die Ansprachen des Cicero folgen«. Die Kennzeichen der Methode sind, so wie sie Descartes im »Discours de la méthode« (»Abhandlung über die Methode«) schildert, einigermaßen vage – mit Ausnahme der Geometrie. Dort allerdings waren sie so fruchtbar – sie ließen sich auf die gesamte Mathematik und Naturwissenschaft ausdehnen –, daß es kein Fehler wäre, unser Zeitalter und alle seine wissenschaftlichen Anliegen als kartesianisch zu bezeichnen.

Stellen wir uns vor, die ultraintelligente Maschine sei Wirklichkeit geworden und liefe. Wozu wäre sie gut? Sagt uns das Good? Ja und nein. Es hat wenig Zweck, darauf hinzuweisen, daß sie dieses oder jenes Problem lösen würde, z. B. in der Medizin, wo es eine gewisse Wahrscheinlichkeit dafür gibt, daß wir den Durchbruch mit unseren eigenen Gehirnen, gelegentlich unterstützt von konventionellen Computern, erzielen können. Noch ist es sinnvoll zu sagen, dies sei die letzte Erfindung der Menschheit, denn existieren bedeutet kämpfen, ändern, wachsen, sich anpassen und erfinden. Die umfassende Metapher für uns Menschen könnte sehr wohl diejenige des Samson Agonistes sein: »Geblendet in Gaza« (A. Huxley). Oder sollten wir sagen: hirnlos im Paradies? Die ultraintelligente Maschine löscht, so betrachtet, unsere Existenz aus wie ein Windstoß eine Kerze.

Die ultraintelligente Maschine muß Probleme in Angriff nehmen, die so schwierig sind, daß wir die Hoffnung auf ihre Lösung aufgegeben haben. Die ultraintelligente Maschine muß sich der Hölle auf Erden stellen und mit ihr ringen. So steht es wörtlich auf der ersten Seite von Goods Abhandlung: »Das Überleben der Menschheit hängt von der frühzeitigen Konstruktion einer ultraintelligenten Maschine ab.«

Die Menschheit hat sich in eine so mißliche Lage gebracht, daß die einzige Hoffnung auf Überleben im Bau eines transzendenten Instrumentes besteht.

Der Computer denkt. »Ich weiß, daß mein Erlöser lebt« sagte Hiob, und Hiob der jüngere fügte hinzu: Sein Name ist König Ultracomputer, der Messias. Er superberechnet und wird die Menschen in Bits verwandeln.[3]

Er ultradenkt und wir werden errettet werden. Wir werden erlöst werden.

O sancta simplicitas!

Anmerkungen:

1 K. R. Popper und J. C. Eccles. »Das Ich und sein Gehirn«.

2 The Philosophy of Moral Development (Harper & Row, 1981) – Die Philosophie des moralischen Urteils (Suhrkamp).

3 »Daß eine solch tiefgreifende Verwandlung des Menschen gegen Ende dieses Jahrhunderts durch eine Technologie hervorgerufen werden könnte, die nur eine geringfügige Weiterentwicklung unserer gegenwärtigen darstellt, ist sehr erstaunlich. Deshalb schlage ich vor, nur die zeitlich naheliegenden Aspekte der Attacke der Informationsverarbeitung als für den Menschen interessant zu betrachten. Der nächste Schritt wird in die äonenlange Kette der Arten einzureihen sein: Als Rasse werden wir bald so durch den Angriff der Informationsverarbeitung verändert werden, daß die Taxonomen kommender Jahrhunderte den *Homo sapiens sapiens* als ausgestorben betrachten werden. Zum ersten Mal in der Geschichte des Lebens auf diesem Planeten könnte jedoch das Aussterben einer Rasse freiwillig vonstatten gehen. Es könnte innerhalb weniger Generationen individuumsweise geschehen. Auf der Erde des nächsten Jahrhunderts wird man weder künstliche noch natürliche Intelligenz mehr finden, obwohl dann eine Intelligenz ungeahnten Ausmaßes den Heimatplaneten der Menschheit beglückt haben wird.« – Lowell L. Wood in D. M. Kerr et al., S. 155.

Weiterführende Literatur:

S. Lem (1976, 1979); J. Eccles und D. Robinson; K. Popper und J. Eccles; A. Allen; C. Borst; H. Dreyfus; R. Gregory; S. Jaki; E. Kent; P. McCorduck (1979); M. Minsky (1975); K. Popper und J. Eccles; B. Raphael; M. Ringle; R. Schank und K. Colby; J. Searle (1981, 1984); G. Simons, A. Sloman und M. Croucher; M. Arbib, D. Berggren; J. Carbonell; F. Crick; D. Dennett; G. Lakoff und M. Johnson; E. MacCormack; J. Kemeny; L. Kohlberg; (Pseudo-) Aristoteles; S. Brams; I. Good (1964, 1965, 1977); D. Kerr; R. Landauer (1967, 1984)
(s. a. Bibliographie)

Die Mathematik und das Ende der Welt

Im Jahre 1986 unserer Zeitrechnung – also 5746 Jahre, nachdem Jehova angeblich das Universum erschuf – ist es meiner Meinung nach unmöglich, über irgend etwas ernsthaft nachzudenken und zu schreiben, ohne dabei die Möglichkeit eines rasch herannahenden Endes allen Lebens auf der Erde im Auge zu behalten.

Wir brauchen hier nicht die allzu wohlbekannten Einzelheiten über den vielfachen Overkill, den nuklearen Winter, die gegenseitige Auslöschung und das Gleichgewicht des Schreckens zu wiederholen. Noch müssen wir die mit Laser ausgestatteten, atombewaffneten Satelliten der Zukunft schildern, die das Zeitalter des Kriegs der Sterne einläuten werden.

Wir setzen diese technischen Dinge als bekannt voraus.

Wir wollen uns auch nicht der politischen Seite zuwenden. Wir nehmen an, daß unsere Leser mit Begriffen wie Übermacht, Abrüstungsverhandlungen und Abbruch derselben, Einfrieren der Nuklearbewaffnung (abgelehnt) und Nachrüstung (akzeptiert) bereits vertraut sind.

Auch dies alles setzen wir voraus.

Worüber wir hier sprechen wollen, ist unser beschränktes Gebiet (das so nebensächlich ist, daß unser Unterfangen fast absurd wirkt), nämlich die Mathematik und deren Beziehung zum Ende der Welt.

Zieht man das Ende der Welt in Betracht, so mag die Tatsache niedlich, wenn nicht gar lächerlich erscheinen, daß die Mathematik etwas damit zu tun hat. Vom Standpunkt der Mathematik und des Mathematikers aus ist es keineswegs offensichtlich, daß die Mathematiker einen substanziellen Beitrag zum Ende des Lebens auf der Erde geleistet haben sollen.

Natürlich sind es die Physiker, denen üblicherweise der größte Teil der Schuld zugesprochen wird. Aber jedermann weiß, daß die Physiker das, was sie getan haben, nicht ohne die Hilfe der Mathematik hätten tun können. Das gilt sowohl für die »klassische« Mathematik früherer Generationen als auch für die »moderne« Mathematik Ulams und von Neumanns.

Alle nuklearen Waffen, angefangen bei »Fat Man« und »Little Boy«, die Hiroshima und Nagasaki verwüsteten, bis hin zu den MX und Cruise Missiles unserer Tage, sind mathematische Gegenstände. Sie bestehen durch und durch aus Mathematik. So schrecklich sich das anhört, können sie dennoch als die *Vollendung* eines großen Teils vergangener und gegenwärtiger Mathematik betrachtet werden.

Es stimmt, daß nur ein relativ geringer Anteil von Mathematikern direkt an der Entwicklung von Massenvernichtungsmitteln beteiligt war. In einer riesigen Waffenwerkstatt wie Los Alamos, in der Tausende von Ingenieuren und Physikern (so stelle ich mir vor) beheimatet waren, gab es nur ein paar Dutzend Mathematiker (glaube ich jedenfalls). (Natürlich gelten Informationen dieser Art als »streng geheim«, weshalb ich nur raten kann.) Dennoch hätte Los Alamos ohne die Mithilfe des amerikanischen Mathematikerstandes nicht existieren können. Einerseits brauchten jene Ingenieure und Physiker zum Bau der Bombe, zu ihrer Weiterentwicklung, Verbesserung und Vervollkommnung, eine mathematische Ausbildung. (Natürlich gilt Entsprechendes für die Leute in Nowosibirsk – mit Ausnahme des großen Andrei Sacharow, der sich schließlich unter Lebensgefahr verweigerte.)

Diese grausame Realität kam mir neulich ganz unerwartet zu Bewußtsein im Zusammenhang mit meiner Lehrverpflichtung, mathematische Anfängervorlesungen zu halten.

Im Februar 1985 tauchte eine neue Institution in der US-amerikanischen mathematischen Szene auf. Es handelte sich dabei um einen Wettbewerb für die Anfangssemester in mathematischer Modellierung, der von der COMAP (Consortium for Mathematics and its Applications) finanziell gefördert wird.

Es gibt andere mathematische Wettbewerbe für die Anfangssemester. Der bekannteste ist der nun fast fünfzig Jahre alte Putnam-

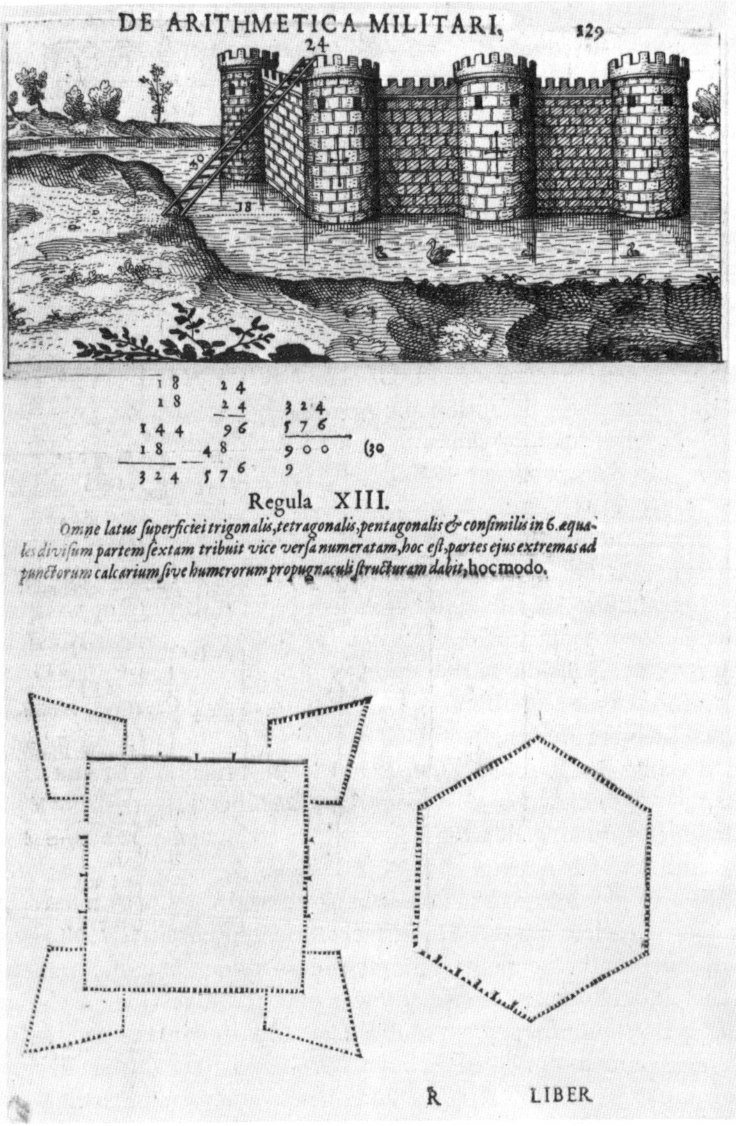

DE ARITHMETICA MILITARI. 129

18	24	324
18	24	576
144	96	900 (30
18	48	9
324	576	

Regula XIII.

Omne latus superficiei trigonalis, tetragonalis, pentagonalis & consimilis in 6. æquales divisum partem sextam tribuit vice versa numeratam, hoc est, partes ejus extremas ad punctorum calcarium sive humerorum propugnaculi structuram dabit, hoc modo.

R LIBER

Enten und der Satz von Pythagoras verzieren gemeinsam eine militärische Landkarte.

Wettbewerb. Er läuft nach einem vertrauten Schema ab. Jeder Teilnehmer wird mit fünf schwierigen Aufgaben aus dem Bereich der reinen Mathematik konfrontiert. Die Teilnehmer arbeiten unter Aufsicht zweimal drei Stunden. Den Preis gibt es für Wissen, Einfallsreichtum, Selbstvertrauen und Geschwindigkeit. Der neue Wettbewerb ist anders. Die Studenten arbeiten in Dreiergruppen. Anstatt zu versuchen, fünf schwierige Probleme in ein paar Stunden zu lösen, wählen sie ein Problem aus, an dem sie vier Tage lang arbeiten dürfen. Die auszuzeichnenden Probleme haben ein »offenes Ende«. Ein Phänomen oder eine Situation, die im realen Leben auftreten kann, wird geschildert – zum Beispiel aus den Bereichen Stadtplanung, Physiologie oder Ingenieurswesen. Wie kann man diese Situation mathematisch beschreiben? Wie läßt sich anschließend die mathematische Beschreibung zum Studium oder zur Kontrolle des Phänomens oder der Situation verwenden?

Unser Fachbereichsvorsitzender bat mich, unsere Teilnahme an diesem Wettbewerb zu organisieren. Ich zögerte, denn ich habe genug andere Arbeit. Schließlich willigte ich doch ein, weil ich den Eindruck gewann, daß der neue Wettbewerb in vieler Hinsicht sinnvoller sei als die herkömmlichen. Die puristische Haltung der traditionell eingestellten Hauptfachmathematiker kann durch die Verschiebung des Schwergewichtes auf die mathematische Modellierung von Problemen der Realität ein dringend erforderliches Korrektiv bekommen. Gruppenarbeit, genügend Bearbeitungszeit und freier Zugang zu allen Hilfsmitteln und Quellen schienen mir gesund und vernünftig.

Es gab keine Preise bei diesem Wettbewerb. Ich war mir nicht sicher, wieviele unserer Hauptfachstudenten bereit sein würden, einundeinhalb Wochenenden mit der Entwicklung mathematischer Modelle zuzubringen. Es war eine freudige Überraschung, daß am Freitagmorgen ein halbes Dutzend Studenten – genug für zwei Gruppen – mich in meinem Büro erwartete. Dort vollzogen wir die großartige Zeremonie und öffneten die Briefumschläge, in denen sich jeweils zwei Probleme A und B befanden, zwischen denen jede Gruppe zu wählen hatte.

Problem A war knapp. Es forderte die Teilnehmer auf, sich eine wildlebende Tierrasse (Vogel, Fisch oder Säugetier) auszusuchen und für diese eine Theorie bester Haltung zu entwickeln.

Anders gesagt ging es darum, aufgrund mathematischer Überlegungen eine Politik zu entwickeln, wie viele jährlich gefangen oder getötet werden dürfen, um einen bestimmten sozialen Nutzen zu maximieren.

Problem B lautete ganz anders.

Es füllte drei Seiten. Ich zitiere hier nur Seite 1:

»Problem B. Handhabung einer strategischen Reserve.

Kobalt, das in den USA nicht produziert wird, ist für einige Industriezweige unbedingt erforderlich. (Die Verteidigung verbrauchte 17% der Kobaltproduktion des Jahres 1979.) Kobalt kommt überwiegend aus Zentralafrika – einer politisch instabilen Region. Das Gesetz über die Bevorratung strategischer und kritischer Materialien aus dem Jahre 1946 schreibt eine Kobaltreserve vor, die es den USA erlaubt, einen dreijährigen Krieg durchzustehen. Die Regierung baute eine Kobaltreserve in den fünfziger Jahren auf. Anfangs der siebziger Jahre wurde der größte Teil davon verkauft. Gegen Ende dieses Jahrzehntes beschloß sie, erneut eine Reserve aufzubauen. Das Ziel hierbei waren 384 Millionen Kilogramm. Etwa die Hälfte dieses Vorrates konnte bis 1982 beschafft werden. Erstellen Sie ein mathematisches Modell für den Umgang mit dem strategisch wichtigen Metall Kobalt. Dabei sind unter anderem folgende Fragen zu beachten: Wie groß sollte die Reserve sein? Wie schnell sollte sie angelegt werden? Welchen Preis kann man vernünftigerweise noch für das Metall zahlen? Andere wichtige Fragen sind: Wo sollte die Reserve gelagert werden? Mit welcher Geschwindigkeit sollte sie abgebaut werden? Was ist ein vernünftiger Preis für den Verkauf des Metalles? Wie sollte es verteilt werden?

Das beiligende Informationsblatt enthält Einzelheiten über Quellen, Kosten, Nachfrage und Rückgewinnung von Kobalt.«

Die beiden anderen Blätter enthielten in Form dreier Graphen und einiger zusätzlicher Figuren Daten über den Kobaltmarkt.

Jede meiner Gruppen mußte sich ein Problem, das sie bearbeiten wollte, aussuchen. Als ich drei Tage später herausfand, daß sie beide das Kobaltproblem gewählt hatten, war ich enttäuscht.

Ich habe keinen der Studenten gefragt, warum sie gerade dieses Problem auswählten. Vermutlich schien es einfacher, bei dem Problem einen Anfang zu finden, bei dem am meisten Information mitgeliefert wurde. Ich bin sicher, daß sie sich nicht mehr für militärische Probleme als für solche der Umwelt oder der Ökologie interessierten.

Egal, wie sich die Angelegenheit für meine Teilnehmer darstellte, ich jedenfalls, ihr Betreuer, war wütend. Ich hatte freiwillig meine Zeit und Kraft angeboten in dem Glauben, daß dieser Wettbewerb mit meinen Überzeugungen und Idealen als Lehrender in Einklang stände. Am wichtigsten unter all diesen ist die Überzeugung, daß unsere mathematische Ausbildung der Menschheit dienen solle und ganz gewiß nicht, daß sie zu deren Vernichtung beitragen solle. Was das Kobalt anbelangt, so gebe ich gerne zu, daß ich nicht weiß, warum die Regierung dieses für den Kriegsfall hortet. Ich erinnere mich, daß vor 15 oder 20 Jahren irgendein Genie eine Berechnung produzierte, die zeigen sollte, daß die Radioaktivität von Kobalt besonders schädlich und tödlich ist. Seine Halbwertszeit ist gerade richtig, um das Abschlachten zu maximieren: Nicht zu kurz, so daß noch Menschen leben, wenn die Strahlung abklingt und nicht zu lang, so daß die Strahlung verschwendet würde, nachdem die Menschen bereits an natürlichen Ursachen gestorben sind.

Folglich wurde der Vorschlag gemacht, eine »Weltuntergangswaffe« zu bauen, eine riesige, mit Kobalt vollgestopfte H-Bombe. Diese bräuchte man nicht mehr gegen den »Feind« abzuschießen. Es genügt, sie auf dem Boden zu zünden. Das radioaktive Kobalt verteilt sich schnell genug über die ganze Welt und löscht die gesamte Menschheit aus.

Die Idee der Weltuntergangswaffe war das Thema des berühmten Filmes »Dr. Strangelove«, der vor etwa zwanzig Jahren entstand. Das Wettbewerbsproblem wurde zwanzig Jahre später gestellt. Ich weiß nicht, ob der Vorrat der Regierung zur Herstellung einer solchen Waffe dienen soll oder nicht. Das spielt keine Rolle. Die Frage ist vielmehr: Wie gelangt ein derart perverses, antipädagogisches Problem in einen Wettbewerb für Studenten?

Ich möchte nicht als komischer Kauz oder als Nörgler gelten. Dennoch rief ich den Leiter des Wettbewerbs an und sagte zu ihm: »Ich bin nicht einverstanden.«

Er antwortete: »Ich bin ganz Ihrer Meinung.«

Er erklärte mir, daß das Kobaltproblem in letzter Minute gewissermaßen als Unfall hineingekommen sei. Der Mathematiker, der versprochen hatte, das Problem B beizusteuern, hatte sich verspätet. Als er endlich sein Problem eingereicht hatte, stellte sich heraus, daß dies das Kobaltproblem war. Zu diesem Zeitpunkt war es bereits zu spät, es herauszunehmen und durch ein anderes zu ersetzen. Mein Protest wurde nicht zurückgewiesen; er war willkommen, ja ich wurde sogar ermutigt! Warum war ich dennoch nicht zufrieden?

Dieser kleine Zwischenfall zeigt, daß *die Mathematik der nuklearen Waffen* ein *akzeptierter* Bestandteil des amerikanischen mathematischen Lebens ist, üblicherweise wird sie noch nicht einmal als kontrovers erachtet. Es gibt sie eben wie andere Arten von angewandter Mathematik auch, sei dies nun die Mathematik der Ölfelder oder der Transmissionen. Deshalb kann sie unbemerkt in einen Wettbewerb für Anfangssemester geraten. Es ist nicht schwierig zu erraten, welche Botschaft das Problem B den Teilnehmern vermittelt: Die Forschung für Nuklearwaffen ist in den Augen eurer Lehrer und deren Kollegen in Ordnung. Die Erfahrung, die die Studenten bei der Bearbeitung der Kobaltaufgabe sammeln, wird ihre Hemmungen verringern, an Nuklearwaffen mitzuarbeiten, wenn sie Berufsmathematiker geworden sind. Deshalb kann die Aufnahme einer solchen Aufgabe in ihrer möglicherweise unbeabsichtigten Wirkung als heimliche Zustimmung zur Nuklearrüstung betrachtet werden.

Vielleicht wird man einwenden: Was ist falsch daran, die Mathematik der Nuklearwaffen zu lehren? Wenn die Militärs diese Mathematik benötigen, ist es doch die Aufgabe der Mathematiker, eine solche bereitzustellen und die Studenten, die sie später anwenden werden, in ihr auszubilden – oder nicht?

Diese Haltung betrachtet die Militärs einfach als weitere Kundschaft – nicht besser und nicht schlechter als andere. Sie übersieht eine einfache Tatsache: Die unbegrenzte Weiterführung des nuklearen Rüstungswettlaufes wird unausweichlich zur Zerstörung der Zivilisation führen.

Das ist eine sehr unangenehme Tatsache. Es ist fast unmöglich,

Eine kunterbunte Bettdecke, lokale Ordnung und globales Chaos.

sie zu verstehen, sie ernst zu nehmen und sich mehrere Tage oder Wochen nach ihr zu richten, ohne primitiven psychologischen Abwehrmechanismen wie zum Beispiel der Leugnung zu verfallen. Dennoch ist es evident – ist diese Wahrheit erst einmal enthüllt worden –, daß die Teilnahme am nuklearen Wettrüsten Selbstmord bedeutet. Ermutigt man die Studenten, sich daran zu beteiligen, so ist das für die Gesellschaft schädlicher, als wenn man sie zum Kokain oder zum Sklavenhandel verleiten würde – einmal vorausgesetzt, man bräuchte hier mathematischen Rat.

Was man tun könnte, außer seine Teilnahme an der Arbeit für Nuklearwaffen zu verweigern, ist schwer zu sagen. Das politische Problem, das nukleare Wettrüsten zu stoppen, führt zu schwierigsten Hindernissen in der Innen- wie in der Außenpolitik. Als Minimalmaßnahme könnten die Naturwissenschaften darauf bestehen, die Wahrheit durch Worte und Taten einem Publikum zu offenbaren, das diese kaum hören will. Diese lautet: Unser gegenwärtiger Kurs wird uns zerstören, wenn er nicht geändert wird.

Wir sollten durch unser warnendes Beispiel und durch unsere warnenden Worte tun, was wir können, um dem Wettlauf zum Weltuntergang zu widerstehen, um ihn zu verlangsamen oder ihn zu hemmen.

VI. Persönliche Ansichten

Stereographische Projektion eines Teiles der Hypersphäre S^3 in den R^3.

Mathematik und aufgezwungene Wirklichkeit

Was gibt es, und wie wissen wir davon? Was ist real, und was ist die Grundlage dieser Realität? Diese einfachen und ewigen Fragen bilden fundamentale Probleme der Philosophie.

Was ist real? Nun, in Gottes Namen – alles was ich zu tun habe, ist meine Augen und Ohren aufzusperren und zu berichten, was ich sehe und höre. Das ist das, was real ist. Ich sehe eine Schreibmaschine und ein Telefon auf meinem Schreibtisch, und sie sind real. Vor dem Fenster erblicke ich Bäume und Vögel; diese sind ebenfalls real. Hinter den Bäumen bemerke ich den Himmel; also ist auch er real. Und der Himmel scheint nichts als Raum zu sein, und somit ist der Raum real – oder nicht? Hmmm. Wenn Raum Leere bedeutet, wie kann ich ihn dann sehen? Wenn er nichts ist, wie kann ich ihn dann identifizieren?

Ich gehe nach draußen und trete gegen einen großen Stein (womit ich die stumme Widerlegung des Berkeleyschen Idealismus, die Samuel Johnson vorgeführt hat, nachahme). Der Stein ist real und auch der resultierende Schmerz. Ins Haus zurückgekehrt, sehe ich durch das Fenster den hereinströmenden Sonnenschein. Ein Astronom würde mir erklären, daß die Sonne in Wirklichkeit nicht dort ist, wo sie zu sein scheint. Aufgrund der Endlichkeit der Lichtgeschwindigkeit ist ihr scheinbarer Standort derjenige von vor acht Minuten. Ich verfolge den Stand der Sonne einige Stunden. Es scheint mir, als liefe sie um die Erde. Aber nein, belehrt mich der Astronom, die Erde umkreist die Sonne. Die Evidenz der Sinne kann unzureichend sein, um die Realität zu etablieren.

Eine alte Dame mit einer Krone auf dem Kopf sitzt auf einem Thron. Ist sie eine Königin oder handelt es sich bloß um eine Schauspielerin, die Gertrude, Königin von Dänemark, spielt? Es

»1984« – ein vom Computer erzeugtes Bild. Autor: Thomas Porter unter Verwendung von Ergebnissen von Robert Cook.

gibt den Schein und die Realität. Der Philosoph Parmenides lehrt uns, daß wir zwischen beiden unterscheiden müssen: Ein Ast erscheint im Wasser gebrochen. Ist er wirklich gebrochen oder sehen wir nur ein zurückgeworfenes Spiegelbild? Augustinus, der das Beispiel des Astes diskutierte, lehrt uns, daß das *Bild* des gebrochenen Astes sicherlich real ist. Der Anschein kann Bestandteil der Realität sein. Was die Sinne registrieren, ist bloß eine Projektion der Realität. Um ein rechtes Maß für die Realität zu bekommen, müssen wir auf irgendeine Weise – sei es durch den Intellekt oder durch die Vernunft, durch Intuition oder sogar durch Berechnung – den Bereich unserer persönlichen Erfahrungen überschreiten.

Haben die von den Aposteln berichteten historischen Ereignisse tatsächlich stattgefunden? Gibt es so etwas wie die Seele eines Menschen oder einer Nation wirklich? Worauf beziehen sich »ego« und »Identität«? Wo ist der physikalische Ort, an dem Patriotismus oder Popularität beheimatet sind? Welchen ontologischen Status haben der Äther, das Phlogiston, das Pneuma und die Lebenskraft? Welchen Realitätsgehalt haben all die anderen Konzepte, die von den Naturwissenschaften im Laufe ihrer Entwicklung verworfen wurden?

Für den visionären Dichter und Künstler William Blake »ist nichts real jenseits der imaginierten Muster der Realität, die der Mensch entwirft«. Nach Sartre muß man zu den Emotionen hinabsteigen, um Realität zu finden. Raum, Zeit, Bewegung und Veränderung sind nach Ansicht des britischen Philosophen F. H. Bradley allesamt irreal, weil sie uns in einen Dschungel von Widersprüchen führen. Dem Desillusionierten oder dem Unterdrückten mag die gesamte menschliche Erfahrung wegen ihres enormen Umfangs irreal erscheinen. »Es ist einfach zu glauben, daß die kommende Welt eine Welt sein wird. Viel schwieriger ist es zu glauben, daß diese Welt eine Welt ist.« »Realität« ist ein komplexer Begriff, der viele Ebenen kennt. Er entzieht sich einer zufriedenstellenden Analyse oder Beschreibung.

Die meisten Menschen leugnen die Realität nicht. Das Leben ist wirklich und kein Traum. Die Gegenstände, die sie umgeben, ihre Gedanken und ihre Gefühle sind alle real; es gibt eine objektive und eine subjektive Realität. Die objektive Realität besteht aus demjenigen, worüber öffentlich und allgemein Einverständnis herrscht. Gerade die Möglichkeit, universelle Übereinstimmung erzielen zu können, führt zu dem Schluß, daß eine objektive Welt »da draußen« existieren muß, die unabhängig von menschlicher Existenz und Beobachtung ist. Die subjektive Realität ist privat. Die Naturwissenschaft beschäftigt sich hauptsächlich mit allgemeinen Aussagen über die objektive Realität. Im Gegensatz dazu beschäftigen sich Literatur und Kunst überwiegend mit privaten Welten und den Wechselwirkungen zwischen diesen.

Die meisten Naturwissenschaftler zerbrechen sich nicht den Kopf über die Realität – das ist das Geschäft der Philosophen. Naturwissenschaftler experimentieren und formulieren Theorien. Sie arbeiten im selben wissenschaftlichen Milieu, das sie als Studenten schon vorfanden, und sie führen die Arbeiten nach besten Kräften fort. Aus der wissenschaftlichen Erfahrung ist jedoch eine in weiten Kreisen akzeptierte Sichtweise der naturwissenschaftlichen Realität entstanden.

Eine gelungene Beschreibung dieser Realität findet sich in dem ungemein suggestiven Buch »The Edge of Objectivity« von C. C. Gillispie. Die naturwissenschaftliche Realität ist die allgemein akzeptierte Basis für Anwendungen und zukünftige Forschungsprogramme. Sie hat sich im Laufe der Wissenschaftsgeschichte herausgebildet und besteht aus dem, was man allgemein als beste Hypothese ansieht. Die objektive Realität ist das Ergebnis fundamentaler Durchbrüche – die mathematischen Theorien von Galilei und Newton bilden die Zugänge zur physikalischen Realität. Die Gesetze der Evolution öffnen den Weg zur biologischen Realität etc. Diese Ansicht, die vollständig evident erscheint, sollte ergänzt werden, indem nicht nur die gewaltigen Veränderungen der als wissenschaftlich akzeptierten Fakten in Betracht gezogen werden, sondern auch die revolutionären *Veränderungen,* denen zur Zeit Galileis und Newtons der Begriff der wissenschaftlichen Erklärung selbst unterworfen war. Nehmen wir als Beispiel die Bewegung der Planeten. Stündlich und täglich bewegen sich Sonne, Mond und Sterne. Wie bewegen sie sich und warum gerade so? Die antiken Astronomen waren ungeheuer erfolgreich in der Beschreibung des »wie«. Sie konnten die täglichen von den monatlichen, jahreszeitlichen und längerfristigen Bewegungen trennen. Es gelang ihnen, all diese Bewegungen in ein arithmetisches Schema zu bringen, das als Grundlage für Vorhersagen dienen konnte.

Unser gängiger Kalender ist solch ein arithmetisches Schema. Aber *warum* finden die Bewegungen statt? Die antike Welt beantwortete diese Frage mit Anthropomorphismen wie Ziele, Werte,

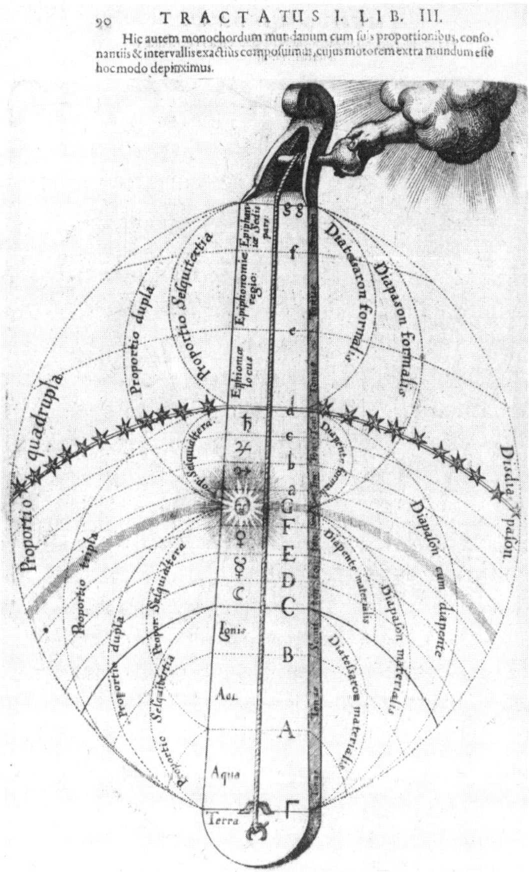

Harmonie des Universums? – eine verfehlte Konzeption!

Willen, Zweck, Absicht, innere Tendenz, Harmonie und Perfektion. Für die Anhänger von Aristoteles waren dies physikalische Realitäten.

Ab dem 17. Jahrhundert wurden nach und nach die inneren Tendenzen und all die anderen aristotelischen Begriffe verworfen. Die Frage »warum« wird von den Physikern bestenfalls noch angetippt; der gesamte Nachdruck liegt auf dem »wie«. Wird die

Frage »warum« doch noch einmal gestreift – wie das in der Kosmologie der Fall ist –, so tendieren die Antworten in die Richtung innerer Eigenschaften von Konstrukten der reinen Geometrie. Die Metaphysik des Kosmos wird in Ausdrücken der abstrakten Mathematik formuliert. Von dieser wird behauptet, sie sei vollkommen unabhängig von Zielen oder Zwecken: Die Realität der *zeitgenössischen* Kosmologie ist eine *mathematische* Realität.

Die Behauptung Gillispies, daß das allgemein als das »gegenwärtig beste« Angesehene die wissenschaftliche Realität bilde, ist außerordentlich feinsinnig und überzeugend. Sie trägt der Geschichte und damit der Veränderung Rechnung: Zwar blickt sie der Veränderung erwartungsvoll und optimistisch entgegen, aber dennoch fehlt ihr ein in meinen Augen entscheidender Aspekt. Die naturwissenschaftliche Überzeugung und die naturwissenschaftliche Praxis haben eine Komponente, die ihnen *aufgezwungen* wird.

Betrachten wir hierfür zwei Beispiele. Die erste Ausgabe von Kopernikus »De Revolutionibus Orbium Coelestium« (»Vom Umschwung der himmlischen Kugelschalen« 1543) enthält einen vom Herausgeber verfaßten Widerruf. Darin wird erläutert, daß Kopernikus sein System der Planetenbewegungen bloß als mathematisch bequem betrachtet habe, nicht aber als wahr in einem tiefgreifenden Sinne. Üblicherweise erklärt man diese Geschichte mit dem schamhaften Verhalten des ängstlichen Herausgebers, der die Absicht Kopernikus' falsch auffaßte.

Vier Jahrhunderte später diskutierte der berühmte Astrophysiker Sir Arthur Eddington die Erhaltungssätze der Physik. Dabei gestand er den Vorgang des Aufzwingens freimütig ein:

»Es gibt in der Welt da draußen kein von der Regierung erlassenes Gesetz, das versuchen würde, bestimmte Dinge in dieser Welt vor Veränderung zu schützen; aber der Verstand hat nach fleißiger Suche diejenigen möglichen Konstrukte ermittelt, denen Dauerhaftigkeit auf Grund ihrer Konstruktion zukommt. Indem er das Schwergewicht auf diese Aspekte legte und den Rest vernachlässigte, hat der Verstand den Dingen, auf die es ankommt, Erhaltungssätze *aufgezwungen*. (»The Domain of Physical Science«, in: Science, Religion and Reality, Joseph Needham (Hrsg.), Nachdruck G. Braziller, 1955, p. 217. Hervorhebung von Davis und Hersh.)

Die verschiedenen Erhaltungssätze werden in der Sprache der Mathematik formuliert, und ihre Anwendungen in der theoretischen Physik stellen einen mathematischen Zwang dar, der eine wissenschaftliche Realität *erschafft*. Solche Gesetze werden oft als *Ausschließungsprinzipien* formuliert: es ist ausgeschlossen, die Lichtgeschwindigkeit zu übertreffen, man kann eine gleichförmige Bewegung nicht nachweisen, kein Perpetuum Mobile bauen etc. Die Kenntnis solcher Prinzipien setzt unserem Verstand Grenzen bezüglich dessen, was im Universum auftreten kann und dem, was wir ihm abzutrotzen vermögen.

Das Wetter ist klar. Ich fliege irgendwo über den Vereinigten Staaten. Seit meiner Kindheit trage ich im Geiste eine Karte dieser 48 Festlandstaaten in mir: eine riesige Landmasse, geometrisch unterteilt. Ich schaue aus dem Flugzeug. Wo ist das Muster? Ich kann es nicht sehen. Das Muster gehört zur mathematischen Realität, die wir der Natur aufzwingen. Es verfügt über eine historische und geographische Basis, und es hat politische und ökonomische Konsequenzen. Aber dennoch ist es weitgehend willkürlich.

Es ist eine weitverbreitete Ansicht, daß der Weg zur Objektivität in der Wirklichkeit über die Mathematik führen müsse. Läßt sich ein Gegenstand mathematisieren, so garantiert das automatisch Objektivität. Wenn wir wollten, könnten wir eine ganze Menge mathematisieren: Wir könnten Maße und Kriterien für Schönheit, Relevanz, Abhängigkeit, Motivation, Gerechtigkeit und Gleichheit, Ökonomie und Klugheit einführen. Selbst wenn diese Maße willkürlich und unangemessen sein sollten, könnten wir doch, wenn wir dies wünschen, soziale und ökonomische Strukturen mit ihnen begründen. Wir erschaffen und erzwingen damit gegebenenfalls eine Realität, die je nachdem gute oder schlechte Auswirkungen hat. Solche Mathematisierungen könnten sich möglicherweise in Form von Gebräuchen oder Gesetzen etablieren, dennoch blieben sie eine dem menschlichen Leben aufgezwungene Realität. Diese Realität folgt nicht – wie Eddington ausführte – »der Regierung der Welt da draußen«. Sie ist nicht die

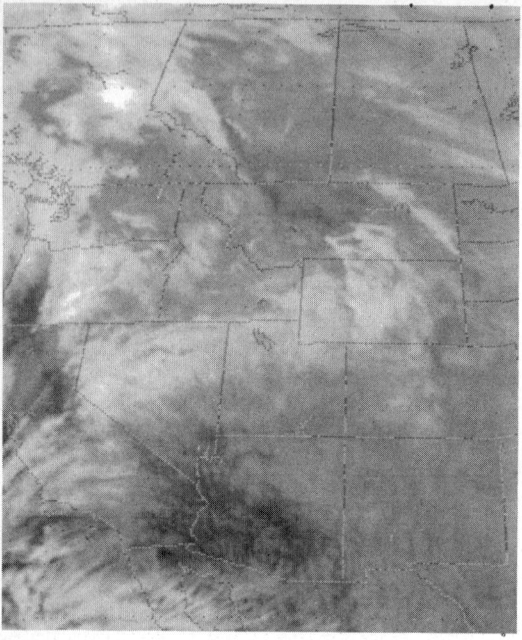

einzig mögliche; wir können andere Mathematisierungen ersinnen, die genauso effizient sind und ebenfalls Konsequenzen für die Menschheit zeitigen.

In früheren Zeiten haben Ideale wie Absicht, Sinnhaftigkeit und Harmonie der Naturwissenschaft eine Realität aufgezwungen, die von sozialen Werten abgeleitet war. Heute geht die Bewegung in die umgekehrte Richtung: die Naturwissenschaft in ihrer abstrakt-mathematischen Formulierung hat den menschlichen Werten und dem menschlichen Verhalten ihre eigene Realität aufgedrückt.

Ich schließe mit einem Zitat von Susanne K. Langer. Es ist sehr bedauerlich, daß es ihr nicht vergönnt war, mehr zu diesem Thema zu schreiben.

»Es ist schwierig sich klarzumachen, wie lange ein nichtsprachliches Potential (also ein mathematisches), was keineswegs selten ist, in der Menschheit brach liegen kann. Doch innerhalb weniger Jahrhunderte kann es sich astronomisch entwickeln, wenn die passende Ausdrucksweise gefunden worden ist. ... Wir empfinden diese Kraft heute als eine überwältigende Macht ... Ein derartig großer Schritt in der Evolution der Menschheit wird die soziale und physische Umwelt zwangsläufig umstürzen und weltweite emotionale Konflikte hervorrufen, die sich in jeder Gesellschaft auswirken – sei sie nun wild, barbarisch oder zivilisiert. ...

Es wird sicherlich lange dauern und mehrere Zeitalter beanspruchen, bis die Menschheit das moralische und geistige Gleichgewicht wiedergefunden hat, das sie in den letzten drei oder vier Jahrhunderten zugrunde richtete ... und es gibt keine Möglichkeit zu erkennen, ob und wie wir es wieder herstellen können ...« (Susanne K. Langer »Mind: An Essay on Human Feeling«, V. 3, S. 218–9.)

Weiterführende Literatur:
J. L. Borges; P. J. Davis and D. Park; B. d'Espagnat; C. Gillispie; S. K. Langer; J. Yolton (s. a. Bibliographie)

Bedeutungsverluste durch intellektuelle Prozesse: die mathematische Abstraktion

Der Verlust von Bedeutung

Die Welt ist nicht nur Grabstätte berühmter Menschen, sondern auch ihrer Gedanken, Ziele, Überzeugungen, Rituale und Handlungen. Der Glaube an die Erbsünde oder an die Existenz von Phlogiston muß heute von Altertumsforschern erklärt werden. Die Bedeutung des Credit-Mobilier-Skandals vor hundert Jahren wird weitgehend von den Nachkommen Oakes Ames bezeugt. Professoren, die mit akademischen Würden herumlaufen, können das heute nur noch mit erheblicher Befangenheit tun. Wenn der Präsident der Vereinigten Staaten sich scheiden läßt, stellt das kein politisches Dynamit mehr dar. Man trifft auch keine Spucknäpfe mehr in gutausgestatteten Wohnzimmern an, wie das in meiner Kindheit üblich war. Die gottgegebenen Rechte der Könige starben mit Ludwig dem XVI. unter der Guillotine. Das Zentrum unseres Planetensystems wurde von der Erde in die Sonne verlegt. Ganze Glaubenssysteme wurden pulverisiert, Handlungen und Objekte verloren ihre Bedeutung – wie Blätter vom Baum fallen und sich vor unseren Augen in Staub verwandeln.

Glauben Sie an Hexen? Denken Sie, es sei die Aufgabe des Ehemanns, für seine Frau zu sorgen? Ist es Ihrer Meinung nach möglich, daß die weitergewanderte Seele eines Menschen in einer Katze wohnt? Sind Sie der Ansicht, Verkaufstätigkeit sei sozial herabwürdigend? Glauben Sie, daß Schröpfen medizinisch gesehen vorteilhaft ist? Meinen Sie, es gibt eine verborgene Bedeutungsebene bei Shakespeare? Und daß die Wogen des Schwarzen Meeres sich aufbäumen, wenn Seefahrer darin ertrunken sind? Glauben Sie, es wird eine Welt kommen, die besser sein wird als die unsrige – oder meinen Sie, es gibt eine Vielzahl von Welten?

Sollte man den Neumond anbeten? Sollte man Häuser mit Wäscheschacht bauen? Sollte man Bären aus Sport jagen oder Maskenspiele in französischen Versen schreiben? Sollte man Kindern Latein beibringen oder Kalbsfußsülze zum Frühstück servieren?

Beantworten Sie eine dieser Fragen mit Nein, so zerstören Sie einen Bedeutungszusammenhang. Der Zugang zu einem möglicherweise vorhandenen Sinn wird blockiert. Sie zerstören Beziehungen; und Bedeutung ist nichts anderes als das Vorhandensein sinnvoller Beziehungen. Es ist unvermeidlich, daß Bedeutung und Sinn verlorengehen. Der Ablauf der Zeit erzwingt das. Früher bedeutete »esquire« (wohlgeboren) einen jungen, schildtragenden Anwärter des Ritterstandes; heute dient dieses Wort in den Vereinigten Staaten als ein etwas häßlicher, aber ehrenwerter Anhang beim Namen von Rechtsanwälten. Früher war das Erntedankfest im wörtlichen Sinne ein Dank an Gott für seine Güte; heute ist es in erster Linie ein profaner Familienfeiertag – eine willkommene Gelegenheit für die weitläufige Verwandtschaft, sich zu versammeln und gemeinsam gut zu essen. »An die Unsterblichkeit eines Gedichtes zu glauben würde bedeuten, an die Unsterblichkeit der Sprache zu glauben. Wir müssen uns dem Offensichtlichen beugen: Sprachen werden geboren und sterben; jede Bedeutung hört eines Tages auf, eine zu sein.« (Oktavio Paz)

Bedeutungen können unwiderruflich verlorengehen. Wir kennen die Bedeutung der Bauten von Stonehenge nicht. Triftige Erklärungen sind vorgeschlagen worden, aber sie wurden nicht von allen Gelehrten akzeptiert. Wir wissen nicht, wie der Hohe Priester in Jerusalem das YHVH* ausgesprochen hat; noch wissen wir genau, was seine Anrufung bedeutet hat.

* YHVH ist die hebräische Schreibweise für Jahwe. (A.d.Ü.)

Die Vernichtung von Bedeutung

Stirbt ein Mensch, so besagt eine alte Weisheit, so geht eine Welt von Bedeutungen verloren. Der Verlust von Bedeutung vollzieht sich durch die Erosion der Zeit, durch Untätigkeit und durch Mißgeschick, aber auch durch absichtliche Zerstörung. Bedeutung geht verloren, wenn Bücher verbrannt und Bibliotheken aufgelöst werden, wenn die Zensur Schnitte vorschreibt oder die Publikation unterbindet. Solche Verluste, die durch absichtliche und gezielte Ausmerzung zustande kommen, kann man als Vernichtung von Bedeutung bezeichnen.

Bilderstürmen im wörtlichen Sinne bedeutet Bedeutungsvernichtung. Als die frühe Kirche mit der klassisch-heidnischen Welt konfrontiert wurde, ging viel mehr verloren als nur ein paar Bronzestatuen. Als Heinrich VIII. die englischen Klöster niederreißen ließ und als Hitler die Kristallnacht anzettelte, wurde Bedeutung ausgerottet. Die Neuschreibung der Geschichte, wo immer sie auftritt, und die vorsätzlichen Fehlinterpretationen, die aus kulturellen Konflikten entstehen – ein Beispiel hierfür ist der gegenwärtige Konflikt zwischen marxistischer und nichtmarxistischer Welt –, sind Versuche der massenweisen Ausrottung von Bedeutung. Bedeutung geht auch dort verloren, wo intellektuelle Ideale miteinander in Streit geraten. Solche Auseinandersetzungen entstehen oft um Fragen wie »Welche Formen des Wissens sind gut und wahr, welche falsch und schädlich?« Wird eine der beiden Seiten niedergezwungen oder reibt sie sich in einem längeren Zeitraum auf, so kann das zu einem massiven Bedeutungsverlust führen. So ist zum Beispiel die griechisch-römische Literatur, die bis heute überlebt hat, prinzipiell diejenige, die in den Schulen gelesen werden durfte. Die Briefe des Symmachus (4. Jahrhundert) enthalten die pathetische Feststellung, daß zu seinen Lebzeiten die Klassiker nicht mehr bekannt waren und damals weder gelesen noch abgeschrieben wurden.

Es gibt viele Beispiele für widerstreitende Ideale. Eines hiervon ist die Auseinandersetzung zwischen Liturgie und Recht (zwischen Amos und Jesaja) im achten Jahrhundert vor Christus. Im Zeitalter Platons fand ein Kampf zwischen Dichtern und Philosophen statt. Das dreizehnte Jahrhundert sah die Auseinandersetzung unter den sogenannten sieben Künsten (Grammatik, Dialektik, Rhetorik, Geometrie, Arithmetik, Astronomie und Harmonielehre) um die Frage, welche von ihnen die fundamentale sei. Der Kampf zwischen Glauben und Vernunft kann auf eine lange Geschichte zurückblicken. In den letzten Jahrhunderten stoßen wir auf den Streit zwischen den naturwissenschaftlich-technischen und den humanistischen Kulturen. Hierbei spielte die erstere im großen und ganzen die Rolle des Aggressors. Indem sie das gesamte intellektuelle Material einer strengen Methodologie und einem ausgefeilten Bewertungssystem unterwarf, hat die naturwissenschaftliche Kultur die humanistische allmählich verdrängt. Die Ansicht des Nobelpreisträgers Sir Francis Crick, die auf Seite 213 wiedergegeben wurde, zeigt das volle Ungestüm eines kämpferischen Geistes. Er schreibt mit voller Zustimmung des Publikums, daß die Naturwissenschaft diese Welt verbessert habe und daß deren Zukunft in den Naturwissenschaften liege.

Vernichtung durch intellektuelle Prozesse

Auch ein denkender und schöpferischer Geist kann zerstörerisch sein. Augustinus war durch und durch mit der klassischen Literatur vertraut. Nach seiner Konversion gelangte er zu der Überzeugung, daß es für die Öffentlichkeit schädlich sei, diese Literatur zu lesen. Und die heiligen Taten des Heiligen Zacharias im sechsten Jahrhundert bestanden schlicht darin, daß er von Dorf zu Dorf zog und Bücher verbrannte.

Wir wollen versuchen, modernere Beispiele für Bedeutungsverluste in intellektuellen Prozessen zu finden. Betrachten wir die Mathematik: Wir haben festgestellt, daß sie abstrahiert, generalisiert und dichotomisiert. Nehmen wir die Abstraktion: Zwei Finger zusammen mit nochmals zweien ergeben vier Finger, und zwei Kühe zusammen mit zwei weiteren ergeben vier Kühe. Gehen wir von diesen Einsichten zur Aussage $2 + 2 = 4$ über, so vollziehen wir die einfachste Art einer mathematischen Abstraktion. Wir haben, indem wir die arithmetische Gleichung aufstellten, »das konzentrierte Wesen aus einem größeren Ganzen« (so ein Wörterbuch) herausgelöst. Die Abstraktion ist die Quelle vieler Wohltaten, aber möglicherweise auch die vielerlei Übel. Das Übel rührt von der Täuschung her, man habe *tatsächlich das Wesen* des größeren Ganzen entdeckt. Abstraktion bedeutet Extrahieren, Reduzieren, Vereinfachen und Eliminieren. Solche Operationen müssen eine gewisse Verfälschung hervorrufen.

Betrachten wir nun die Generalisierung. Sie arbeitet so ähnlich wie die Abstraktion. Hier ist Jane, und dort ist Dick. Vielleicht entdecken wir, daß sowohl Jane als auch Dick beide Repräsentanzen des Begriffs Kind sind, daß also der Begriff Kind eine Dickheit und eine Jane-heit enthält. Ersetzen wir (die Begriffe) von Dick und Jane durch den Begriff Kind und richten wir unsere Aufmerksamkeit entsprechend neu aus, so tritt bei dieser Zusammenfassung ein Verlust von spezifischer Bedeutung auf.

Ich erinnere mich an eine Taxifahrt vor Jahren von Gatlinburgh nach Knoxville. Diese Fahrt durch eine ländliche Gegend dauert über eine Stunde. Der Taxifahrer war ein geschwätziger Zeitgenosse; er erzählte mir den üblichen Tratsch über Leute, Orte und Ereignisse. Bei meinen Antworten bemerkte ich, daß ich oft Verallgemeinerungen oder Umschreibungen von dem benutzte, was der Taxifahrer mir gerade erzählt hatte. Darauf wußte der Fahrer keine Erwiderung. Er kehrte immer zu einzelnen Leuten zurück. Bei dieser Gelegenheit wurde mir schlagartig bewußt, daß es eine tiefgehende Kluft zwischen der professionellen Denkweise der sogenannten Gebildeten, zu denen ich gehöre, und derjenigen der restlichen Menschheit gibt.[1]

Abstraktion und Generalisierung sind zwei charakteristische Züge des mathematischen Denkens. Die Mathematisierung ist einer der wichtigsten Wege, auf dem Bedeutung transformiert und gelegentlich auch verloren wird. Wäre die Mathematik vollständig in unserem Geist beheimatet und fände alle Mathematik trotz ihrer Bezüge zur äußeren Welt nur in unserem Denken statt, so wäre das kein großer Schaden. Aber so liegen die Dinge nicht. Die Mathematik entsteht aus der Auseinandersetzung des Geistes mit der äußeren Welt. Diese erzeugt einerseits die Mathematik und verändert andererseits unsere Vorstellungen von der Umwelt, was wiederum zu neuen Auseinandersetzungen führt. Unbewußt steckt die Mathematik sowohl in unserem Währungssystem als auch in dem Chip, der die Prothese eines Invaliden steuert.

Beginnt die Mathematik sich auf einen einzelnen auszuwirken, so ist Vorsicht angebracht. Die Mathematik gilt oft als selbstverständlich, weshalb sie kaum hinterfragt wird. Nehmen wir das Individuum Jane Smith. Dieses Namensetikett trägt wahrscheinlichkeitstheoretisch betrachtet eine gewisse Informationsmenge. Jane ist weiblich und lebt in einer englischsprachigen Umgebung. In einer mathematisierten Version könnte Jane Smith 072-33-2904 heißen. Dieses Zahlenetikett könnte gewisse andere Informationen enthalten, die Kennzahl ist möglicherweise die abgekürzte Form eines ganzen Dossiers. Die darin enthaltenen Informationen könnten irgendwie gesammelt und digitalisiert worden sein. Ob wahr oder falsch – jedenfalls kann es sich hierbei nur um eine unvollständige Repräsentanz von Jane handeln, die sich letztlich vollständiger Verbalisierung und Digitalisierung entzieht. Die gesamte Persönlichkeit wird durch einen Teil, ihr Dossier, ersetzt.

Das Dossier 072-33-2904 könnte beispielsweise Informationen darüber enthalten, ob Jane Smith ein glücklicher Mensch ist. Janes Betreuer hat vielleicht einen von einem gutausgebildeten und wohlmeinenden Ökonomen entworfenen Fragebogen ausgefüllt. Der Urheber des Fragebogens war möglicherweise auch in Psychologie und Statistik bewandert. Dieser Fragebogen könnte die Anweisung enthalten: »Tragen Sie die Antwort auf einer Skala von 0 bis 10 ein.« Der mögliche Nutzen hiervon ist klar, aber auch die damit verbundenen Nachteile.

Dichotomisiert die Mathematik scharf, indem sie darauf besteht, daß die Differenz zwischen 7 und 8 absolut ist und trägt sie diese Unterscheidung in die Gesellschaft hinein – indem sie beispielsweise behauptet, diejenigen, deren Glücklichkeitsrate unter 8 liegt (irgendwo müssen wir ja die Grenze ziehen, nicht wahr?) seien für einen bestimmten Arbeitsplatz ungeeignet –, so kann die wundervolle platonische Präzision der mathematischen Ideen zu einer Quelle des Übels werden, selbst wenn sie Wohltaten mit sich bringt. Die bloße Existenz der charakterisierten Züge der Mathematik wirkt auf die Welt anziehend und verleitet sie dazu, die Mathematik ohne Rücksicht auf mögliche Folgen anzuwenden.

Obwohl Präzision ein Kennzeichen der Mathematik darstellt, ist sie auch ihr Gegenteil. Die *Kontrolle des Verschwommenen* ist relativ neu in der mathematischen Szene. Aber sie ist heute zu einem Gemeinplatz namens *Statistik* geworden. Die Statistik (die vom bloßen Datensammeln zu unterscheiden ist) begann, als man der Bildung von Durchschnitten zustimmte. Bill wiegt 76 kg, John 86 kg und Bobby 72 kg. Ihr Durchschnittsgewicht beträgt 78 kg. Diese letzte Aussage faßt die drei ersten zusammen. Geht man von den drei Zahlen zu der einen Zahl über, so gehen Informationen und Bedeutungen verloren. Natürlich steckt ein Gewinn in der Einsicht, daß die Stabilität von Durchschnitten eine empirische Tatsache ist. *Möglicherweise war die Weigerung der Menschen, diesen Verlust an Sinn für das Individuelle hinzunehmen, einer der Gründe für das späte Auftreten von Wahrscheinlichkeitstheorie und Statistik.*

Unsere mathematische Gesellschaft ist von diesen Dingen durchdrungen. Wir haben sogar eine eigene Redewendung, die unsere Probleme damit zum Ausdruck bringt: wir sprechen von der »Enthumanisierung des Individuums« (»dehumanization of the individual«). Bei der Anwendung von Mathematik auf Menschen geht es letztlich darum, zwei Individuen (oder zwei Gruppen von Individuen) miteinander vergleichen zu können. So möchte man eine präzise und definitive Aussage darüber erhalten, welches Individuum größer, anmutiger, reicher, gesünder, glücklicher und produktiver ist und welches mehr Besitz und Prestige aufweist. Wird diese Waffe des Denkens bis an ihre logischen Grenzen getrieben, so kann sie eine grausame Wandlung erfahren. Dann geht es darum, festzustellen, welches Individuum das nutzloseste und deshalb entbehrlichste ist.

Die Möglichkeit der Enthumanisierung ist immer gegeben, wenn jemand eine Gleichung aufschreibt, die sich explizit oder implizit auf ein Individuum oder eine Gruppe von Individuen bezieht. Sei dies nun in der Ökonomie, der Soziologie, der Medizin, der Demographie oder im Militärwesen. Verwenden wir den Computer, um von Formeln und Algorithmen zu Politik und Handlungen zu gelangen, die Menschen in Mitleidenschaft ziehen, so stehen dem Guten wie dem Bösen Tür und Tor offen. Oft wird nicht deutlich gemacht, daß diese Enthumanisierung den fundamentalen intellektuellen Prozessen selbst innewohnt, die das Wesen der Mathematik ausmachen.

Der Formalismus

Einst hatte ich mit einem Mann zu tun, der sein Geschäft von zu Hause aus betrieb. Sein Kundenkreis war groß. Er wohnte im vierten Stock eines Mietshauses. Zu seiner Wohnung gelangte man durch eine Hintertür, die auf ein Parkdeck führte. Diese Tür war gewöhnlich abgesperrt.

Die Art und Weise, wie man in die fragliche Wohnung kam, war die folgende. Nachdem man diesen Mann kurz vor dem geplanten Besuch angerufen hatte, stellte man seinen Wagen auf dem Parkdeck ab und hupte. Er kam dann auf den Balkon und ließ den Schlüssel für die Hintertür an einem langen Seil herab. Mit diesem Schlüssel sperrte man die Tür auf und konnte dann zu seiner Wohnung gelangen, wo man ihm den Schlüssel zurückgab.

Diese Prozedur mutete mich reichlich exzentrisch und mysteriös an. Eines Tages bat ich ihn um eine Erklärung:

»Warum lassen Sie nicht einfach einen elektrischen Türöffner installieren? Sie könnten dann in Ihrer Wohnung auf den Knopf drücken und die Hintertür ginge auf.«

»Es gibt bereits einen elektrischen Türöffner an dieser Tür.«

»Aber warum um Himmels willen benützen Sie ihn dann nicht?«

»Das kann ich Ihnen erklären. Meine Frau und ich ließen uns vor zehn Jahren scheiden. Das war eine schwierige Angelegenheit, und sie tauchte noch Monate später hier auf und machte mir Ärger. Eines Tages beschloß ich, das Klingeln an der Haustür einfach zu ignorieren. Aber ich mußte natürlich eine Vorsorge für meine Kunden treffen. Da haben Sie es; daran ist absolut nichts Mysteriöses.«

»Ich nehme an, sie kommt immer noch und bereitet Ihnen einigen Ärger?«

Holzkonstruktion von Louise Nevelson

»Nein. Sie ist vor fünf Jahren gestorben.«

Formalismus in dem Sinne, in dem ich dieses Wort gebrauche, ist die Bedingung für die Trennung von Handlung und der ihr innewohnenden Bedeutung. Handlungen können nach dieser Trennung gedankenlos nach einem vorgegebenen Muster ausgeführt werden. In der Sozialpsychologie wird das von manchen Autoren als »funktionale Autonomie« bezeichnet. In anderen Gebieten wird auch der Ausdruck »Formalismus« verwendet – meist mit einer leicht veränderten, aber dennoch verwandten Bedeutung.

In der Philosophie der Mathematik bezeichnet »Formalismus« eine Position, welche die Mathematik als das Studium formaler Systeme betrachtet. Mathematische Wahrheit wird der Beweisbarkeit im System gleichgesetzt. Die Bedeutung der Mathematik besteht nur im Operieren mit nackten Zeichen entsprechend festgelegter Regeln. Eine andere Bedeutung kann sie nicht haben. Diese Bedeutungsleere wird auch in dem bereits zitierten Apho-

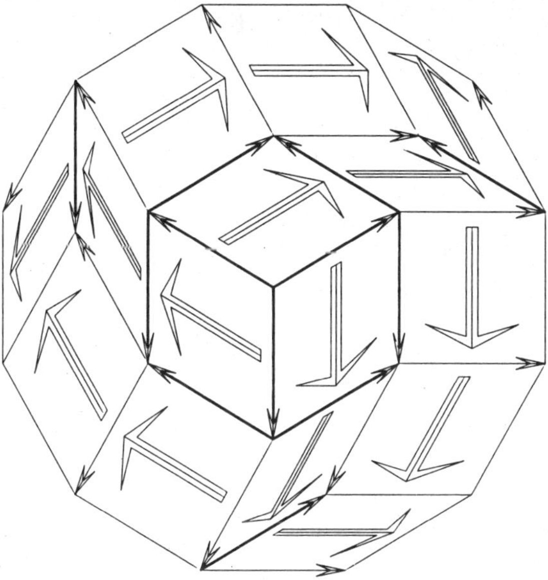

Orientierungen in sechs Dimensionen

rismus von Bertrand Russell angesprochen – nämlich daß »die Mathematik das einzige Gebiet ist, wo wir niemals die Bedeutung dessen kennen, was wir sagen, und wo wir außerdem nicht wissen, ob das, was wir sagen, wahr ist«. Die Begründung hierfür lautet: Die abstrakte mathematische Form liefert bloß den Rahmen für mögliche Interpretationen und Bedeutungszuschreibungen.

In der Literaturkritik tritt der Formalismus auf als das Programm, das Texte auseinandernehmen und eine Taxonomie (Klassifizierung zur Einordnung in ein System) für deren Grundthemata schaffen will. In der literarischen Praxis montiert der Formalismus, ausgehend von diesen Grundthemata, neue Texte zusammen. Der Strukturalismus als eine literaturtheoretische Schule ist ein enger Verbündeter des Formalismus. Die nachfolgende Beschreibung stammt aus M. H. Abrams' »A Glossary of Literacy Terms« (»Handbuch literarischer Grundbegriffe«):

»Im Folgenden werden einige herausragende Kennzeichen des strukturalistischen Kritizismus aufgeführt.

1. Aus strukturalistischer Sicht ist die literarische Arbeit eine Art des Schreibens (»écriture«), die durch das Spiel mit verschiedenartigen Elementen gemäß rein literarischer Konventionen und Vorschriften charakterisiert werden kann; diese Faktoren erzeugen innerhalb der Institution Literatur gewisse ›Effekte‹, die aber keinerlei Beziehung zu einer Realität außerhalb des Systems selbst haben.
2. Dem individuellen Autor oder dem ›Subjekt‹ kommt weder eine Initiative noch eine ausdrückliche Intention oder ein Plan bei der Produktion eines literarischen Werkes zu. Statt dessen wird das bewußte ›Ich/selbst‹ als eine Konstruktion erklärt, die selbst das Produkt linguistischer Konventionen für den Gebrauch des Pronomen ›ich‹ ist. Der Geist eines Autors wird als ein erschlossener ›Raum‹ beschrieben, mit dessen Hilfe das unpersönliche System (die »langue«) von literarischen Konventionen, Vorschriften und Kombinationsregeln Eingang findet in einen einzelnen geschriebenen Text.
3. Ähnlich wird der Leser als bewußtes und empfindendes Individuum, das bestimmte Ziele hat, aufgelöst in der unpersönlichen Tätigkeit des ›Lesens‹. Was gelesen wird, ist nicht etwa ein bedeutungsvoller Text, sondern es ist das Hingeschriebene oder die ›écriture‹. Im Mittelpunkt der strukturalistischen Kritik steht die Aktivität des Lesens, die der Literatur Sinn verleiht, indem sie die vorgängigen Konventionen und Vorschriften ins Spiel bringt. Diese Tätigkeit gibt den Wortfolgen Form und Sinn und bildet somit Sätze. Sätze sind Bestandteil des literarischen Schreibens. Früher gingen die strukturalistischen Kritiker davon aus, daß diese Vielfalt durch die impliziten Vorschriften des zugrunde liegenden Systems eingeschränkt sei, obwohl ein derartiges Lesen eine Vielzahl bedeutungsvoller Effekte hervorbringt und nicht bloß eine einzige korrekte Bedeutung. In jüngster Zeit hat jedoch eine Gruppe von radikalen Kritikern mit Jacques Derrida an ihrer Spitze angeführt, daß die literarische ›écriture‹ lediglich ›Zeichen‹ hervorbringe, die den Leser zu einem unbeschränkten oder ›kreativen‹ Spiel mit beliebigen Bedeutungen einladen (oder einladen sollten).«

Meiner Meinung nach kann man die Ursprünge dieser Beschreibung über Russell zurückverfolgen bis zu Euklid. Ist es zu naiv anzunehmen, die Literaturkritiker würden jemals wieder Ann Landers Anna Karenina spielen lassen? Oder ist Tolstois Heldin bloß die Verkörperung einiger formaler Verwandtschaftsrelationen, die in den Erklärungsmustern mancher abstrakter Kulturanthropologen restlos aufgeht?

Eine der frühesten Beschreibungen des Formalismus in meinem Sinne findet sich in den Schriften des Jesaja (achtes Jahrhundert vor Christus). Jesaja kritisiert, daß die Beziehung zwischen der Handlung des Fastens und ihrem ethischen Inhalt verlorengegangen sei:

»Soll das ein Fasten sein,
an dem ich Gefallen habe,
ein Tag, an dem man sich kasteit,
wenn ein Mensch seinen Kopf hängen läßt
wie Schilf und in Sack und Asche sich bettet?
Wollt ihr das ein Fasten nennen
und einen Tag,
an dem der Herr Wohlgefallen hat?
Das ist aber ein Fasten,
an dem ich Gefallen habe:
Laß los, die du mit Unrecht gebunden hast,
laß ledig, auf die du das Joch gelegt hast!
Gib frei, die du bedrückst,
reiß jedes Joch weg!«[2]

Formalismus – das ist die Verkehrsampel im Wohnviertel, die ihre Farben auch dann noch wechselt, wenn die Bevölkerung längst schläft. Formalismus – das ist ein Schoßhund, der sich umdreht, als wolle er einen Feind abwehren – und sich's dann auf dem Wohnzimmerteppich bequem macht.

Formalismus – das ist, wenn Neunjährige die Rechenschritte in $951 \cdot 202$ oder $951 - 202$ einzeln nachvollziehen, ohne ein quantitatives Gefühl für die verwendeten Zahlen zu haben.

Ein Beispiel auf höherem Niveau: Meine Frau besuchte einen Kurs am College, den ein weltbekannter Logiker gab. Sie bekam eine 1 in diesem Kurs. Dennoch gestand sie mir Jahre später, daß sie beinahe überhaupt nichts verstanden hatte. Sie lernte lediglich, wie man formale Manipulationen gut genug nachmacht, um eine 1 zu bekommen.

Stella Baruk, eine erfahrene Mathematiklehrerin in Frankreich, schreibt: »Von Pythagoras im Altertum bis hin zu Bourbaki in der Gegenwart ist eine Lehrtradition aufrechterhalten worden, die das freie Verständnis der Rezitation eines formalen und rituellen Katechismus opfert, die Gefügsamkeit hervorbringt und bloß scheinbar einen Sinn besitzt. All das geschah, während die Hohepriester des jeweiligen Fachgebietes daneben standen und lachten.«

Aber einige Hohepriester der Mathematik müssen weinen, da es im Wesen der Mathematik selbst liegt, daß ihre abstrakten Symbole einen Bedeutungsverlust erleiden in dem Maße, wie sie an Allgemeinheit gewinnen. Alle Zeitalter hindurch haben die Mathematiker dafür gekämpft, in der mathematischen Lehre Denken und Bedeutung wiederzuerwecken, um so Alternativen zu dem formalen und rituellen Lernen anzubieten, wie es in den meisten Klassen stattfindet. Aber trotz neuer Theorien, neuartiger Anwendungen, neuer Lehrpläne und neuer Instrumente konnte dieser Kampf niemals gewonnen werden. Der Kampf gegen Formalismus und gedankenloses Handeln währt ewig.

Benützt ein Forscher auf dem Gebiet der Medizin einen Computer, um die Standardabweichungen eines schlecht geplanten und schlecht durchgeführten Versuchs auszurechnen, so ist das Formalismus. Diese statistische Information wird in den entsprechenden Bericht einfach deshalb aufgenommen, weil dies die Fachwelt heute so erwartet. Das gehört einfach zum Beglaubigungsverfahren.

Hortet ein Individuum soviel Geld, daß weder es selbst noch seine Familie und seine Erben es verbrauchen können, so ist das Formalismus. Das ist nichts anderes als die Reduktion einer Gesellschaft auf ein Ziel: Profit.[3]

Ein reicher Mann meiner Bekanntschaft erzählte mir einmal, daß er weiterhin Geschäfte mache (und dabei Geld scheffelte), weil dies die einzige Möglichkeit sei, der »Wirklichkeit zu entfliehen«. Wo mag diese Wirklichkeit angesiedelt sein?

»Textron bestimmt selbst ein Limit für die Auszahlung durch Chicago Pacific.« So lautete eine Überschrift im Providence Journal am 25. Oktober 1984. Textron war einer der ersten großen Mischkonzerne, er hatte mehr als fünfzig Jahre lang andere Gesellschaften aufgekauft. Hier kann man also den modernen Geschäftsgeist in seiner ganzen Pracht kennenlernen. Er ist damit beschäftigt, Abstraktionen von Abstraktionen von Abstraktionen hervorzubringen und zu handhaben. Werden die Konzepte in Taten umgesetzt und Leute angestellt, gefeuert und verschoben, so verbessert das wohl kaum die materiellen Produkte an der Basis. Während man leicht erkennen kann, warum die üblichen Wirtschaftsstrukturen und die geltenden Gesetze zu solchen Zusammenballungen führen, gestaltet sich andererseits der Nachweis schwierig, daß sie unserer Zivilisation Vorteile bringen. Der Formalismus läuft wie wild.[4]

Formalismus meint ein Mißverhältnis von Form und Inhalt: Schwülstiger Stil, überzogene barocke Dekoration, tiefgefrorene und verzierte Lebensmittel ohne jeglichen Nährwert.

»Dominiert die Form«, so schreibt Sir Kenneth Clark, »so gehen die Vitalität und die Humanität verloren, die selbst den hoch idealisierten Konstruktionen zugrunde liegen sollten. Dominiert der Inhalt, so verliert der Geist seinen Halt. In beiden Fällen wird die Chance auf ein Meisterwerk verringert.« (»Idea of a Masterpiece«, p. 29.)

Ich besitze einen Kurzwellenempfänger, den ich gelegentlich auf Amateurfrequenz einstelle: Worüber sprechen die Amateurfunker miteinander? Daß sie nach Schenectady zu Onkel Harry gefahren sind? Daß sie wütend sind über den unbeschreiblichen Mumpitz ihrer Stadtoberen? Oder daß sie eine Nachricht an die Küstenwache weitergeleitet haben, die ein funktionsuntüchtiges Segelboot retten sollte? Nein, nichts von alledem: Neunundneunzig Prozent der Unterhaltungen zwischen Funkamateuren drehen sich um die technischen Schwierigkeiten beim Senden und Empfangen von Nachrichten sowie um die relativen Vorzüge von Ausrüstungen.

Ähnlich kann es geschehen, daß die Ziele eines Krieges sich nur auf die Kriegführung selbst beziehen:

»In seinem Buch ›Beyond the Cold War‹ (›Jenseits des Kalten Krieges‹) hat der britische Historiker E. P. Thompson die militärischen und politischen Eliten beider Seiten analysiert.

Er konnte dabei folgendes nachweisen: Hält sich eine Seite

strikt an die Abschreckungsdoktrin (die unter anderem besagt: du sollst immer nach Überlegenheit streben, beim ersten Anzeichen von Schwäche mußt du mit einem gegnerischen Vernichtungsschlag rechnen), so könnte sich diese Seite unter bestimmten Bedingungen dazu gezwungen fühlen, einen Präventivschlag zu führen. Das würde einen Krieg auslösen. Und worum ginge es bei diesem Krieg? Es ginge um die Anwendung einer Vorschrift der Abschreckungstheorie. Es ist ein beeindruckendes historisches Faktum, das uns zum Nachdenken veranlassen sollte, daß die ernsteste Krise des Nuklearzeitalters – die Kubakrise – sich an den Atomwaffen selbst entzündet hat.« Nun bin ich mir darüber im klaren, daß es keine reinen Tendenzen gibt und es somit niemals eine vollständige Trennung zwischen Bedeutung und Handlung geben kann. Wir verstehen alle, warum die Ampel blinkt, auch wenn keine Autos mehr fahren. Wir wissen auch, daß man einer Handlung Bedeutung zuschreiben kann, gerade weil sie keine hat. Anarchisten haben gelegentlich ›sinnlose‹ Taten begangen, um eine gleichgültige Bevölkerung zu schockieren und sie dadurch dazu zu zwingen, eine Position zu beziehen.

Wenn ich das Wort »Formalismus« verwende und Beispiele hierfür anführe, will ich damit nicht behaupten, daß der Formalismus eine materielle Substanz sei, die in der Atmosphäre vorkommt und mit der wir uns infizieren können. Mit dem Begriff Formalismus möchte ich nur darauf aufmerksam machen, daß Form und Inhalt eine natürliche Tendenz haben, aus dem Gleichgewicht zu geraten und sich voneinander zu trennen. Wir können diese Trennung nicht verhindern und sollten es vermutlich auch gar nicht versuchen, aber wir sollten uns dieses Prozesses bewußt sein, so daß wir rechtzeitig Gegenmaßnahmen ergreifen können, falls er einmal außer Kontrolle gerät.

Geistvoll in die Katastrophe?

»Eine Elitegruppe von Ökonomen, Mathematikern und Politologen hat die amerikanische Rüstungspolitik sogar noch stärker beeinflußt als die Militärs. Die Gruppe begann in den fünfziger Jahren die Bombe als ihr besonderes intellektuelles Eigentum zu reklamieren. Sie ernannte sich selbst zu deren Besitzerkaste und versuchte, eine Logik in den zutiefst irrationalen nuklearen Konfliktfall zu bringen.

Die Bombe bot diesen Wissenschaftlern einmalige Gelegenheit, frei von empirischen Zwängen zu theoretisieren. Obwohl Praxis und Theorie des konventionellen Krieges in Tausenden von Schlachten erprobt waren, blieben die Durchführung und die Folgen eines nuklearen Schlagabtausches reine Spekulationen (und müssen es bleiben) – jedenfalls bis zu dem Zeitpunkt, wo ein Nuklearschlag große Teile der Welt – die intellektuellen Spekulanten eingeschlossen – in die Luft jagt. So taten die Theoretiker bloß das, was ihnen natürlich erscheint; sie sahen eine beispiellose Gelegenheit, sich im Rahmen reiner Abstraktionen ohne Bedrohung durch die Erfahrung zu bewegen. Weil noch niemand einen Engel oder einen nuklearen Schlagabtausch gesehen hat, scheint der abgedroschene Vergleich mit den Scholastikern des Mittelalters keineswegs weit hergeholt.« (George W. Ball[5])

Menschliches Leiden darf nicht zum Gegenstand von Abstraktionen werden. Das sollte die Goldene Regel der Ethik sein.

Dieses Gebot erweist sich bei genauerem Nachdenken als absurd. Würde man sich konsequent daran halten, so wären auf einen Schlag alle Anwendungen der Mathematik auf den menschlichen Bereich untersagt. Geld und Ökonomie, Schadensersatz und Versicherungen, Operations Research, Statistik und Medizin, Sozialplanung, Militärtechnik und Strategie wären als Themen gestorben. Unser Leben würde primitiv und naiv werden; es wäre kaum wiederzuerkennen.

Meiner Ansicht nach war es kein Zufall, daß die großen Untaten zwischen 1933 und 1945 in einem Land begangen wurden, das weltweit führend in der Mathematik und theoretischen Naturwissenschaften war. Die politischen Führer mußten allerdings keine Ahnung von Mathematik haben, denn es genügte, daß eine bestimmte Geisteshaltung – zu der die Mathematik gehörte – in der Luft lag. Die Zahlen, die man den Opfern auf den Arm tätowierte, reduzierten diese auf das Niveau gebrandmarkter Kälber.

Es gibt ein halb mythisches, halb karikierendes Bild des Mathematikers als eines Menschen, der alles im Kopf und nichts im Herzen hat, der nur aus Präzision und Programm besteht. Er ist der Typ des verrückten Professors, der von der Gesellschaft isoliert lebt und von verrückten Phantasien beherrscht wird. In diesem Bild ist in der Tat eine Wahrheit über das Verhältnis der Gesellschaft zur mathematischen Methodologie enthalten – aber natürlich nicht über den einzelnen Mathematiker! Ich bitte, mich nicht falsch zu verstehen. Ich behaupte nicht, daß ein hoher Mathematisierungsgrad notwendig zum Holocaust führt. Ich möchte lediglich darauf hinweisen, daß sich der Geist der Abstraktion und der Geist des Mitleides oft antithetisch zueinander verhalten.

Gibt es so etwas wie eine historische Erklärung, oder kann man bloß Darstellungen liefern und vom Leser verlangen, diese als Erklärungen zu akzeptieren?[6] Die »sequentielle Geschichtsschreibung« bewegt sich auf der Zeitachse vorwärts, indem sie Ereignisse aufzählt.[7] Die »erklärende Geschichtsschreibung« bewegt sich auf der Zeitachse rückwärts. Die »interpretierende Geschichtsschreibung« erklärt die Beziehung zwischen Individuen und Gruppen von Individuen, Institutionen, Denkweisen und Kulturen. Geschichtsschreibung in Form bloßer Erzählung ist sinnlos. Man kann alle Ereignisse kennen, die den Untergang Roms verursacht haben und dennoch unbefriedigt bleiben. Wenn man uns berichtet (wie das in Rostovtzeff, »The Social and Economic History of the Roman Empire« (»Sozial- und Wirtschaftsgeschichte des Römischen Imperiums«) auf Seite 486 geschieht), daß sich die Gedanken der Menschen allmählich von den weltlichen Dingen ab- und den himmlischen Dingen zugewandt haben, so müßte die Beziehung zwischen dieser Erklärung und den tatsächlichen Geschehnissen greifbar gemacht werden.

Wenn die größte ungelöste Frage der Geschichtsschreibung westlicher Zivilisation der Zusammenbruch des Römischen Imperiums ist, dann ist das wichtigste Problem der Zeitgeschichte sicherlich die Erklärung des Holocaust. Die Darstellung der Ereignisse in Deutschland zwischen 1933 und 1945 ist noch nicht vollständig. Parallel zur Darstellung gab es viele Ansätze zur Interpretation. Diese bezogen sich meist auf einzelne herausragende Themen. Jung schlug die Wiederkehr des »Wotan Archetypus« vor, Wilhelm Reich sprach die Unterdrückung der genitalen Sexualität an. Jean-Paul Sartre sah eine Ursache in intellektueller Eifersucht, Erich Fromm lenkte die Aufmerksamkeit auf das

Phänomen der Zwanghaftigkeit und auf Hitlers Nekrophilie. Elias Canetti meinte, daß die deutsche Inflation in den frühen zwanziger Jahren mit ihren riesigen, unwirklichen Zahlen das Verhältnis zwischen dem Abstrakten und dem Konkreten gestört habe. George Steiner behauptete, daß der jüdische Monotheismus, die christliche Frömmigkeit und der marxistische Messianismus derart perfektionistische Ziele gesetzt hätten, daß die Menschheit diese niemals erreichen konnte, und interpretierte den Holocaust als eine heftige Abwehrreaktion gegen eben diese Ziele.

Ich möchte Steiners Liste einen weiteren Perfektionismus hinzufügen, nämlich die klassisch-griechische Idee einer durch mathematische Abstraktion erreichbaren vollkommenen *Wahrheit.* Die fortgeschrittene Mathematik spielte durch ihre Abstraktheit und den damit verbundenen Bedeutungsverlust meiner Meinung nach eine gewisse Rolle beim Holocaust. Diese These verdient es, genauer untersucht zu werden. Man sollte hierfür Belege und Argumente sammeln sowie Spekulationen anstellen. Natürlich umfaßt die ganze Geschichte weder Deutschland allein, noch endet sie mit den Ereignissen 1939–1945.

Man kann nicht bestreiten, daß der Zweite Weltkrieg auch auf dem Gebiet der Höheren Mathematik ausgetragen wurde. Die Mathematik als solche wurde bei der Entwicklung von Codes, in der Operations Research, in der Ballistik, beim Radar und bei der Kernenergie verwendet. Heute lernen unsere Anfängerstudenten, daß dieser Krieg die Wiege vieler wichtiger Theorien der angewandten Mathematik gewesen ist. Die militärische Technologie und die Strategie beruhen gegenwärtig so stark auf der Mathematik, daß wir die grausame Wahrheit einer Redewendung aus den späten vierziger Jahren eingestehen müssen: Während der Erste Weltkrieg ein Krieg der Chemiker war und der Zweite einer der Physiker, *wird der Dritte Weltkrieg ein Krieg der Mathematiker sein.* (Wir wollen hoffen, daß dieser Krieg abstrakt – im Innern eines Supercomputers – ausgefochten wird!) In diesem Zusammenhang ist eine Tagebucheintragung von Edmund Wilson aus dem Jahre 1944 interessant:

»Es könnte sein, daß *eine* Ursache des Krieges einfach das Bedürfnis ist, die Luftfahrt in zerstörerischer Weise einzusetzen. Es muß für die Menschheit eine Versuchung sein, ganze Städte aus der Luft zerstören zu können, ohne dabei selbst getroffen oder verbrannt zu werden. Man fliegt gelassen in großer Höhe über seinen Opfern. Viele müssen ähnlich wie ich den Nervenkitzel einer solchen Tätigkeit empfinden. Ich spürte ihn, als die Deutschen London bombardierten, noch bevor wir begannen, sie zu bombardieren. Dieser Nervenkitzel wird durch die Entfesselung eines Impulses ausgelöst. Es geht darum, im großen Maßstabe zu zerstören und zu töten, ohne innerlich daran Anteil zu nehmen und ohne dabei Gefahr zu laufen. Ein Junge schießt mit einer Schleuder Vögel – er kann nicht widerstehen, dies auszuprobieren. Das gilt für die mechanische Kriegführung allgemein: Gewehre schießen auf weite Entfernungen, Panzer überrollen ohne Empfindung, und Flugzeuge radieren ganze Städte aus, ohne daß man sich das Geschehen vor Augen führen muß. Das ist die Befriedigung des destruktiven Geistes in seiner *abstrakten* Form: fängt einen der Feind nicht, so ist man frei von allen Folgen wie ein Vogel. Die Empfindung, das mechanische Bombardement habe einen noch weiter vom Feind entfernt. Unser Beitrag zu diesem Vorgang ist *mathematisch*; die Maschine schickt die Bombe in ihr Ziel. Wir leben zwangsweise mit Konventionen und Gesetzen, und wir freuen uns, diese außer Kraft gesetzt zu sehen.«[8] (Hervorhebungen von P. J. Davis und R. Hersh)

Wenige Monate trennen den Holocaust in Deutschland vom Holocaust in Hiroshima und Nagasaki. Es waren die gleichen begabten, theoretisch orientierten Individuen, die aus Europa vertrieben worden waren und die Atombombe möglich machten. Eine Rechnung wurde angestellt: Laßt uns die Bombe werfen und damit Leben retten! Welches andere Kriterium könnte es in Zeiten nationaler Bedrohung und internationalen Wahnsinns geben? Die exilierten und die einheimischen Intellektuellen reagierten mit Bestürzung: Sie hatten geglaubt, die Pflege theoretischer Studien sei das Gütezeichen einer reinen und guten Gesellschaft. J. Robert Oppenheimer fühlte sich schuldig; einem neuen Prometheus gleich sah er sich an einen Felsen gekettet – die Adler der Schuld und der Schmach nach seiner Leber pickend. All das führte allmählich zu der Auffassung, daß man der Naturwissenschaft, sollte sie tatsächlich die Welt erneuern können, dabei nicht freie Hand lassen darf – auch wenn sie das verlangen sollte.

Die physische Welt hat sich uns noch nicht in jeglicher Hinsicht enthüllt. (In diesem Fall wären keine weiteren Experimente mehr erforderlich.) Wir kennen auch die Welt des Geistes nicht vollständig, noch wissen wir alles über deren Beziehungen zur physischen Welt. Man könnte einwenden, die Behauptung, die Übel unserer Zeit beruhten auf etwas so Fundamentalem wie der Abstraktion, laufe darauf hinaus, in Wirklichkeit gar nichts zu behaupten. Schließlich kann die Abstraktion vieles leisten; sie ist überall. Die These, so könnte man argumentieren, ist vergleichbar mit derjenigen, daß die menschliche Misere der Schwerkraft anzulasten sei – also der Tatsache, daß die Dinge fallen, wenn man sie losläßt. Soviel könnte man tatsächlich einwenden. Jedoch lernte die Menschheit frühzeitig, sich von den Abgründen der Klippen fernzuhalten. Im Zeitalter des Automobils hat sie gelernt, nicht mit hoher Geschwindigkeit durch Schlaglöcher zu fahren. *Ebenso müssen wir lernen, was es im Bereich des Denkens zu vermeiden gilt.*

Bedeutungsverlust durch Computer

Vor nicht allzu langer Zeit war ich zu einer Diskussion über die Verwendung von Computern in der mathematischen Ausbildung eingeladen. Sind sie ein Wunder oder sind sie eine Bedrohung? Die Veranstalter der Debatte baten mich, die »Bedrohungs«seite zu vertreten. Ich willigte ein; warnte sie aber im voraus, daß ich eigentlich meine, die Computer seien beides. Als die Einladung kam, hatte ich gerade einen Essay von Clifford Truesdell mit dem Titel »The Computer: Ruin of Science and Thread of Mankind« (»Der Computer: Ruin der Wissenschaft und Bedrohung der Menschheit«) zu Ende gelesen. Damals hielt ich eine für Lehrerstudenten bestimmte Vorlesung über das Wesen der Mathematik. Truesdell ist ein weltbekannter Spezialist für angewandte Mathematik und Wissenschaftshistoriker. Ich beschloß, seine Gedanken (welche die Angelegenheit unter dem Gesichtspunkt der Wissenschaftsgeschichte betrachten) mit denjenigen meiner Zuhörerschaft zu kombinieren, die das Ganze unter dem Aspekt der Lehrer-Schüler-Interaktion sahen. So hoffte ich, viele strittige Punkte zu finden und der lästigen Pflicht zu entkommen, einen eigenen Beitrag schreiben zu müssen.

Das meistdiskutierte Argument Truesdells ist, daß der Computer in seiner Funktion als Forschungsinstrument »fließende« mathematische Modelle fördert:

»Die Modelle der klassischen Mechanik sind streng logisch; sie sind *deduktiv*, Artikulationen einer bestimmten Theorie. Die klassische Naturwissenschaft kennt auch *induktive Modelle*, in denen eine geordnete Menge experimenteller Daten zusammengefaßt wird. Modelle beiden Typs sind systematisch. Sie lehren uns, Strukturen in der Erfahrung zu finden und nicht einfach nur das eine oder andere Detail zu kopieren.

Die zeitgenössische Forschung verläßt sich zunehmend auf *fließende Modelle*, welche die Phänomene vereinzelt und ohne Unterordnung unter eine allgemeine Theorie oder ein geordnetes Erfahrungswissen behandeln.«[9]

Als aktuelle Beispiele fließender Modelle führt Truesdell die angewandte Katastrophentheorie und die Solitontheorie an. Gegen die erste richtet er harte Worte. Das nächste Jahrzehnt wird uns Klarheit darüber verschaffen, ob diese Theorien geeignet sind als Beispiele für die Erscheinung, die Truesdell herausgestellt hat. Es kann jedoch keinen Zweifel daran geben, daß der Computer einen neuen Geist in der Wissenschaft etabliert hat: Indem er die Aufmerksamkeit vom zugrunde liegenden physischen Mechanismus weg- und auf die Möglichkeit der Algorithmisierung hinlenkte, ermutigte der Computer die Auffassung, Zweck von Berechnungen sei es, die Menschheit von der Notwendigkeit tieferen Nachdenkens zu entbinden. Der Computer wird, indem er standardisierte Paradigma abruft, vermutlich imstande sein, seine eigenen automatisierten Theorien der Realität zu formulieren.

Genauso sieht nach Hannah Arendt die Degeneration aus:

»Die meisten Kommentatoren sehen Technologie und Naturwissenschaft als Selbstbestätigung der Vernunft an, die keiner weiteren Rechtfertigung bedarf. Das moderne technologiebeherrschte Zeitalter wird präzise gekennzeichnet durch die Tatsache, daß die Vernunft im Sinne eines ursprünglichen, selbstbewußten und kontemplativen Verständnisses *verloren*gegangen ist. Sie wird ersetzt durch eine abgelöste (technische) Vernunft, die sich aktiv mit abstrakten mathematischen Theorien und ihren physikalischen Gegenstücken beschäftigt.«[10]

Welche Einwände würden meine Lehrerstudenten vorbringen, wenn sie mit der Aussicht einer weitverbreiteten Verwendung des Computers im Schulunterricht konfrontiert würden? Ihr erster Einwand leitete sich von ihrer Erfahrung ab, daß Studenten – seien es solche in den Anfängervorlesungen oder solche in fortgeschrittenen Veranstaltungen – sich mehr und mehr auf ihren Taschenrechner verlassen, um Dinge wie 8 mal 6 auszurechnen (ich mach keine Witze: ein erfahrener Professor vom Georgia Institute of Technology, nämlich John D. Neff, hat mir dies versichert). Wir stoßen hier auf den Verlust von fundamentalem, verinnerlichtem oder erinnertem Wissen. Meine Lehrerstudenten maßen auch der Abnahme an sozialer Interaktion im natur- und geisteswissenschaftlichen Ausbildungsbereich Bedeutung bei. Besonders wichtig war ihnen der Verlust von Modellen menschlichen Verhaltens im mathematischen Prozeß.

Es gibt den Mythos des vereinzelten Naturwissenschaftlers – eines Einsteins, der sich in seinem Leuchtturm mitsamt seinen Büchern und seinen Sternen verkriecht und dort, ernährt von den Möwen, die allgemeine Relativitätstheorie entwirft. Dieses Bild ist falsch. Wissenschaftliche Bedeutung leitet sich sowohl von sozialer Interaktion als auch von der Auseinandersetzung mit der physischen Welt im Experiment ab. Die Kritik von Truesdell wie auch die meiner Lehrerstudenten läßt sich dahingehend zusammenfassen, *daß der Computer zu einem Exzeß an Formalismus führt.* Dabei werden die Symbole von ihrer zugrunde liegenden Bedeutung getrennt. Sie werden so zu den einzigen Richtern über ihre Bedeutung.

Die Mathematik und ihr Abkömmling, die Informatik, suchen nach *totalen Lösungen.* Dabei bedeutet eine totale Lösung in der Mathematik, daß ein Problem so umfassend analysiert worden ist, daß alle zukünftigen Vorkommnisse dieses Problems durch eine rein mechanische Übung, durch einen Algorithmus also, gelöst

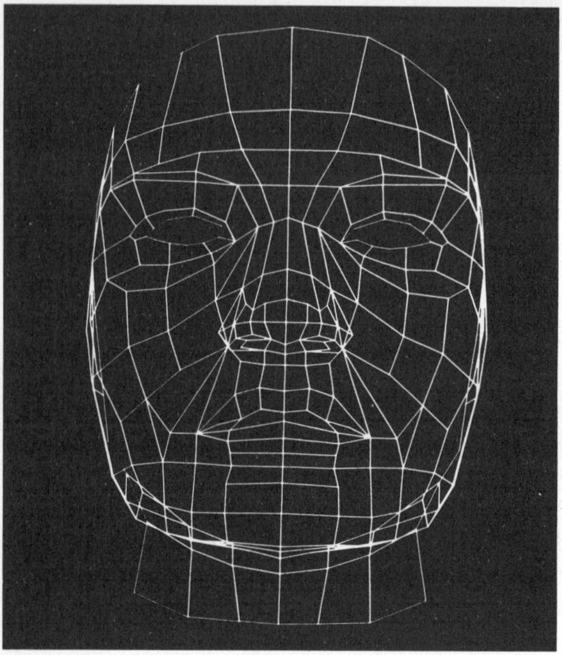

Geometrisierter menschlicher Kopf

werden können. In der Informatik ist eine totale Lösung ein System, das unser ganzes Leben mit einem automatisierten Netz umspannt. Die Rolle des Menschen wird vollkommen von den formalen Transformationen der Symbole übernommen.

Descartes' Traum begann mit der Möglichkeit, die Geometrie zu automatisieren. Es war unvermeidlich, daß man als nächstes an die Möglichkeit dachte, das Denken und Urteilen zu automatisieren. Dann ging man zu der Behauptung über, die natürliche Sprache sei eine Sache der Berechnung, wie dann auch das Sehen und die anderen Sinne, und daß schließlich auch die Gefühle eine Sache der Berechnung seien. Computo ergo sum (ich berechne, also bin ich) ist anscheinend der endgültige Ausdruck der cartesianischen Einsicht. Dabei wird die Menschlichkeit aufgegeben und durch ein abstraktes Surrogat ersetzt.

Die Wiedergeburt der Bedeutung

Das wichtigste philosophische Problem unserer Generation ist die Wiederherstellung der Bedeutung.

Die Erfahrung, die ich nun beschreiben will, machte ich mehrfach am Beginn meiner Laufbahn. Ich bin mir sicher, daß die meisten Leute Ähnliches erlebt haben. Meine Lehrverpflichtungen als Mathematikprofessor bestehen hauptsächlich aus Vorlesungen. Sehr oft arbeite ich an der Tafel und kehre der Zuhörerschaft den Rücken zu. Während ich so vor mich hin arbeite, rede, erkläre und Zeichenketten an die Tafel schreibe, kann es ganz plötzlich geschehen, daß die Symbole verschwimmen und vage werden. Sie verlieren ihre Stimmigkeit. Sie verlieren ihre Beziehung zueinander und zu dem, was ich sagen will. Ihre Bedeutung wurde abgesogen. Nun stehen sie vor mir an der Tafel als fremdartige und nackte Gestalten. An diesem Punkt meiner Vorlesung werde ich stutzig. Nach etwas Herumprobieren höre ich vollständig auf. Ich bin befangen, und meine Zuhörer sind wegen meiner Stummheit besorgt. Ich bekomme einen Schweißausbruch. Ich versuche, die Bedeutung dessen, was ich vorführen wollte, zu rekapitulieren. Aber sie stellt sich nicht ein. Ich trete zurück und erinnere mich an das, was ich vor dem Moment der Krise gesagt habe. Obwohl ich das Gesagte Wort für Wort wiederholen kann, bleiben die Worte leer. Ich werde das Thema wechseln. Zu meinen Zuhörern sage ich, daß ich die Angelegenheit bis zum nächsten Treffen klären werde.

Was geschieht hier? Eine Fehlleistung des Gedächtnisses? Lampenfieber? Angeblich werden ja selbst die routiniertesten Schauspieler hin und wieder Opfer des Lampenfiebers. Hat die Krise psychologische Gründe? War die Frischluftzufuhr im Hörsaal ungenügend? Vielleicht. Jedenfalls möchte ich diese Episoden (die sich in Träumen mit Alpdrücken wiederholt haben) als roten Faden benützen, der uns zu viel tiefergreifenden Bedeutungskrisen führen soll.

Kehren wir zu meiner Vorlesung zurück. Natürlich habe ich ein vorbereitetes Konzept, nach dem ich lese – manchmal richte ich mich auch nach einem Lehrbuch (manche Professoren tun das nicht, weil sie befürchten, daß sich das nachteilig auf die Intensität oder auf die Authentizität der Lehrveranstaltung auswirken würde). Wenn ich steckenbleibe, könnte ich, wenn ich wollte, einfach von meinem Konzept ablesen. Ich könnte trödeln, etwas vortäuschen und hoffen, daß die Studenten nicht merken, daß meiner Vorlesung grundlegende didaktische Qualitäten wie Verständnis, persönliches Engagement und persönliche Erfahrung fehlen. Sie alle zusammen bringen die Einsichten, die die Bedeutung ausmachen.

Anfänglich dachte ich, ich sollte ein zweistufiges Konzept haben. Das erste oder formale Niveau enthält das Material, das zum öffentlichen Vortrag bestimmt ist. Das zweite Niveau besteht aus einem Netz feinverteilter privater Bemerkungen, die nur von mir selbst interpretiert werden können und mir dabei helfen, die Bedeutung des auf dem ersten Niveau Notierten zu behalten. Ich dachte, ich könnte mit Hilfe eines solchen Konzeptes, wann immer mir während einer Vorlesung die Bedeutung oder die formalen Aspekte verlorengehen, diese relativ leicht wiederherstellen. Die Formen brechen zusammen, aber sie können wiederaufgebaut werden. Die Bedeutung nützt sich ab, aber sie kann wiederhergestellt werden.

Ich bin gerade dabei, etwas zu tun. Vielleicht bin ich auf dem Weg nach Boston zu fahren oder im Begriff, den Rasen zu mähen oder einer Schubertsymphonie zuzuhören. Oder das Telefon klingelt, und ich stehe auf, um den Hörer abzunehmen. Plötzlich verblaßt die Handlung in meinem Geist und verschwindet. Ich bin schon oft nach Boston gefahren. Warum sollte ich das gerade jetzt tun? Welchen Unterschied würde es für mich oder sonst jemand machen, ob ich meinen Arbeitsplatz behalte oder nicht? Ich habe Schuberts Symphonie schon sehr sehr oft gehört. Also noch einmal mehr? Der Zweck, die Wichtigkeit und die Bedeutung meiner Handlung zerfließen und lassen nackte, formale und unerklärbare Bewegungen zurück, die ich, habe ich sie erst einmal angefangen, auch zu Ende führe – weil ich keinen hinreichenden Grund finde, sie abzubrechen. In einer solchen Krise bin ich mindestens Buridans Esel vergleichbar, der, vor einer Weggabelung stehend, keinen hinreichenden Grund finden konnte, nach rechts oder links zu gehen und deshalb keines von beiden tat; schlimmstenfalls bin ich Albert Camus' Sisyphos, der seine immer wiederkehrende endlose Arbeit und sein ewiges Leid nicht durch Selbstmord beendete, weil er einen Sinn für das Absurde hat.

Eine wahre Geschichte: Meine Mutter wusch noch im Sterben ein paar Windeln für ihr Enkelkind. Man denke daran, wenn man das nächste Mal von Sisyphos erzählt.

Bedeutung kann sich selbst wiederherstellen. Ich weiß das, weil ich es selbst oft genug miterlebt habe. Eine genauere Beschreibung wäre es zu sagen, daß *Bedeutung beständig entschwindet und sich immer wieder selbst erneuert.*

Ich würde nicht die Wahrheit sagen mit der Behauptung, ich hätte eine Formel, nach der man zweistufige Konzepte (eine Stufe für die Handlung und eine für die Bedeutung) abfassen kann und die mir garantiert, daß ich schnell aus meinem existenziellen Schlammassel herauskomme. So etwas besitze ich nicht. Ich bin mir selbst noch nicht einmal darüber im klaren, ob die Einteilung der Welt in Handlung und Bedeutung wie andere berühmte philosophische Einteilungen (Geist und Materie, Form und Substanz, Kontinuität und Diskontinuität) zur objektiven Welt gehört oder nur ein Aspekt ist, unter dem unser westliches Denken Sprache erschafft und verwendet. Ich behaupte nicht, es könne keine derartige Formel geben; ich sage nur, daß ich sie nicht besitze.

Ich kenne die Bestandteile, aus denen Bedeutung zusammengesetzt ist. Davon gibt es viele: Liebe und Sprache, Mythos, rationales Denken und irrationale Impulse, menschliche Institutionen, Recht, Geschichte, Schuld, Ritual, Religion, Glauben, das Mystische, das Transzendentale, das Allegorische, der Sinn für Ästhetisches, Spiel, die Welt als Rätsel, die Welt als Bühne, die Kontemplation des Lebens und des Todes, die biologischen und physikalischen Notwendigkeiten. All das und hundert anderes sind Wege zur Bedeutung. Wir sollten nicht voreilig einen dieser Wege versperren, denn *sie sind alle wertvoll.*

Zum Beispiel weiß ich, daß es unter den Naturwissenschaftlern der letzten vier oder fünf Generationen sowohl eine Anmaßung als auch eine Vernachlässigung von Bedeutung gegeben hat.

Eine wahre Geschichte: Ich kenne einen berühmten Astronomen. Nennen wir ihn Ichabod. Niemals ist er glücklicher, als wenn er über die Bewegung der Sterne nachdenkt oder sie anderen erklärt. Er würde sicherlich dem ersten Teil des Verses »Die Himmel verkünden den Ruhm ...« zustimmen. Aber er könnte nicht den Vers beenden (oder würde es auch nicht wollen): »Belaste dein Gehirn nicht mit solchem Schutt. Das ist Unsinn. Bedeutungslose Begriffe, Unproduktiv.«

Nun geschieht etwas Merkwürdiges. Und man kann behaupten, das Geschehen sei unausweichlich. Im Laufe der Zeit wurden immer mehr astronomische Entdeckungen gemacht. Fremdartige Partikel tauchten in der Hochenergiephysik auf. Merkwürdige Dinge geschahen in der Radioastronomie. Der Kosmos wurde komplexer, und die einfachen Begriffsbildungen und Vereinheitlichungen früherer Epochen lagen zerschmettert herum. Natürlich war mein Bekannter an diesem Prozeß beteiligt. Allmählich zerfloß in seiner Vorstellung die *Bedeutung* des Unternehmens und es stand vor ihm als reine, nackte Existenz.

Als ich das letzte Mal mit Ichabod sprach, war der gesamte Kosmos der Astronomie unendlich und sinnlos, unverstehbar und ohne erkennbaren Zweck; er war noch nicht einmal ein Scherz. Seine Rolle als Astronom im Kosmos war entwertet. Der Ruhm war verblaßt.

»Sage mir, o Mond, was ist
dieses Leben dem Hirten wert, oder das deinige dir?
Wohin treibt mich meine kurze Wanderung?
Und wohin dich dein ewiger Lauf.«[11]

Der berühmte Philosoph Sir Karl Popper hat die schlimme These aufgestellt, die Geschichte habe keine Bedeutung. Aber dabei ist er nicht stehengeblieben. Er geht weiter und versichert, daß wir fähig sind, ihr eine Bedeutung zu geben. Das ist des Pudels Kern: Bedeutung kann verliehen werden.

Ich liege in meinem Bett. Die Uhr sagt, es sei Zeit für mich, aufzustehen. Es ist viel zu erledigen. Die Welt ist ein schrecklicher Aufenthaltsort; sie schwebt am Rande des Abgrundes. Warum sollte ich also aufstehen? Einfach nur, weil diese Welt die einzige Welt ist, die wir haben? Ich bewege die beiden ersten Gelenke meines Zeigefingers. Sie funktionieren! Vielleicht lassen sich alle meine Finger bewegen. Sie tun's tatsächlich. Möglicherweise ist auch mein Arm beweglich. Er ist es. Das ist sogar ein gutes Gefühl. Und so bin ich nach einer Minute aufgestanden und ziehe mich an. Es ist so, als hätte die Kraft zu existieren von sich aus die Bedeutung der Existenz geklärt. Ich weiß, daß ich alle traditionellen Wege zur Bedeutung brauche, um meinen Tag zu bestehen. Sie finden sich von selbst zusammen, obwohl ich keine Formel oder Strategie besitze, gemäß derer ich sie kombinieren könnte.

Gibt man ihr eine Chance, so etabliert sich die Bedeutung von selbst. Das muß so sein, denn andernfalls wären Gesundheit und Kohärenz unmöglich. *Zugleich muß es einen Zerfall von Bedeutung geben, denn sonst gäbe es kein Wachstum.* Die Bedeutung einer Freundschaft im Alter von dreißig Jahren muß eine andere sein als diejenige im Alter von sechzig Jahren. Ich kämpfe ununterbrochen darum, ein Gleichgewicht zu schaffen. Mehr noch: ich bin mir dieses Kampfes bewußt.

Anmerkungen:

1 Man vergleiche die folgende Beschreibung der Denkweise von Franklin Delano Roosevelt:

»Roosevelt war beherrscht von einem breiten, aber oberflächlichen Intellekt. Er sammelte Fakten und Ideen wie andere Leute Briefmarken oder Seekarten. Dann breitete er sie ordentlich und sauber getrennt in seinem Geiste aus; niemals versuchte er, sie zu einer Gesamtwahrheit zusammenzusetzen. Wenn er sich auch nie öffentlich abschätzig über theoretisches Denken äußerte (gewiß hat er das ausdrücklich vermieden), so hatte er doch persönlich nichts damit zu tun. Er empfand das theoretische Denken nicht nur als irrelevant für seine vitalen Interessen, sondern hielt es sogar für gefährlich, insofern es seine Aufmerksamkeit von den geringfügigen, aber wichtigen Zeichen und Winken, die ihm durch und von seiner unmittelbaren Umgebung geliefert wurden, ablenken könnte.« – K. S. Davis: FDR as a Biographer's Problem (Franklin Delano Roosevelt als Problem für einen Biographen) The Key Reporter, Herbst 1984.

2 Jesaja 58.5–6 nach der Übersetzung von Martin Luther.

3 Man vergleiche Mark Schorrers Einschätzung von Moll Flanders:

»... sie hat kein moralisches Wesen, noch enthält das Buch irgendein moralisches Leben. Alles ist äußerlich. Alles und jedes läßt sich wiegen, messen, anfassen, mit Gold bezahlen oder durch eine Gefängnisstrafe abbüßen. Das belegt der gesamte Text der Novelle: die Rechnungen der Wirtinnen, die Listen und die Hauptbücher. Nimmt man all das zusammen, so erhält man dasjenige, was Defoes sogenannte Methode des Realismus der Umstände ausmacht.

Er ist nicht durch irgendeine Überlegung zu dieser Methode geführt worden. Sie gibt vielmehr präzise Defoes eigene, ihm wichtige Welt und die Bedeutung äußerer Umstände für ihn wieder.« – »Technique as Discovery« (»Technik als Entdeckung«), Hudson Review, Vol. 1, No. 1, 1948.

4 In einer vielzitierten Kolumne schrieb Russel Baker im Jahre 1969: »Es ist nicht überraschend, daß moderne Kinder verdutzt und niedergeschlagen reagieren, wenn man ihnen erzählt, daß sie eines Tages ›arbeiten gehen und ihren Lebensunterhalt verdienen müssen‹. Das Problem dabei besteht natürlich darin, daß sie sich nicht vorstellen können, welche Art von Arbeit in Amerika allgemein verbreitet ist ... Vor nicht allzulanger Zeit konnte ein Vater, der von seinem Kind gefragt wurde, was er arbeitet, antworten: »Ich setze Dampfmaschinen instand« oder »Ich stelle Pferdegeschirr her«. Nur noch wenige Väter reparieren immer noch Dampfmaschinen oder stellen Tische her. Die meisten machen etwas anderes. Heute sitzen die meisten Väter in gläsernen Gebäuden und tun Dinge, die für Kinder absolut unbegreiflich sind. Die Antworten, die sie auf die Frage »Was arbeitest du denn, Papa?« geben, sind wahrscheinlich für Kinder reichlich mysteriös: »Ich verkaufe Grundstücke«, »Ich betreibe Marktforschung«, »Ich bin in der Datenverarbeitung«, »Ich arbeite in der Werbung« oder »Ich bin Systemanalytiker«. Solche Erklärungen müssen Kindern unsinnig erscheinen. Wie sollte sich ein Kind jemanden vorstellen, der ein System analysiert oder Daten verarbeitet? Selbst erwachsene Menschen, die Marktforschung betreiben, haben Schwierigkeiten, sich vorzustellen, wie ein Werbefachmann den lieben langen Tag herumbringt. Ein durchschnittlicher Systemanalytiker ist sicherlich verblüfft von dem, was ein Immobilienmakler in seinem Büro anstellt. Umgekehrt versetzen die Hilfsmittel, die ein Systemanalytiker braucht, den Immobilienmakler in Erstaunen.« – The New York Times, 16. Oktober 1969.

5 Besprechung von »Deadly Gambits« (Tödliche Gambite) durch Strobe Talbot in der New York Review of Books, 8. November 1984.

6 Man vergleiche die klassische Zeile von Ring Lardner »Shut up«, he explained« (»Halt's Maul«, erklärte er«).

7 Diese Begriffe sind dem Buch »The Anatomy of Historical Knowledge« (»Anatomie des historischen Wissens«) von Maurice Mandelbaum entnommen (Johns Hopkins University Press, Baltimore, 1977).

8 Edmond Wilson. »The Forties.« Farrar, Strauss und Giroux, New York, p. 45.

9 C. Truesdell, Springer Verlag, 1984.

10 The Human condition, V. S. 248–304.

11 Giacomo Leopardi.

Weiterführende Literatur:

H. Arendt; R. Avenhaus und R. Huber; S. Baruk; G. Boynton; S. Bremer; K. Clark (1979); F. Crick; J. Ellul; R. Huber; R. Iano; C. Truesdell
(s. a. Bibliographie)

VII. Nachwort

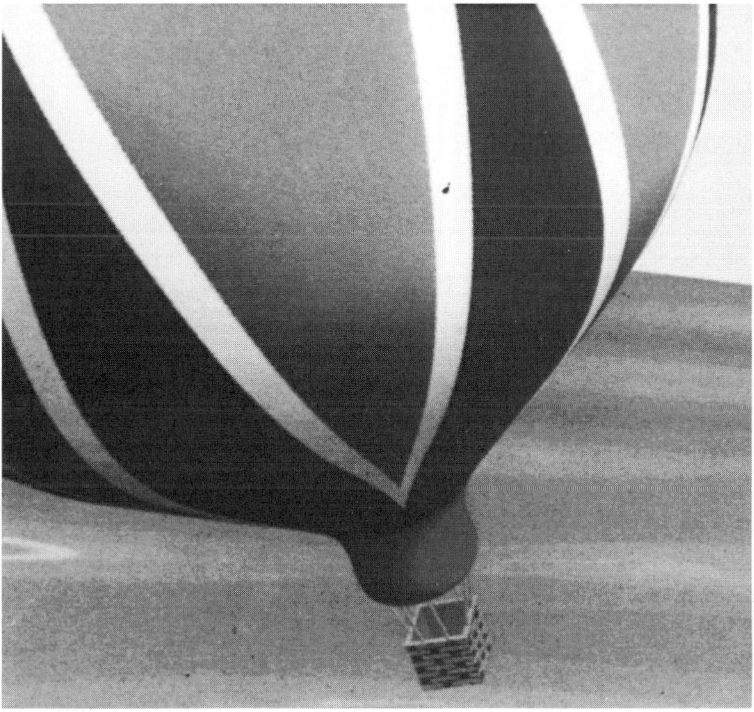

»Ballon« von Kelan Putbrese

Quod vitae sectabimur iter?
Welchen Lebensweg sollen wir wählen?

Dieses Buch begann mit zwei Zitaten. Das erste stammt von Descartes und besagt, daß alle intellektuellen Gegenstände durch ihre Mathematisierung vereinheitlicht werden können und sollen. Vico ist der Autor des zweiten Zitates. Es behauptete, daß die Mathematik dem menschlichen Geist fremd sei. Der menschliche Geist wohne in menschlichen Institutionen. Solche sind nach Vico Familie, Recht, Regierung, Mythos, Religion, Sprache, Kunst, Dichtung und Gesang.

Zwischen diesen beiden Aussagen liegt ein Abgrund. Ebenso verschieden sind die Weltbilder, die beide implizieren. Der Geist des nachfolgenden Zeitalters war der von Descartes. Die Mathematisierung hat immer stärker um sich gegriffen, und die Entwicklung hält an. Ihre Höhepunkt ist noch nicht in Sicht. Die menschlichen Institutionen im Sinne Vicos verändern sich und nützen sich ab. Wird sich der Cartesianische Geist im Laufe der Zeit verändern? Was wird an seine Stelle treten? Wie wird dieser neue Trend aussehen? Wer kann darüber etwas wissen? Weil aber die Vicoschen Institutionen uns lange Zeit umgeben haben, und weil Mathematik und Naturwissenschaften gegenwärtig unsere Umgebung prägen, kann man hoffen, daß der Kartesianismus durch eine Synthese der Ansichten von Descartes und Vico ersetzt werden wird.

Die Computerisierung der Welt ist ein fortgeschrittenes Stadium des Kartesianismus. Innerhalb dieses Stadiums werden die Programme autonom. Man hat uns Andeutungen von automatischen Plangenerierungsverfahren vorgeführt und die darauf basierenden Handlungsmöglichkeiten untersucht. Sollte das Wirklichkeit werden, *so wären Mathematik und Computer tatsächlich keine menschlichen Institutionen mehr.*

Sollte es dem Computer gelingen, die Mathematik und die Naturwissenschaften voneinander zu trennen, indem die eine das Gebiet der klassischen Methode bleibt, während die anderen zum Gebiet des Computers werden, so wird die Mathematik der verdorrten Irrelevanz eines Klassikers anheimfallen. Sie wird sich von allen von ihr selbst hervorgebrachten Zielen isolieren und einer Philosophie anhängen, die betont, daß die Gegenstände der Mathematik jenseits menschlichen Ursprungs und menschlicher Erfahrung liegen. Die Naturwissenschaften werden in einen Zustand mechanisierter Versteinerung übergehen, die mit krampfhaftem Selbstbewußtsein einhergeht (im Sinne Max Webers, der damit natürlich den fortgeschrittenen Kapitalismus und nicht die Berechnung beschreiben wollte). Aber es ist noch zu früh, um darüber zu spekulieren. Jedenfalls gewinnt man in keinem der beiden Lager den Eindruck, daß die Mathematik Menschenwerk sei.

Die Menschheit muß eine Synthese schaffen. Es ist offensichtlich, daß vergleichbare Situationen in der Geschichte aufgetreten sind. Man kann auf die Synthese der christlichen und der klassischen Welt hinweisen, die im 12. und 13. Jahrhundert vollzogen wurde und deren herausragender Vertreter Thomas von Aquin gewesen ist. Auch in der mathematischen Szene der Gegenwart gibt es, obwohl die meisten Zeichen genau in die entgegengesetzte Richtung weisen, einige wenige Andeutungen, die hoffen lassen.

Es gibt eine Umformulierung der wichtigsten Thesen in der Philosophie der Mathematik. Die Tendenz dabei läßt sich als »weg von der Logik« und »hin zum phänomenologisch-historisch Erfahrungsmäßigen« beschreiben. So wird die Mathematik sozusagen vom Himmel heruntergeholt. Die Philosophie der Mathematik besagt dann, daß *wir* diese Gedanken hervorbringen, daß *wir* diese Symbole hinschreiben und daß *wir* Mathematik betreiben. Als Resultat *unserer* Anstrengungen ergeben sich für *uns* gewisse Folgen. Ein Teil der Mathematik liegt jenseits unserer Kontrolle, genauso wie Teile des Universums dies tun. Wir können diese beiden

Anteile nicht vollständig trennen. Dennoch beginnt sich ein vertieftes Verständnis für das Zusammenspiel von mathematischen Überlegungen und Argumenten einerseits und dem menschlichen Leben andererseits zu regen. Ob es mehr oder weniger Mathematisierung geben sollte, ist vielleicht nicht die Frage. Wichtig wird sein, daß die Gesellschaft ein Bewußtsein davon entwickelt, daß sie im mathematischen Alltag sich selbst in bestimmter Weise ordnet und daß es dabei also um sie selbst geht. So wird die Mathematik zu einer menschlichen Institution.

Langsam beginnt man zu realisieren, daß einige der intellektuellen Begleiterscheinungen der Mathematik in Wirklichkeit gar nicht so weit von ähnlichen Komponenten der Vicoschen Institutionen entfernt sind. Metaphern und Analogien gibt es sowohl in Mathematik und Physik als auch in Dichtung und Religion. Rhetorik kommt – trotz gegenteiliger Behauptungen – in der Mathematik wie auch in der Politik vor. In der Mathematik wie in den bildenden und aufführenden Künsten trifft man auf ästhetische Urteile.

Die Mathematik verlangt von ihren Ursprüngen und ihrer Entwicklung her nach einer vollständigen Verbindung mit allen Arten von geistigen und körperlichen Bestätigungen des Menschen.

Obwohl die Wissenschaftsgeschichtsschreibung der letzten beiden Jahrhunderte diese Verbindung absichtlich übersehen – oder sich dagegen gesträubt hat, diese einzugestehen, hat die Mathematik dennoch Anregungen und Nahrung von außerhalb erhalten. Solche Quellen waren unter anderem: die Ökonomie, die Religion, das Recht, der Krieg, die Politik, die Ethik, das Glücksspiel, die Metaphysik, der Mystizismus, das Ritual und das Spiel (man achte einmal darauf, wie mathematisch das Kinderspiel »Himmel und Hölle« ist). Also ist »bereinigte« Physik nicht, wie das der Positivismus behauptet, die einzige Quelle des mathematischen Fortschritts.

Die Mathematik hat von diesen menschlichen Institutionen profitiert; sie hat ihnen aber auch viel gegeben.

Eine Mensch-Maschinen-Symbiose ist offensichtlich erreichbar – sei es nun, daß die Maschine von traditionellem Zuschnitt ist oder daß es sich um einen Computer handelt. Diese Symbiose

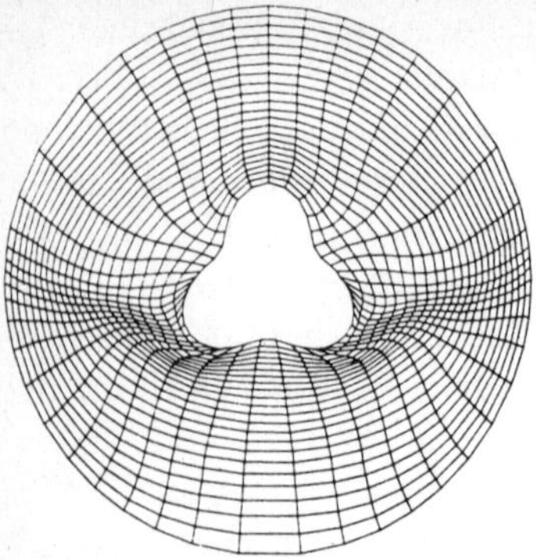

Angepaßtes Gitter für die Lösung einer Reaktions-Diffusions-Gleichung

kann als eine Tatsache des Evolutions- und Adaptationsprozesses angesehen werden. Der Busch der Primitiven ist ein weites und komplexes Milieu. Als der Mensch den Busch verließ, erschuf und adaptierte er gleichzeitig neue physische und begriffliche Umstände. Diese betrachtete er entweder als sein eigenes Werk oder er behauptete, sie seien übernatürlichen Ursprungs. Aus dieser Adaptation entstanden menschliche Institutionen neuer Art, Institutionen, die wir in jeder Hinsicht als ebenso natürlich betrachten können wie die traditionellen und die *mit den gleichen Kriterien* beurteilt werden können, die man auch zur Beurteilung der traditionellen Institutionen benützt.

Ich hoffe, daß all dies hoffnungsvolle Zeichen sind. Man kann sich vorstellen, wie im Jahre 2500, das sehr wohl zum Zeitalter dieser neuen Tendenz gehören könnte, die Seele Vicos vom Elysium etwas überrascht und offensichtlich erfreut herunterschaut und feststellt: »Die Mathematik gehört auch zu den menschlichen Institutionen.«

Kann eine Synthese nicht erreicht werden und kommt es zu einer letzten entscheidenden Auseinandersetzung zwischen Mensch und mathematisierter Naturwissenschaft, so werden die Menschen gut beraten sein, wenn sie den Prozeß stoppen. Überlassen wir sie dem Niedergang – wie so viele Aktivitäten in der Vergangenheit. Die wundervollen Strukturen des Denkens haben sich auf lange Sicht als schädlich erwiesen. Descartes und die

Menschheit haben einen schlechten Weg mit missionarischem Eifer verfolgt.

Die Mathematik verändert sich. Ihre Rolle wandelt sich. Diejenigen, die diesen Beruf vor dem Ansturm des Computers ergriffen haben, sind alt genug, um diese Veränderung intensiv zu spüren. Das Anliegen dieses Buches ist es, in Anbetracht dieser Veränderung auf die Notwendigkeit aufmerksam zu machen, der Entwicklung ein vertieftes Bewußtsein der Beziehung zwischen dem Menschen und der von ihm geschaffenen Mathematik zu gönnen. Dieses Bewußtsein ist erforderlich, um uns vor den Auswirkungen der wahrhaft revolutionären Woge von Symbolen zu schützen, die uns zu überrollen droht.

Dank

Wir möchten folgenden Personen für ihre freundliche Hilfe, für Zusammenarbeit, Kritik und Ermutigung danken: Jackie Damrau, Ernest S. Davis, Joseph Davis, Leah Edelstein, Kathy Hall, Shirley Harty, Daniel Hersh, Eva Hersh, Phyllis Hersh, Mark Horton, Jean Jordan, Penelope Katson, Caterina Kiefe, Igor Najfeld, David Pingree, Moira Robertson, Bill Schaab, Patricia Strauss, Peter Wegner und Jerome Weiner.

Unser besonderer Dank gilt Joan Richards und Charles Strauss für ihr Interesse an diesem Buch und ihre Bereitschaft, Interviews dafür zu geben.

Dank schulden wir Sophie Freud für unsere Diskussionen im vergangenen Jahr.

Wir erwähnen hier mit Freude die großzügige Unterstützung der Alfred P. Sloan Stiftung und des Wayland Collegiums der Brown Universität, die eine Tagung über Philosophie der Berechnung an der Brown Universität im Herbst 1982 finanziell unterstützten. Unser Dank gilt weiter folgenden Personen, die auf dieser Tagung Vorträge gehalten haben: Oliver Alberth, Joseph Ford, Martin Davis, Kenneth Sayre, Dagmar Barnouw, Eugene Charniak, Martin Ringle, Rolf Landauer, Benoit Mandelbrot und Donald Beaver. Die Erfahrungen dieser Tagung haben uns ermutigt, die Niederschrift dieses Buches voranzutreiben.

Ein Stipendium der Fairchild Corporation erleichterte uns das Studium der Computergraphik und -kunst.

Die Hilfe folgender Personen bei der Erstellung des Manuskripts möchten wir dankend anerkennen: Katrina Avery, Ezoura Fonseca, Deborah J. Long, Deborah Van Dam und Roberta Weller. Vielleicht ist die Computertechnologie schon im Begriff, diese Art von Danksagung zu verdrängen. Wir arbeiteten auf altertümliche Art und Weise mit Stift und Papier, mit Schere und Klebstoff. Die Personen, die uns halfen, arbeiteten verschiedenartig: mit elektrischen Schreibmaschinen, mit Diktiergeräten und mit Textverarbeitungssystemen.

Der Schreibmaschine verdanken wir den Stakkatostil Hemingways, den typographischen Humor von E. E. Cummings und die Possen von Archy, dem Käfer von Don Marquis. Das nächste Jahrzehnt wird klären, was gewonnen wird und was verlorengeht, wenn Autoren ganz auf sich gestellt arbeiten und ihre Gedanken vom ersten Entwurf bis zur öffentlichen Verbreitung mit Hilfe des Computers bearbeiten.

Die Textverarbeitung ist eine der bemerkenswertesten Errungenschaften unseres mathematisierten Zeitalters. Sie könnte sehr wohl unsere Vorstellungen von dem, was ein Buch ist, verändern. In der Vergangenheit schrieb ein Autor. Er schrieb neu, korrigierte und editierte, bis schließlich ein Buch erschien. Dieses konnte mehrere Auflagen erleben. Im Zeitalter der Textverarbeitung ist ein Buch eine dynamische Sache, die kontinuierlich durch den Autor oder seine literarischen Erben auf den neuesten Stand gebracht werden kann. Der »on-line«-Leser verlangt die Fassung von heute. So wird ein Buch von einem statischen Objekt zu einer lebendigen Institution mit allen Stärken und Schwächen einer solchen.

Für freundliche Genehmigungen danken wir: American Scientific United Press, University of Wisconsin Press und der Southern Humanities Review. Sie alle erlaubten uns den Nachdruck von ursprünglich in ihren Veröffentlichungen erschienenen Artikeln. Für die Überlassung von graphischem Material bedanken wir uns bei: Sammlung Lownes, John Hay Bibliothek, Brown Universität; John Carter Brown Bibliothek, Brown Universität; Fachbereich Informatik der Universität von Utah, Salt Lake City; National Aeronautics and Space Administration; Science 84; Katrina Avery; Louise Goodman; Irene Shwachman; Wayne Timmerman; John Weiner; Frederic Bisshopp; I. J. Schoenberg; Keith Long; Ben Trumbore und Kelan Putbrese.

Glossar

Abhandlung »Von der richtigen Methode« (französischer Originaltitel »Discours de la méthode«): Descartes' philosophisches Hauptwerk, das 1637 in französischer Sprache erschien. In ihm legt Descartes seine Vorstellungen über den richtigen Erkenntnisweg dar sowie seine Entwicklung des Wahrheitsbegriffs. Den Anhang zu diesem Werk bildete die »Geometrie«, in der die Grundzüge der Koordinatenmethode entwickelt werden. Unabhängig von Descartes hat Fermat diese etwa gleichzeitig entdeckt.

algebraische Struktur reeller Zahlen: Hamilton schlug 1833 vor, komplexe Zahlen als Paare von reellen Zahlen aufzufassen, wobei Addition und Multiplikation geeignet definiert werden:

$$(a, b) + (c, d) = (a + c, b + d)$$
$$(a, b) \cdot (c, d) = (ac - bd, ad + bc)$$

Literatur: H. Pieper: »Die komplexen Zahlen. Theorie – Praxis – Geschichte« (Frankfurt, 1985).

Algorithmus: ein Rechenverfahren, das für alle Eingaben in endlich vielen Schritten das gewünschte Ergebnis liefert. Beispiel: der euklidische Algorithmus liefert den g. g. T. zweier natürlicher Zahlen. Algorithmen können von Computern durchgerechnet werden.

auf ein Metaniveau poppen: Übergang von einer Ebene (z. B. der Umgangssprache) zu einer höheren Ebene (z. B. dem Sprechen über die Umgangssprache – etwa in der Grammatik). Gegensatz: auf ein Niveau pushen.

axiomatisch (Axiome, axiomatisch-deduktives System): ein mathematisches Gebiet wird axiomatisiert, indem man eine Menge von Sätzen auszeichnet – die sogenannten Axiome –, aus denen man alle anderen interessanten Theoreme durch logisches Schließen ableiten kann. Bis ins 20. Jahrhundert hinein sollten die Axiome besonders evidente Sätze sein. (»Durch zwei Punkte gibt es genau eine Gerade.«) Euklid hat die Geometrie axiomatisiert. Die Lücken in seinen Axiomen wurden von Hilbert (1899) geschlossen.

Bayessches Gesetz: Formel, mit deren Hilfe man bedingte Wahrscheinlichkeiten berechnen kann.

Bit: die kleinste Einheit der Information (0/1 – Entscheidung).

Bite: Zusammenfasstung von 8 Bits zu einer größeren Einheit.

characteristica universalis: (auch »Leibnizsche Charakteristik« genannt) eine ideale Sprache, die folgende Eigenschaften haben sollte:

a) Zeichen und einfache Begriffe entsprechen eineindeutig einander;

b) einem aus einfachen Begriffen zusammengesetzten Begriff entspricht das Zeichen, das aus der Zusammensetzung der den einfachen Begriffen entsprechenden Zeichen entsteht; und

c) Beziehungen zwischen Begriffen werden durch Beziehungen zwischen Zeichen eindeutig wiedergegeben.

Compilergenerator (auch compiler – compiler): ein Übersetzungsprogramm, das automatisch Programme, die in einer bestimmten Programmiersprache geschrieben sind, in eine andere Sprache übersetzt.

Differentialoperator: das Differenzieren einer Funktion läßt sich auffassen als Anwendung eines Differentialoperators auf diese Funktion.

Differenzengleichung: eine Gleichung, in der eine Funktion mit Hilfe der Differenzen von Funktionswerten festgelegt wird, z. B. eine arithmetische Folge ist dadurch charakterisiert, daß alle ihre Differenzen konstant sind: $a_{n+1} - a_n = c$ für alle $n \in N$.

elliptisches Integral: eine spezielle Klasse von Integralen, die keine explizite Lösung mit elementaren Funktionen zulassen. Elliptische Integrale und deren Lösungsfunktionen wurden im 19. Jahrhundert intensiv studiert. Beispiel:

$$\int \frac{dx}{\sqrt{4x^3-ax-b}}$$

Entschlüsselungsgruppe in Blechley: im Zweiten Weltkrieg gelang es den Alliierten, den von der deutschen Wehrmacht benützten Code zu entschlüsseln. An der Arbeit dieser Entschlüsselungsgruppe war auch A. Turing maßgeblich beteiligt.

Euklids Elemente: erste axiomatisch-deduktive Darstellung der Geometrie; entstanden im 3. Jahrhundert vor Christus. Die »Elemente« blieben 2000 Jahre lang Vorbild einer strengen mathematischen Theorie.

falsifizieren: nach Popper sollten sich naturwissenschaftliche Theorien nicht dadurch auszeichnen, daß man sie streng beweisen kann, sondern dadurch, daß sie prinzipiell widerlegbar sind.
Die Falsifizierbarkeit, als Kriterium für Wissenschaftlichkeit schlechthin formuliert, schließt damit bestimmte Aussagentypen aus. (Z. B. ist ein Satz wie: »Probleme einer Gesellschaft entstehen aus der fehlgeleiteten Sozialisation ihrer Individuen.« nicht falsifizierbar.)

formales System: besteht aus einem Zeichenvorrat (Alphabet) und Regeln für die Zusammensetzung von Zeichen (Formationsvorschriften für die Bildung wohlgeformter Formeln) sowie aus Ableitungsregeln (für den Übergang von einer gegebenen zu einer anderen Formel). Nach Ansicht des Formalismus läßt sich die gesamte Mathematik als formales System behandeln. Da hierbei keine inhaltlichen Überlegungen mehr vorkommen, läßt sich ein formales System zumindest prinzipiell immer programmieren.

Formalismus: auf Hilbert zurückgehende Auffassung der Mathematik, die als ein formales Spiel gemäß vorgegebener Regeln angesehen wird. Hinzu kommen Widerspruchsfreiheitsbeweise für dieses Spiel, die in der Metamathèmatik geführt werden sollen.

gebrochene Dimension: von Mandelbrot im Anschluß an Hausdorff vorgenommene Verallgemeinerung des Dimensionsbegriffs (»fraktale [= gebrochene] Geometrie«). Manche Gebilde (wie z. B. die Peano- und die Schneeflockenkurve) haben in dieser Theorie eine gebrochene Zahl als Dimension.

glatt: eine unendlich oft differenzierbare Funktion.

Graph: Schema aus Ecken und Kanten. Das früheste graphentheoretische Problem ist das »Königsberger Brückenproblem« (Euler). Ist es möglich, einen Spaziergang durch das alte Königsberg zu machen, ohne eine Brücke zweimal zu überschreiten?

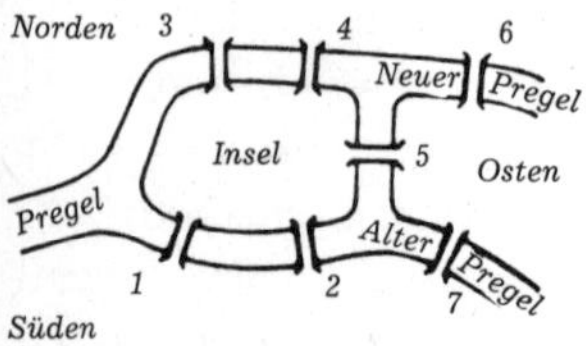

Grenzwert: Definition der Abteilung einer Funktion an einer Stelle x mit Hilfe des Grenzwertbegriffes (»ε-δ-Sprache«):

$$f'(x) := \lim_{h \to 0} \frac{f(x+h) - f(x)}{h}$$

Hankel, Hermann (1839–1873): deutscher Mathematiker, Professor in Erlangen und Tübingen, schrieb »Zur Geschichte der Mathematik im Alterthum und Mittelalter« (hg. 1874, Nachdruck 1965).

holistisch: ganzheitlich (meist auf Theorien bezogen).

Hypersphäre: eine Kreislinie (auch Sphäre genannt) besteht aus allen Punkten, die von einem festen Punkt, dem Mittelpunkt, einen bestimmten Abstand haben. Diese Definition läßt sich direkt auf höhere Dimensionen übertragen (man muß dazu nur wissen, wie der Abstand zweier Punkte zu messen ist) und liefert dann die Hypersphäre.

ich berechne, also bin ich: Anspielung auf Descartes' berühmtes »Ich denke, also bin ich« (cogito ergo sum) aus den »Meditationen«. Vielfach auch als »Ich zweifle, also bin ich« wiedergegeben.

Infinitesimalien: Definition der Ableitung einer Funktion an der Stelle x mit Hilfe unendlicher kleiner Größen (Infinitesimalien):

$$f'(X) := st\left(\frac{f(x+dx) - f(x)}{dx}\right) \quad \text{(dx unendlich klein)}$$

Dieses Verfahren ist in der Non-Standard-Analysis üblich.

interaktiv: eine Programmiersprache, die dem Benutzer weitgehende Eingriffsmöglichkeit in ein laufendes Programm gibt (Gegensatz: Stapelbetrieb). Beispiel: LISP, LOGO.

Irrationalität von $\sqrt{2}$: es gibt keine rationale Zahl (Bruchzahl), deren Quadrat gleich 2 ist. Geometrisch formuliert bedeutet das: Quadratseite und -diagonale sind inkommensurabel; es ist nicht möglich, die Diagonale mit der Seite und Bruchteilen von dieser genau auszumessen (»Wechselwegnahme«, »Euklidischer Algorithmus«). Diese Entdeckung stammt aus dem 5. Jahrhundert v. Chr., vermutlich von dem Pythagoräer Hippasos von Metapont. Sie erschütterte die Grundlagen der antiken Mathematik. Literatur: K. Volkert, »Geschichte der Analysis« (Mannheim/Wien/Zürich, 1988).

Katastrophentheorie: von dem französischen Mathematiker René Thom in den 70er Jahren entwickelte mathematische Theorie zur Beschreibung von abrupten Veränderungen komplexer Systeme (z. B. Zerbrechen einer Glasscheibe). Für Thom stellt die Katastrophentheorie darüber hinaus eine Naturphilosophie dar.

Kettenlinie: das Problem der Kettenlinie wurde im 17. Jahrhundert mit Hilfe der damals gerade erfundenen Differentialrechnung von Leibniz, Newton und anderen gelöst.

Komplexitätstheorie: beschäftigt sich mit der Suche nach möglichst guten Algorithmen. Die Komplexität ist das Maß für den erforderlichen rechnerischen Aufwand.

Korrelationskoeffizient: Maß für die Abhängigkeit zweier Zufallsgrößen voneinander. Ist der K. gleich 0, so sind die beiden Größen unabhängig voneinander (z. B. Intelligenz und Schuhgröße), ist er nahezu 1, so schließt man auf eine kausale Abhängigkeit.

lineares System: es treten die gesuchten Größen nur in der ersten Potenz (»linear«) auf.

Markovmatrix: ein quadratisches Schema (Matrix), in dem die Übergangswahrscheinlichkeiten zwischen verschiedenen Zuständen eines stochastischen Prozesses (Markovkette) eingetragen werden. Dabei summieren sich Zeilen und Spalten zu 1 (»stochastische Matrix«).

mathematischer Autor: gemeint ist Lewis Carroll alias Charles Dodgeson (1832–1898), Lecturer für Mathematik am Christ Church College in Oxford. Als Mathematiker arbeitete Dodgeson über Geometrie (insbesondere lehnte er die Nichteuklidische Geometrie stets ab) und formale Logik. Weltberühmt wurde er durch seine Erzählungen »Alice im Wunderland« und »Alice hinter den Spiegeln«.

Modell (sensu strictu): ein konkreter Gegenstandsbereich, in dem die Axiome einer abstrakten Theorie (Struktur) erfüllt sind. Beispiel: $(\mathbb{Z}, +)$ ist ein Modell einer kommutativen Gruppe.

modulares Denken: Zerlegen eines Problemes in einfachere Teilprobleme und Zusammensetzen der Teillösungen zu einer Gesamtlösung.

monoton: wachsend: $x_1 < x_2 \Rightarrow f(x_1) < f(x_2)$
fallend: $x_1 < x_2 \Rightarrow f(x_1) > f(x_2)$

Mustererkennung (pattern recognition): Teilgebiet der Künstlichen Intelligenz, das sich mit der Erkennung von Bildern (im einfachsten Falle: geometrische Muster) durch Computer beschäftigt. Sehr wichtig im Zusammenhang mit Robotern.

Neunerregel: eine Zahl ist genau dann durch 9 teilbar, wenn ihre Quersumme durch 9 teilbar ist.

Nichteuklidische Geometrie: Bei Euklid findet sich das sogenannte Parallelenaxiom. Modern formuliert lautet dieses: liegt ein Punkt P nicht auf der Geraden g, so gibt es durch P genau eine Parallele zu g. Man hat sehr lange versucht, dieses Axiom aus den anderen Axiomen zu beweisen. Etwa 1830 bemerkten Gauß, Bolyai und Lobatschewski, daß man mit der Negation dieses Axioms (entweder ›es gibt keine Parallele ...‹ oder ›es gibt mehr als eine Parallele‹ ...) ebenfalls eine widerspruchsfreie Geometrie aufbauen kann. Also muß dieses Axiom von den anderen Axiomen unabhängig sein. Die so gewonnenen Geometrien bezeichnet man als nichteuklidisch.

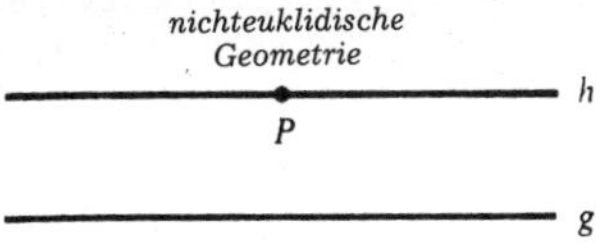

Nomographie: Bezeichnung für die graphische Darstellung funktionaler Zusammenhänge (mehrerer Variablen).

Nonstandardanalysis: von A. Robinson in den 60er Jahren erfundene Erweiterung der Analysis, in der es unendlich kleine Größen gibt. Eine Größe ist unendlichklein, wenn es kein Vielfaches derselben gibt, das 1 übertrifft (Nichtarchimedizität). Die NSA erinnert an die Infinitesimalrechnung von Leibniz und seinen Anhängern. Inwieweit sie dazu geeignet ist, deren Theorien im nachhinein zu rechtfertigen; ist aber heftig umstritten. Literatur: D. Laugwitz, »Zahlen und Kontinuum« (Mannheim/Wien/Zürich, 1986).

Normalverteilung: Grundbegriff der Statistik, auch Gaußverteilung oder Glockenkurve genannt:

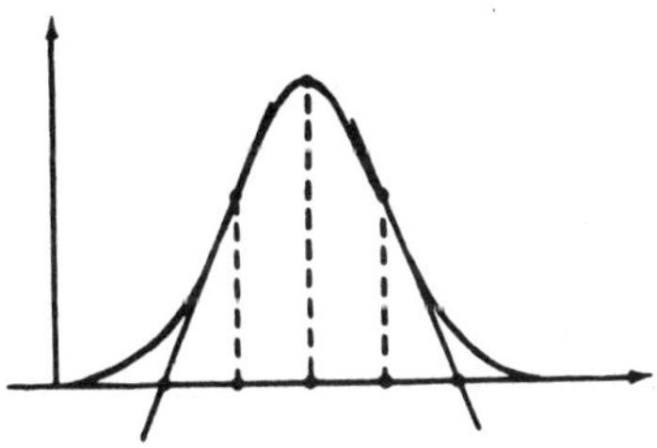

Paradoxien der Mengenlehre: in den Anfängen der Mengenlehre (Cantor, Frege) ging man davon aus, daß jede Eigenschaft eine Menge definiere (die aus all den Elementen besteht, die die fragliche Eigenschaft aufweisen). Russell (und vermutlich Zermelo) zeigte um die Jahrhundertwende, daß die Eigenschaft »M ist eine Menge, die sich nicht selbst als Element enthält« keine Menge definieren kann, da diese Menge widersprüchlich wäre. Diese Entdeckung löste u. a. den Grundlagenstreit aus. Die mathematische Grundlagenforschung sucht seither nach Auswegen aus diesem Dilemma (z. B. Typentheorie (Russell), axiomatische Mengenlehre (Zermelo-Fraenkel)). Übereinstimmung konnte bis heute noch nicht erzielt werden.

Parallelenpostulat: siehe Nichteuklidische Geometrie.

Platonismus: im mittelalterlichen Universalienstreit diejenige Auffassung, die die vom Denken unabhängige Existenz der allgemeinen Begriffe (Universalien) behauptete – Gegensatz: Nominalismus, Konzeptualismus. In der Philosophie der Mathematik die Tendenz, »die Gegenstände als losgelöst von aller Bindung an das denkende Subjekt zu betrachten.« (Bernays) – Gegensatz: Intuitionismus, Konstruktivismus.

Potenzreihen, Fourierreihen, orthogonale Funktionen: bieten die Möglichkeit, weitgehend beliebige Funktionen mit Hilfe von unendlichen Summen (Reihen) einfacherer Funktionen darzustellen. Wichtig für numerische Zwecke.

psychoanalytischer Dialog: Joseph Weizenbaum schrieb ein Programm »Eliza«, das sich mit einem Menschen ähnlich einem Psychoanalytiker unterhalten konnte. Die meisten Versuchspersonen vergaßen sehr schnell, daß sie es mit einer Maschine zu tun hatten. Dieses Schlüsselerlebnis veranlaßte Weizenbaum zu seinen Warnungen vor der Computerisierung (vgl. »Die Macht der Computer und die Ohnmacht der Wissenschaft«).

Riemannsche Vermutung: besagt, daß die Nullstellen der Zetafunktion alle auf einer bestimmten Geraden (in der komplexen Ebene) liegen. Aufgestellt von Bernhard Riemann (1820–1864), ist diese Vermutung bis heute ungelöst. Eines der berühmtesten Probleme der reinen Mathematik.

Sehnentafel: vor Euler (»Introductio in analysin infinitorum«, 1748) war es üblich, den Sinus als Sehne in einem Kreis zu definieren, weshalb dieser vom Radius des Kreises abhing. Erst Euler bezog den Sinus auf den Winkel im Einheitskreis.

Sphärenharmonie: von den Pythagoräern (hauptsächlich von Aristarch von Samos) vertretene Vorstellung, wonach die Himmelskörper hinsichtlich ihrer Abstände und Geschwindigkeiten den Gesetzmäßigkeiten der musikalischen Harmonien unterliegen. Die Bewegung der Himmelskörper erzeugt die Sphärenmusik. Allgemein versteht man unter Sphärenharmonie (im weiteren Sinne) die Annahme, daß die Himmelskörper einfachen mathematischen Gesetzmäßigkeiten unterlägen. Ein bemerkenswertes Dokument hierfür ist Keplers »Harmonia mundi« (1619).

Standardabweichung (σ): Grundbegriff der Statistik, die die »Breite« einer Verteilung mißt. Ist die Standardabweichung groß, so liegen viele Werte vom Mittelwert entfernt, d. h. die Zufallsverteilung streut stark.

Theaitet: Mathematiker aus der Schule Platons, der sich mit Irrationalzahlen und den Platonischen Körpern beschäftigte. Platon hat ihm seinen Dialog über die Frage »Was ist Wissen?« gewidmet.

Wärmetod: nach dem Zweiten Hauptsatz der Thermodynamik von Clausius nimmt die Entropie in einem geschlossenen System immer mehr zu. Für das Weltall bedeutet das, daß sich die Temperaturdifferenzen vollständig ausgleichen werden.

Wahrheitstafeln: die Wahrheitstafeln liefern eine Semantik für die Aussagenlogik. Mit ihrer Hilfe lassen sich die Verknüpfungen (Junktoren) ›und‹, ›oder‹, ›wenn ..., dann ...‹ usw. definieren. Diese Festsetzungen kommen dem gewöhnlichen Verständnis dieser Worte recht nahe. Die Wahrheitstafeln wurden 1921 von Wittgenstein und Post eingeführt.

Zeitreihenanalyse: in der Ökonomie angewandtes Verfahren zur Untersuchung von zeitlich veränderlichen Größen. Die klassische Zeitreihenanalyse führt solche Veränderungen auf die vier Faktoren Konjunktur, Saison, Zufall und Trend zurück. Es geht dann darum, die Wechselwirkungen zwischen den verschiedenen Faktoren zu analysieren sowie deren Einfluß auf die zu untersuchende Größe zu ermitteln.

Bibliographie

Aaboe, Asger: Episodes from the Early History of Mathematics. New York: Random House, 1964

Adcock, Craig: »Conventionalism in Henri Poincaré and Marcel Duchamp.« Art Journal, College Art Association in America, Fall 1984, 249–258

Albers, D. A. and *Alexanderson, G. L.*, eds.: Mathematical People. Profiles and Interviews. Cambridge: Birkhäuser, 1985

Allen, Allen: Some Necessary Conditions for Consciousness, Memory as a Sixth Sense, and Related matters. Correspondence, Speculations in Science and Technology, 4: 411–445, 1981

Andreski, S.: Social Sciences as Sorcery. New York: St. Martin's Press, 1972

Arbib, Michael A.: The Metaphorical Brain. New York: Wiley-Interscience 1972

Arbib, Michael, A. and *Caplan, David:* Neurolinguistics must be Computational. The Behavioral and Brain Sciences, 2: 449–483, 1979

Arden, Bruce W., ed.: What Can Be Automated? The Computer Science and Engineering Research Study (COSERS). Cambridge: MIT Press, 1980

Arendt, Hannah: The Human Condition. Chicago: University of Chicago Press, 1958. Particularly Chapter VI

Aris, Rutherford, and *Penn, Mischa:* The Mere Notion of a Model. Mathematical Modeling, 1: 1–12, 1980

Aristoteles: Über den Himmel. In: Aristoteles: Die Lehrschriften. (herausgegeben, übertragen und in ihrer Entstehung erläutert von Paul Gohlke) Band IV; 2. Teil (Paderborn: Schoningh, 1958)

Arnold, V. I.: Gewöhnliche Differentialgleichungen. Berlin–Heidelberg–New York: Springer Verlag 1980

Avenhaus, R. and *Huber, R. K.* (eds.): Quantitative Assessment in Arms Control. New York: Plenum, 1984

Ayer, A.: Sprache, Wahrheit und Logik. Stuttgart: Reclam, 1970

Barbeau, E. J.: Euler Subdues a Very Obstreperous Series. American Math. Monthly, 86: 356–371, 1979

Baruk, S.: L'age du capitaine. De L'erreur en mathematiques. Paris: Editions du Seuil, 1985

Barzun, J.: A Stroll with William James. New York: Harper and Row, 1983

Becker, Gary S.: A Treatise on the Family. Cambridge: Harvard University Press, 1981

Bell, Eric Temple: The Search for Truth. New York: Reynal and Hitchcock, 1934

Bennett, Charles H.: On Random and Hard-to-Describe Numbers. IBM Thomas J. Watson Research Center Research Report RC 7483, 1979

Berggren, Douglas: The Use and Abuse of Metaphor. The Review of Metaphysics, XVI: 237–258, 450–472, 1962

Berlin, Isaiah: Vico and Herder: Two Studies in the History of Ideas. New York: Viking Press, 1976

Berlin, Isaiah: Wider das Geläufige. Aufsätze zur Ideengeschichte. Stuttgart: Europäische Verlagsanstalt, 1981

Berlinski, David: On Systems Analysis. Cambridge: MIT Press, 1976

Berlinski, David: Black Mischief. New York: William Morrow, 1986

Bledsoe, W. W. and *Loveland, D. W.*, eds.: Automated Theorem Proving: After 25 Years. Providence: American Mathematical Society, 1984

Boolos, George and *Jeffrey, Richard:* Computability and Logic. Cambridge University Press, 1974

Borges, J.: Erzählungen. In: Borges, J.: Gesammelte Werke Band 3 (2 Teile) München: 1981

Borst, C. V., ed.: The Mind/Brain Identity Theory. New York: Macmillan, 1970

Boyer, Carl B.: A History of Mathematics. New York: John Wiley & Sons, 1968

Boynton, G. R.: Mathematical Thinking about Politics. New York: Longman, 1979

Brams, Steven J.: Superior Beings. New York: Springer-Verlag 1983

Brandon, S. G. F.: Time and the Destiny of Man. The Voices of Time, J. T. Fraser, ed.

Bremer, S. et al.: Weltmodellstudien, Wachstumsprobleme und Lösungsmöglichkeiten (Meisenheim; Anton Hain Verlag, 1980)

Bremmerman, Hans J.: Complexity and Transcomputability. 168–174 of Duncan and Weston-Smith

Brooks, F. P. Jr.: The Mythical Man-Month: Essays on software engineering. Reading, MA: Addison-Wesley, 1975

Bruke, T. E.: The Philosophy of Popper. Manchester University Press, 1983

Campbell, D. M. and *Higgins, J. C.*, eds.: Mathematics: People, Problems, Results. 3 vols. Belmont: Wordsworth International, 1984

Capek, M.: The Concepts of Space and Time. Dordrecht/Boston: D. Reidel Publishing, 1976

Caponegri, A. R.: Time and Idea. Chicago: Henry Regnery, 1953

Carbonell, Jaime G.: Metaphor Comprehension. Computer Science Dept., Carnegie-Mellon University, May 1981

Card, S. K., Moran, T. P. and *Newell, Allen:* The Psychology of Human-Computer Interaction. Hillsdale, N. J.: Lawrence Erlbaum Associates, 1984

Chaitin, Gregory J.: Randomness and Mathematical Proof. Scientific American, 1975

Clark, Sir Kenneth: What is a Masterpiece? London: Thames and Hudson, 1979

Clark, Sir Kenneth: The Art of Humanism. Chap. 2. New York: Harper & Row, 1983

Clement, John, Lochhead, Jack and Soloway, Elliot: Translating between Symbol Systems: Isolating a Common Difficulty in Solving Algebra Word Problems. Cognitive Development Project, Dept. of Physics and Astronomy, University of Massachusetts, Amherst, 1979

Cornford, F. M.: The Invention of Space. Reprinted in The Concepts of Space and Time, by Milic Capek. Dordrecht/Boston: D. Reidel Publishing, 1976

COSRIMS: The Mathematical Sciences: A Collection of Essays. Edited by the National Research Council's Committee on the Support of Research Council's Committee on the Support of Research in the Mathematical Sciences. Cambridge: MIT Press, 1969

Crick, Francis: Of Molecules and Men. Seattle: University of Washington Press, 1966

Crombie, A. C., ed.: Scientific Change. London: Heinemann, 1963

Dahlquist, G. and *Bjorck, A.:* Numerical Methods. Englewood Cliffs, N. J.: Prentice-Hall, 1974

Daston, Lorraine J.: The Reasonable Calculus: Classical Probability Theory, 1650–1840. Ph. D. dissertation, Harvard University, Cambridge, 1979

Daston, Lorraine J.: Probabilistic Expectation and Rationality in Classical Probability Theory. Historia Mathematica, 7: 234–260, 1980

David, F. N.: Games, Gods and Gambling. New York: Hafner, 1962

Davis, Ernest S.: Limits and Inadequacies in Artificial Intelligence, No Way, P. J. Davis and D. Park, eds., New York: W. H. Freeman, 1986

Davis, Ernest S.: Reasoning, Common Sense. Encyclopaedia of Artificial Intelligence. New York: Wiley, 1986

Davis, Martin: Computability and Unsolvability. New York: McGraw-Hill, 1958

Davis, Martin, Ed.: The Undecidable. New York: Raven Press, 1965

Davis, Martin: What is a Computation? 241–267 of L. A. Steen, Mathematics Today

Davis, P. J.: Numerical Analysis: *Cosrims:* The Mathematical Sciences, 128–137. Cambridge: MIT Press, 1969

Davis, P. J.: »Fidelity in Mathematical Discourse: Is one and one really two?« American Math. Monthly, 79: 252–263, 1972

Davis, P. J.: When Mathematics Says No: Impossibilities in the Mathematical Field. No Way. P. J. Davis and D. Park, eds. New York: W. H. Freeman, 1986

Davis, P. J. und *Hersh, R.:* Erfahrung Mathematik. Basel–Boston–Stuttgart: Birkhäuser, 1986

Davis, P. J. and *Park, D.*, eds.: No Way: The Nature of the Impossible, New York: W. H. Freeman, 1986

Davis, Randall and *Levat, Douglas B.:* Knowledge-Based Systems in Artificial Intelligence. New York: McGraw-Hill, 1982

Deken, Joseph G.: The Electronic Cottage. New York: Bantam, 1982

Deken, Joseph G.: Computer Images. New York: Stewart, Tabori and Chang, 1983

De Bruijn, N. G.: »A Survey of the Project Automath«. Essays on Combinatory Logic, Lambda Calculus, and Formalism. J. P. Seldin and J. R. Hindley, eds. New York: Academic Press, 1980

De La Mare, Walter: Behold, This Dreamer, London: Faber, 1939

De Millo, R. A., Lipton. R. J., and *Perlis, A. J.:* Social Processes and Proofs of Theorems and Programs, Communications of the ACM. 22: 271–280, 1979. Reprinted in Mathematics, Campbell and Higgins, eds.

Dennett, Daniel C.: The Role of the Computer Metaphor in Understanding the Mind. Computer Culture, H. R. Pagels, ed.

Dertouzos, Michael L. and *Moses, Joel,* eds.: The Computer Age: A Twenty-Year View. Cambridge: MIT Press, 1979

Descartes, R.: Von der Methode des richtigen Vernunftgebrauchs und der wissenschaftlichen Forschung. Hamburg, Meiner, 1978

Dijkstra, E. W.: A Discipline of Programming. Englewood Cliffs, N. Y.: Prentice-Hall, 1976

Dijkstra, E. W., De Millo, R. A., Lipton, R. J. and *Perlis, A. J.:* A polemical exchange between Dijkstra and the others. ACM SIGSOFT, Software Engineering Notes. 3 (2): 14–17 April 1978

Dreyfus, H.: Die Grenzen Künstlicher Intelligenz. Was Computer nicht können. Königstein: Athenäum, 1985

Dreyfus, Hubert L.: A Framework for Misrepresenting Knowledge. 124–136 of Philosophical Perspectives in Artificial Intelligence, M. Ringle, ed. Brighton: Harvester Press, 1979

Duncan, Ronald and *Weston-*

Smith, Miranda, eds.: The Encyclopedia of Ignorance. New York: Pergamon Press, 1977; Pocket Books, 1978

Eccles, Sir J. and *Robinson, D. N.:* Das Wunder des Menschseins. Gehirn und Geist. München: Piper, 1983

Eiseman, Peter R.: Geometric Methods in Computational Field Dynamics. ICASE Report 80–11, April 1970, Langley Field, Va.

Eitzen, S. D.: Sport in Contemporary Society. New York: St. Martin's Press, 1979

Ellul, Jacques: L'Empire du Non-Sens. Paris: Presses Universitaires de France, 1980

D'Espagnat, Bernard: In Search of Reality. New York: Springer Verlag, 1983

Evans, C.: Die winzigen Riesen. Mikroprozessoren revolutionieren die Gesellschaft. Berlin: Ullstein; 1983

Feigenbaum, E. und *McCorduck, P.:* Die fünfte Computergeneration. Künstliche Intelligenz und die Herausforderung Japans. Basel: Birkhäuser, 1984

Fine, Terrence L.: Theories of Probability: An Examination of Foundations. New York: Academic Press, 1973

Finkelstein, M. O.: Quantitative Methods in Law. New York: Free Press-Macmillan, 1978

Foley, James D. and *Van Dam, Andries:* Fundamentals of Interactive Computer Graphics. Reading, MA: Addison-Wesley, 1982

Ford, Joseph: How Random is a Coin Toss? School of Physics, Georgia Institute of Technology, 1983

Forrester, Jay W.: Counterintuitive Behavior of Social Systems. Technology Review 73, January 1971

von Franz, M. L., ed.: Time and Syncronicity in Analytical Psychology. The Voices of Time, J. T. Fraser, ed.

Fraser, J. T., ed.: The Voices of Time. Amherst: University of Massachusetts Press, 1981

Gaffney, Matthew P. and *Steen, Lynn Arthur:* Annotated Bibliography of Expository Writing in the Mathematical Sciences. Mathematical Association of America, 1976

Galilei, G.: Unterredungen und mathematische Demonstrationen über zwei neue Wissenszweige, die Mechanik und die Fallgesetze betreffend. Darmstadt. Wissenschaftliche Buchgesellschaft, 1985

Gillispie, C. C.: Intellectual Factors in the Background of Analysis by Probability, Scientific Change, A. C. Crombie, ed., 431–453

Gillispie; C. C.: The Edge of Objectivity. Princeton: Princeton University Press, 1972

Godwin, John: The Mating Trade. New York: Doubleday, 1973

Goldstine, Herman H.: The Computer from Pascal to von Neumann. Princeton: Princeton University Press, 1972

Goldstine, Herman H.: A History of Numerical Analysis from the 16th through the 19th Century. Heidelberg: Springer Verlag, 1977

Good, I. J.: Speculation Concerning the First Ultra-Intelligent Machine. Princeton: Institute for Defense Analysis, 1964

Good, I. J.: Subject Index of Speculation Concerning the First Ultraintelligent Machine. Advances in Computers, 6: 31–88, 1965

Good, I. J.: Dynamic Probability, Computer Chess, and the Measurement of Knowledge. Machine Intelligence, 8: 139–150, 1977

Grabiner, Judith V.: Is Mathematical Truth Time-Dependent? American Mathematical Monthly, April 1974, 354–365

Gregory, Richard L.: Consciousness. 274–281 of Duncan and Weston-Smith

Gregory, R. L.: The Intelligent Eye. London: Weidenfeld and Nicolson, 1970

Grunbaum, Branko: Shouldn't We Teach Geometry? Two Year College Mathematics Journal, 12: 232–238, 1981

Hacking, Ian: The Emergence of Probability. Cambridge. Cambridge University Press, 1975

Hamming, R. W.: Numerical Methods for Scientist and Engineers. 2nd edition. New York: McGraw-Hill, 1973

Henlein, Robert A.: Time enough for Love. New York: Plenum, 1973

Hirt, C. W. and *Ramshaw, J. D.:* Prospects for Numerical Simulation of Bluff-Body Aerodynamics. Aerodynamic Drag Mechanisms of Bluff Bodies and Road Vehicles, Sovran, Morel, and Mason, eds., New York: Plenum, 1978

Hofstadter, Douglas: Gödel, Escher, Bach: Ein endlos geflochtenes Band. Stuttgart: Klett Verlag [8]1986

Hofstadter, D. und *Dennett, D.:* Einsicht ins Ich. Fantasien und Reflexionen über Selbst und Seele. Stuttgart: Klett Verlag, 1986

Hoppenstadt, F. C.: Mathematical Methods of Population Biology. Cambridge: Cambridge University Press, 1982

Houts, Paul L., ed.: The Myth of Measurability. New York: Hart Publishing Co., 1977

Huber, R. et al.: Waffensystemplanung. Systemtechnische Ansätze und Beiträge. München, 1977

Huxley, Aldous: Literature and Science. New York: Harper & Row, 1963

Iano, Richard: Is Education a Science? No Way! In P. J. Davis & P. Park

Jaki, Stanley L.: Brain, Mind and Computers. South Bend, Indiana: Gateway Editions, 1969

Johnson, Deborah G.: Computer Ethics. Englewood Cliffs: Prentice-Hall, 1985

Kemeny, J. G.: The Case for Computer Literacy. Daedalus, Spring 1983, 211–230

Kent, E. W.: The Brains of Men and Machines. New York: McGraw-Hill, 1981

Kerr, Donald M., Braithwaite, Karl, Metropolis, N., Sharp, David H. and *Rota, Gian-Carlo,* eds.: Science, Computers, and the Information Onslaught – A collection of Essays. Orlando: Academic Press, 1984

Knuth, Donald, E.: The Art of Computer Programming. Volume I. Fundamental Algorithms, Reading, MA: Addison-Wesley, 1968; Volume II 1969, Volume III 1973

Knuth, Donald E.: Mathematics and computer Science: Coping with Finiteness. Science 194: 1235–1242, 1976

Kline, Morris: Mathematical Thought from Ancient to Modern Times. Oxford: Oxford University Press, 1972

Koblitz, N.: Mathematics as Propaganda. Mathematics Tomorrow. 111–120. Lynn Arthur Steen, ed. New York: Springer Verlag, 1981

Kohlberg, L.: Gesammelte Schriften. Band I. Philosophische und psychologische Untersuchungen zur Moralentwicklung. Frankfurt: Suhrkamp, 1985

Kosslyn, Stephen M. and *Hatfield, Gary C.:* Representation Without Symbol Systems. To appear in Social Research, special issue on Cognitive Science

Koyre, A.: Von der geschlossenen Welt zum unendlichen Universum. Frankfurt: Suhrkamp Verlag 1979

Kuhn, T.: Die Struktur wissenschaftlicher Revolutionen. Frankfurt: Suhrkamp Verlag, 1973

Ladd, John, ed.: Ethical Relativism. New York: Wadsworth, 1973

Ladd, John: Ethics and the Computer Revolution. Providence: Brown University, Department of Philosophy, 1985

Lakatos, I.: Beweise und Widerlegungen. Die Logik wissenschaftlicher Entdeckungen. Braunschweig: Vieweg, 1979

Lakoff, George and *Johnson, Mark:* Metaphors We Live By. Chicago: University of Chicago Press, 1980

Landauer, Rolf: Wanted: A Physically Possible Theory of Physics. IEEE Spectrum 4 (4): 105–109

Landauer, Rolf: Fundamental Physical Limitations of the Computational Process. pp. 161–170 of Pagel, H. R., ed.

Langer, Susanne K.: Mind: An Essay on Human Feeling. Baltimore: The Johns Hopkins University Press, 1982

Lax, Peter, D., chairman: Report of the Panel on Large-Scale Computing in Science and Engineering. National Science Report 83–13. Washington D. C., 1983

Leavis, R. R.: The Living Principle. Oxford: Oxford University Press, 1975

Lebowitz, Michael: The Nature of Generalization in Understanding. Dept. of Computer Science, Columbia University, 348–353

Lem, S.: Kyberiade. Fabeln zum kybernetischen Zeitalter. Frankfurt: Suhrkamp Verlag, 1982

Lem, S.: Die vollkommene Leere. Frankfurt: Suhrkamp Verlag, 1981

Leplin, Jarrett, ed.: Scientific Realism. Berkeley University of California Press, 1984

Lineberry, W. P., ed.: The Business of Sports (The Reference Shelf Series). New York: H. W. Wilson Company, 1973

Locke, J.: Versuch über den menschlichen Verstand. 2 Bände Hamburg: Meiner Verlag [4]1981

MacCormack, Earl R.: Metaphor and Myth in Science and Religion. Durham, Nc: Duke University Press, 1976

Malina, F. J., ed.: Visual Art, Mathematics and Computers. Oxford: Pergamon Press, 1977

Mandelbrot, Benoit B.: Fractals: Forms, Chance and Dimension. San Francisco: W. H. Freeman & Co., 1977 (dt. 1987)

Maritain, Jacques: The Dream of Descartes. New York: Philosophical Library, 1944

Mayer, W. J.: Concepts of Mathematical Modeling. New York: McGraw-Hill, 1984

McCloskey, Donald N.: The Rhetoric of Economics. Journal of Economic Literature, 1–70, 1983

McCorduck, Pamela: Machines Who Think, San Francisco: W. H. Freeman & Co., 1979

McCorduck, Pamela: Knowledge Technology: The Promise. Computer Culture, H. R. Pagels, ed.

Medawar, Sir Peter B.: The Limits of Science. New York: Harper & Row, 1984

Metropolis, N., Howlett, J., and *Rota, G.-C.,* eds.: A History of Computing in the 20th Century. New York: Academic Press, 1980

Miller, Lance A.: Natural Language Programming: Styles, Strategies, and Contrasts. Research Report, Computer Sciences Dept., IBM Research Center, Yorktown Heights, NY

Minsky, Marvin: A Framework for Representing Knowledge. The Psychology of Computer Vision, P. H. Winston ed. New York: McGraw-Hill, 1975

Minsky, Marvin L.: Computer Science and the Representation of Knowledge. Dertouzos and Moses, 392–421

Mumford, L.: Mythos der Maschine. Frankfurt: Fischer, [4]1984

Myer, Leonard B.: Music, the Arts, and Ideas: Patterns and Predictions in Twentieth-Century Cultures. Chicago: University Chicago Press, 1967

Needham, Joseph: Poverties and Troumphs of the Chinese Scientific Tradition. Scientific change, A. C. Crombie, ed., 117–153

Needham, J.: Wissenschaft und Zivilisation in China (Frankfurt, Suhrkamp, 1984)

Newell, Allen: The Knowledge Level. Presidential Address, American Association for Artificial Intelligence, AAA 180, Stanford University, 1980

Newell, Allen: The Heuristic of George Pòlya and its Relation to Artificial Intelligence. Dept. of Computer Science, Carnegie-Mellon University, 1980

Newman, J. R., ed.: The World of Mathematics. Four volumes. New York: Simon & Schuster, 1956

Noll, A. M.: Computers and the Visual Arts: A Retrospective View. SIGGRAPH '82 Art Show, Association for computing Machinery, 1982

Nordon, Didier: Les Mathématiques Pures N'Existent Pas! Paris: Actes Sud, 1981

Oettinger, Anthony G.: Run, Computer, Run; the Mythology of Educational Innovation. Cambridge: Harvard Univ. Press, 1969

Owen, D. B., ed.: On the History of Statistics and Probability. New York: Marcel Dekker, Inc. 1976

Pagels, Heinz R., ed.: Computer Culture, Annals of the New York Academy of Science, Vol. 426, 1984

Pagels, Heinz E., ed.: et al: Panel Discussion: Has Artificial Intelligence Research Illuminated Human Thinking? Computer Culture, H. R. Pagels, ed.

Papert, S.: Gedankenblitze. Kinder, Computer und neues Lernen. Reinbek bei Hamburg, rororo, 1986

Park, David: The Image of Eternity: Roots of Time in the Physical World. Amherst, MA: University of Massachusetts Press, 1980

Park, David: »What Do You Think About When You Think About Time?« Berkshire Review, 20: 24–34, 1985

Parlett, B.: Progress in Numerical Analysis. SIAM Review 20: 443–456, 1978

Pedoe, Dan: Geometry and the Visual Arts. New York: St. Martin's Press, 1976; Dover, 1983

Pierce, John R.: The Science of Musical Sound. New York: Scientific American Library, W. H. Freeman, 1983

Plyshyn, Zenon W., ed.: Perspectives on the Computer Revolution. Englewood Cliffs, NJ: Prentice-Hall, 1970

Pollack, Seymour V., ed.: Studies in Computer Science. Studies on Mathematics 22 Mathematical Association of America

Popper, K.: Die offene Gesellschaft und ihre Feinde. 2 Bände Stuttgart: Franke, ^{4}1980

Popper, K. und *Eccles, J.:* Das Ich

und sein Gehirn. München: Pieper, [5]1985

Purcell, Edward A.: The Crisis of Democratic Theory; Scientific Naturalism and the Problem of Value. Lexington: University of Kentucky Press, 1973

Rabin, M. O.: Theoretical Impediments to Artificial Intelligence. Information Processing 74: 615–619, 1974

Raphael, Bertram: The Thinking Computer. San Francisco: W. H. Freeman, 1976

Rapp, R.: Analytische Technikphilosophie. Freiburg: Alber, 1978

Read, Herbert: Art and Society, New York: Macmillan, 1937

Richards, J.: »The Reception of a Mathematical Theory: Non Euclidean Geometry in England 1868–1883.« Barry Barnes and Stephen Shapin, eds. Natural Order. Sage Publications, Beverly Hills, 1979

Ringle, Martin, ed.: Philosophical Perspectives on Artificial Intelligence. Brighton: Harvester Press, 1979

Ringle, Martin: Philosophy and Artificial Intelligence. 1–20 of M. Ringle, ed.

Rissland, Edwina L.: Understanding Understanding Mathematics. Cognitive Science 2, 1978

Russell, B.: Philosophie des Abendlandes. Ihr Zusammenhang mit der politischen und sozialen Entwicklung. Wien: Europa Verlag, 1978

Sackman, Harold: Computers, System Science and Evolving Society. New York: John Wiley, 1967

Salton, G.: What is Computer Science? Journal of the Association for computing Machinery 19: 1–2, 1972

Schank, Roger C. and *Colby, Kenneth M.:* Computer Models of Thought and Language, San Francisco: W. H. Freeman, 1973

Schwartz, J. T.: The Pernicious Influence of Mathematics on Science. Proceedings of the 1960 International Congress on Logic, Methodology and Philosophy of Science. Stanford: Stanford University Press, 1962

Schwartz, J. T.: The Limits of Artificial Intelligence. Encyclopedia of Artificial Intelligence. New York: John Wiley, 1986

Searle, John, R.: Minds, Brains and Programs. The Behavioral and Brain Sciences 3: 417–457, 1980. Also in: John Haugeland ed., »Mind Design: Philosophy, Psychology, Artificial Intelligence«, MIT Press, 1981

Searle, J.: Geist, Hirn und Wissenschaft. Frankfurt: Suhrkamp, 1986

Sherover, C. M., ed.: The Human Experience of Time. New York: New York University Press, 1975

SIGGRAPH '82 Art Show: An Exhibition Highlighting the Recent Achievements of Artists Working with Computers, Association for Computing Machinery, 1982

Simon, Herbert A.: Artificial Intelligence Research Strategies in the Light of Ai Models of Scientific Discovery. Naval Research Reviews, ONR, XXXIV: 1–16, 1982

Simons, G.: Sind Computer lebendig? Stand und Zukunft der Computerentwicklung. München: Harnack Verlag, 1984

Siwoff, S., ed.: The Book of Baseball Records. New York: Seymour Siwoff, 1980

Sloman, Aaron and *Croucher, Monica:* Why Robots Will Have Emotions. Cognitive Studies Programme, University of Sussex, England, 197–212

Steen, Lynn Arthur, ed.: Mathematics Today: Twelve Informal Essays. New York: Springer Verlag, 1978

Steiner, George: Bluebeard's Castle: Some notes towards the redefinition of culture. New Haven: Yale University Press, 1971

Stockmeyer, L. J., and *Chandra, A. K.:* Intrinsically Difficult Problems. Scientific American, January 1978

Toth, I.: »Gott und Geometrie.« Evolutionstheorie und ihre Evolution. Vortragsreihe der Universität Regensburg zum 100. Todestag von Charles Darwin, 141–204

Townend, M. S.: Mathematics in Sport. New York: John Wiley & Sons, 1984

Traub, J. F.: Coping with Complexity. Department of Computer Science, Columbia University, 1983

Traub, J. F., ed.: Cohabiting with Computers. Los Altos: William Kaufmann Inc. 1985

Truesdell, Clifford A.: The Computer: Ruin of Science and Threat to Mankind. An Idiot's Fugitive Essays. New York: Springer Verlag, 1984

Turkle, S.: Die Wunschmaschine. Der Computer als 2. Ich. Reinbek bei Hamburg: rororo, 1986

Tymoczko, Thomas: Making Room for Mathematicians in the Philosophy of Mathematics. Smith College, June 1981

Valery, Paul: Occasions. Princeton: Princeton University Press, 1970

Vrooman, J. R.: René Descartes. New York: G. P. Putman's Sons, 1970

Weber, M.: Die protestantische Ethik. 2 Bände. Gütersloh: Gütersloher Verlags Haus Gert Mohn, ^{7}1984/^{4}1982

Weinberg, S.: Die ersten drei Minuten. Der Ursprung des Universums. München: dtv, 1980

Weisskopf, Victor F.: »The Origin of the Universe«. American Scientist September–October, 473–480, 1983

Weizenbaum, Joseph: Once More: The Computer Revolution. 439–458 of Dertouzos and Moses, eds.

Weizenbaum, J.: Die Macht der

Computer und die Ohnmacht der Wissenschaft. Frankfurt: Suhrkamp Verlag, 1979

Whitrow, G. J.: The Natural Philosophy of Time. First edition: Nelson, 1961; second edition: Oxford: Oxford University Press, 1980

Wigner, Eugene P.: The Unreasonable Effectiveness of Mathematics in the Natural Sciences. Comm. in Pure and Applied Mathematics, 13: 1–14, 1960. Reprinted in Vol. III of Campbell and Higgins

Wilder, Raymond L.: Evolution of Mathematical Concepts: An Elementary Study. New York: John Wiley & Sons, 1968

Winston, Patrick Henry and *Brown, Richard Henty:* AI: an MIT Perspective. Cambridge: MIT Press, 1979

Wolfson, Harry A.: The Philosophy of the Kalam. Cambridge: Harvard University Press, 1976

Wolfson, Harry A.: Repercussions of the Kalam in Jewish Philosophy. Cambridge University Press, 1979

Wos, Larry, Overbeek, Ross, Lusk, Ewing, and *Boyle, Jim:* Automated Reasoning. Englewood Cliffs, New Jersey: Prentice-Hall, 1984

Yolton, John W.: Appearance and Reality. Dictionary of the History of Ideas. vol I. New York: Scribners, 1968

Youngblood, Gene: Towards Autonomous Reality Communities. SIGGRAPH '82 Art Show, Association for Computing Machinery, 1982

Ziman, J.: Wie zuverlässig ist wissenschaftliche Erkenntnis? Braunschweig: Vieweg, 1982

Ziman, J.: Puzzles, Problems and Enigmas. Cambridge: Cambridge University Press, 1981

Abbildungsnachweise

Seite 9 René Descartes (1596–1650)
Gemälde von Frans Hals (1655), Musée du Louvre, Paris.
Mit freundlicher Genehmigung der Bibliothek der Brown University.

Seite 10 Giovanni Battista Vico (1668–1744)
Italienischer Philosoph, Rechtsgelehrter und Philologe
Classici Italiani, Tomasseo Editori Tounese, 1930 – Anonymer Stich.
Mit freundlicher Genehmigung der Bibliothek der Brown University.

Seite 12 Ein mathematischer Satz in der Bildenden Kunst.
Mit freundlicher Genehmigung von I. J. Schoenberg.

Seite 19 Orbis Typis Universalis. Aus: Claudius Ptolemäus »Geographie«, Straßburg, 1513.
Mit freundlicher Genehmigung der John Carter Brown Bibliothek der Brown University.

Seite 24 Titelseite von Descartes' »Abhandlung«
Mit freundlicher Genehmigung der Sammlung Lownes, John Hay Bibliothek, Brown University.

Seite 26 Das Weltall, wie man es 1617 sah; Plan von Robert Flud. Aus: »Utriusque Cosmi Metaphysica«, Oppenheim, 1617.
Mit freundlicher Genehmigung der Sammlung Lownes, John Hay Bibliothek, Brown University.

Seite 31 Mit freundlicher Genehmigung von Louise Goodman.

Seite 44 Zur Vorgeschichte der Wahrscheinlichkeitstheorie: römische Soldaten beim Würfelspiel. Zeichnung von W. Timmermann.

Seite 52 Aus einem alten amerikanischen Rechenbuch.

Seite 60 Versuch, den Gleichgewichtszustand herzustellen.
Mit freundlicher Genehmigung von John Wiener.

Seite 70 Eine vom Computer gezeichnete Nachahmung der Chalice von Uccello (1397–1475).

Mit freundlicher Genehmigung entnommen aus: Computer Aided Graphical Design. Elsevier Science Publishers B. V.

Seite 72 Eine frühe Mathematisierung des künstlerischen Schaffens.
Mit freundlicher Genehmigung der Sammlung Lownes, John Hay Bibliothek, Brown University.

Seite 73 M. C. Escher: Himmel und Wasser
Copyright M. C. Escher Erben, c/o Gordon Art, Baarn, Niederlande.

Seite 75 Computerentwickeltes geometrisches Design
Mit freundlicher Genehmigung der NASA.

Seite 76 R. Vitale, gezeichnet mit parametrisierter Interpolation.
Von Ruth und Keith Long, 1973.

Seite 79 Computerkäfer:
Mit freundlicher Genehmigung des Department of Computer Science der Brown University; Autoren: Ben Trumbore und Kelan Putbrese.

Seite 117 Verkehrsstau in Boston, Massachusetts
Fotografie von Wade Harper.

Seite 129 Heirat per Karteikarte
Aus der »Iswestija«.

Seite 150 Charles M. Strauss

Seite 163 Eine logarithmische Spirale. Die durch 1, 2, 3 und 4 markierten Kammern haben genau die gleiche Form.
Aus »On Size and Life« von T. A. McMahon und J. T. Bonner, Copyright Scientific American Books, 1983.

Seite 164 Die Kammern der Nautilus. Alle Kammern sind ähnlich im Sinne der Geometrie.

Seite 165 Seismologische Messungen.
Mit freundlicher Genehmigung von Andrea Morelli.

Seite 168 Mathematisierung des großen mexikanischen Erdbebens.
Mit freundlicher Genehmigung von Yöran Ekström.

Seite 184 Die Apparatur für eine wissenschaftliche Berechnung im Jahre 1979.
Mit freundlicher Genehmigung der NASA.

Seite 186 Diese Abbildung zeigt die erste Seite eines Programms für Crossreferenzen von Files und globalen Symbolen in anderen Programmen.
Mit freundlicher Genehmigung von Charles M. Strauss.

Seite 200 Sehnentafel des Ptolemäus
Aus A. Aaboe, »Episodes from the Early History of Mathematics«.

Mit freundlicher Genehmigung des MAA.

Seite 204 Satellitenbild
Mit freundlicher Genehmigung der National Oceanic and Atmospheric Administration.

Seite 220 Verschiedene Programme liefern verschiedene Ergebnisse. Welches ist korrekt?
Mit freundlicher Genehmigung von P. S. Symonds.

Seite 224 Die Sprache der Mathematik
Nach S. Helgason, »Differential Geometry, Lie Groups and Symmetrie Spaces«.
Mit freundlicher Genehmigung der Academic Press. Inc.

Seite 245 Quadratische Residuen
Mit freundlicher Genehmigung von Charles M. Strauss.

Seite 249 Entwurf eines Weckers aus dem 18. Jahrhundert.
Mit freundlicher Genehmigung der Sammlung Lownes, Bibliothek John Hay, Brown-Universität.

Seite 255 »Endloses Band aus einem Ring« von Max Bill. Hirschhorn Museum, Smithsonian Institution.

Seite 258 Primärer Cäsiumstandard NBS-6.
Mit freundlicher Genehmigung des U.S. Department of Commerce, National Bureau of Standards.

Seite 270 Joan Richards

Seite 297 Mit freundlicher Genehmigung der Sammlung Lownes, John Hay Bibliothek, Brown University.

Seite 300 Harry A. Wolfson
Photographie von Irene Shwachman.

Seite 339 Enten und der Satz von Pythagoras verzieren gemeinsam eine militärische Landkarte.
Mit freundlicher Genehmigung der Sammlung Lownes, John Hay Bibliothek, Brown University.

Seite 344 Eine kunterbunte Bettdecke, lokale Ordnung und globales Chaos.
Mit freundlicher Genehmigung von Fred Bisshopp.

Seite 347 Stereographische Projektion eines Teiles der Hypersphäre S^3 in den R^3.
Mit freundlicher Genehmigung von Husseyn Kocak und David Laidlow.

Seite 350 »1984« – ein vom Computer erzeugtes Bild. Autor: Thomas Porter unter Verwendung von Ergebnissen von Robert Cook. © 1984 Lucasfilm Ltd.; photographiert von Gordon Graham/PRISM.

Mit freundlicher Genehmigung von »Science 84«, herausgegeben von der American Association for the Advancement of Science.

Seite 353 Harmonie des Universums? – Eine verfehlte Konzeption!
Mit freundlicher Genehmigung der Sammlung Lownes, John Hay Bibliothek, Brown University.

Seite 356 Mit freundlicher Genehmigung der »National Oceanic and Atmospheric Administration.

Seite 366 Holzkonstruktion von Louise Nevelson
Sammlung P. J. D.

Seite 367 Orientierung in sechs Dimensionen
Mit freundlicher Genehmigung von Fred Bisshopp.

Seite 380 Geometrisierter menschlicher Kopf
Mit freundlicher Genehmigung der Sammlung Lownes, John Hay Bibliothek, Brown University.

Seite 387 »Ballon« von Kelan Putbrese
Mit freundlicher Genehmigung des Fachbereichs Informatik der Brown University.

Seite 392 Angepaßtes Gitter für die Lösung einer Reaktions-Diffusions-Gleichung
Mit freundlicher Genehmigung von Jeremiah U. Brackbill.